공학도를 위한
미적분학

배정자 지음

CALCULUS

자유아카데미

머리말 Preface

수학적 현상을 이해하는 데 기초가 되는 수학적 개념을 이해하고, 다양한 예제를 해결하며 계산 능력을 강화하고, 전공 교과 또는 일상생활에서 나타나는 다양한 상황을 수학적으로 표현하는 힘을 기르고, 수학적으로 표현된 문제를 해결하는 문제 해결 능력과 논리적인 사고력을 키움으로써 전공 교과를 효율적으로 공부하고, 나아가 새로운 지식을 창출하는 능력을 향상하는 데 기여하는 것을 본 교재의 목표로 한다.

자연과학, 사회과학, 공학 등의 여러 분야에서 중요하게 사용되고 있는 수학의 기초과목으로 기초수학에서는 함수의 극한과 연속성, 도함수의 개념과 성질들을 배우고, 도함수를 이용하여 함수의 그래프 개형을 그리는 방법을 배운다. 또한 지수·로그함수 및 삼각함수, 역삼각함수 등의 초월함수를 정의하고 각 함수의 도함수를 구하는 방법을 배운다.

본 교재는 기초수학에서 습득한 기본 개념들을 바탕으로 부정적분과 정적분을 정의하고 정적분을 이용하여 곡선으로 둘러싸인 면적, 곡선의 길이, 겉넓이 등을 계산한다. 수열과 무한급수의 수렴, 발산의 개념을 이해하고, 멱급수의 수렴, 발산에 대하여 공부한다. 행렬과 행렬식, 벡터함수와 다변수함수의 개념을 이해하고 다변수함수의 편도함수와 극댓값과 극솟값을 구하는 방법을 익힌다. 중적분의 개념을 익히고, 이를 응용하여, 입체의 체적과 겉넓이를 구한다.

좋은 책을 만들기 위해 최선을 다했지만 미흡한 부분이 있을 수 있다. 이 점은 양해를 바라며, 출간 후 나올 수 있는 수정사항 등은 자유아카데미 홈페이지(www.freeaca.com) 자료실에 제공할 예정이니 참고 바란다. 끝으로 책이 나오기까지 도움을 주신 많은 분들께 감사드리며, 이 책을 통해 배운 수학적 지식을 통해 이공계 학생들이 전공 공부를 하는데 있어서 큰 도움이 되기를 기원한다.

2025년 8월

배정자

차례

Contents

1장

함수의 극한과 연속성

1.1 함수의 극한

정의

$y=f(x)$는 $x=a$를 포함하는 구간에서 정의된 함수이고 $a, l \in R$

$\lim_{x\to a} f(x)=l$: x가 a에 가까이 갈 때 함수 $f(x)$의 극한값이 l이다.

$\Leftrightarrow$ x가 a에 충분히 가까이 갈 때 $f(x)$도 l에 충분히 가까이 간다.

$\Leftrightarrow$ 임의의 양수 $\epsilon>0$에 대해 적당한 양수 $\delta>0$이 존재해서 $0<|x-a|<\delta$ 인 모든 x에 대해 $|f(x)-l|<\epsilon$ 가 성립할 때.

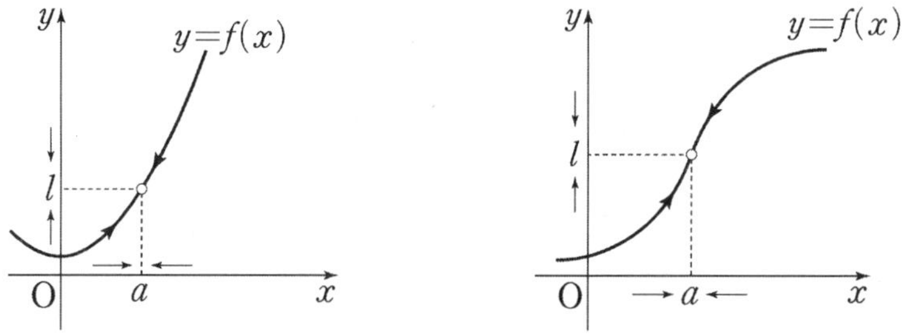

$\lim_{x\to a} f(x)=l$　　　　$\lim_{x\to a} f(x)=l$

함수의 한 점에서의 극한의 존재성은 그 점에서의 함숫값의 정의 유무와 관계가 없음을 알 수 있다.

예제 1.1.1

$\lim_{x\to 0}\frac{\sin x}{x}$의 값을 추측하라.

풀이

x	$f(x)$
± 1.0	0.84147098
± 0.5	0.95885108
± 0.4	0.97354586
± 0.3	0.98506736
± 0.2	0.99334665

±0.1	0.99833417
±0.05	0.99958339
±0.01	0.99998333
±0.005	0.99999583
±0.001	0.99999983

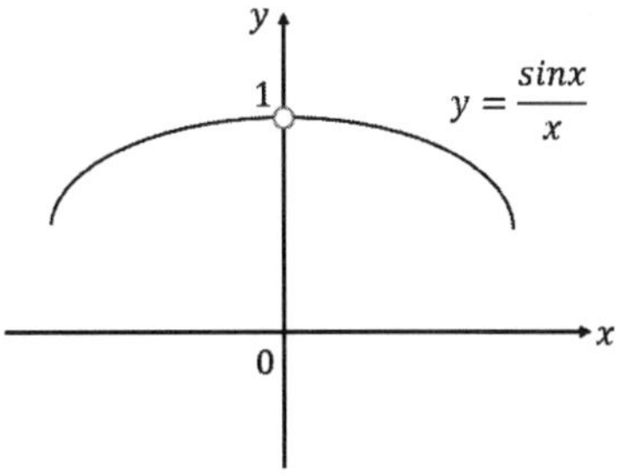

위 표에서 보는 바와 같이 x가 0에 충분히 가까이 갈 때 $f(x)=\dfrac{\sin x}{x}$의 값이 1에 충분히 가까이 감을 알 수 있다. 그러므로 $\lim_{x\to 0}\dfrac{\sin x}{x}=1$

예제 1.1.2

다음 극한을 구하여라.

① $\lim_{x\to 2} x^2$　　② $\lim_{x\to 2}\dfrac{x^2-4}{x-2}$

풀이

① $\lim_{x\to 2} x^2 = 2^2 = 4$

② $\lim_{x\to 2}\dfrac{x^2-4}{x-2}=\lim_{x\to 2}\dfrac{(x+2)(x-2)}{x-2}=\lim_{x\to 2}(x+2)=4$

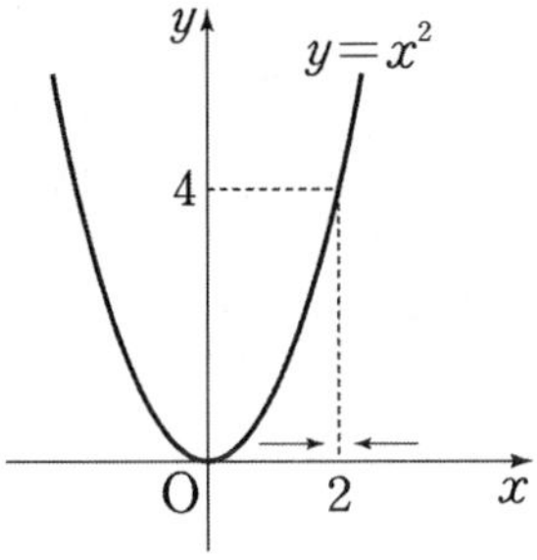

$\lim_{x\to 2} x^2 = 4$

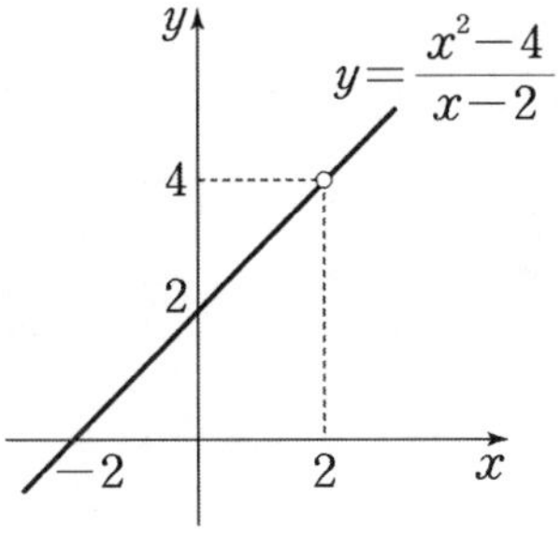

$\lim_{x\to 2}\dfrac{x^2-4}{x-2}=4$

● 한쪽방향에서의 극한

정 의

$y=f(x)$는 $x=a$를 포함하는 구간에서 정의된 함수, $a, l \in R$

① $\lim\limits_{x \to a+} f(x) = l$

$\Leftrightarrow$ x가 a의 오른쪽에 한없이 가까이 가면 $f(x)$도 l에 한없이 가까이 간다.

$\Leftrightarrow$ 임의의 양수 $\epsilon > 0$에 대해 적당한 양수 $\delta > 0$이 존재해서 $a < x < a+\delta$ 인 모든 x에 대해 $|f(x)-l| < \epsilon$가 성립한다.

② $\lim\limits_{x \to a-} f(x) = l$

$\Leftrightarrow$ x가 a의 왼쪽에 한없이 가까이 가면 $f(x)$도 l에 한없이 가까이 간다.

$\Leftrightarrow$ 임의의 양수 $\epsilon > 0$에 대해 적당한 양수 $\delta > 0$이 존재해서 $a-\delta < x < a$ 인 모든 x에 대해 $|f(x)-l| < \epsilon$가 성립한다.

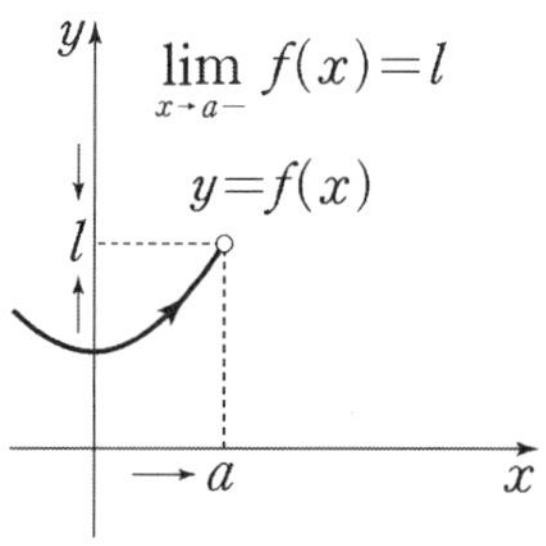

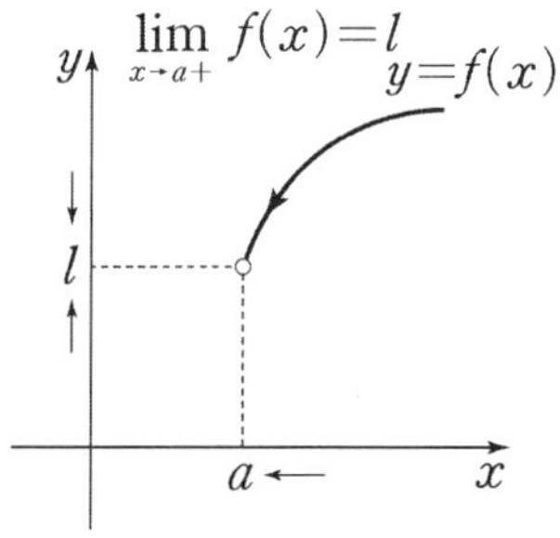

정리 1.1.1

$y=f(x)$는 $x=a$를 포함하는 구간에서 정의된 함수이고 $a, l \in R$이 실수일 때 $\lim\limits_{x \to a} f(x) = l$ 일 필요충분조건은 $\lim\limits_{x \to a+} f(x) = \lim\limits_{x \to a-} f(x) = l$이다.

예제 1.1.3

$\lim\limits_{x \to 0} \dfrac{|x|}{x}$을 구하여라.

풀이

$f(x) = \dfrac{|x|}{x}$ 의 그래프는 아래와 같다.

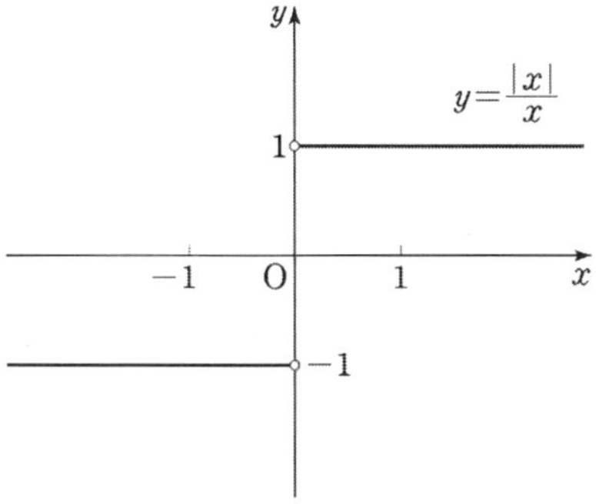

따라서 $\lim_{x\to 0+} f(x) = \lim_{x\to 0+} \dfrac{|x|}{x} = \lim_{x\to 0+} \dfrac{x}{x} = 1$이고

$\lim_{x\to 0-} f(x) = \lim_{x\to 0-} \dfrac{|x|}{x} = \lim_{x\to 0-} \dfrac{-x}{x} = -1$이므로 $\lim_{x\to 0+} f(x) \neq \lim_{x\to 0-} f(x)$이다.

그러므로 $\lim_{x\to 0} f(x)$는 존재하지 않는다.

정리 1.1.2 **(극한의 성질)**

$a, l \in R$일 때 f, g가 $x = a$를 포함하는 구간에서 정의된 함수이고, $\lim_{x\to a} f(x)$, $\lim_{x\to a} g(x)$ 존재하면 다음이 성립한다.

① $\lim_{x\to a}(f(x) \pm g(x)) = \lim_{x\to a} f(x) \pm \lim_{x\to a} g(x)$

② $\lim_{x\to a}(f(x) \cdot g(x)) = \lim_{x\to a} f(x) \cdot \lim_{x\to a} g(x)$

③ $\lim_{x\to a} \dfrac{f(x)}{g(x)} = \dfrac{\lim_{x\to a} f(x)}{\lim_{x\to a} g(x)}$ $(g(x) \neq 0, \lim_{x\to a} g(x) \neq 0)$

④ $\lim_{x\to a} cf(x) = c\lim_{x\to a} f(x)$, ($c$: 상수)

⑤ 임의의 $n \in N$ 에 대해 $\lim_{x\to a} f(x)^n = (\lim_{x\to a} f(x))^n$

⑥ 임의의 $n \in N$ 에 대해 $\lim_{x\to a} \sqrt[n]{f(x)} = \sqrt[n]{\lim_{x\to a} f(x)}$ 단, n이 짝수이면 $\lim_{x\to a} f(x) \geq 0$

정리 1.1.2의 극한의 성질을 이용하면 아래의 결과를 쉽게 유도할 수 있다.

정리 1.1.3

① $p(x)=a_0+a_1x+a_2x^2+\cdots+a_nx^n$ ($a_0, a_1, \cdots, a_n \in R$) 에 대해

$\lim_{x\to a} p(x)=p(a)$

② $a_0, a_1, \cdots, a_n \in R$, $b_0, b_1, \cdots, b_m \in R$일 때

유리함수 $q(x)=\dfrac{a_0+a_1x+a_2x^2+\cdots+a_nx^n}{b_0+b_1x+b_2x^2+\cdots+b_mx^m}$, $b_0+b_1x+b_2x^2+\cdots+b_mx^m \neq 0$에

대해 $q(a)\neq 0$이면 $\lim_{x\to a}\dfrac{p(x)}{q(x)}=\dfrac{p(a)}{q(a)}$ 이다.

예제 1.1.4

다음 극한을 구하여라.

① $\lim_{x\to 2}(2x^2-3x+4)$　　② $\lim_{x\to -2}\dfrac{x^3+3x^2-1}{5-2x}$

풀이

① 극한의 성질을 이용하면 쉽게 유도할 수 있다.

$$\lim_{x\to 2}(2x^2-3x+4)=\lim_{x\to 2}2x^2-\lim_{x\to 2}3x+\lim_{x\to 2}4=2\lim_{x\to 2}x^2-3\lim_{x\to 2}x+\lim_{x\to 2}4=8-6+4=6$$

② $5-2(-2)=9\neq 0$ 이므로

$$\lim_{x\to -2}\frac{x^3+3x^2-1}{5-2x}=\frac{(-2)^3+3(-2)^2-1}{5-2(-2)}=\frac{-8+12-1}{9}=\frac{1}{3}$$

정리 1.1.4

f, g 는 $x=a$를 포함하는 구간 I 에서 정의된 함수일 때 임의의 $x\in I$에 대해 $f(x)\geq g(x)$이고 $\lim_{x\to a}f(x)$, $\lim_{x\to a}g(x)$ 존재하면 $\lim_{x\to a}f(x)\geq \lim_{x\to a}g(x)$이다.

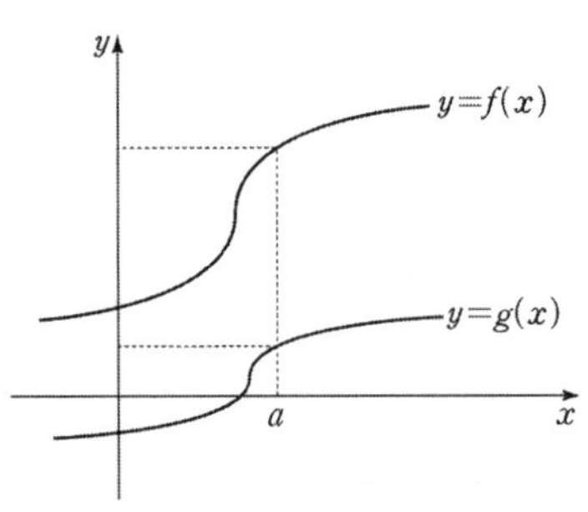

정리 1.1.5 **(샌드위치정리, 압축정리)**

f, g, h가 $x=a$를 포함하는 구간 I에서 정의된 함수일 때 임의의 $x \in I$에 대해 $f(x) \le g(x) \le h(x)$이고 $\lim_{x\to a} f(x) = \lim_{x\to a} h(x) = l$이면 $\lim_{x\to a} g(x) = l$이다.

예제 1.1.5

$\lim_{x\to 0} x\sin\frac{1}{x}$을 구하여라.

풀이

임의의 0이 아닌 실수 $x \in R$에 대해 $-x \le x\sin\frac{1}{x} \le x$이고

$\lim_{x\to 0}(-x) = \lim_{x\to 0} x = 0$이므로 샌드위치 정리에 의해 $\lim_{x\to 0} x\sin\frac{1}{x} = 0$이다.

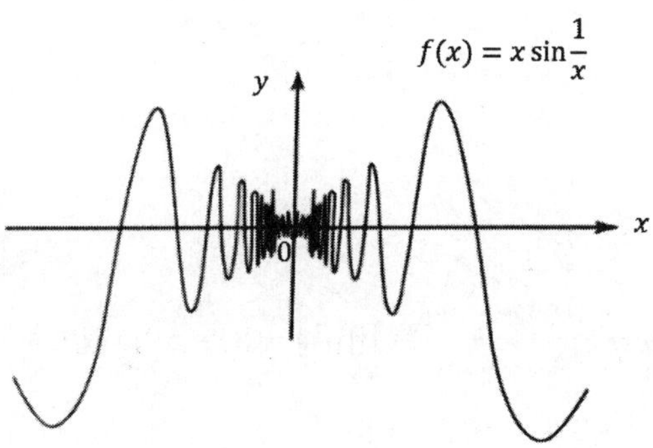

Note

실제로 임의의 $n \in N$에 대해 $\lim_{x\to 0} x^n \sin\frac{1}{x} = 0$이 됨을 알 수 있다.

1.2 함수의 연속성

정 의 (함수의 연속)

$x=a$를 포함하는 구간에서 정의된 함수 f에 대해 $f(a)$가 정의되고, $\lim_{x\to a} f(x)$가 존재해서 $\lim_{x\to a} f(x)=f(a)$를 만족할 때 f는 $x=a$에서 연속이라고 정의한다.

예제 1.2.1

다음 각 함수는 어디에서 불연속인가?

① $f(x)=\dfrac{x^2-x-6}{x-3}$

② $f(x)=\begin{cases} \dfrac{1}{x}, & x\neq 0 \\ 1, & x=0 \end{cases}$

풀이

① $f(x)=\dfrac{x^2-x-6}{x-3}$에 대해

$\lim_{x\to 3} f(x)=\lim_{x\to 3}\dfrac{x^2-x-6}{x-3}=\lim_{x\to 3}\dfrac{(x+2)(x-3)}{x-3}=\lim_{x\to 3}(x+2)=5$이지만

$f(3)$가 정의되지 않으므로 f는 $x=3$에서 불연속이다.

② $f(x)=\begin{cases} \dfrac{1}{x}, & x\neq 0 \\ 1, & x=0 \end{cases}$ 에서 $f(0)=1$ 정의되지만 $\lim_{x\to 0} f(x)=\lim_{x\to 0}\dfrac{1}{x}$가 존재하지 않으므로 f는 $x=0$에서 불연속이다.

정의

① f가 (a,b) 내의 모든 점에서 연속일 때 (a,b)에서 연속이라고 한다.

② f가 (a,b)에서 연속이고 $\lim_{x \to a+} f(x) = f(a)$일 때 $[a,b)$에서 연속이라고 한다.

③ f가 (a,b)에서 연속이고 $\lim_{x \to b-} f(x) = f(b)$일 때 $(a,b]$에서 연속이라고 한다.

④ f가 (a,b)에서 연속이고 $\lim_{x \to a+} f(x) = f(a)$이고 $\lim_{x \to b-} f(x) = f(b)$일 때 $[a,b]$에서 연속이라고 한다.

정리 1.2.1 **(연속함수의 성질)**

f , g가 $x=a$에서 연속이면 $f+g$, fg, cf도 $x=a$에서 연속이다. 여기서 c는 상수이다. 그리고 $g(a) \neq 0$이면 $\frac{f}{g}$도 $x=a$에서 연속이다.

정리 1.2.2

① 임의의 다항함수 $p(x) = a_0 + a_1 x + a_2 x^2 + \cdots + a_n x^n$ ($a_0, a_1, \cdots, a_n \in R$)는 R의 모든 점에서 연속이다.

② 임의의 유리함수 $\frac{p(x)}{q(x)} = \frac{a_0 + a_1 x + a_2 x^2 + \cdots + a_n x^n}{b_0 + b_1 x + b_2 x^2 + \cdots + b_m x^m}$

($a_0, a_1, \cdots, a_n, b_0, b_1, \cdots, b_m \in R$) 는 $q(x) \neq 0$인 R의 모든 점에서 연속이다.

③ $f(x) = \sqrt{x} : [0, \infty) \to [0, \infty)$은 $[0, \infty)$에서 연속이다.

정리 1.2.3

삼각함수는 정의역 내의 모든 점에서 연속이다. 즉, 다시 말해 다음의 결과가 성립한다.

① $f(x) = \sin x$는 R에서 연속

② $f(x) = \cos x$는 R에서 연속

③ $f(x) = \tan x$는 $R - \left\{ \frac{(2n-1)\pi}{2} \mid n \in Z \right\}$에서 연속

④ $f(x) = \sec x$은 $R - \left\{ \frac{(2n-1)\pi}{2} \mid n \in Z \right\}$에서 연속

⑤ $f(x) = \csc x$은 $R - \{ n\pi \mid n \in Z \}$에서 연속

⑥ $f(x) = \cot x$은 $R - \{ n\pi \mid n \in Z \}$에서 연속

정리 1.2.4

$u=f(x)$가 $x=a$에서 연속이고 $y=g(u)$가 $u=f(a)$에서 연속이면 $y=(g\circ f)(x)$는 $x=a$에서 연속이다.

☞ 극한의 성질을 이용하면 쉽게 보일 수 있다. 자세한 증명은 기초수학에서 확인하면 된다.

정리 1.2.5 **(최대 최소 정리)**

f가 $[a,b]$에서 연속이면 $[a,b]$에서 최댓값과 최솟값을 가진다.

정리 1.2.6 **(중간값 정리)**

f가 $[a,b]$에서 연속이고 $f(a)\neq f(b)$일 때 $f(a)$와 $f(b)$ 사이의 임의의 값 k에 대해 $f(c)=k$를 만족하는 c가 (a,b) 내에 존재한다. 즉, f가 $[a,b]$에서 연속이면 $f(a)$와 $f(b)$ 사이의 모든 값을 함숫값으로 가진다.

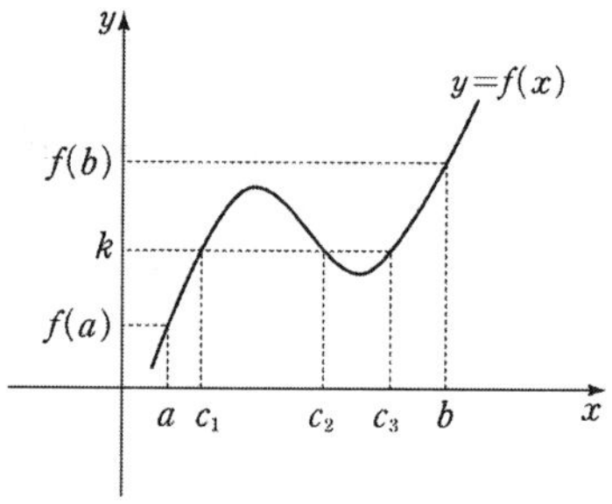

Note

f가 $[a,b]$에서 연속이고 $f(a)f(b)<0$이면 중간값정리에 의해 $f(c)=0$를 만족하는 c가 (a,b) 내에 존재한다. 여기서 c는 방정식 $f(x)=0$의 실근이 된다.

예제 1.2.2

다음 방정식이 주어진 구간에서 적어도 하나의 실근을 가짐을 보여라.

① $2x^3-3x^2+4x-5=0$, $(1,2)$

② $(x^2-1)\cos x+\sqrt{2}\sin x=0$, $(0,\frac{\pi}{2})$

풀이

① 다항함수 $f(x)=2x^3-3x^2+4x-5$은 $[1,2]$에서 연속, $f(1)=-2<0$이고 $f(2)=7>0$이다. 따라서 중간값정리에 의해 $f(c)=0$를 만족하는 c가 $(1,2)$ 내에 존재한다. 여기서 c가 $2x^3-3x^2+4x-5=0$의 실근이 된다.

② ①과 같은 방법으로 중간값 정리를 이용하면 실근의 존재성을 증명할 수 있다.

1.3 무한극한, 무한에서의 극한

정의 (무한극한)

① $\lim_{x \to a} f(x) = \infty$

$\Leftrightarrow$ x가 a에 한없이 가까이 가면 $f(x)$가 양수를 취하면서 한없이 커진다.

$\Leftrightarrow$ 아무리 큰 양수 $M > 0$을 잡아도 적당한 양수 $\delta > 0$이 존재해서 $0 < |x-a| < \delta$인 모든 x에 대해 $f(x) > M$가 성립할 때.

② $\lim_{x \to a} f(x) = -\infty$

$\Leftrightarrow$ x가 a에 한없이 가까이 가면 $f(x)$가 음수를 취하면서 한없이 작아진다.

$\Leftrightarrow$ 아무리 작은 음수 $M < 0$을 잡아도 적당한 양수 $\delta > 0$이 존재해서 $0 < |x-a| < \delta$인 모든 x에 대해 $f(x) < M$가 성립할 때.

③ $\lim_{x \to a+} f(x) = \infty$

$\Leftrightarrow$ x가 a의 오른쪽에 한없이 가까이 가면 $f(x)$가 양수를 취하면서 한없이 커진다.

$\Leftrightarrow$ 임의의 $\epsilon > 0$에 대해 적당한 양수 $\delta > 0$이 존재해서 $a < x < a+\delta$인 모든 x에 대해 $f(x) > M$가 성립할 때.

④ $\lim_{x \to a-} f(x) = -\infty$

$\Leftrightarrow$ x가 a의 왼쪽에 한없이 가까이 가면 $f(x)$가 음수를 취하면서 한없이 작아진다.

$\Leftrightarrow$ 임의의 $\epsilon > 0$에 대해 적당한 양수 $\delta > 0$이 존재해서 $a-\delta < x < a$인 모든 x에 대해 $f(x) < M$가 성립할 때.

예제 1.3.1

$\lim_{x \to 0} \frac{1}{x^2}$을 구하여라.

풀이

x	$\frac{1}{x^2}$
± 1	1
± 0.5	4
± 0.2	25
± 0.1	100
± 0.05	400
± 0.01	10,000
± 0.001	1,000,000

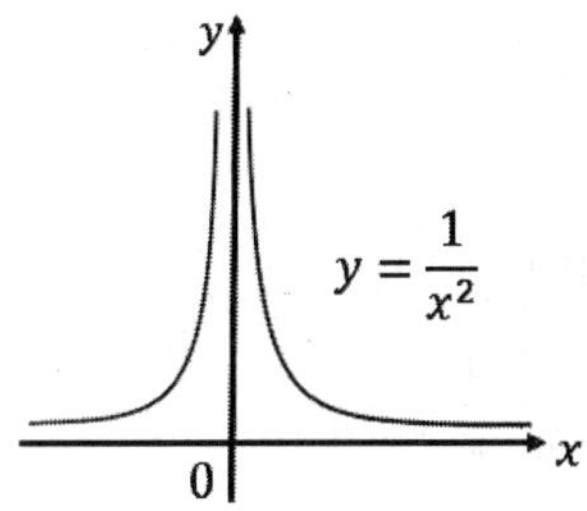

위 표에서 보는 바와 같이 x가 0에 충분히 가까이 갈 때 $f(x) = \frac{1}{x^2}$의 값이 양수를 취하면서 한없이 커짐을 알 수 있다. 그러므로 $\lim_{x \to 0} \frac{1}{x^2} = \infty$

정의 (무한에서의 극한)

$l \in R$일 때

① $\lim_{x \to \infty} f(x) = l$

$\Leftrightarrow$ x가 양수를 취하면서 한없이 커지면 $f(x)$가 l에 충분히 가까이 간다.

$\Leftrightarrow$ 임의의 $\epsilon > 0$에 대해 충분히 큰 양수 $M > 0$이 존재해서 $x \geq M$인 모든 x에 대해 $|f(x) - l| < \epsilon$가 성립할 때.

② $\lim_{x \to -\infty} f(x) = l$

$\Leftrightarrow$ x가 음수를 취하면서 한없이 작아지면 $f(x)$가 l에 충분히 가까이 간다.

$\Leftrightarrow$ 임의의 $\epsilon > 0$에 대해 충분히 작은 음수 $M < 0$이 존재해서 $x \leq M$인 모든 x에 대해 $|f(x) - l| < \epsilon$가 성립할 때.

예제 1.3.2

다음 함수의 극한을 구하여라.

① $\lim_{x\to\infty}\frac{1}{x}$ ② $\lim_{x\to-\infty}\frac{1}{x}$

③ $\lim_{x\to0-}\frac{1}{x}$ ④ $\lim_{x\to0+}\frac{1}{x}$

풀이

$y=\frac{1}{x}$의 그래프를 보면 다음이 성립함을 쉽게 알 수 있다.

① $\lim_{x\to\infty}\frac{1}{x}=0$ ② $\lim_{x\to-\infty}\frac{1}{x}=0$

③ $\lim_{x\to0-}\frac{1}{x}=-\infty$ ④ $\lim_{x\to0+}\frac{1}{x}=\infty$

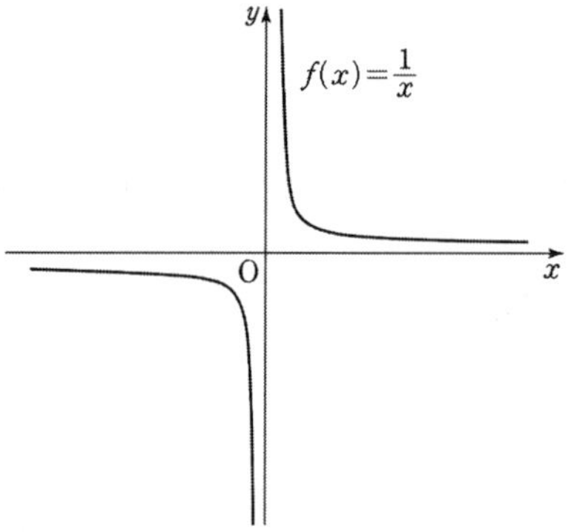

예제 1.3.3

다음 극한을 구하여라.

① $\lim_{x\to\infty}\frac{3x^2-2x-1}{8x^2+3x+4}$ ② $\lim_{x\to\infty}(x^3-x)$

풀이

① $\lim_{x\to\infty}\frac{3x^2-2x-1}{8x^2+3x+4}=\lim_{x\to\infty}\frac{3-\frac{2}{x}-\frac{1}{x^2}}{8+\frac{3}{x}+\frac{4}{x^2}}=\frac{\lim_{x\to\infty}(3-\frac{2}{x}-\frac{1}{x^2})}{\lim_{x\to\infty}(8+\frac{3}{x}+\frac{4}{x^2})}=\frac{3}{8}$

② $\lim_{x\to\infty}(x^3-x)=\lim_{x\to\infty}x(x-1)(x+1)=\infty$.

연습문제

1 다음 극한을 구하여라.

① $\lim_{x\to 3}\frac{x^2-x-6}{x-3}$

② $\lim_{x\to 1}\frac{x^3-x}{x-1}$

③ $\lim_{x\to 0}\frac{x^3-x^2-2x}{x^2+x}$

2 $\lim_{x\to 0}\frac{\sin x}{x}=1$임을 이용하여 다음 극한을 구하여라.

① $\lim_{x\to 0}\frac{\sin(8x)}{5x}$

② $\lim_{x\to 0}\frac{\sin(3x)}{\sin(5x)}$

③ $\lim_{x\to 1}\frac{\sin(x-1)}{x^2-1}$

④ $\lim_{x\to 0}\frac{\tan(5x)}{\sin(3x)}$

⑤ $\lim_{x\to 0}\frac{\sin^2(3x)}{x^2}$

⑥ $\lim_{x\to 0}\frac{1-\cos(kx)}{x^2}$

⑦ $\lim_{x\to\frac{\pi}{2}}(\pi-2x)\tan x$

⑧ $\lim_{x\to 0}\frac{\sin(\sin x)}{x}$

3 다음 주어진 방정식이 주어진 구간에서 적어도 하나의 실근을 가짐을 보여라.

① $3x^3-6x^2+3x-2=0$, $(1,2)$

② $x^{2002}+x^{2001}+x-1=0$, $(0,1)$

2장

도함수

2.1 미분계수와 도함수

정의

a를 포함하는 구간에서 정의된 함수 f에 대해 $f'(a)=\lim_{x\to a}\frac{f(x)-f(a)}{x-a}$ 가 존재할 때 f가 $x=a$에서 미분가능이라고 한다.

여기서, $f'(a)=\lim_{x\to a}\frac{f(x)-f(a)}{x-a}$를 $x=a$에서 $y=f(x)$의 미분계수라고 한다.

Note

$y=f(x)$가 $x=a$를 포함하는 구간에서 정의된 함수이고 $P(a,f(a))$, $Q(x,f(x))$를 $y=f(x)$ 그래프 상의 점이라고 하면 직선 $\overline{PQ}$의 기울기는 $\frac{f(x)-f(a)}{x-a}$이다. 여기서 x가 a에 충분히 가까이 가면 $\overline{PQ}$는 $P(a,f(a))$에서의 $y=f(x)$의 접선에 충분히 가까이 간다. 그러므로 f가 $x=a$에서 미분가능하면 $f'(a)=\lim_{x\to a}\frac{f(x)-f(a)}{x-a}$은 $y=f(x)$ 상의 점 $P(a,f(a))$에서의 $y=f(x)$의 접선의 기울기와 같다.

정의

a를 포함하는 구간에서 정의된 함수 f에 대해

$\frac{\Delta y}{\Delta x}=\frac{f(x)-f(a)}{x-a}=\frac{f(a+\Delta x)-f(a)}{\Delta x}$를 $x=a$에서 $x=a+\Delta x$의 평균변화율이라고 한다.

여기서, $\Delta x=x-a$, $\Delta y=f(x)-f(a)=f(a+\Delta x)-f(a)$이다.

Note

f가 $x=a$에서 미분가능이라고 하자. $x \to a \Leftrightarrow \Delta x \to 0$이므로

$f'(a)=\lim_{x\to a}\frac{f(x)-f(a)}{x-a}=\lim_{\Delta x\to 0}\frac{f(a+\Delta x)-f(a)}{\Delta x}=\lim_{h\to 0}\frac{f(a+h)-f(a)}{h}$이 된다.

특히, $x=a$에서의 이 함수의 변화율은 $h=\Delta x\to 0$일 때의 극한값이므로

$f'(a)=\lim_{x\to a}\frac{f(x)-f(a)}{x-a}=\lim_{h\to 0}\frac{f(a+h)-f(a)}{h}$는 $x=a$에서 f의 순간 변화율을 나타낸다.

예제 2.1.1

$x=a$에서 $f(x)=x^2-3x+4$의 미분계수를 구하여라.

풀이

$$\lim_{h\to 0}\frac{f(a+h)-f(a)}{h}=\lim_{h\to 0}\frac{(a+h)^2-3(a+h)+4-(a^2-3a+4)}{h}$$

$$=\lim_{h\to 0}\frac{2ah+h^2-3h}{h}=\lim_{h\to 0}(2a+h-3)=2a-3$$

따라서 f가 $x=a$에서 미분가능이고, $f'(a)=\lim_{h\to 0}\frac{f(a+h)-f(a)}{h}=2a-3$이다.

정의

f가 개구간 I에서 미분가능

$\Leftrightarrow$ I의 임의의 점 a에 대해 $y=f(x)$가 $x=a$에서 미분가능

정의

f가 개구간 I에서 미분가능일 때 $f'(x)=\lim_{h\to 0}\frac{f(x+h)-f(x)}{h}$로 정의된 함수 $f':I\to R$를 f의 도함수라고 한다.

표기 $f'(x)=y'=\frac{dy}{dx}=\frac{df}{dx}$

예제 2.1.2

$f(x)=x^3-2x$에 대해 $f'(x)$를 구하여라.

풀이

$$\lim_{h\to 0}\frac{f(x+h)-f(x)}{h}=\lim_{h\to 0}\frac{(x+h)^3-2(x+h)-[x^3-2x]}{h}$$

$$=\lim_{h\to 0}\frac{3x^2h+3xh^2+h^3-2h}{h}=\lim_{h\to 0}(3x^2+3xh+h^2-2)=3x^2-2$$

따라서 $f'(x)=\lim_{h\to 0}\frac{f(x+h)-f(x)}{h}=3x^2-2$

정의 (함수의 연속)

a를 포함하는 구간에서 정의된 함수 f에 대해 f가 다음의 조건 ①, ②, ③을 만족할 때 $x=a$에서 연속이라고 한다.

① $f(a)$가 정의되고

② $\lim_{x\to a}f(x)$가 존재해서

③ $\lim_{x\to a}f(x)=f(a)$를 만족할 때

즉, 임의의 $\epsilon>0$에 대해 적당한 양수 $\delta>0$이 존재해서 $|x-a|<\delta$ 인 모든 x에 대해 $|f(x)-f(a)|<\epsilon$가 성립할 때를 말한다.

정리 2.1.1 미분가능과 연속의 관계

a를 포함하는 구간에서 정의된 함수 f에 대해 f가 $x=a$에서 미분가능이면 f는 $x=a$에서 연속이다.

증명

f가 $x=a$에서 미분가능이면 $f'(a)=\lim_{x\to a}\frac{f(x)-f(a)}{x-a}$가 존재한다.

f는 $x=a$에서 연속임을 보이기 위해 $\lim_{x\to a}f(x)=f(a)$임을 보이면 된다.

$x\neq a$에 대해

$$\lim_{x\to a} f(x) = \lim_{x\to a}\left[\frac{f(x)-f(a)}{x-a}(x-a)+f(a)\right]$$

$$= \lim_{x\to a}\frac{f(x)-f(a)}{x-a}\lim_{x\to a}(x-a)+\lim_{x\to a} f(a) = f'(a)\times 0 + f(a) = f(a)$$

따라서 f는 $x=a$에서 연속이다.

Note

위 정리의 역은 성립하지 않는다. 즉 f가 $x=a$에서 연속이라고 해서 $x=a$에서 미분가능인 것은 아니다.

예제 2.1.3

$f(x)=|x|$는 $x=0$에서 연속이지만 $x=0$에서 미분불가능이다.

증명

$\lim_{x\to 0} f(x) = \lim_{x\to 0}|x| = 0 = f(0)$이므로 f는 $x=0$에서 연속이다.

그러나 f는 $x=0$에서 미분불가능이다. 왜냐하면

$h\neq 0$에 대해 $\frac{f(0+h)-f(0)}{h}=\frac{|h|}{h}$이다.

$$\lim_{h\to 0+}\frac{f(0+h)-f(0)}{h}=\lim_{h\to 0+}\frac{|h|}{h}=\lim_{h\to 0+}\frac{h}{h}=1$$이고

$$\lim_{h\to 0-}\frac{f(0+h)-f(0)}{h}=\lim_{h\to 0-}\frac{|h|}{h}=\lim_{h\to 0-}\frac{-h}{h}=-1$$이다.

$\lim_{h\to 0+}\frac{f(0+h)-f(0)}{h}\neq\lim_{h\to 0-}\frac{f(0+h)-f(0)}{h}$이므로 $\lim_{h\to 0}\frac{f(0+h)-f(0)}{h}$이 존재하지 않는다. 그러므로 함수 $f(x)=|x|$는 $x=0$에서 미분 불가능하다.

예제 2.1.4

$f:R\to R$를 아래와 같이 정의할 때 $x=0$에서 미분가능성을 조사하여라.

① $f(x)=\begin{cases} x\sin\frac{1}{x}, & x\neq 0 \\ 0, & x=0\end{cases}$　　② $f(x)=\begin{cases} x^2\sin\frac{1}{x}, & x\neq 0 \\ 0, & x=0\end{cases}$

풀이

① $\lim_{x\to0}\frac{f(x)-f(0)}{x-0}=\lim_{x\to0}\frac{x\sin\frac{1}{x}}{x}=\lim_{x\to0}\sin\frac{1}{x}$

$\lim_{x\to0}\sin\frac{1}{x}$가 존재하지 않으므로 f 는 $x=0$에서 미분 불가능하다.

즉, $f(x)=\begin{cases} x\sin\frac{1}{x}, & x\neq0 \\ 0, & x=0 \end{cases}$로 정의하면 f는 $x=0$에서 연속이지만 $x=0$에서 미분 불가능하다.

② ①과 같은 방법으로 미분계수의 정의를 이용하면 쉽게 보일 수 있다.

2.2 기본적인 미분 공식

이항정리를 적용하면 다음의 결과를 쉽게 유도할 수 있다.

정리 2.2.1 **거듭제곱 법칙**

양의 정수 n에 대해 $f(x)=x^n$이면 $f'(x)=nx^{n-1}$

풀이

$$f'(x)=\lim_{h\to 0}\frac{f(x+h)-f(x)}{h}=\lim_{h\to 0}\frac{(x+h)^n-x^n}{h}$$

$$=\lim_{h\to 0}\left[nx^{n-1}+\frac{n(n-1)}{2}x^{n-2}h+\cdots+nxh^{n-2}+h^{n-1}\right]=nx^{n-1}$$

예제 2.2.1

다음 함수에 대해 도함수를 구하여라.

① $f(x)=\dfrac{1}{x}$　　　　② $f(x)=\sqrt{x}=x^{\frac{1}{2}}$

풀이

①

$$\lim_{h\to 0}\frac{f(x+h)-f(x)}{h}=\lim_{h\to 0}\frac{\frac{1}{x+h}-\frac{1}{x}}{h}=\lim_{h\to 0}\frac{\frac{-h}{x(x+h)}}{h}=\lim_{h\to 0}\frac{-1}{x(x+h)}=-\frac{1}{x^2}$$

따라서 $f'(x)=\lim_{h\to 0}\dfrac{f(x+h)-f(x)}{h}=-\dfrac{1}{x^2}$

② $$\lim_{h\to 0}\frac{f(x+h)-f(x)}{h}=\lim_{h\to 0}\frac{\sqrt{x+h}-\sqrt{x}}{h}$$

$$=\lim_{h\to 0}\frac{x+h-x}{(\sqrt{x+h}+\sqrt{x})h}=\lim_{h\to 0}\frac{1}{\sqrt{x+h}+\sqrt{x}}=\frac{1}{2\sqrt{x}}$$

따라서 $f'(x)=\lim_{h\to 0}\dfrac{f(x+h)-f(x)}{h}=\dfrac{1}{2\sqrt{x}}$

정리 2.2.2 **도함수 기본공식**

구간 I에서 정의된 함수 f, g와 상수 c에 대해 f, g가 구간 I에서 미분가능이면 $f+g$, cf, fg, $\frac{f}{g}(g \neq 0)$도 구간 I에서 미분가능이고 다음이 성립한다.

① $(f \pm g)'(x) = f'(x) \pm g'(x)$

② $(cf)'(x) = cf'(x)$

③ $(fg)'(x) = f'(x)g(x) + f(x)g'(x)$

④ $\left(\frac{f}{g}\right)'(x) = \frac{f'(x)g(x) - f(x)g'(x)}{g(x)^2}$. 특히, $\left(\frac{1}{g}\right)'(x) = -\frac{g'(x)}{g(x)^2}$

증명

증명 방법은 비슷하므로 ③만 증명한다.

f, g가 구간 I에서 미분가능이므로 임의의 $x_0 \in I$에서 미분가능이다. 따라서

$f'(x_0) = \lim_{x \to x_0} \frac{f(x) - f(x_0)}{x - x_0}$이고, $g'(x_0) = \lim_{x \to x_0} \frac{g(x) - g(x_0)}{x - x_0}$이다.

또한 f, g 점 $x_0 \in I$에서 미분가능이므로 f, g는 점 $x_0 \in I$에서 연속이다.

따라서 $\lim_{x \to x_0} f(x) = f(x_0)$, $\lim_{x \to x_0} g(x) = g(x_0)$

그러므로

$$\begin{aligned}
\lim_{x \to x_0} \frac{f(x)g(x) - f(x_0)g(x_0)}{x - x_0} &= \lim_{x \to x_0} \frac{[f(x) - f(x_0)]g(x) + f(x_0)[g(x) - g(x_0)]}{x - x_0} \\
&= \lim_{x \to x_0} \left[\frac{f(x) - f(x_0)}{x - x_0} g(x) + f(x_0) \frac{g(x) - g(x_0)}{x - x_0}\right] \\
&= \lim_{x \to x_0} \frac{f(x) - f(x_0)}{x - x_0} \lim_{x \to x_0} g(x) + \lim_{x \to x_0} f(x_0) \lim_{x \to x_0} \frac{g(x) - g(x_0)}{x - x_0} \\
&= f'(x_0)g(x_0) + f(x_0)g'(x_0)
\end{aligned}$$

그러므로 fg가 $x_0 \in I$ 에서 미분가능이고

$(fg)'(x_0) = \lim_{x \to x_0} \frac{f(x)g(x) - f(x_0)g(x_0)}{x - x_0} = f'(x_0)g(x_0) + f(x_0)g'(x_0)$이다.

$x_0 \in I$는 임의의 점이므로 fg가 I에서 미분가능이고

$(fg)'(x) = f'(x)g(x) + f(x)g'(x)$이다.

예제 2.2.2

다음 함수의 도함수를 구하여라.

① $f(x) = 3x^5 + 4x^3 + 5$　　② $f(x) = (x^2 - x + 2)(x^3 - 2x^2 - 1)$

③ $f(x) = \dfrac{x^2 - 1}{x^2 + 1}$

풀이

① $f'(x) = 15x^4 + 12x^2$

② $f'(x) = (x^2 - x + 2)'(x^3 - 2x^2 - 1) + (x^2 - x + 2)(x^3 - 2x^2 - 1)'$

$$= (2x - 1)(x^3 - 2x^2 - 1) + (x^2 - x + 2)(3x^2 - 4x)$$

$$= 5x^4 - 12x^3 + 12x^2 - 10x + 1$$

③ $f'(x) = \dfrac{2x(x^2 + 1) - 2x(x^2 - 1)}{(x^2 + 1)^2} = \dfrac{4x}{(x^2 + 1)^2}$

정리 2.2.3

임의의 정수 n에 대해 $f(x) = x^n$이면 $f'(x) = nx^{n-1}$이다.

풀이

① $n > 0$이면 정리 2.2.1에 의해 $f'(x) = nx^{n-1}$.

② $n = 0$이면 $f(x) = 1$. 따라서 $f'(x) = 0$.

③ $n < 0$이면 $n = -m$ 인 양의 정수 m을 택할 수 있다. 따라서 $f(x) = x^n = x^{-m} = \dfrac{1}{x^m}$

그러므로 $f'(x) = (\dfrac{1}{x^m})' = -\dfrac{(x^m)'}{(x^m)^2} = -\dfrac{mx^{m-1}}{x^{2m}} = -mx^{-m-1} = nx^{n-1}$

①, ②, ③에 의해 임의의 정수 n에 대해 $f'(x) = nx^{n-1}$이다.

2.3 연쇄법칙

정리 2.3.1 연쇄법칙

$u=f(x)$가 $x=a$에서 미분가능하고 $y=g(u)$가 $u=f(a)$에서 미분가능이면 $y=(g\circ f)(x)$도 $x=a$에서 미분가능하고 $(g\circ f)'(a)=g'(f(a))f'(a)$이다.

증명

$$\lim_{h\to 0}\frac{(g\circ f)(a+h)-(g\circ f)(a)}{h}=\lim_{h\to 0}\frac{g(f(a+h))-g(f(a))}{h}$$

$$=\lim_{h\to 0}\frac{g(f(a+h))-g(f(a))}{f(a+h)-f(a)}\times\frac{f(a+h)-f(a)}{h}$$

$$=\lim_{h\to 0}\frac{g(f(a+h))-g(f(a))}{f(a+h)-f(a)}\times\lim_{h\to 0}\frac{f(a+h)-f(a)}{h}$$

f가 $x=a$에서 미분가능이므로 $x=a$에서 연속이다.

그러므로 $h\to 0$이면 $t:=f(a+h)-f(a)\to 0$이다.

따라서

$$\lim_{h\to 0}\frac{g(f(a+h))-g(f(a))}{f(a+h)-f(a)}=\lim_{t\to 0}\frac{g(t+f(a))-g(f(a))}{t}=g'(f(a))\text{이므로}$$

$$\lim_{h\to 0}\frac{g(f(a+h))-g(f(a))}{f(a+h)-f(a)}\times\lim_{h\to 0}\frac{f(a+h)-f(a)}{h}=g'(f(a))f'(a)\text{이다.}$$

그러므로

$$(g\circ f)'(a)=\lim_{h\to 0}\frac{(g\circ f)(a+h)-(g\circ f)(a)}{h}$$

$$=\lim_{h\to 0}\frac{g(f(a+h))-g(f(a))}{f(a+h)-f(a)}\times\lim_{h\to 0}\frac{f(a+h)-f(a)}{h}=g'(f(a))f'(a)$$

• 연쇄법칙

$u=f(x)$가 x에 관해 미분가능이고 $y=g(u)$가 u에 관해 미분가능이면 f와 g의 합성함수 $y=(g\circ f)(x)$도 미분가능이고 $(g\circ f)'(x)=g'(f(x))f'(x)$ 또는 $\frac{dy}{dx}=\frac{dy}{du}\frac{du}{dx}$를 만족한다.

예제 2.3.1

함수 $f(x)=\sqrt{x^3+2x^2+5}$의 도함수를 구하여라.

풀이

$f(u)=y=\sqrt{u}$, $u=x^3+2x^2+5$라 두면

$$\frac{dy}{dx}=\frac{dy}{du}\frac{du}{dx}=\frac{1}{2\sqrt{u}}\cdot(3x^2+4x)=\frac{3x^2+4x}{2\sqrt{x^3+2x^2+5}}$$

정리 2.3.2

① $f(x)=x^{\frac{1}{n}}\,(n\in N)$이면 $f'(x)=\frac{1}{n}x^{\frac{1}{n}-1}$

② $y=x^r$, $r\in Q$일 때 $\frac{dy}{dx}=rx^{r-1}$

증명

① $f(x)=x^{\frac{1}{n}}$이면 $f(x)^n=x$. 따라서 양변을 미분하면 연쇄법칙에 의해 $nf(x)^{n-1}f'(x)=1$이다.

그러므로

$$f'(x)=\frac{1}{nf(x)^{n-1}}=\frac{1}{n}\frac{1}{(x^{\frac{1}{n}})^{n-1}}=\frac{1}{n}\frac{1}{x^{1-\frac{1}{n}}}=\frac{1}{n}x^{\frac{1}{n}-1}$$

② $r\in Q$이므로 $r=\frac{n}{m}$, $m, n\in Z\ (m\in N)$으로 표현할 수 있다.

따라서 $y=x^r=x^{\frac{n}{m}}=(x^{\frac{1}{m}})^n$이다. 연쇄법칙에 의해

$$\frac{dy}{dx}=((x^{\frac{1}{m}})^n)'=n(x^{\frac{1}{m}})^{n-1}(x^{\frac{1}{m}})'=nx^{\frac{n-1}{m}}\frac{1}{m}x^{\frac{1}{m}-1}=\frac{n}{m}x^{\frac{n}{m}-1}=rx^{r-1}$$

예제 2.3.2

다음 함수의 도함수를 구하여라.

$$f(x)=\frac{1}{\sqrt[5]{3x^2+2x+1}}$$

풀이

$$f(x)=\frac{1}{\sqrt[5]{3x^2+2x+1}}=(3x^2+2x+1)^{-\frac{1}{5}}$$ 이므로

$$f'(x)=-\frac{1}{5}(3x^2+2x+1)^{-\frac{6}{5}}(3x^2+2x+1)'=-\frac{1}{5}(3x^2+2x+1)^{-\frac{6}{5}}(6x+2)$$

고계도함수

Note

$y=f(x)$가 미분가능이면 x에 관한 1계 도함수 $f'(x)=\lim_{h\to 0}\frac{f(x+h)-f(x)}{h}$ 존재한다.

$y=f'(x)$가 미분가능이면 x에 관한 2계 도함수 $f''(x)=\lim_{h\to 0}\frac{f'(x+h)-f'(x)}{h}$ 존재한다.

이 방법을 계속하면 $y=f^{(n-1)}(x)$가 미분가능이면 x에 관한 n계 도함수 $f^{(n)}(x)=(f^{(n-1)})'(x)=\lim_{h\to 0}\frac{f^{(n-1)}(x+h)-f^{(n-1)}(x)}{h}$ 존재한다.

표기

$$y''=f''(x)=\frac{d^2y}{dx^2}=\frac{d^2f(x)}{dx^2}$$

$$y'''=f'''(x)=\frac{d^3y}{dx^3}=\frac{d^3f(x)}{dx^3}$$

$$y^{(n)}=f^{(n)}(x)=\frac{d^ny}{dx^n}=\frac{d^nf(x)}{dx^n}$$

예제 2.3.3

$f(x)=x^3-x$에 대해 도함수 정의를 이용하여 $f''(x)$, $f'''(x)$, $f^{(4)}(x)$를 구하여라.

풀이

$$f'(x)=\lim_{h\to0}\frac{f(x+h)-f(x)}{h}=\lim_{h\to0}\frac{(x+h)^3-(x+h)-[x^3-x]}{h}$$

$$=\lim_{h\to0}\frac{3x^2h+3xh^2+h^3-h}{h}=\lim_{h\to0}(3x^2+3xh+h^2-1)=3x^2-1$$

$$f''(x)=\lim_{h\to0}\frac{f'(x+h)-f'(x)}{h}=\lim_{h\to0}\frac{3(x+h)^2-1-[3x^2-1]}{h}$$

$$=\lim_{h\to0}\frac{6xh+3h^2}{h}=\lim_{h\to0}(6x+3h)=6x$$

마찬가지로

$$f'''(x)=\lim_{h\to0}\frac{f''(x+h)-f''(x)}{h}=\lim_{h\to0}\frac{6(x+h)-6x}{h}=\lim_{h\to0}\frac{6h}{h}=\lim_{h\to0}6=6$$

그러므로 $f^{(4)}(x)=\lim_{h\to0}\frac{f'''(x+h)-f'''(x)}{h}=\lim_{h\to0}\frac{6-6}{h}=\lim_{h\to0}0=0.$

실제로 $n\geq4$인 모든 n에 대해 $f^{(n)}(x)=0.$

2.4 음함수 미분법, 역함수 미분법

2.4.1 음함수 미분법

함수가 $y = f(x)$(x: 독립변수, y : 종속변수) 형태로 주어졌을 때 y는 x에 대한 양함수라고 한다. 한편 $F(x,y) = 0$의 형태로 표현된 함수를 y는 x에 대한 음함수라고 한다.

Note

주어진 음함수가 미분가능인 함수 $y = f(x)$로 표현된다고 하자. 그러면 연쇄법칙에 의해 $\frac{d}{dx}f(x)^n = nf(x)^{n-1}\frac{d}{dx}f(x)$이다. 즉, $\frac{d}{dx}y^n = ny^{n-1}\frac{dy}{dx}$이다.

● 음함수 미분법

주어진 음함수 $F(x,y) = 0$ 에 대해 y가 x의 함수라고 하자.

① 주어진 방정식의 양변을 x에 대해 미분한다.

② y가 x의 함수이므로 연쇄법칙을 적용하면 $\frac{dy}{dx}$를 포함한 항이 나타난다.

③ 미분 결과에서 $\frac{dy}{dx}$에 대한 식으로 정리하면 된다.

예제 2.4.1

$4x^2 + 9y^2 = 36$일 때 $\frac{dy}{dx}$를 구하여라.

풀이

$4x^2 + 9y^2 = 36$ 양변을 x에 관해 미분하면 $\frac{d}{dx}(4x^2 + 9y^2) = 0$

따라서 $8x + 18y\frac{dy}{dx} = 0$. 정리하면 $\frac{dy}{dx} = -\frac{8x}{18y} = -\frac{4x}{9y}$

실제로 $4x^2 + 9y^2 = 36$을 y에 대해 풀면 $y = \pm\frac{\sqrt{36-4x^2}}{3}$

$y = \frac{\sqrt{36-4x^2}}{3}$이면 $\frac{dy}{dx} = \frac{-8x}{6\sqrt{36-4x^2}} = -\frac{4x}{3\sqrt{36-4x^2}} = -\frac{4x}{9y}$이고

그리고 $y=-\dfrac{\sqrt{36-4x^2}}{3}$ 이면 $\dfrac{dy}{dx}=\dfrac{8x}{6\sqrt{36-4x^2}}=\dfrac{4x}{3\sqrt{36-4x^2}}=-\dfrac{4x}{9y}$ 이다.
음함수 미분법으로 계산했을 때와 같은 결과가 나온다.

예제 2.4.2

다음과 같이 주어진 음함수에 대해 $\dfrac{dy}{dx}$ 를 구하여라.

① $xy+y^2=1$

② $x^3+y^3=8xy$

풀이

예제 2.4.1과 같은 방법으로 풀면 된다.

2.4.2 역함수 미분법

정리 2.4.1

f가 미분가능인 전단사 함수이고 $f'(x) \neq 0$이면 $g=f^{-1}$도 미분가능하고 $g'(y)=\dfrac{1}{f'(x)}$

즉, $y=f(x)$에서 $\dfrac{dy}{dx}$가 존재해서 $\dfrac{dy}{dx} \neq 0$이면 $\dfrac{dx}{dy}=\dfrac{1}{\dfrac{dy}{dx}}$

증명

미분가능인 함수 $y=f(x)$에 대해 $g=f^{-1}$이므로 $x=g(y)=g(f(x))$이다. 양변을 x에 관해 미분하면 $1=g'(f(x))f'(x)=g'(y)f'(x)$이다.

따라서 $f'(x) \neq 0$이면 $g'(y)=\dfrac{1}{f'(x)}$. 즉, $\dfrac{dx}{dy}=\dfrac{1}{\dfrac{dy}{dx}}$

예제 2.4.3

다음에서 $\dfrac{dy}{dx}$ 를 구하여라.

① $x=y^4-2y$　　② $x=\sqrt{1-y^2}$　　③ $x=\sqrt[3]{y^4+3y}$

풀이

① $x=y^4-2y$에서 $\dfrac{dy}{dx}=\dfrac{1}{\dfrac{dx}{dy}}=\dfrac{1}{4y^3-2}$ (단, $4y^3-2\neq 0$)

실제로 양변을 x에 관해 미분하면 $1=4y^3\dfrac{dy}{dx}-2\dfrac{dy}{dx}=(4y^3-2)\dfrac{dy}{dx}$

따라서 $\dfrac{dy}{dx}=\dfrac{1}{4y^3-2}$(단, $4y^3-2\neq 0$)이므로 역함수 미분법으로 계산했을 때 와 같은 결과가 나온다.

나머지 문제도 같은 방법으로 계산할 수 있다.

2.4.3 매개함수 미분법

매개변수로 나타내어진 함수의 미분법

정의

$x=f(t)$, $y=g(t)$, $t\in I$ 로 주어진 평면곡선 C에 대해
$\{(x,y)\,|\,x=f(t),\ y=g(t),\ t\in I\}$을 곡선 C의 그래프라고 하고
$x=f(t)$, $y=g(t)$를 곡선 C의 매개함수, 그리고 t를 매개변수라고 한다.

특히 $I=[a,b]$일 때 $(f(a),g(a))$를 곡선 C의 시점, $(f(b),g(b))$를 곡선 C의 종점이라고 한다.

C: $x=f(t), y=g(t), t\in[a,b]$

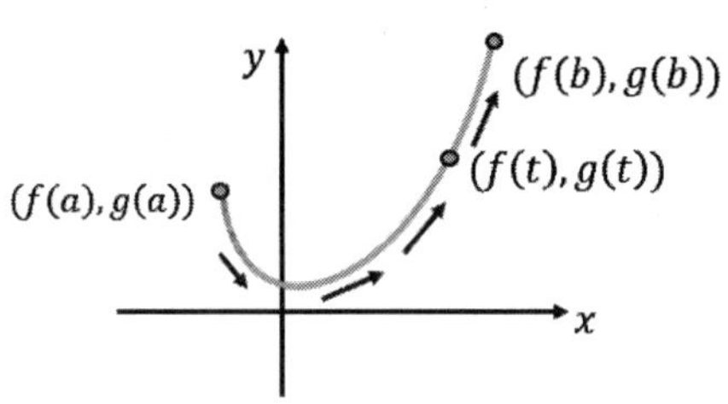

정리 2.4.2 **매개변수로 나타내어진 함수의 미분법**

$x=f(t), y=g(t)$가 미분가능하고 $\dfrac{dx}{dt}\neq 0$이면 $\dfrac{dy}{dx}=\dfrac{\frac{dy}{dt}}{\frac{dx}{dt}}=\dfrac{g'(t)}{f'(t)}$ (단, $f'(t)\neq 0$)

예제 2.4.4

다음 매개변수로 나타내어진 함수에 대하여 도함수 $\dfrac{dy}{dx}$를 구하여라.

① $x=t-1,\ y=t^2+1$

② $x=t^2-\dfrac{1}{t^2},\ y=t^2+\dfrac{1}{t^2}$

풀이

① $\dfrac{dy}{dx}=\dfrac{\frac{dy}{dt}}{\frac{dx}{dt}}=\dfrac{2t}{1}=2t$이다.

실제로 $x=t-1$에서 $t=x+1$이므로 $y=t^2+1=(x+1)^2+1$이므로

$\dfrac{dy}{dx}=2(x+1)=2t$

이처럼 y를 x의 식으로 고쳐서 x에 관해 미분했을 때와 같은 결과가 나오므로 주어진 음함수 $F(x,y)=0$에서 $\dfrac{dy}{dx}$를 구하기위해 준식을 y를 x의 식으로 고쳐서 x에 관해 미분할 필요 없이 음함수 미분법으로 계산하면 된다.

② 같은 방법으로 풀면 된다.

2.5 초월함수의 도함수

2.5.1 삼각함수의 도함수

삼각함수는 정의역 내의 모든 점에서 미분가능인 함수이며 그 도함수는 다음과 같다.

정리 2.5.1

① $\frac{d}{dx}\sin x = \cos x$ ② $\frac{d}{dx}\cos x = -\sin x$ ③ $\frac{d}{dx}\tan x = \sec^2 x$

④ $\frac{d}{dx}\sec x = \sec x \tan x$ ⑤ $\frac{d}{dx}\csc x = -\csc x \cot x$ ⑥ $\frac{d}{dx}\cot x = -\csc^2 x$

증명

① $\lim_{h\to 0}\frac{\sin(x+h)-\sin x}{h} = \lim_{h\to 0}\frac{\sin x\cosh+\cos x\sinh-\sin x}{h}$

$= \lim_{h\to 0}[\frac{\sin x(\cosh-1)}{h}+\cos x\frac{\sinh}{h}] = \sin x\lim_{h\to 0}\frac{\cosh-1}{h}+\cos x\lim_{h\to 0}\frac{\sinh}{h}$

여기서 $\lim_{h\to 0}\frac{\sinh}{h}=1$이다. 그리고

$\lim_{h\to 0}\frac{\cosh-1}{h} = \lim_{h\to 0}\frac{\cos^2h-1}{h(\cosh+1)} = \lim_{h\to 0}\frac{-\sin^2h}{h(\cosh+1)}$

$= -\lim_{h\to 0}\frac{\sinh}{h}\frac{\sinh}{\cosh+1} = -\lim_{h\to 0}\frac{\sinh}{h}\lim_{h\to 0}\frac{\sinh}{\cosh+1} = (-1)\times 0 = 0$

따라서 $\lim_{h\to 0}\frac{\sin(x+h)-\sin x}{h} = \sin x\times 0+\cos x\times 1 = \cos x$

그러므로 $y=\sin x$는 미분가능하고 $\frac{d}{dx}\sin x = \lim_{h\to 0}\frac{\sin(x+h)-\sin x}{h} = \cos x$이다.

② $\cos x = \sin(\frac{\pi}{2}-x)$이고 $y=\sin x$가 미분가능이므로 $y=\cos x$도 미분가능이고

$\frac{d}{dx}\cos x = \frac{d}{dx}\sin(\frac{\pi}{2}-x) = -\cos(\frac{\pi}{2}-x) = -\sin x$이다.

③ $\tan x = \frac{\sin x}{\cos x}$이고 $y=\sin x$와 $y=\cos x$가 미분가능이므로 $y=\tan x$도 미분가능

이고 $\frac{d}{dx}\tan x = \frac{d}{dx}\frac{\sin x}{\cos x} = \frac{\cos^2x+\sin^2x}{\cos^2x} = \frac{1}{\cos^2x} = \sec^2x$

나머지 세 개도 같은 방법으로 증명할 수 있다.

참고 $\lim_{x\to 0}\frac{\sin x}{x}=1$이다.

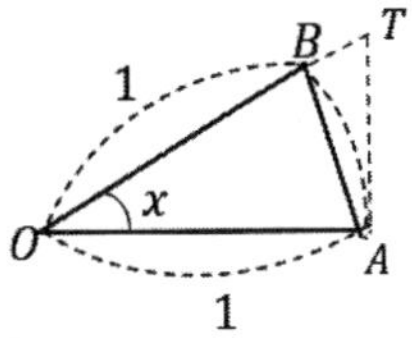

증명 $0<x<\frac{\pi}{2}$

$\triangle OAB$와 부채꼴 OAB와 $\triangle OAT$의 면적을 비교하면 $\frac{1}{2}\sin x<\frac{1}{2}x<\frac{1}{2}\tan x$

$0<x<\frac{\pi}{2}$이므로 $\frac{2}{\sin x}>0$이다. 따라서 $1<\frac{x}{\sin x}<\frac{1}{\cos x}$이므로

$\cos x<\frac{\sin x}{x}<1$.

$\lim_{x\to 0+}1=\lim_{x\to 0+}\cos x=1$이므로 샌드위치 정리에 의해 $\lim_{x\to 0+}\frac{\sin x}{x}=1$.

한편 $\lim_{x\to 0-}\frac{\sin x}{x}=\lim_{t\to 0+}\frac{\sin(-t)}{-t}=\lim_{t\to 0+}\frac{-\sin t}{-t}=\lim_{t\to 0+}\frac{\sin t}{t}=1$이므로

$\lim_{x\to 0}\frac{\sin x}{x}=1$

예제 2.5.1

다음 함수의 도함수를 구하여라.

① $f(x)=x^3\cos x$ ② $f(x)=\frac{\cos x}{\sin^2 x}$

풀이

① $f'(x)=(x^3)'\cos x+x^3(\cos x)'=3x^2\cos x-x^3\sin x$

② $f(x)=\frac{\cos x}{\sin^2 x}=\frac{\cos x}{\sin x}\cdot\frac{1}{\sin x}=\cot x\cdot\csc x$이므로

$f'(x)=(\cot x)'\cdot\csc x+\cot x\cdot(\csc x)'=-\csc^3 x-\csc x\cot^2 x=-\csc x(\csc^2 x+\cot^2 x)$

2.5.2 지수함수의 도함수

정리 2.5.2

① $\dfrac{d}{dx}a^x = a^x \ln a \ (a>0\ ,\ a\neq 1)$　　　② $\dfrac{d}{dx}e^x = e^x$

풀이

$\lim_{h\to 0}\dfrac{a^{x+h}-a^x}{h} = \lim_{h\to 0}\dfrac{a^x(a^h-1)}{h} = a^x\lim_{h\to 0}\dfrac{a^h-1}{h}$이다. 여기서 $h=\log_a k$로 치환하면 $h\to 0$이면 $k\to 1$이다.

따라서

$$\lim_{h\to 0}\frac{a^h-1}{h} = \lim_{k\to 1}\frac{a^{\log_a k}-1}{\log_a k} = \lim_{k\to 1}\frac{k-1}{\log_a k-1}$$

$$= \lim_{k\to 1}\frac{1}{\dfrac{\log_a k-1}{k-1}} = \frac{1}{\dfrac{d}{dx}\log_a x\mid_{x=1}} = \frac{1}{[\dfrac{1}{x\ln a}]_{x=1}} = \ln a$$

그러므로 $\dfrac{d}{dx}a^x = \lim_{h\to 0}\dfrac{a^{x+h}-a^x}{h} = a^x\lim_{h\to 0}\dfrac{a^h-1}{h} = a^x\ln a$이다.

①에 의해 $\dfrac{d}{dx}e^x = e^x\ln e = e^x$이다.

예제 2.5.2

다음 함수에 대해 $\dfrac{dy}{dx}$를 구하여라.

① $y=3^{\sec x}$　　　② $y=e^{x^2}\sin 5x$

풀이

① $y=3^{\sec x}$에서 $y=3^u\ ,\ u=\sec x$라 하면

$$\frac{dy}{dx} = \frac{dy}{du}\frac{du}{dx} = 3^u\ln 3\cdot \sec x\tan x = 3^{\sec x}\ln 3\cdot \sec x\tan x$$

② 같은 방법으로 풀면 된다.

2.5.3 로그함수의 도함수

정리 2.5.3

① $\dfrac{d}{dx}\ln x = \dfrac{1}{x} \quad (x > 0)$

② $\dfrac{d}{dx}\log_a x = \dfrac{1}{x\ln a} \quad (a > 0\ ,\ a \neq 1)$

증명

② 역함수 관계에 의해 $y = \log_a x$와 $x = a^y$ (단 $a > 0,\ a \neq 1$)는 동치이다.

$x = a^y$의 양변을 x에 관해 미분하면 $a^y \ln a \dfrac{dy}{dx} = 1$이다. $a^y \ln a \neq 0$이므로

$\dfrac{dy}{dx} = \dfrac{1}{a^y \ln a} = \dfrac{1}{x\ln a}$이다.

②에 의해 $\dfrac{d}{dx}\ln x = \dfrac{d}{dx}\log_e x = \dfrac{1}{x\ln e} = \dfrac{1}{x}$이다.

예제 2.5.3

$f(x) = \ln|x|$일 때 $f'(x)$를 구하여라.

풀이

$x > 0$이면 $f(x) = \ln|x| = \ln x$. 따라서 $f'(x) = \dfrac{1}{x}$

$x < 0$이면 $f(x) = \ln|x| = \ln(-x)$. 따라서 $f'(x) = \dfrac{-1}{-x} = \dfrac{1}{x}$

그러므로 0이 아닌 임의의 실수 x에 대해 $f'(x) = \dfrac{1}{x}$.

Note

f가 미분 가능인 함수이면 연쇄법칙에 의해 $(\ln|f(x)|)' = \dfrac{f'(x)}{f(x)}$이다.

예제 2.5.4

$\dfrac{d}{dx}\ln|\cos x|$를 구하여라.

풀이

$$\frac{d}{dx}\ln|\cos x| = \frac{(\cos x)'}{\cos x} = \frac{-\sin x}{\cos x} = -\tan x$$

Note

f가 미분 가능한 함수이면 연쇄법칙에 의해 $(e^{f(x)})' = e^{f(x)}f'(x)$이다.

예제 2.5.5

양의 실수 $x>0$와 임의의 실수 n에 대해 $f(x)=x^n$이면 $f'(x)=nx^{n-1}$이다.

증명

임의의 $x>0$에 대해 $f(x)=x^n=e^{\ln x^n}=e^{n\ln x}$이다. 따라서 연쇄법칙에 의해

$$f'(x)=e^{n\ln x}(n\ln x)'=x^n\frac{n}{x}=nx^{n-1}$$

- **로그미분법**

① $y=f(x)$의 양변에 자연로그를 취하고 로그 성질을 이용하여 간단히 한다.
② x에 대해 음함수 미분법으로 미분한 후 y'에 대해 정리한다.

예제 2.5.6

$y=\dfrac{x^{\frac{4}{5}}\sqrt{x^2+1}}{(2x+3)^4}$을 미분하여라.

풀이

주어진 방정식의 양변에 로그를 취하고 로그 성질을 이용하면

$$\ln y = \ln\left(\frac{x^{\frac{4}{5}}\sqrt{x^2+1}}{(2x+3)^4}\right) = \ln\left(x^{\frac{4}{5}}\sqrt{x^2+1}\right) - \ln\left((2x+3)^4\right)$$

$$= \ln x^{\frac{4}{5}} + \ln\sqrt{x^2+1} - \ln(2x+3)^4 = \frac{4}{5}\ln x + \frac{1}{2}\ln(x^2+1) - 4\ln(2x+3)$$

x에 대해 양변을 미분하면

$$\frac{1}{y}\frac{dy}{dx} = \frac{4}{5}\cdot\frac{1}{x} + \frac{1}{2}\frac{2x}{x^2+1} - 4\cdot\frac{2}{2x+3} = \frac{4}{5x} + \frac{x}{x^2+1} - \frac{8}{2x+3}$$

그러므로

$$\frac{dy}{dx} = y\left(\frac{4}{5x} + \frac{x}{x^2+1} - \frac{8}{2x+3}\right) = \frac{x^{\frac{4}{5}}\sqrt{x^2+1}}{(2x+3)^4}\left(\frac{4}{5x} + \frac{x}{x^2+1} - \frac{8}{2x+3}\right)$$

예제 2.5.7

$y = x^{\sqrt{x}}$를 미분하여라.

풀이

같은 방법으로 풀면 된다.

2.5.4 역삼각함수의 도함수

역삼각함수(inverse trigonometric function)이란 삼각함수의 역함수를 말한다. 삼각함수는 전단사함수가 아니기 때문에 이의 역함수를 정의하려면 정의역을 제한하는 것이 필요하다.

● 역삼각함수의 정의

① $f(x) = \sin x : R \to [-1,1]$는 주기가 2π인 주기함수이므로 전단사함수가 아니다. 정의역을 제한하면 $f(x) = \sin x : [-\frac{\pi}{2}, \frac{\pi}{2}] \to [-1,1]$은 전단사함수이다. 따라서 $f^{-1}(x) : [-1,1] \to [-\frac{\pi}{2}, \frac{\pi}{2}]$가 존재한다.

표기 $y = \sin^{-1}x \ \ (-1 \le x \le 1\ ,\ -\frac{\pi}{2} \le y \le \frac{\pi}{2})$

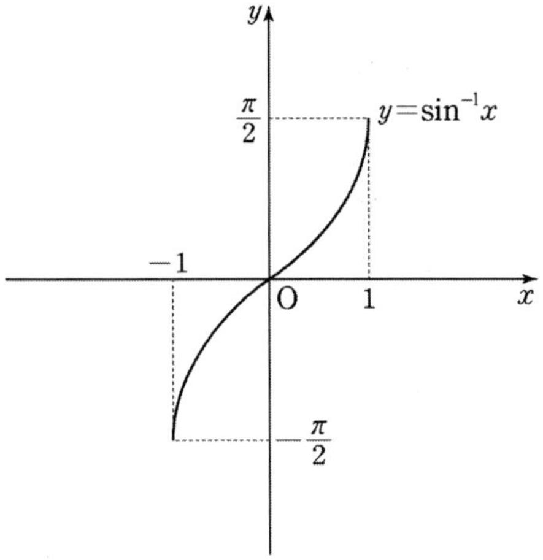

② $f(x)=\cos x : R\to[-1,1]$는 주기가 2π인 주기함수이므로 전단사함수가 아니다. 정의역을 제한하면 $f(x)=\cos x : [0,\pi]\to[-1,1]$은 전단사함수이므로 $f^{-1}(x) : [-1,1]\to[0,\pi]$가 존재한다.

표기 $y=\cos^{-1}x \ (-1\le x\le 1\,,\ 0\le y\le \pi)$

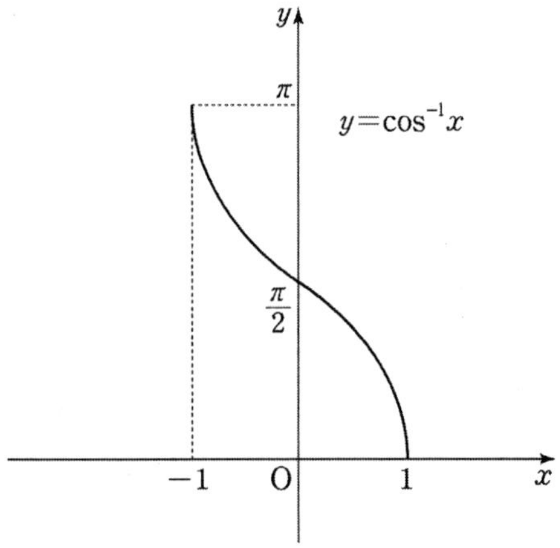

③ $f(x)=\tan x : R-\left\{\frac{(2n-1)\pi}{2} \mid n\in Z\right\}\to R$는 주기가 π인 주기함수이므로 전단사함수가 아니다. 정의역을 제한하면 $f(x)=\tan x : (-\frac{\pi}{2},\frac{\pi}{2})\to R$는 전단사함수이므로 역함수 $f^{-1}(x) : R\to(-\frac{\pi}{2},\frac{\pi}{2})$가 존재한다.

표기 $y=\tan^{-1}x \ (-\infty<x<\infty\ ,\ -\frac{\pi}{2}<y<\frac{\pi}{2})$

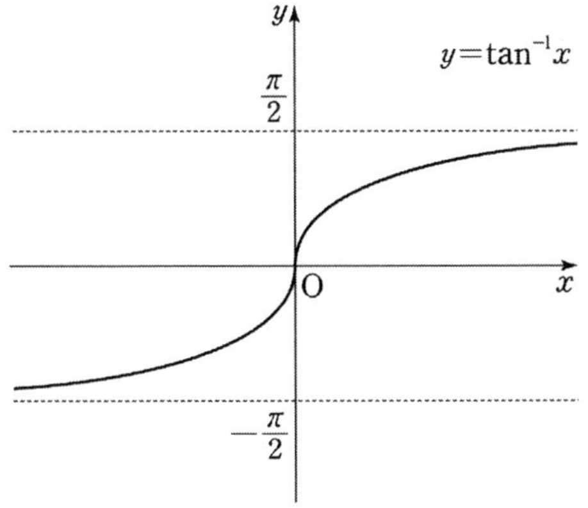

④ $f(x)=\sec x : R-\left\{\frac{(2n-1)\pi}{2} \mid n\in Z\right\}\to R-(-1,1)$는 주기가 2π인 주기함수이므로 전단사함수가 아니다. 정의역을 제한하면

$f(x)=\sec x : [0,\pi]-\left\{\frac{\pi}{2}\right\}\to R-(-1,1)$은 전단사함수이므로

$f^{-1}(x) : R-(-1,1)\to[0,\pi]-\left\{\frac{\pi}{2}\right\}$가 존재한다.

표기 $y=\sec^{-1}x\ \ (|x|\geq 1\ ,\ 0\leq y\leq\pi\ ,\ \ y\neq\frac{\pi}{2})$

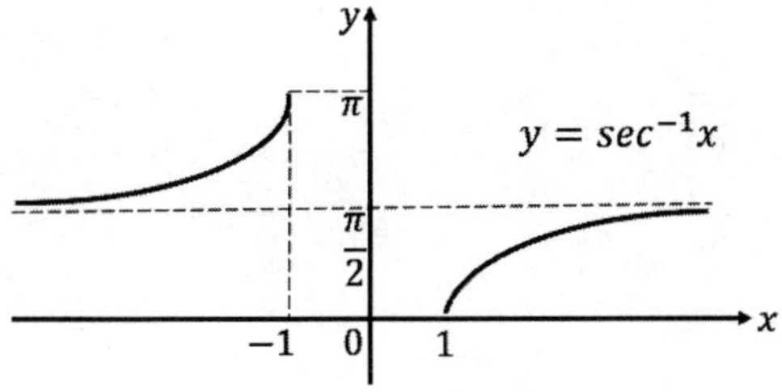

⑤ $f(x)=\csc x : R-\{n\pi \mid n\in Z\}\to R-(-1,1)$는 주기가 2π인 주기함수이므로 전단사함수가 아니다. 정의역을 제한하면 $f(x)=\csc x : [-\frac{\pi}{2},\frac{\pi}{2}]-\{0\}\to R-(-1,1)$은 전단사함수이므로 $f^{-1}(x) : R-(-1,1)\to[-\frac{\pi}{2},\frac{\pi}{2}]-\{0\}$가 존재한다.

표기 $y=\csc^{-1}x\ \ (|x|\geq 1\ ,\ -\frac{\pi}{2}\leq y\leq\frac{\pi}{2}\ ,\ \ y\neq 0)$

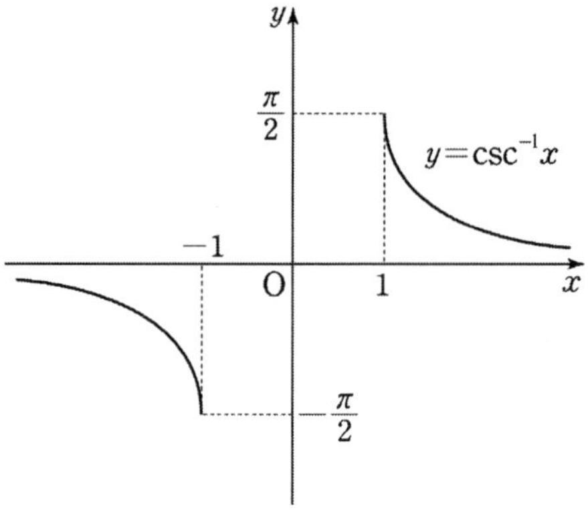

⑥ $f(x)=\cot x : R-\{n\pi \mid n\in Z\}\to R$는 주기가 π인 주기함수이므로 전단사함수가 아니다. 정의역을 제한하면 $f(x)=\cot x : (0,\pi)\to R$은 전단사함수이므로 $f^{-1}(x) : R\to(0,\pi)$가 존재한다.

표기 $y=\cot^{-1}x \ (-\infty<x<\infty\ ,\ 0<y<\pi)$

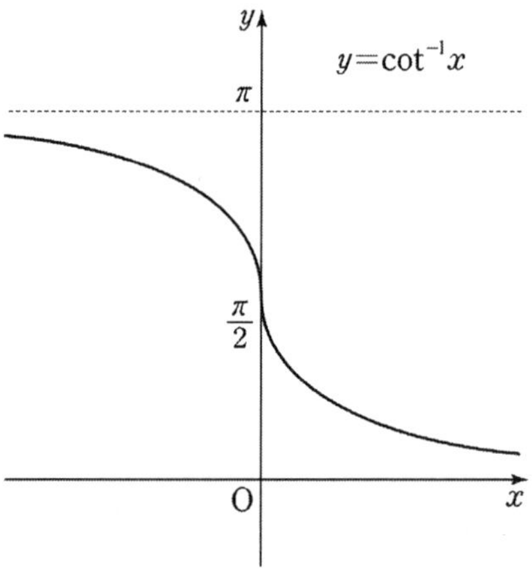

역삼각함수의 정의, 정의역과 치역을 정리하면 아래와 같다.

역삼각함수	정 의	정 의 역	치 역
$y=\sin^{-1}x$	$x=\sin y$	$[-1,1]$	$[-\frac{\pi}{2},\frac{\pi}{2}]$
$y=\cos^{-1}x$	$x=\cos y$	$[-1,1]$	$[0,\pi]$
$y=\tan^{-1}x$	$x=\tan y$	R	$(-\frac{\pi}{2},\frac{\pi}{2})$
$y=\cot^{-1}x$	$x=\cot y$	R	$(0,\pi)$
$y=\sec^{-1}x$	$x=\sec y$	$\{x\in R \mid \lvert x\rvert \geq 1\}$	$[0,\pi]-\left\{\frac{\pi}{2}\right\}$
$y=\csc^{-1}x$	$x=\csc y$	$\{x\in R \mid \lvert x\rvert \geq 1\}$	$[-\frac{\pi}{2},\frac{\pi}{2}]-\{0\}$

역삼각함수는 모두 미분가능하고 도함수는 아래와 같다.

정리 2.5.4

① $\dfrac{d}{dx}\sin^{-1}x = \dfrac{1}{\sqrt{1-x^2}}$, $(-1 < x < 1)$

② $\dfrac{d}{dx}\tan^{-1}x = \dfrac{1}{1+x^2}$, $(-\infty < x < \infty)$

③ $\dfrac{d}{dx}\sec^{-1}x = \dfrac{1}{|x|\sqrt{x^2-1}}$, $(\ |x| > 1)$

증명

① $y = \sin^{-1}x(-1 \le x \le 1\,,\ -\dfrac{\pi}{2} \le y \le \dfrac{\pi}{2})$라 하면 $x = \sin y$이다. 양변을 미분하면 $1 = \cos y\dfrac{dy}{dx}$. 여기서 $y \ne \pm\dfrac{\pi}{2}$이면 $\cos y \ne 0$이므로 $\dfrac{dy}{dx} = \dfrac{1}{\cos y}$이다.

$\cos y = \pm\sqrt{1-\sin^2 y} = \pm\sqrt{1-x^2}$에서 $-\dfrac{\pi}{2} < y < \dfrac{\pi}{2}$이므로 $\cos y > 0$이다.

따라서 $\cos y = \sqrt{1-x^2}$이므로 $\dfrac{dy}{dx} = \dfrac{1}{\cos y} = \dfrac{1}{\sqrt{1-x^2}}$, $(-1 < x < 1)$.

② $y = \tan^{-1}x\ (-\infty < x < \infty\,,\ -\dfrac{\pi}{2} < y < \dfrac{\pi}{2})$라 하면 $x = \tan y$.

양변을 미분하면 $1 = \sec^2 y\dfrac{dy}{dx}$이다. $\sec^2 y \ne 0$이므로

$\dfrac{dy}{dx} = \dfrac{1}{\sec^2 y} = \dfrac{1}{1+\tan^2 y} = \dfrac{1}{1+x^2}$, $(-\infty < x < \infty)$이다.

③ $y = \sec^{-1}x\ (|x| \ge 1\,,\ 0 < y < \pi\,,\ y \ne \dfrac{\pi}{2})$라 하면 $x = \sec y$.

양변을 미분하면 $1 = \sec y\tan y\dfrac{dy}{dx}$이다.

$0 < y < \pi\,,\ y \ne \dfrac{\pi}{2}$이므로 $\sec y\tan y > 0$이다.

따라서 $\dfrac{dy}{dx} = \dfrac{1}{\sec y\tan y} = \dfrac{1}{|\sec y|\sqrt{\sec^2 y-1}} = \dfrac{1}{|x|\sqrt{x^2-1}}$, $(|x| > 1)$.

Note

① $\sin^{-1}x + \cos^{-1}x = \dfrac{\pi}{2}$

② $\tan^{-1}x + \cot^{-1}x = \dfrac{\pi}{2}$

③ $\sec^{-1}x + \csc^{-1}x = \dfrac{\pi}{2}$

(∵)

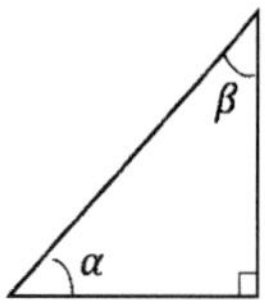

① $\alpha+\beta=\frac{\pi}{2}$ $(0<\alpha\,,\beta<\frac{\pi}{2})$에 대해 $\sin\alpha=\sin(\frac{\pi}{2}-\beta)=\cos\beta$이므로

$x=\sin\alpha=\cos\beta$ 라 두면 $\alpha=\sin^{-1}x\,,\beta=\cos^{-1}x$이다. 따라서

$\sin^{-1}x+\cos^{-1}x=\frac{\pi}{2}.$

같은 방법을 적용하면 $\tan^{-1}x+\cot^{-1}x=\frac{\pi}{2}$이고, $\sec^{-1}x+\csc^{-1}x=\frac{\pi}{2}$이다.

위 결과를 이용하면 나머지 역삼각함수의 도함수를 구할 수 있다.

① $\frac{d}{dx}\cos^{-1}x=-\frac{d}{dx}\sin^{-1}x=-\frac{1}{\sqrt{1-x^2}}\,,\ (-1<x<1)$

② $\frac{d}{dx}\cot^{-1}x=-\frac{d}{dx}\tan^{-1}x=-\frac{1}{1+x^2}\,,\ (-\infty<x<\infty)$

③ $\frac{d}{dx}\csc^{-1}x=-\frac{d}{dx}\sec^{-1}x=-\frac{1}{|x|\sqrt{x^2-1}}\,,\ (\ |x|>1).$

예제 2.5.8

다음 함수의 도함수를 구하여라.

① $f(x)=\cos^{-1}(2x)$ ② $f(x)=\tan^{-1}(3x)$ ③ $f(x)=\sin^{-1}\sqrt{x}$

풀이

① $\frac{d}{dx}\cos^{-1}(2x)=-\frac{1}{\sqrt{1-(2x)^2}}\cdot 2=-\frac{2}{\sqrt{1-4x^2}}$

② $\frac{d}{dx}\tan^{-1}(3x)=\frac{1}{1+(3x)^2}\cdot 3=\frac{3}{1+9x^2}$

③ $\frac{d}{dx}\sin^{-1}\sqrt{x}=\frac{\frac{1}{2\sqrt{x}}}{\sqrt{1-(\sqrt{x})^2}}=\frac{1}{2\sqrt{x}\sqrt{1-x}}=\frac{1}{2\sqrt{x(1-x)}}\ (0<x<1)$

2.5.5 쌍곡선함수의 도함수

정의 쌍곡선함수

① $\sinh x = \dfrac{e^x - e^{-x}}{2}$ ② $\cosh x = \dfrac{e^x + e^{-x}}{2}$

③ $\tanh x = \dfrac{\sinh x}{\cosh x} = \dfrac{e^x - e^{-x}}{e^x + e^{-x}}$ ④ $\coth x = \dfrac{\cosh x}{\sinh x} = \dfrac{e^x + e^{-x}}{e^x - e^{-x}}$, $(x \neq 0)$

⑤ $\operatorname{sech} x = \dfrac{1}{\cosh x} = \dfrac{2}{e^x + e^{-x}}$ ⑥ $\operatorname{csch} x = \dfrac{1}{\sinh x} = \dfrac{2}{e^x - e^{-x}}$, $(x \neq 0)$

정리 2.5.5 쌍곡선함수의 성질

① $\sinh(-x) = -\sinh x$, $\cosh(-x) = \cosh x$

② $\cosh x + \sinh x = e^x$, $\cosh x - \sinh x = e^{-x}$

③ $\cosh^2 x - \sinh^2 x = 1$

④ $1 - \tanh^2 x = \operatorname{sech}^2 x$

⑤ $\coth^2 x - 1 = \operatorname{csch}^2 x$

⑥ $\sinh(x+y) = \sinh x \cosh y + \cosh x \sinh y$

⑦ $\cosh(x+y) = \cosh x \cosh y + \sinh x \sinh y$

⑧ $\tanh(x+y) = \dfrac{\tanh x + \tanh y}{1 + \tanh x \tanh y}$

증명

① $\sinh(-x) = \dfrac{e^{-x} - e^x}{2} = -\sinh x$, $\cosh(-x) = \dfrac{e^{-x} + e^x}{2} = \cosh x$

② $\cosh x + \sinh x = \dfrac{e^x + e^{-x}}{2} + \dfrac{e^x - e^{-x}}{2} = e^x$,

$\cosh x - \sinh x = \dfrac{e^x + e^{-x}}{2} - \dfrac{e^x - e^{-x}}{2} = e^{-x}$

③ $\cosh^2 x - \sinh^2 x = \left(\dfrac{e^x + e^{-x}}{2}\right)^2 - \left(\dfrac{e^x - e^{-x}}{2}\right)^2 = 1$

④ $1 - \tanh^2 x = 1 - \left(\dfrac{\sinh x}{\cosh x}\right)^2 = \dfrac{\cosh^2 x - \sinh^2 x}{\cosh^2 x} = \dfrac{1}{\cosh^2 x} = \operatorname{sech}^2 x$

⑤ $\coth^2 x - 1 = \left(\dfrac{\cosh x}{\sinh x}\right)^2 - 1 = \dfrac{\cosh^2 x - \sinh^2 x}{\sinh^2 x} = \dfrac{1}{\sinh^2 x} = \operatorname{csch}^2 x$

⑥ $\sinh(x+y)=\dfrac{e^{x+y}-e^{-(x+y)}}{2}=\dfrac{e^{x}e^{y}-e^{-x}e^{-y}}{2}$

$$=\frac{(e^{x}-e^{-x})(e^{y}+e^{-y})+(e^{x}+e^{-x})(e^{y}-e^{-y})}{4}$$

$$=\sinh x\cosh y+\cosh x\sinh y$$

⑦ $\cosh(x+y)=\dfrac{e^{x+y}+e^{-(x+y)}}{2}=\dfrac{e^{x}e^{y}+e^{-x}e^{-y}}{2}$

$$=\frac{(e^{x}+e^{-x})(e^{y}+e^{-y})+(e^{x}-e^{-x})(e^{y}-e^{-y})}{4}$$

$$=\cosh x\cosh y+\sinh x\sinh y$$

Note

임의의 실수 $t\in R$에 대해 $\sin^2 t+\cos^2 t=1$이므로 임의의 실수 $t\in R$에 대해 $(\sin t, \cos t)$는 단위원 $x^2+y^2=1$상의 점이 된다. 그래서 삼각함수를 원형함수라고도 한다. 같은 방법으로 임의의 실수 $t\in R$에 대해 $\cosh^2 t-\sinh^2 t=1$이므로 임의의 실수 $t\in R$에 대해 $(\cosh t, \sinh t)$는 쌍곡선 $x^2-y^2=1$상의 점이 된다. 이것이 쌍곡선함수로 이름 붙여진 이유이다.

● 쌍곡선함수의 그래프

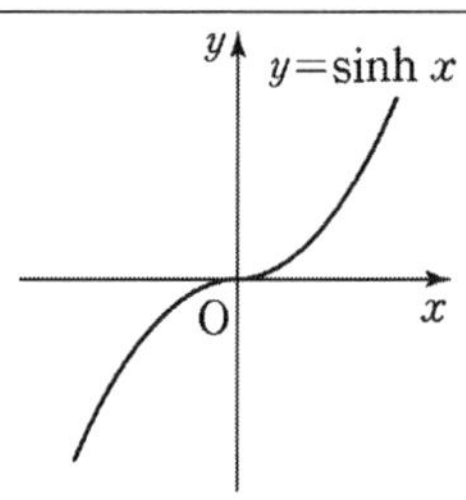

$y=\sinh x : R\to R$

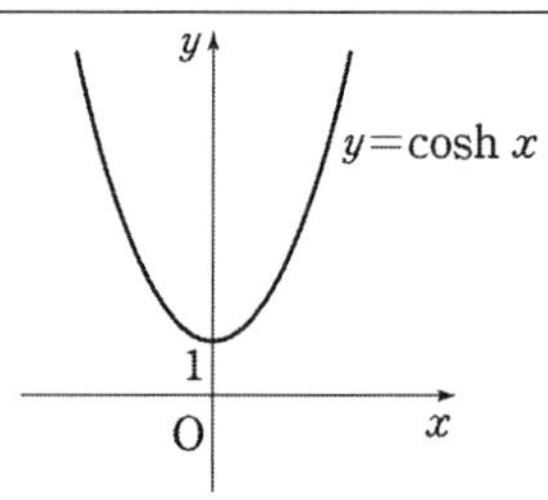

$y=\cosh x : R\to[1,\infty)$

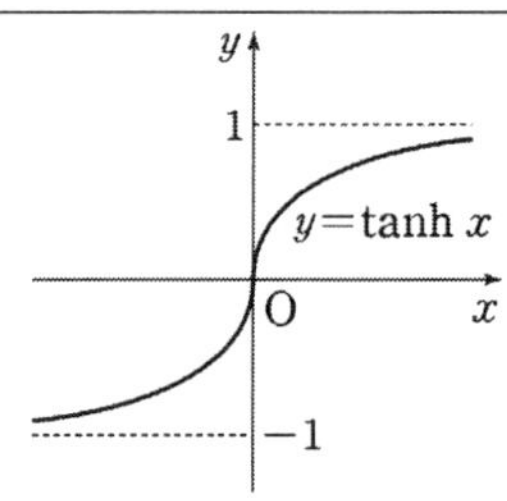

$y=\tanh x : R\to(-1,1)$

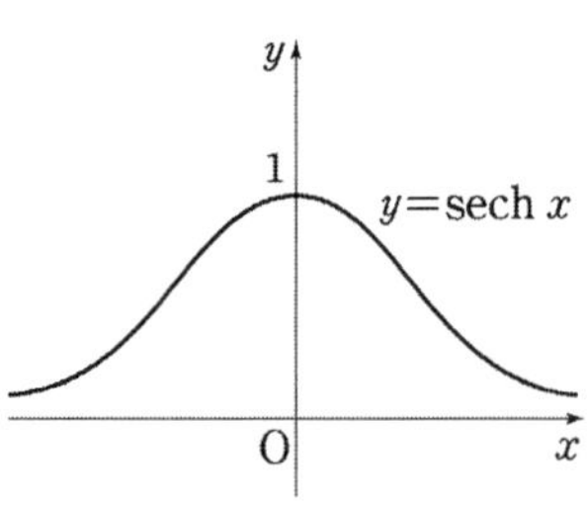

$y=\operatorname{sech} x : R\to(0,1]$

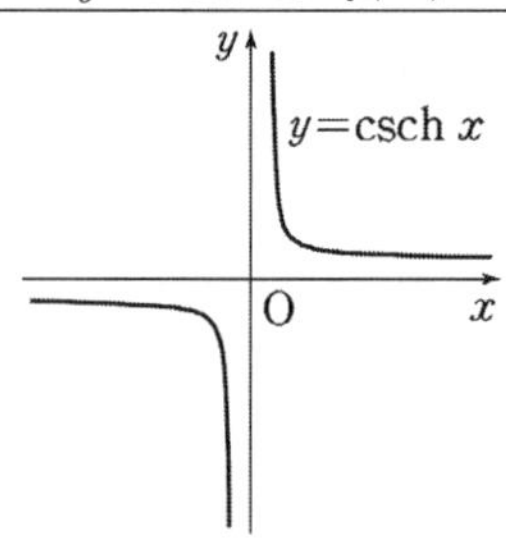

$y=\operatorname{csch} x : R-\{0\}\to R-\{0\}$

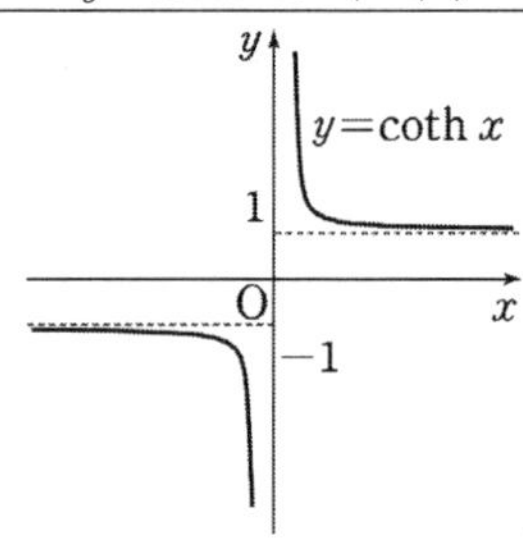

$y=\coth x : R-\{0\}\to R-[-1,1]$

쌍곡선함수는 미분가능인 함수인 지수함수 $y=e^x$와 $y=e^{-x}$의 결합으로 만들어진 함수이므로 모두 미분가능하다. 쌍곡선함수의 도함수는 다음과 같다.

정리 2.5.6 **쌍곡선함수의 도함수**

① $\frac{d}{dx}(\sinh x)=\cosh x$　　② $\frac{d}{dx}(\cosh x)=\sinh x$

③ $\frac{d}{dx}(\tanh x)=\operatorname{sech}^2 x$　　④ $\frac{d}{dx}(\coth x)=-\operatorname{csch}^2 x$

⑤ $\frac{d}{dx}(\operatorname{sech} x)=-\operatorname{sech} x\tanh x$　　⑥ $\frac{d}{dx}(\operatorname{csch} x)=-\operatorname{csch} x\coth x$

증명

① $\frac{d}{dx}(\sinh x)=\frac{d}{dx}(\frac{e^x-e^{-x}}{2})=\frac{e^x+e^{-x}}{2}=\cosh x$

② $\frac{d}{dx}(\cosh x)=\frac{d}{dx}(\frac{e^x+e^{-x}}{2})=\frac{e^x-e^{-x}}{2}=\sinh x$

③ $\frac{d}{dx}(\tanh x)=\frac{d}{dx}\frac{\sinh x}{\cosh x}=\frac{\cosh^2 x-\sinh^2 x}{\cosh^2 x}=\frac{1}{\cosh^2 x}=\operatorname{sech}^2 x$

④ $\frac{d}{dx}(\coth x)=\frac{d}{dx}\frac{\cosh x}{\sinh x}=\frac{\sinh^2 x-\cosh^2 x}{\sinh^2 x}=-\frac{1}{\sinh^2 x}=-\operatorname{csch}^2 x$

⑤ $\frac{d}{dx}(\operatorname{sech} x)=\frac{d}{dx}\frac{1}{\cosh x}=-\frac{\sinh x}{\cosh^2 x}=-\frac{\sinh x}{\cosh x}\cdot\frac{1}{\cosh x}=-\operatorname{sech} x\tanh x$

⑥ $\frac{d}{dx}(\operatorname{csch} x)=\frac{d}{dx}\frac{1}{\sinh x}=-\frac{\cosh x}{\sinh^2 x}=-\frac{\cosh x}{\sinh x}\cdot\frac{1}{\sinh x}=-\operatorname{csch} x\coth x$

예제 2.5.9

다음 함수의 도함수를 구하여라.

① $y=\sinh(2x^2+x)$　　② $y=\tanh(\cos(2x+1))$

풀이

① $\frac{dy}{dx}=\cosh(2x^2+x)(2x^2+x)'=\cosh(2x^2+x)(4x+1)$

② $\frac{dy}{dx}=\operatorname{sech}^2(\cos(2x+1))(\cos(2x+1))'=-2\sin(2x+1)\operatorname{sech}^2(\cos(2x+1))$

2.5.6 역쌍곡선함수의 도함수

Note

쌍곡선함수의 그래프에서 보는 바와 같이 $y = \sinh x$, $y = \tanh x$, $y = \mathrm{csch} x$, 그리고 $y = \coth x$는 모두 전단사함수이므로 역함수를 가진다. 그러나 $y = \cosh x$와 $y = \mathrm{sech} x$는 전단사함수가 아니다. 역삼각함수와 마찬가지로 역쌍곡선함수를 정의하기 위해서는 정의역을 제한할 필요가 있다.

• 역쌍곡선함수의 정의

① $f(x) = \sinh x : R \to R$은 전단사함수이므로 $f^{-1}(x) = \sinh^{-1}x : R \to R$ 가 존재한다.

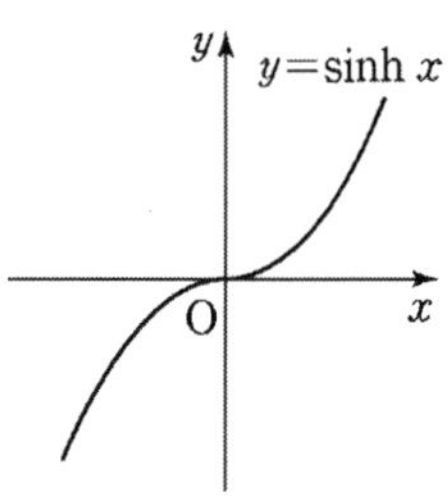

즉, $y = \sinh^{-1}x \Leftrightarrow x = \sinh y$, $-\infty < x < \infty$, $-\infty < y < \infty$

② $f(x) = \cosh x = R \to [1, \infty)$는 전단사함수가 아니다.

정의역을 제한하면 $f(x) = \cosh x = [0, \infty) \to [1, \infty)$은 전단사함수가 된다. 따라서 역함수 $f^{-1}(x) = \cosh^{-1}x : [1, \infty) \to [0, \infty)$가 존재한다.

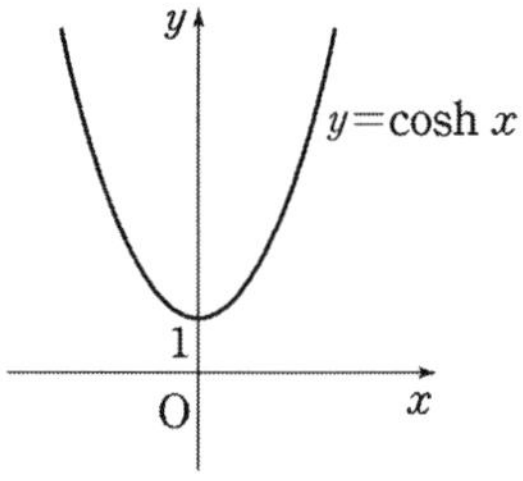

즉, $y = \cosh^{-1}x \Leftrightarrow x = \cosh y$, $x \geq 1$, $y \geq 0$

③ $f(x) = \tanh x : R \to (-1,1)$은 전단사함수이므로 역함수

$f^{-1}(x) = \tanh^{-1}x : (-1,1) \to R$가 존재한다.

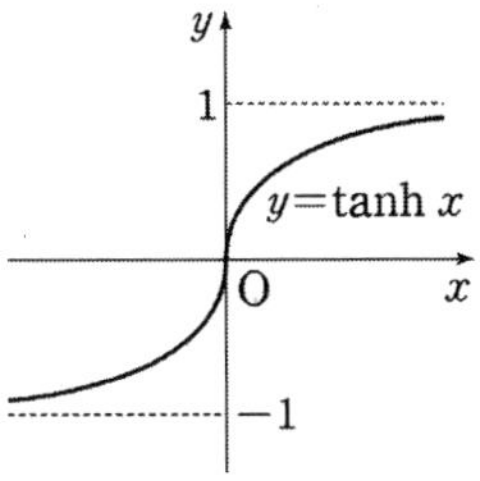

즉, $y = \tanh^{-1}x \Leftrightarrow x = \tanh y$, $-1 < x < 1$, $-\infty < y < \infty$

④ $f(x) = \operatorname{csch} x : R - \{0\} \to R - \{0\}$은 전단사함수이므로 역함수

$f^{-1}(x) = \operatorname{csch}^{-1}x : R - \{0\} \to R - \{0\}$가 존재한다.

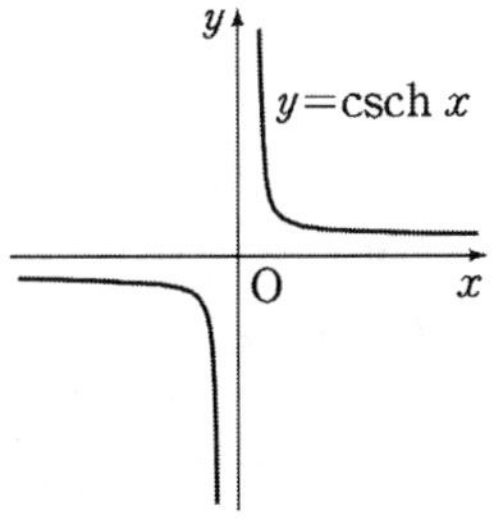

즉, $y = \operatorname{csch}^{-1}x \Leftrightarrow x = \operatorname{csch} y$, $x \neq 0$, $y \neq 0$

⑤ $f(x) = \operatorname{sech} x : R \to (0,1]$는 전단사함수가 아니다.

정의역을 제한하면 $f(x) = \operatorname{sech} x : [0,\infty) \to (0,1]$은 전단사함수이다.

따라서 역함수 $f^{-1}(x) = \operatorname{sech}^{-1}x : (0,1] \to [0,\infty)$가 존재한다.

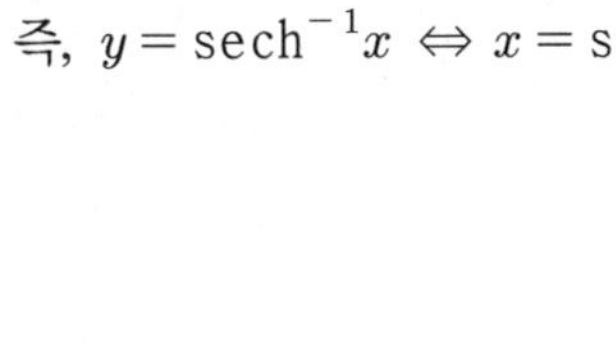

즉, $y = \operatorname{sech}^{-1}x \Leftrightarrow x = \operatorname{sech} y$, $0 < x \leq 1$, $y \geq 0$

⑥ $f(x)=\coth x : R-\{0\}\to R-[-1,1]$은 전단사함수이다. 따라서 역함수 $f^{-1}(x)=\coth^{-1}x : R-[-1,1]\to R-\{0\}$가 존재한다.

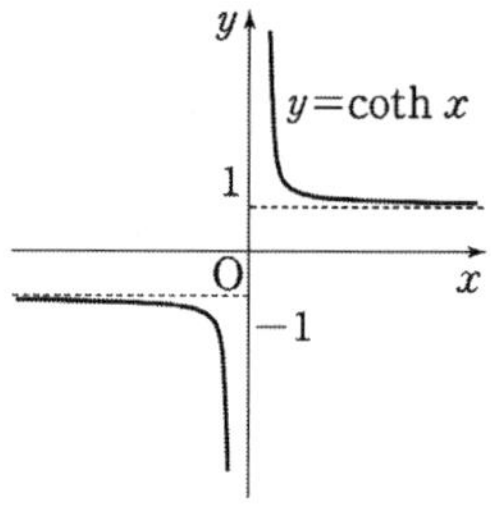

즉, $y=\coth^{-1}x \Leftrightarrow x=\coth y$, $|x|>1$, $y\neq 0$

● 역쌍곡선함수의 그래프

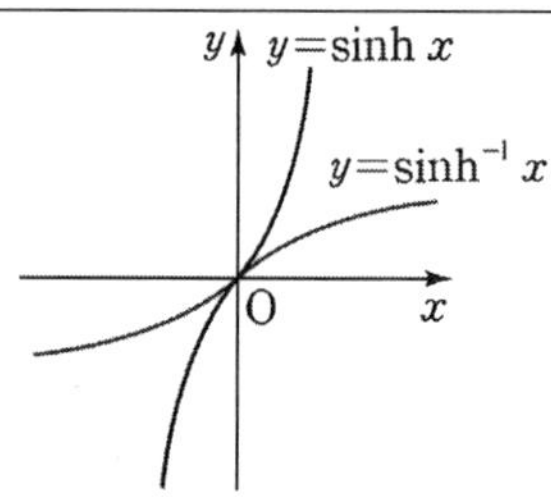

$y=\sinh^{-1}x : R\to R$

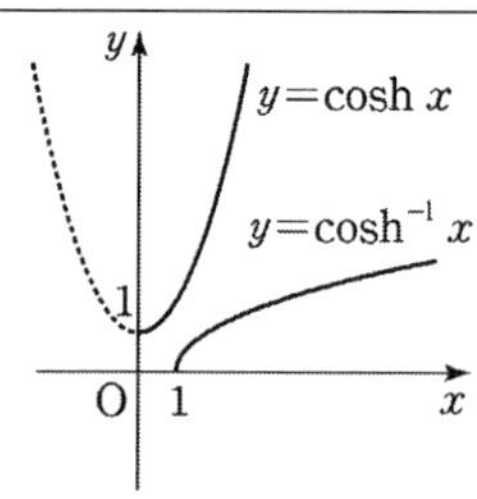

$y=\cosh^{-1}x : [1,\infty)\to[0,\infty)$

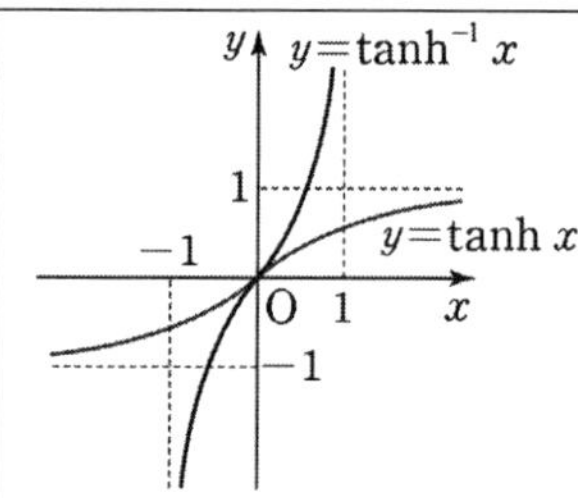

$y=\tanh^{-1}x : (-1,1)\to R$

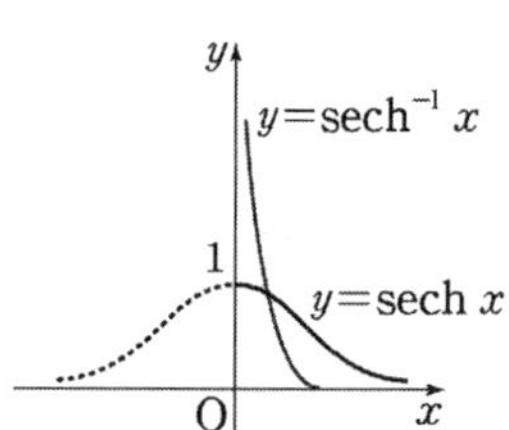

$y=\text{sech}^{-1}x : (0,1]\to[0,\infty)$

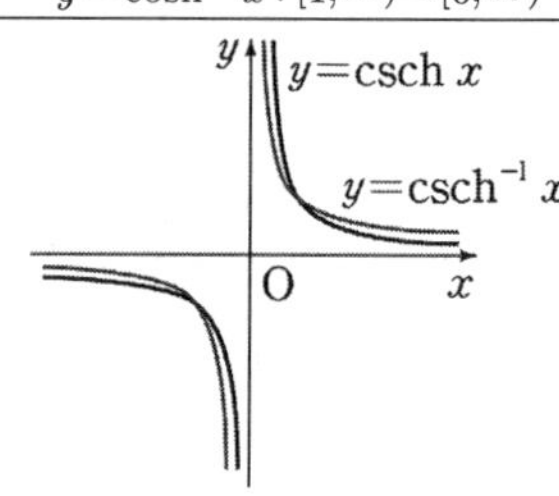

$y=\text{csch}^{-1}x : R-\{0\}\to R-\{0\}$

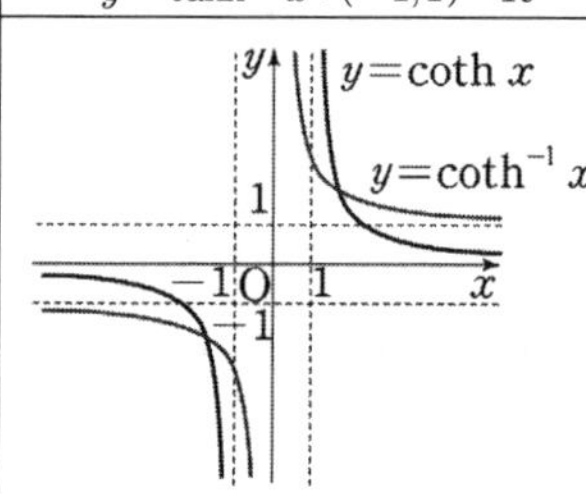

$y=\coth^{-1}x : R-[-1,1]\to R-\{0\}$

Note

쌍곡선함수는 지수함수에 의해 정의되었다. 역쌍곡선함수는 다음과 같이 지수함수의 역함수인 로그함수로 모두 표현됨을 알 수 있다.

정리 2.5.7

① $\sinh^{-1}x=\ln(x+\sqrt{x^2+1})$, $-\infty<x<\infty$

② $\cosh^{-1}x=\ln(x+\sqrt{x^2-1})$, $x\geq 1$

③ $\tanh^{-1}x = \frac{1}{2}\ln(\frac{1+x}{1-x})$, $|x| < 1$

④ $\text{sech}^{-1}x = \ln(\frac{1+\sqrt{1-x^2}}{x})$, $0 < x \le 1$

⑤ $\coth^{-1}x = \frac{1}{2}\ln(\frac{x+1}{x-1})$, $|x| > 1$

⑥ $\text{csch}^{-1}x = \ln(\frac{1+\sqrt{x^2+1}}{x})$, $x \neq 0$

증명

① $y = \sinh^{-1}x$ $(-\infty < x < \infty$, $-\infty < y < \infty)$라 하면

$x = \sinh y = \frac{e^y - e^{-y}}{2}$이다.

따라서 $e^y - e^{-y} - 2x = 0$이므로 $e^{2y} - 2xe^y - 1 = 0$이다.

따라서 근의 공식에 의해 $e^y = x \pm \sqrt{x^2+1}$

모든 실수 y에 대해 $e^y > 0$이어야 하므로 $e^y = x + \sqrt{x^2+1}$ 이다.

그러므로 $\sinh^{-1}x = y = \ln(x + \sqrt{x^2+1})$, $-\infty < x < \infty$

② $y = \cosh^{-1}x$ $(x \ge 1$, $y \ge 0)$라 하면 $x = \cosh y = \frac{e^y + e^{-y}}{2}$이다.

$e^y + e^{-y} - 2x = 0$이므로 $e^{2y} - 2xe^y + 1 = 0$이다.

따라서 근의 공식에 의해 $e^y = x \pm \sqrt{x^2-1}$.

여기서 $y \ge 0$이므로 $e^y \ge 1$이어야 한다. 그러므로 $e^y = x + \sqrt{x^2-1}$

그러므로 $\cosh^{-1}x = \ln(x + \sqrt{x^2-1})$, $x \ge 1$.

③ $y = \tanh^{-1}x$ $(-1 < x < 1$, $-\infty < y < \infty)$라 하면

$x = \tanh y = \frac{e^y - e^{-y}}{e^y + e^{-y}} = \frac{e^{2y}-1}{e^{2y}+1}$이다.

따라서 $e^{2y} - 1 - x(e^{2y}+1) = 0$이다. $e^{2y}(1-x) = 1+x$이므로 정리하면

$e^{2y} = \frac{1+x}{1-x}$이다.

$2y = \ln(\frac{1+x}{1-x})$이므로 $\tanh^{-1}x = \frac{1}{2}\ln(\frac{1+x}{1-x})$, $|x| < 1$

④ $y = \text{sech}^{-1}x\ (0 < x \le 1\ ,\ y \ge 0)$라 하면

$x = \text{sech}y = \dfrac{2}{e^y + e^{-y}} = \dfrac{2e^y}{e^{2y}+1}$이다.

$2e^y - x(e^{2y}+1) = 0$이므로 근의 공식에 의해 $e^y = \dfrac{1 \pm \sqrt{1-x^2}}{x}$이다.

$y \ge 0$이므로 $e^y \ge 1$이어야 한다. 그러므로 $e^y = \dfrac{1+\sqrt{1-x^2}}{x}$

따라서 $\text{sech}^{-1}x = \ln(\dfrac{1+\sqrt{1-x^2}}{x})\ ,\ 0 < x \le 1$

⑤ $y = \coth^{-1}x\ (\ |\ x\ |\ > 1\ ,\ y \ne 0)$라 하면 $x = \coth y = \dfrac{e^y + e^{-y}}{e^y - e^{-y}} = \dfrac{e^{2y}+1}{e^{2y}-1}$

따라서 $e^{2y} + 1 - x(e^{2y}-1) = 0$

$e^{2y}(x-1) = x+1$

$e^{2y} = \dfrac{x+1}{x-1}$이므로 $2y = \ln(\dfrac{x+1}{x-1})$이다.

그러므로 $\coth^{-1}x = \dfrac{1}{2}\ln(\dfrac{x+1}{x-1})\ ,\ |x| > 1$

⑥ $y = \text{csch}^{-1}x\ (x \ne 0\ ,\ y \ne 0)$라 하면 $x = \text{csch}y = \dfrac{2}{e^y - e^{-y}} = \dfrac{2e^y}{e^{2y}-1}$이다.

$xe^{2y} - 2e^y - x = 0$이므로 근의 공식에 의해 $e^y = \dfrac{1 \pm \sqrt{x^2+1}}{x}$이다.

모든 실수 y에 대해 $e^y > 0$이어야 하므로 $e^y = \dfrac{1+\sqrt{x^2+1}}{x}$이다.

그러므로 $\text{csch}^{-1}x = \ln(\dfrac{1+\sqrt{x^2+1}}{x})\ ,\ x \ne 0$

정리 2.5.8 역쌍곡선 함수의 도함수

① $\dfrac{d}{dx}\sinh^{-1}x = \dfrac{1}{\sqrt{1+x^2}}\ ,\ -\infty < x < \infty,$

② $\dfrac{d}{dx}\cosh^{-1}x = \dfrac{1}{\sqrt{x^2-1}}\ ,\ x \ge 1,$

③ $\dfrac{d}{dx}\tanh^{-1}x = \dfrac{1}{1-x^2}\ ,\ |x| < 1,$

④ $\dfrac{d}{dx}\coth^{-1}x = \dfrac{1}{1-x^2}\ ,\ |x| > 1,$

⑤ $\dfrac{d}{dx}\mathrm{sech}^{-1}x = -\dfrac{1}{x\sqrt{1-x^2}}$, $0 < x < 1$,

⑥ $\dfrac{d}{dx}\mathrm{csch}^{-1}x = -\dfrac{1}{|x|\sqrt{x^2+1}}$, $x \neq 0$.

증명

① $y = \sinh^{-1}x \ (-\infty < x < \infty,\ -\infty < y < \infty)$라 하면 $x = \sinh y$

양변을 미분하면 $1 = \cosh y \dfrac{dy}{dx}$이다. $\cosh y > 0$이고 $\cosh^2 y - \sinh^2 y = 1$이므로

$$\frac{dy}{dx} = \frac{1}{\cosh y} = \frac{1}{\sqrt{1+\sinh^2 y}} = \frac{1}{\sqrt{1+x^2}} \quad (-\infty < x < \infty)$$

③ $y = \tanh^{-1}x\ (-1 < x < 1,\ -\infty < y < \infty)$라 하면 $x = \tanh y$

양변을 미분하면 $1 = \mathrm{sech}^2 y \dfrac{dy}{dx}$이다. $\mathrm{sech}^2 y \neq 0$이고 $1 - \tanh^2 y = \mathrm{sech}^2 y$이므로

$$\frac{dy}{dx} = \frac{1}{\mathrm{sech}^2 y} = \frac{1}{1-\tanh^2 y} = \frac{1}{1-x^2} \quad (|x| < 1)$$

⑤ $y = \mathrm{sech}^{-1}x,\ (0 < x \leq 1,\ y \geq 0)$라 하면 $x = \mathrm{sech}\, y$

양변을 미분하면 $1 = -\mathrm{sech}\, y \tanh y \dfrac{dy}{dx}$이다. $y > 0$이면 $\tanh y > 0$이고

$1 - \mathrm{sech}^2 y = \tanh^2 y$ 이므로

$$\frac{dy}{dx} = -\frac{1}{\mathrm{sech}\, y \tanh y} = -\frac{1}{\mathrm{sech}\, y\sqrt{1-\mathrm{sech}^2 y}} = -\frac{1}{x\sqrt{1-x^2}} \quad (0 < x < 1)$$

역쌍곡선함수 나머지 세 개도 같은 방법으로 증명할 수 있다.

예제 2.5.10

$\dfrac{d}{dx}(\tanh^{-1}(\tan x))$를 구하여라.

풀이

$$\frac{d}{dx}(\tanh^{-1}(\tan x)) = \frac{1}{1-(\tan x)^2}(\tan x)' = \frac{\sec^2 x}{1-\tan^2 x}$$

연습문제

1 도함수 정의를 이용하여 다음 함수의 도함수를 구하여라.

① $f(x) = x^2 + 2x - 1$ ② $f(x) = \dfrac{1}{x^3}$

2 다음의 각각의 경우에 대해 정의를 이용하여 $f'(1)$을 구하여라.

① $f(x) = 1 - x^2$ ② $f(x) = x - x^3$

3 다음 함수의 주어진 점에서 미분 가능성을 조사하여라.

① $f(x) = |x+1|$, $x = -1$에서

② $f(x) = |\sin x|, 0 < x < 2\pi,\ x = \pi$에서

4 다음 함수의 도함수를 구하여라.

① $f(x) = \sqrt{2x} + x\sin x$ ② $f(x) = 5\sqrt{x} + \sin x \cos x$

③ $f(x) = (x^2+1)^{30} + \dfrac{\cos x}{x}$ ④ $f(x) = (x^2-1)^{1000} + \dfrac{\cos x}{\sin x}$

⑤ $f(x) = (\cos x - \sin x)^2$ ⑥ $f(x) = \{\sin(\tan x)\}^{\frac{1}{4}}$

⑦ $f(x) = (3x+1)(x^2+4x-7)$ ⑧ $f(x) = \sqrt{1+x^2}$

⑨ $f(x) = \tan(2x+1)$ ⑩ $f(x) = \ln(\sin x)$

⑪ $f(x) = \cos^{-1}(e^x)$ ⑫ $f(x) = \cot^{-1}\sqrt{x^2-2x}$

⑬ $f(x) = \sin^{-1}(\ln x)$ ⑭ $f(x) = \tan^{-1}(\dfrac{2x}{1-x^2})$

⑮ $f(x) = \sin^{-1}(\dfrac{x}{3})$ ⑯ $f(x) = \cos^{-1}(2x)$

⑰ $f(x) = \sec^{-1}\sqrt{x^2+1}$

연습문제

5 다음에서 $\frac{dy}{dx}$를 구하여라.

① $x^2 - xy + y^2 = x$ ② $x = y^2 - \sin(xy) + 1$ ③ $y^2 = \frac{x+y}{x-y}$

6 다음에서 $\frac{d^2y}{dx^2}$을 구하여라.

① $x^2 - y^2 = 1$ ② $x = y^2 + 1$ ③ $x = y^2 - \tan y + 1$

7 다음 함수의 n계 도함수를 구하여라.

① $f(x) = \sin x$ ② $f(x) = \cos x$ ③ $f(x) = x^m \quad (m \in N)$

④ $f(x) = \ln(x+1)$ ⑤ $f(x) = \ln(1-x)$ ⑥ $f(x) = \ln(1-x^2)$

3장

미분법의 정리와 응용

3.1 미분법의 정리

정의

구간 I에서 정의된 함수 f에 대해

① $f(c)$가 I에서 f의 최댓값 $\Leftrightarrow$ I 안의 모든 점 x에 대해 $f(x) \le f(c)$ 일 때

표기 $f(c) = \max_{x \in I} f(x)$

② $f(c)$가 I에서 f의 최솟값 $\Leftrightarrow$ I 안의 모든 점 x에 대해 $f(x) \ge f(c)$ 일 때

표기 $f(c) = \min_{x \in I} f(x)$

정리 3.1.1 **최대 최소 정리**

f가 $[a,b]$에서 연속이면 f는 $[a,b]$에서 최댓값과 최솟값을 가진다.

미분 가능한 함수의 특징들을 살펴보자.

정리 3.1.2 **Rolle 정리**

함수 f가 $[a,b]$에서 연속, (a,b)에서 미분가능하고 $f(a) = f(b)$이면 $f'(c) = 0$를 만족하는 c가 (a,b) 내에서 존재한다.

증명

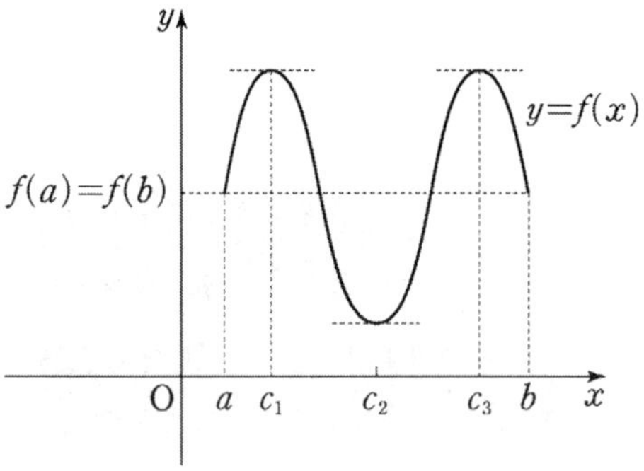

① f가 (a,b)에서 상수함수이면 (a,b) 내 모든 점 c에 대해 $f'(c) = 0$

② f가 (a,b)에서 상수함수가 아닌 경우

f가 $[a,b]$에서 연속이므로 최대최소정리에 의해 f는 $[a,b]$에서 최댓값과 최솟값을 가진다. 그런데 $f(a) = f(b)$이므로 f는 $[a,b]$에서 최댓값과 최솟값 중 적어도

하나는 (a,b) 내에서 가져야 한다. (a,b) 내 점 c에 대해 $f(c)=\max_{x\in[a,b]}f(x)$라 하면 최댓값 정의에 의해 충분히 작은 h에 대해 $f(c+h)-f(c)\le 0$이다.

따라서 $\lim_{h\to 0+}\frac{f(c+h)-f(c)}{h}\le 0$이고 $\lim_{h\to 0-}\frac{f(c+h)-f(c)}{h}\ge 0$가 된다.

f가 (a,b)에서 미분 가능하므로

$$f'(c)=\lim_{h\to 0+}\frac{f(c+h)-f(c)}{h}=\lim_{h\to 0-}\frac{f(c+h)-f(c)}{h}.$$

따라서 $f'(c)=0$이다.

Note

① Rolle 정리의 수학적 의미

함수 f가 $[a,b]$에서 연속, (a,b)에서 미분가능하고 $f(a)=f(b)$이면 $f'(c)=0$를 만족하는 c가 (a,b) 내에서 존재한다. 즉, 접선이 수평선이 되는 접점이 적어도 하나 존재한다.

② Rolle 정리의 물리적 의미

$s=f(t)$를 t시간 후 어떤 물체가 움직인 거리를 나타내는 함수라고 하고 $[a,b]$에서 연속, (a,b)에서 미분가능이라고 하자. 만약 다른 순간 $t=a$와 $t=b$에서 물체가 같은 위치에 있다면 $f(a)=f(b)$이다. 그러면 Rolle 정리에 의해 $f'(c)=0$를 만족하는 c가 (a,b) 내에서 존재한다. 즉 순간 속도가 0이 되는 시점이 있다.

예제 3.1.1

다음 함수의 주어진 구간에서 Rolle 정리를 만족하는 c를 구하여라.

① $f(x)=x^2-x$, $x\in[0,1]$

② $f(x)=(x-1)(x-2)$, $x\in[1,2]$

풀이

① $f(x)=x^2-x$ 는 $[0,1]$에서 연속, $(0,1)$에서 미분가능이고 $f(0)=f(1)=0$이다. 따라서 Rolle 정리에 의해 $f'(c)=0$를 만족하는 c가 $(0,1)$ 내에서 존재한다.

$f'(c)=2c-1=0$. 따라서 $c=\frac{1}{2}$.

② 같은 방법으로 풀면 된다.

정리 3.1.3 **평균값 정리**

함수 f가 $[a,b]$에서 연속이고 (a,b)에서 미분 가능하면 $f'(c)=\dfrac{f(b)-f(a)}{b-a}$를 만족하는 c가 (a,b) 내에서 존재한다.

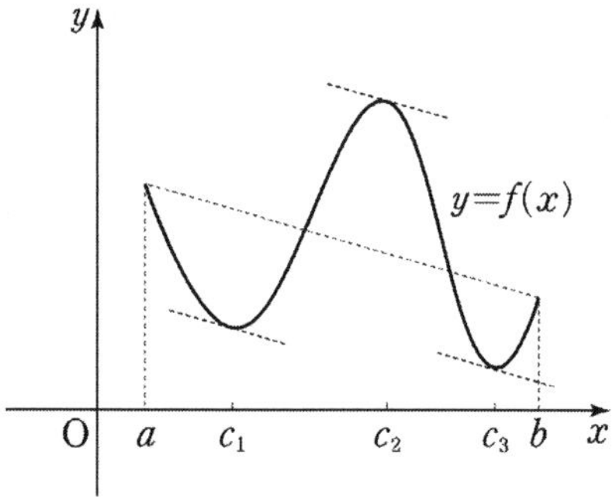

증명

$x\in[a,b]$에 대해 $F(x)=f(b)-f(x)-\dfrac{f(b)-f(a)}{b-a}(b-x)$라 정의하면 F는 $[a,b]$에서 연속이고 (a,b)에서 미분가능이다. 또한 $F(a)=F(b)=0$을 만족한다.
따라서 Rolle정리에 의해 $F'(c)=0$를 만족하는 c가 (a,b) 내에서 존재한다.
$F'(c)=-f'(c)+\dfrac{f(b)-f(a)}{b-a}$이므로 $f'(c)=\dfrac{f(b)-f(a)}{b-a}$을 만족한다.

Note

① 평균값 정리의 기하학적 의미

함수 f가 $[a,b]$에서 연속이고 (a,b)에서 미분가능하면 $f'(c)=\dfrac{f(b)-f(a)}{b-a}$를 만족하는 c가 (a,b) 내에서 존재한다. 즉, 평균값 정리의 기하학적 의미는 두 점 $(a,f(a))$와 $(b,f(b))$를 지나는 직선과 같은 기울기를 가지는 접선이 존재한다는 것이다.

② 평균값 정리의 물리적 의미

$s=f(t)$를 t시간 후 어떤 물체가 움직인 거리를 나타내는 함수라고 하고 $[a,b]$에서 연속, (a,b)에서 미분가능이라고 하자. 그러면 평균값 정리에 의해 $f'(c)=\dfrac{f(b)-f(a)}{b-a}$를 만족하는 c가 (a,b) 내에서 존재한다. 즉, 평균값 정리의 물리적 의미는 평균속도가 순간 속도와 같아지는 시점이 있다는 것이다.

예제 3.1.2

$f(x)=x^3-2x$에 대해 구간 $[-2,2]$에서 평균값 정리를 만족하는 c를 구하여라.

풀이

$f(x)=x^3-2x$가 $[-2,2]$에서 연속이고, $(-2,2)$에서 미분가능이다.

따라서 평균값 정리에 의해 $f'(c)=\dfrac{f(2)-f(-2)}{2-(-2)}=\dfrac{4-(-4)}{4}=2$를 만족하는 c가 $(-2,2)$내에서 존재한다. $f'(c)=3c^2-2=2$이므로 $c=\pm\dfrac{2}{\sqrt{3}}\in(-2,2)$.

정리 3.1.4

f가 (a,b)에서 미분가능이고 임의의 $x\in(a,b)$에 대해 $f'(x)=0$이면 f는 (a,b)에서 상수함수이다.

증명

f가 (a,b)에서 미분가능이므로 임의의 x_1, $x_2\in(a,b)(x_1<x_2)$에 대해 f는 $[x_1,x_2]$에서 연속이고 (x_1,x_2)에서 미분 가능하다. 따라서 평균값 정리에 의해 $f'(c)=\dfrac{f(x_2)-f(x_1)}{x_2-x_1}$를 만족하는 c가 (x_1,x_2) 내에서 존재한다. 가정에 의해 $f'(c)=0$ 이므로 $f(x_1)=f(x_2)$이다. 즉, 임의의 x_1, $x_2\in(a,b)$에 대해 $f(x_1)=f(x_2)$이므로 f는 (a,b)에서 상수함수이다.

따름정리 3.1.5

f, g가 (a,b)에서 미분가능인 함수이고 임의의 $x\in(a,b)$에 대해 $f'(x)=g'(x)$ 이면 상수 C가 존재해서 임의의 $x\in(a,b)$에 대해 $f(x)=g(x)+C$를 만족한다.

증명

$h(x)=f(x)-g(x)$, $(a<x<b)$라 두면 f, g가 (a,b)에서 미분가능이므로 h도 (a,b)에서 미분가능이다. 가정에 의해 임의의 $x\in(a,b)$에 대해
$h'(x)=f'(x)-g'(x)=0$이다.
따라서 정리 3.1.4에 의해 h는 (a,b)에서 상수함수이다. 즉, 상수 C가 존재해서 임의의 $x\in(a,b)$에 대해 $h(x)=C$를 만족한다. 따라서 임의의 $x\in(a,b)$에 대해
$f(x)=g(x)+C$를 만족한다.

3.2 함수의 극대, 극소

정의

구간 I에서 정의된 함수 f에 대해

① f가 구간 I에서 증가함수

$\Leftrightarrow$ 임의의 $x_1, x_2 \in I$에 대해 $x_1 < x_2$이면 $f(x_1) < f(x_2)$

② f가 구간 I에서 감소함수

$\Leftrightarrow$ 임의의 $x_1, x_2 \in I$에 대해 $x_1 < x_2$이면 $f(x_1) > f(x_2)$

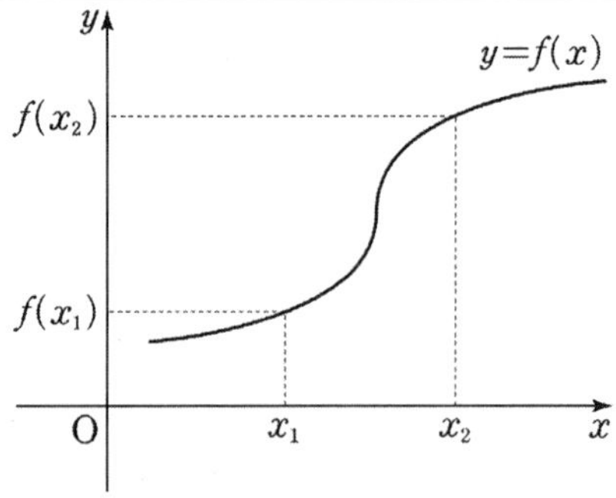

f가 구간 I에서 증가함수

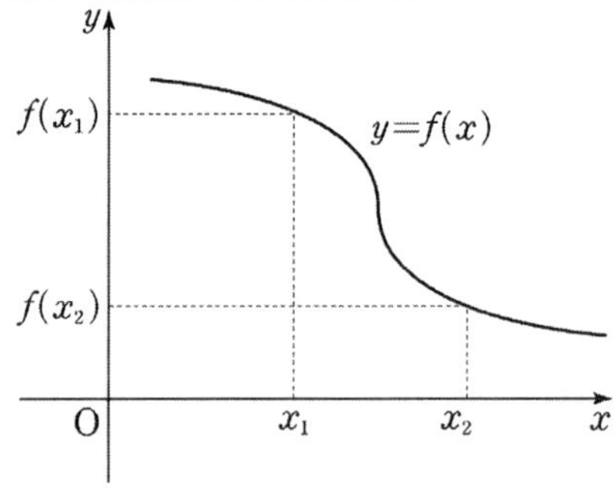

f가 구간 I에서 감소함수

정리 3.2.1 증가·감소 판정법

f가 $[a,b]$에서 연속이고 (a,b)에서 미분가능일 때

① 임의의 $x \in (a,b)$에 대해 $f'(x) > 0$ 이면 f는 구간 (a,b)에서 증가함수

② 임의의 $x \in (a,b)$에 대해 $f'(x) < 0$ 이면 f는 구간 (a,b)에서 감소함수

증명

① f가 $[a,b]$에서 연속이고 (a,b)에서 미분가능이므로 임의의 $x_1, x_2 \in (a,b)$ $(x_1 < x_2)$에 대해 f는 $[x_1, x_2]$에서 연속이고 (x_1, x_2)에서 미분가능이다. 따라서 평균값 정리에 의해

$f'(c) = \dfrac{f(x_2) - f(x_1)}{x_2 - x_1}$를 만족하는 c가 (x_1, x_2) 내에서 존재한다.

가정에 의해 $f'(c) > 0$이고, $x_2 - x_1 > 0$이므로 $f(x_2) - f(x_1) > 0$이다.

즉, 임의의 $x_1, x_2 \in (a,b)$에 대해 $x_1 < x_2$이면 $f(x_1) < f(x_2)$이다.

따라서 f가 (a,b)에서 증가함수이다.

② 도 같은 방법으로 증명할 수 있다.

Note

정리의 역은 성립하지 않는다. 즉, f가 구간 I에서 증가함수라고 해서 임의의 $x \in I$에 대해 $f'(x) > 0$이라고 할 수 없고, 구간 I에서 감소함수라고 해서 임의의 $x \in I$에 대해 $f'(x) < 0$이라고 할 수 없다.

예

$f(x) = x^3$은 R에서 증가함수이지만 $f'(0) = 0$이다.

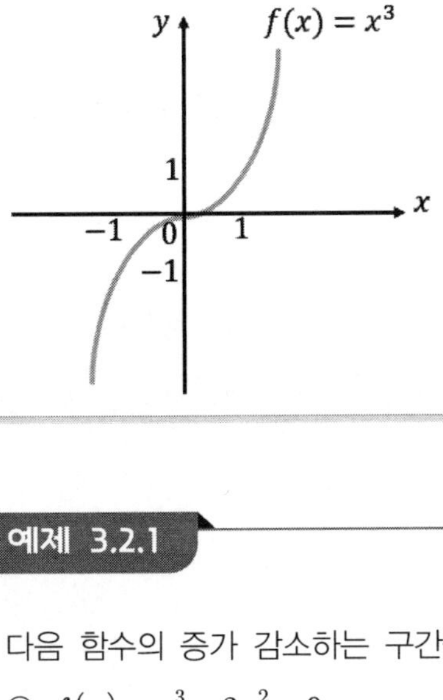

예제 3.2.1

다음 함수의 증가 감소하는 구간을 구하여라.

① $f(x) = x^3 - 3x^2 - 9x$

② $f(x) = xe^x$

풀이

① $f(x) = x^3 - 3x^2 - 9x$에서 $f'(x) = 3x^2 - 6x - 9 = 3(x+1)(x-3)$이므로 $x < -1$이거나 $x > 3$이면 $f'(x) > 0$이고, $-1 < x < 3$이면 $f'(x) < 0$이다. 따라서 f는 $x < -1$이거나 $x > 3$이면 증가하고, $-1 < x < 3$이면 f는 감소한다.

즉, f는 $(-\infty, -1) \cup (3, \infty)$에서 증가하고 $(-1, 3)$에서 감소한다.

② $f(x)=xe^x$에서 $f'(x)=xe^x+e^x=(x+1)e^x$이다. 임의의 실수 $x\in R$에 대해 $e^x>0$이므로 $x>-1$이면 $f'(x)>0$이고, $x<-1$이면 $f'(x)<0$이다. 그러므로 $x>-1$이면 f는 증가이고, $x<-1$이면 f는 감소이다. 즉, f는 $(-1,\infty)$에서 증가하고 $(-\infty,-1)$에서 감소한다.

정의

구간 I에서 정의된 함수 f와 $a\in I$에 대해

① f가 $x=a$에서 극대
$\Leftrightarrow$ $a\in I'\subset I$인 개구간 I'이 존재해서 임의의 $x\in I'$에 대해 $f(x)\le f(a)$일 때

② f가 $x=a$에서 극소
$\Leftrightarrow$ $a\in I'\subset I$인 개구간 I'이 존재해서 임의의 $x\in I'$에 대해 $f(x)\ge f(a)$일 때

③ f가 $x=a$에서 극대이거나 $x=a$에서 극소일 때 $x=a$를 극점 혹은 $f(a)$를 극값이라고 한다.

정리 3.2.2

개구간 I에서 미분가능인 함수 f와 $a\in I$에 대해 f가 $x=a$에서 극대이거나 극소이면 $f'(a)=0$이다.

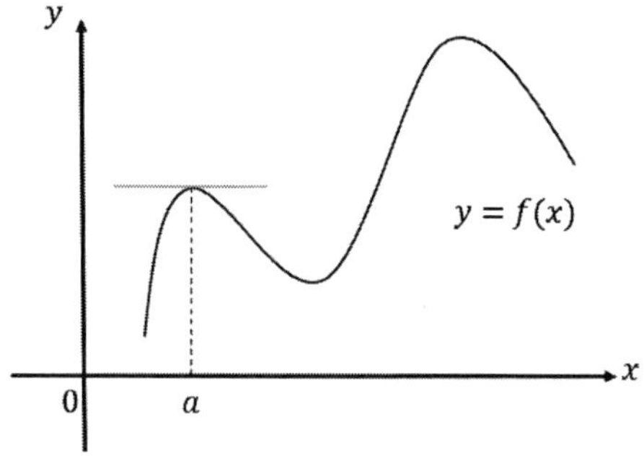

증명

f가 $x=a$에서 극대이면 충분히 작은 h에 대해 $f(a+h)-f(a)\le 0$

따라서 $\lim_{h\to 0+}\frac{f(a+h)-f(a)}{h}\le 0$이고 $\lim_{h\to 0-}\frac{f(a+h)-f(a)}{h}\ge 0$가 된다.

f가 $a\in I$에서 미분가능하므로 $f'(a)=\lim_{h\to 0+}\frac{f(a+h)-f(a)}{h}=\lim_{h\to 0-}\frac{f(a+h)-f(a)}{h}$.

따라서 $f'(a)=0$이다.

Note

정리3.2.2의 역은 성립하지 않는다. 즉, a를 포함하는 구간에서 정의된 함수 f에 대해 $f'(a)=0$이라고 해서 f가 $x=a$에서 극값을 가지는 것은 아니다.

예

$f(x)=x^3$는 R에서 미분가능이고 $f'(0)=0$이다. 그러나 f는 $x=0$에서 극값을 가지지 않는다.

정의

a를 포함하는 구간에서 정의된 함수 f에 대해 $f'(a)=0$이거나 $f'(a)$가 존재하지 않을 때 $x=a$를 f의 임계점이라고 한다.

정리 3.2.3 **1계 도함수 판정법**

개구간 I에서 정의된 함수 f와 $a\in I$에 대해 f가 $I-\{a\}$에서 미분가능. 즉, $x=a$는 f의 임계점이다. $f'(x)$의 부호가 $x=a$의 전후에서

① 양에서 음으로 바뀌면 f는 $x=a$에서 극대이고

② 음에서 양으로 바뀌면 f는 $x=a$에서 극소이다

예제 3.2.2

다음 함수에 대해 f의 극댓값과 극솟값을 구하여라.

① $f(x)=2x^3-9x^2+12x-1$

② $f(x)=-2x^3-3x^2+12x+10$

풀이

① $f(x)=2x^3-9x^2+12x-1$에서 $f'(x)=6x^2-18x+12=6(x-1)(x-2)$이므로 f의 임계점은 $x=1$, $x=2$이다. $x<1$ 이거나 $x>2$이면 $f'(x)>0$이고, $1<x<2$ 이면 $f'(x)<0$이므로 f는 $(-\infty,1)\cup(2,\infty)$에서 증가하고 $(1,2)$에서 감소한다.

따라서 f는 $x=1$에서 극대이고, $x=2$에서 극소이다.

② 같은 방법으로 풀면 된다.

정리 3.2.4 **2계 도함수 판정법**

개구간 I에서 정의된 함수 f와 $a\in I$에 대해 f가 I에서 두 번 미분가능이고 $f'(a)=0$. 즉, $x=a$가 f의 임계점이다.

① $f''(a)<0$이면 f는 $x=a$에서 극대이고

② $f''(a)>0$이면 f는 $x=a$에서 극소이다.

증명

$x=a$가 f의 임계점이므로 $f''(a)=\lim_{x\to a}\frac{f'(x)-f'(a)}{x-a}=\lim_{x\to a}\frac{f'(x)}{x-a}$이다.

① $f''(a)<0$이면 $f'(x)$의 부호가 $x=a$의 전후에서 양에서 음으로 바뀌므로 f는 $x=a$에서 극대이다.

② 같은 방법으로 $f''(a)>0$이면 $f'(x)$의 부호가 $x=a$의 전후에서 음에서 양으로 바뀌므로 f는 $x=a$에서 극소이다.

정의

개구간 I에서 정의된 함수 f와 $a\in I$에 대해

① $x=a$ 근방의 모든 곡선상의 점이 $(a,f(a))$에서의 접선보다 위에 위치할 때 f가 $x=a$에서 아래로 볼록(위로 오목)이라고 한다. 즉, $a\in I'\subset I$인 개구간 I'이 존재해서 임의의 $x\in I'$에 대해 $f(x)\geq f(a)+f'(a)(x-a)$일 때 f가 $x=a$에서 아래로 볼록(위로 오목)이라고 한다.

② $x=a$ 근방의 모든 곡선상의 점이 $(a,f(a))$에서의 접선보다 아래에 위치할 때 f가 $x=a$에서 위로 볼록(아래로 오목)이라고 한다. 즉, $a\in I'\subset I$인 개구간 I'이 존재해서 임의의 $x\in I'$에 대해 $f(x)\leq f(a)+f'(a)(x-a)$일 때 f가 $x=a$에서 위로 볼록(아래로 오목)이라고 한다.

③ $x=a$를 경계로 f의 오목성이 바뀔 때 $(a,f(a))$를 f의 변곡점이라고 한다.

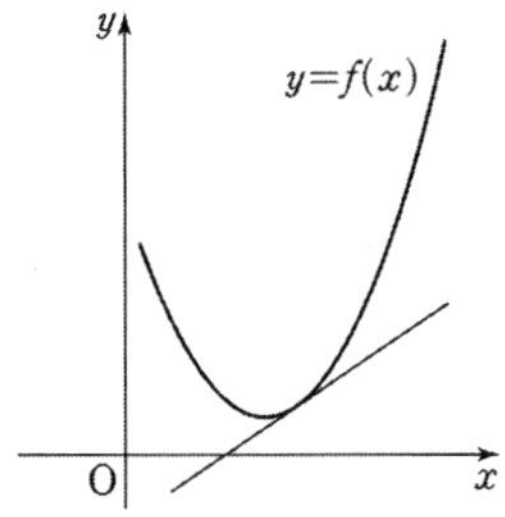

아래로 볼록(위로 오목)

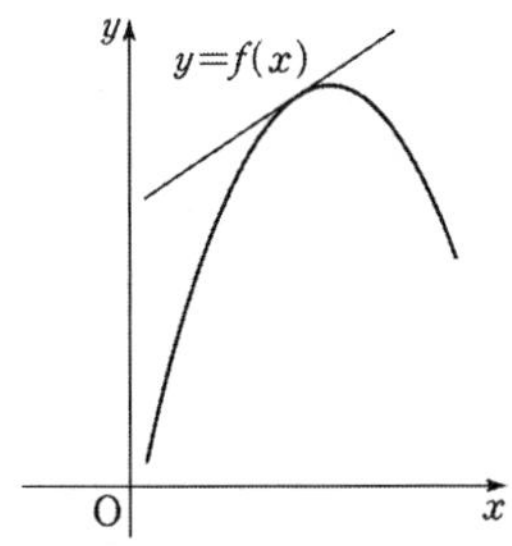

위로 볼록(아래로 오목)

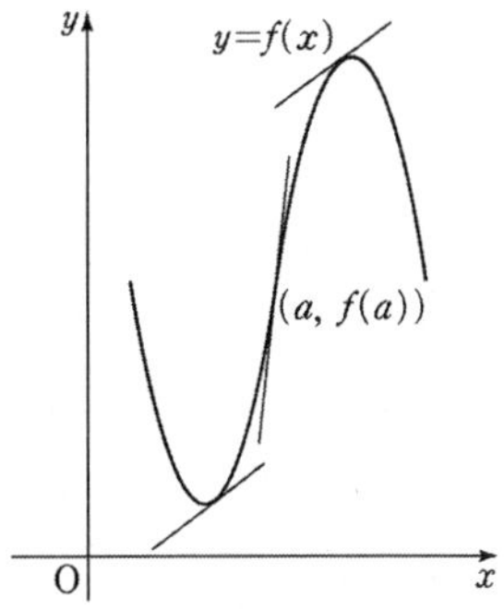

변곡점

정리 3.2.5

f가 $x=a$ 근방에서 두 번 미분가능이고 f''이 $x=a$ 근방에서 연속일 때

① $f''(a)>0$이면 f는 $x=a$에서 아래로 볼록(위로 오목)

② $f''(a)<0$이면 f는 $x=a$에서 위로 볼록(아래로 오목)

③ $f''(a)=0$이고 $x=a$를 경계로 f의 오목성이 바뀌면 $(a,f(a))$가 f의 변곡점이다.

예제 3.2.3

함수 $f(x)=3x^4-4x^3+1$의 극값과 오목성을 판별하여라

풀이

$f(x)=3x^4-4x^3+1$에서 $f'(x)=12x^3-12x^2=12x^2(x-1)$이므로 f의 임계점은 $0, 1$이다. $f''(x)=36x^2-24x=12x(3x-2)$에서 $f''(0)=0$이므로 f는 $x=0$에서 극값을 가지지 않는다. 그리고 $f''(1)=12>0$이므로 f는 $x=1$에서 극소이다.

또한 $f''(x)=12x(3x-2)$에서 $x<0$이거나 $x>\frac{2}{3}$이면 $f''(x)>0$이고,

$0<x<\frac{2}{3}$이면 $f''(x)<0$이다.

따라서 f는 $(-\infty,0)\cup(\frac{2}{3},\infty)$에서 위로 오목이고, $(0,\frac{2}{3})$에서 아래로 오목이다. 그리고 변곡점은 $(0,1)$, $(\frac{2}{3},\frac{11}{27})$이다. 위 정보를 이용해 그래프를 그려보면 다음과 같다.

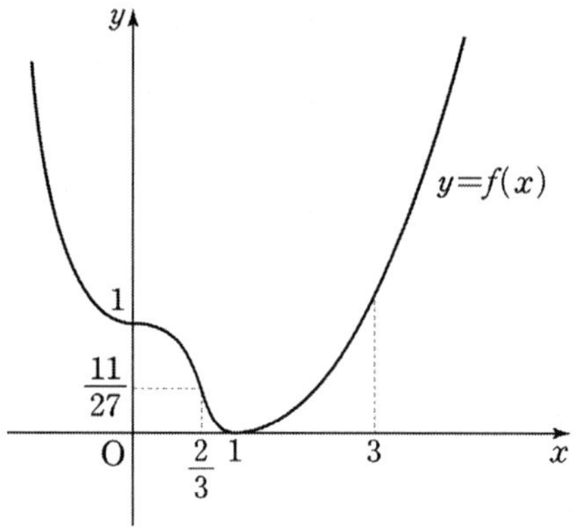

예제 3.2.4

함수 $y=-4x^4+4x^3+4x+1$의 극값과 변곡점 그리고 오목성을 조사하여라.

풀이

$f(x)=-4x^4+4x^3+4x+1$에서

$f'(x)=-16x^3+12x^2+4=-4(4x^3-3x^2-1)=-4(x-1)(4x^2+x+1)$이다.

따라서 임계점은 1이다.

$f''(x)=-48x^2+24x=-12x(4x-2)$에서 $f''(1)=-24<0$이므로 f는 $x=1$에서 극대이다.

또한 $f''(x)=-12x(4x-2)$에서 $x<0$ 이거나 $x>\frac{1}{2}$ 이면 $f''(x)<0$이고, $0<x<\frac{1}{2}$ 이면 $f''(x)>0$이다. 따라서 f는 $(-\infty,0)\cup(\frac{1}{2},\infty)$에서 아래로 오목이고 $(0,\frac{1}{2})$에서 위로 오목이며 변곡점은 $(0,1)$, $(\frac{1}{2},\frac{13}{4})$이다.

Note

f가 개구간 I에서 두 번 미분가능이고 $a \in I$가 f의 임계점일 때 $f''(a)=0$이라고 해도 $(a, f(a))$가 반드시 f의 변곡점인 것은 아니다.

예

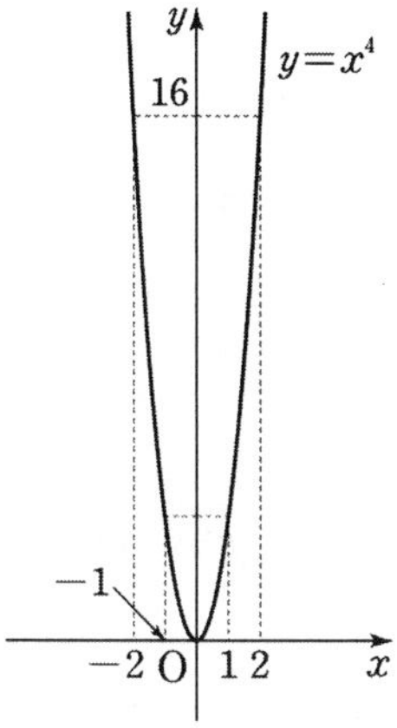

$f(x)=x^4$에서 $f''(x)=12x^2$이므로 $f''(0)=0$. 그러나 $(0, f(0))=(0,0)$가 f의 변곡점이 아니다. 그래프에서 보는 바와 같이 f는 R에서 위로 오목인 함수이다.

예제 3.2.5

반지름이 r인 반원에 내접하는 가장 큰 직사각형의 넓이를 구하여라.

풀이

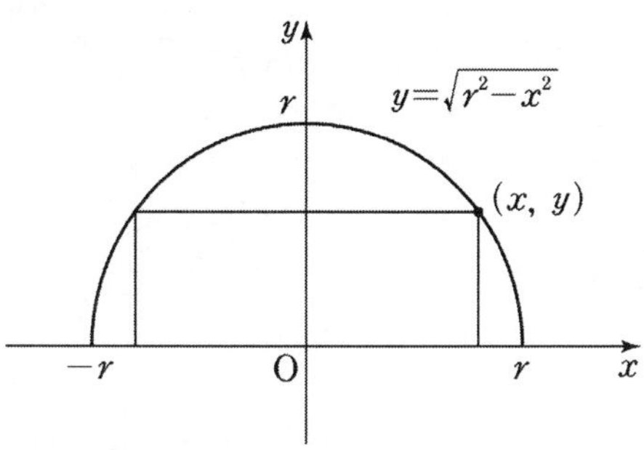

반원을 원점이 중심인 원 $x^2+y^2=r^2$의 상반원이라고 하고, (x,y)을 제 1사분면에 있는 직사각형의 꼭짓점이라고 하자. 그러면 직사각형의 두 변의 길이는 $2x, y$이고 넓이 A는 $2xy$이다. (x,y)가 원 $x^2+y^2=r^2$ 상의 점이므로 $y=\sqrt{r^2-x^2}$이다.

그러므로 $f(x)=2xy=2x\sqrt{r^2-x^2}$ 이고 $0 \le x \le r$이다.

$$f'(x)=2\sqrt{r^2-x^2}+2x\left(\frac{-2x}{2\sqrt{r^2-x^2}}\right)=2\sqrt{r^2-x^2}-\frac{2x^2}{\sqrt{r^2-x^2}}=\frac{2(r^2-2x^2)}{\sqrt{r^2-x^2}}$$

$f'(x)=0$이면 $2x^2=r^2$이므로 $x=\frac{r}{\sqrt{2}}$은 유일한 임계점이다.

$$f''(x)=\frac{-8x(\sqrt{r^2-x^2})-2(r^2-2x^2)\cdot\left(-\frac{x}{\sqrt{r^2-x^2}}\right)}{r^2-x^2}$$

$$=\frac{-8x(r^2-x^2)+2x(r^2-2x^2)}{(r^2-x^2)^{\frac{3}{2}}}=\frac{-6xr^2+4x^3}{(r^2-x^2)^{\frac{3}{2}}}$$

$f''\left(\frac{r}{\sqrt{2}}\right)=-8<0$이므로 f는 $x=\frac{r}{\sqrt{2}}$에서 극대이다. $f(0)=0$, $f(r)=0$이므로 f는 $x=\frac{r}{\sqrt{2}}$에서 최대이다. 그러므로 최댓값은 $f\left(\frac{r}{\sqrt{2}}\right)=2\frac{r}{\sqrt{2}}\sqrt{r^2-\frac{r^2}{2}}=r^2$ 이다.

연습문제

1 다음 정의된 함수에 대해 평균값 정리를 만족하는 c의 값을 구하여라.

① $f(x)=x^2,\ [0,2]$　　② $f(x)=\sin x,\ [\frac{\pi}{6},\frac{\pi}{2}]$

③ $f(x)=x^3\ ,\ [-1,1]$　　④ $f(x)=x^2+2x-3\ ,\ x\in[-2,3]$

2 평균값의 정리를 사용하여 다음을 증명해 보아라.

① $\sin x < x\ (x>0)$

② $|\sin x-\sin y| \le |x-y|$

3 다음 함수의 증가 또는 감소구간을 구하라.

① $f(x)=\sin^2 x,\ [0,\pi]$

② $f(x)=x^2+\dfrac{1}{4x}\ \ (x\neq 0)$

③ $f(x)=\sin x+\cos x\ \ (0\le x\le \pi)$

4 함수 $f(x)=x(1-x)^{\frac{2}{5}}$의 극댓값과 극솟값을 구하여라.

5 다음 함수의 극값과 변곡점 그리고 오목성을 구하여라.

① $f(x)=x^4-4x^3$

② $f(x)=x^4-2x^3+x^2+1$

③ $f(x)=3x^4-4x^3+1$

④ $f(x)=x+\sin x\ \ (-2\pi\le x\le 2\pi)$

⑤ $f(x)=x^{\frac{2}{3}}(6-x)^{\frac{1}{3}}$

6 한 변이 a인 정사각형 네 모퉁이로부터 작은 직사각형을 떼어내고 측면을 접어 위쪽이 열린 상자를 만들려고 한다. 이 상자의 부피가 최대가 되려면 잘라내는 정사각형의 한 변의 길이를 얼마로 하면 좋을까?

4장

적분법

4.1 부정적분

예제 4.1.1

$f(x) = \cos x$일 때 $F'(x) = f(x)$를 만족하는 함수 $F(x)$를 구하여라.

풀이

도함수 공식으로부터 $\frac{d}{dx}\sin x = \cos x$이고, 임의의 상수 C에 대해

$\frac{d}{dx}(\sin x + C) = \cos x$

따라서 $F(x) = \sin x + C$ (C: 상수)

Note

① $F'(x) = f(x)$이면 임의의 상수 C에 대해 $\frac{d}{dx}(F(x) + C) = f(x)$

② F, G가 구간 I에서 미분가능인 함수라 하고 임의의 $x \in I$에 대해 $F'(x) = G'(x)$이면 적당한 상수 C가 존재해서 $G(x) = F(x) + C$를 만족한다.

정의

F가 구간 I에서 미분가능하고 임의의 $x \in I$에 대해 $F'(x) = f(x)$를 만족할 때 F를 f의 부정적분(원시함수)라고 한다.

표기 $F(x) = \int f(x)dx$

Note

F가 f의 임의의 부정적분이면 $\int f(x)dx = F(x) + C$ (C:상수)이다. 여기서 C는 x에 무관한 임의의 상수로서 적분상수라 한다.

예제 4.1.2

① $\int (\frac{d}{dx}f(x))dx = f(x) + C$

② $\frac{d}{dx}(\int f(x)dx) = f(x)$

증명

① $\int (\frac{d}{dx}f(x))dx = F(x)$라 두면 $\frac{d}{dx}F(x) = \frac{d}{dx}f(x)$

따라서 $\frac{d}{dx}(F(x) - f(x)) = \frac{d}{dx}F(x) - \frac{d}{dx}f(x) = 0$이므로 $F(x) - f(x)$는 상수함수.

그러므로 적당한 상수 C가 존재해서 $F(x) - f(x) = C$를 만족한다.

즉, $\int (\frac{d}{dx}f(x))dx = f(x) + C$

② $f(x)$의 부정적분 하나를 $F(x)$라 하면 $\int f(x)dx = F(x) + C$

따라서 $\frac{d}{dx}\int f(x)dx = F'(x) = f(x)$

예제 4.1.3

다음 부정적분 또는 도함수를 구하여라.

① $\int \frac{d}{dx}(4x^3 - 3x)dx$

② $\frac{d}{dx}\int e^{3x^2}dx$

풀이

① $\int \frac{d}{dx}(4x^3 - 3x)dx = 4x^3 - 3x + C$

② $\frac{d}{dx}\int e^{3x^2}dx = e^{3x^2}$

도함수와 마찬가지로 부정적분도 선형성을 만족한다. 이것은 도함수의 선형성을 이용하면 쉽게 증명할 수 있다.

정리 4.1.1 **부정적분의 성질**

① $\int [f(x) \pm g(x)]dx = \int f(x)dx \pm \int g(x)dx$

② $\int [kf(x)]dx = k\int f(x)dx$ (k : 상수)

증명

① $\int f(x)dx$, $\int g(x)dx$는 f, g 각각의 부정적분이므로 $\frac{d}{dx}\int f(x)dx = f(x)$ 이고 $\frac{d}{dx}\int g(x)dx = g(x)$ 이다.

그러므로

$\frac{d}{dx}[\int f(x)dx \pm \int g(x)dx] = \frac{d}{dx}\int f(x)dx \pm \frac{d}{dx}\int g(x)dx = f(x) \pm g(x)$.

즉 $\int f(x)dx \pm \int g(x)dx$는 $f \pm g$의 부정적분이다.

따라서 $\int [f(x) \pm g(x)]dx = \int f(x)dx \pm \int g(x)dx$

② $\int f(x)dx$는 f의 부정적분이므로 $\frac{d}{dx}\int f(x)dx = f(x)$ 이다.

따라서 임의의 상수 k에 대해 $\frac{d}{dx}[k\int f(x)dx] = k\frac{d}{dx}\int f(x)dx = kf(x)$

즉, $k\int f(x)dx$는 kf의 부정적분이다. 그러므로 $\int [kf(x)]dx = k\int f(x)dx$이다.

Note **적분공식**

① $\int x^n dx = \frac{1}{n+1}x^{n+1} + C$ (단, $n \neq -1$)

② $\int \sin x dx = -\cos x + C$

③ $\int \cos x dx = \sin x + C$

④ $\int \sec^2 x dx = \tan x + C$

⑤ $\int \csc^2 x dx = -\cot x + C$

⑥ $\int \sec x \tan x dx = \sec x + C$

⑦ $\int \csc x \cot x dx = -\csc x + C$

⑧ $\int e^x dx = e^x + C$

⑨ $\int a^x dx = \dfrac{a^x}{\ln a} + C \quad (a > 0, a \neq 1)$

⑩ $\int \sinh x dx = \cosh x + C$

⑪ $\int \cosh x dx = \sinh x + C$

⑫ $\int \text{sech}^2 x dx = \tanh x + C$

⑬ $\int \text{csch}^2 x dx = -\coth x + C$

⑭ $\int \text{sech} x \tanh x dx = -\text{sech} x + C$

⑮ $\int \text{csch} x \coth x dx = -\text{csch} x + C$

⑯ $\int \dfrac{1}{\sqrt{1-x^2}} dx = \sin^{-1} x + C$

⑰ $\int \dfrac{1}{1+x^2} dx = \tan^{-1} x + C$

⑱ $\int \dfrac{1}{x\sqrt{x^2-1}} dx = \sec^{-1}|x| + C$

예제 4.1.4

다음 부정적분을 구하여라.

① $\int x \sqrt[4]{x} dx$ ② $\int x(x^2+1)dx$ ③ $\int 2\csc^2 x + 3e^x dx$

④ $\int \dfrac{(x-1)^2}{x^3} dx$ ⑤ $\int \dfrac{8^x - 1}{2^x - 1} dx$ ⑥ $\int (\sec x + \csc x)^2 dx$

풀이

① $\int x \sqrt[4]{x} dx = \int x^{\frac{5}{4}} dx = \dfrac{4}{9} x^{\frac{9}{4}} + C$

② $\int x(x^2+1)dx = \int (x^3 + x)dx = \dfrac{1}{4}x^4 + \dfrac{1}{2}x^2 + C$

③ $\int (2\csc^2 x + 3e^x)dx = 2\int \csc^2 x dx + 3\int e^x dx = -2\cot x + 3e^x + C$

예제 4.1.5

$\int \frac{1}{x} dx = \ln|x| + C \ (x \neq 0)$임을 보여라.

증명

$x > 0$이면 $|x| = x$이므로 $\frac{d}{dx}\ln|x| = \frac{d}{dx}\ln x = \frac{1}{x}$

$x < 0$이면 $|x| = -x$이므로 $\frac{d}{dx}\ln|x| = \frac{d}{dx}\ln(-x) = \frac{-1}{-x} = \frac{1}{x}$

임의의 $x \neq 0$에 대해 $\frac{d}{dx}\ln|x| = \frac{1}{x}$이므로 $\int \frac{1}{x} dx = \ln|x| + C \ (x \neq 0)$

4.2 치환적분과 부분적분

4.2.1 치환적분

Note 연쇄법칙

$u = f(x)$가 x에 관해 미분가능하고 $y = g(u)$가 u에 관해 미분가능이면 $y = (g \circ f)(x)$도 x에 관해 미분가능하고 $(g \circ f)'(x) = g'(f(x))f'(x)$.

즉, $\dfrac{dy}{dx} = \dfrac{dy}{du}\dfrac{du}{dx}$이다.

정리 4.2.1

$u = g(x)$가 x에 관해 미분가능이면 $\int f(g(x))g'(x)dx = \int f(u)du$

증명

$u = g(x)$가 미분가능이고 F가 f의 부정적분이면 연쇄율에 의해

$\dfrac{d}{dx}F(g(x)) = F'(g(x))g'(x) = f(g(x))g'(x)$.

따라서 $\int f(g(x))g'(x)dx = F(g(x)) + C = F(u) + C = \int f(u)du + C$

예제 4.2.1

다음 부정적분을 구하여라.

① $\displaystyle\int \frac{x}{x^2+1}dx$　　② $\displaystyle\int \frac{1}{x\ln x}dx$　　③ $\displaystyle\int \sin^3 x\cos x dx$

풀이

① $u = x^2 + 1$로 치환하면 $du = 2xdx$

따라서 $\displaystyle\int \frac{x}{x^2+1}dx = \frac{1}{2}\int \frac{1}{u}du = \frac{1}{2}\ln|u| + C = \frac{1}{2}\ln|x^2+1| + C$

② $u=\ln x$로 치환하면 $du=\dfrac{1}{x}dx$

따라서 $\displaystyle\int\frac{1}{x\ln x}dx=\int\frac{1}{u}du=\ln|u|+C=\ln|\ln x|+C$

③ $u=\sin x$로 치환하면 쉽게 구할 수 있다.

치환적분을 이용해서 부정적분을 구할 수 있는지는 $u=f(x)$에 대해 $f'(x)$ 부분이 피적분함수에 포함되어 있는지만 살피면 된다.

다음 예를 살펴보자.

예제 4.2.2

다음 부정적분을 구하여라.

① $\displaystyle\int x^2(x^3+3)^2dx$

② $\displaystyle\int\frac{e^x}{(5e^x+2)^3}dx$

③ $\displaystyle\int\frac{\ln x}{2x}dx$

④ $\displaystyle\int(x+1)\sin(x^2+2x)dx$

풀이

① $u=x^3+3$로 치환하면 $du=3x^2dx$. 따라서 $x^2dx=\dfrac{1}{3}du$

따라서 $\displaystyle\int x^2(x^3+3)^2dx=\frac{1}{3}\int u^2du=\frac{1}{9}u^3+C=\frac{1}{9}(x^3+3)^3+C$

② $u=5e^x+2$로 치환하면 $du=5e^xdx$ 따라서 $e^xdx=\dfrac{1}{5}du$

따라서 $\displaystyle\int\frac{e^x}{(5e^x+2)^3}dx=\frac{1}{5}\int\frac{1}{u^3}du=-\frac{1}{10}\frac{1}{u^2}+C=-\frac{1}{10(5e^x+2)^2}+C$

③ $u=\ln x$로 치환하면 쉽게 구할 수 있다.

④ $u=x^2+2x$로 치환하면 쉽게 구할 수 있다.

Note

① $\displaystyle\int f(x)dx=F(x)+C$일 때 $\displaystyle\int f(ax+b)dx=\frac{1}{a}F(ax+b)+C$

② $n\neq-1$일 때 $\displaystyle\int f(x)^nf'(x)dx=\frac{1}{n+1}f(x)^{n+1}+C$

③ $\int \frac{f'(x)}{f(x)}dx = \ln|f(x)| + C$

증명

① $a \neq 0$일 때 $\int f(ax+b)dx$를 구할 때 $u = ax+b$로 치환하면 $du = adx$

따라서 $\int f(ax+b)dx = \frac{1}{a}\int f(u)du = \frac{1}{a}F(u) + C = \frac{1}{a}F(ax+b) + C$

② $n \neq -1$일 때 $\int f(x)^n f'(x)dx$를 구할 때 $u = f(x)$로 치환하면 $du = f'(x)dx$.

따라서 $\int f(x)^n f'(x)dx = \int u^n du = \frac{1}{n+1}u^{n+1} + C = \frac{1}{n+1}f(x)^{n+1} + C$

③ $f(x) \neq 0$일 때 $u = f(x)$로 치환하면 $du = f'(x)dx$

따라서 $\int \frac{f'(x)}{f(x)}dx = \int \frac{1}{u}du = \ln|u| + C = \ln|f(x)| + C$

예제 4.2.3

다음 부정적분을 구하여라.

① $\int \sqrt{3x+4}\,dx$

② $\int \sin(2x+3)dx$

③ $\int (ax+b)^k dx$ (a, b, k : 상수, $a \neq 0$)

④ $\int e^{ax+b}dx$ (a, b : 상수, $a \neq 0$)

풀이

① $u = 3x+4$로 치환하면 $du = 3dx$

따라서 $\int \sqrt{3x+4}\,dx = \frac{1}{3}\int \sqrt{u}\,du = \frac{2}{9}u^{\frac{3}{2}} + C = \frac{2}{9}(3x+4)^{\frac{3}{2}} + C$

② $u = 2x+3$로 치환하면 쉽게 구할 수 있다.

③ $u = ax+b$로 치환하면 쉽게 구할 수 있다.

④ $u = ax+b$로 치환하면 쉽게 구할 수 있다.

예제 4.2.4

다음 부정적분을 구하여라.

① $\int \cot x dx$ ② $\int \tan x dx$ ③ $\int \sec x dx$ ④ $\int \csc x dx$

풀이

① $\int \cot x dx = \int \frac{\cos x}{\sin x} dx = \ln|\sin x| + C$

③ $\int \sec x dx = \int \frac{\sec x(\sec x + \tan x)}{\sec x + \tan x} dx = \int \frac{(\sec x + \tan x)'}{\sec x + \tan x} dx = \ln|\sec x + \tan x| + C$

4.2.2 부분적분법

Note

f, g가 미분가능하면 $(f(x)g(x))' = f'(x)g(x) + f(x)g'(x)$가 성립한다.

따라서

$f(x)g(x) = \int (f'(x)g(x) + f(x)g'(x))dx = \int f'(x)g(x)dx + \int f(x)g'(x)dx$.

그러므로 $\int f(x)g'(x)dx = f(x)g(x) - \int f'(x)g(x)dx$.

또는 $u = f(x)$, $v = g(x)$라 두면 $du = f'(x)dx$, $dv = g'(x)dx$.

따라서 $\int udv = uv - \int vdu$이 성립한다(부분적분법).

Note 부분적분의 TIP

부분적분을 이용해서 부정적분을 구하려고 할 때 u는 미분했을 때 대수함수가 되는 것을 u로 택해야 한다. 즉,

① 피적분함수가 지수함수와 다항함수 곱일 때는 다항함수를 u로 두고 적분한다.

② 피적분함수가 로그함수와 다항함수 곱일 때는 로그함수를 u로 두고 적분한다.

③ 피적분함수가 $\sin$함수나 $\cos$함수와 다항함수 곱일 때는 다항함수를 u로 두고 적분한다.

④ 피적분함수가 역삼각함수와 다항함수 곱일 때는 역삼각함수를 u로 두고 적분한다.

예제 4.2.5

다음 부정적분을 구하여라.

① $\int \ln x dx$　　② $\int x e^x dx$　　③ $\int x \cos x dx$

④ $\int \sin^{-1} x dx$　　⑤ $\int \tan^{-1} x dx$

풀이

① $u = \ln x$, $dv = dx$라 두면 $du = \frac{1}{x}dx$, $v = x$이다.

따라서 $\int \ln x dx = x \ln x - \int dx = x \ln x - x + C$

② $u = x$, $dv = e^x dx$라 두면 $du = dx$, $v = e^x$이다.

따라서 $\int x e^x dx = x e^x - \int e^x dx = xe^x - e^x + C$

③ $u = x$, $dv = \cos x dx$라 두면 $du = dx$, $v = \sin x$

따라서 $\int x \cos x dx = x \sin x - \int \sin x dx = x \sin x + \cos x + C$

④ $u = \sin^{-1} x$, $dv = dx$라 두면 $du = \frac{1}{\sqrt{1-x^2}}dx$, $v = x$

따라서 $\int \sin^{-1} x dx = x \sin^{-1} x - \int \frac{x}{\sqrt{1-x^2}}dx = x \sin^{-1} x + \sqrt{1-x^2} + C$

☞때로는 부분적분법을 반복해서 시행하여야 적분을 구할 수 있는 경우가 있다.

예제 4.2.6

$\int e^x \cos x dx$을 구하여라.

풀이

$u = \cos x$, $dv = e^x dx$라 두면 $du = -\sin x dx$, $v = e^x$

따라서 $\int e^x \cos x dx = e^x \cos x + \int e^x \sin x dx$--①

$\int e^x \sin x dx$를 구하기 위해 한 번 더 부분적분을 시행하면

$u = \sin x$, $dv = e^x dx$라 두면 $du = \cos x dx$, $v = e^x$

따라서 $\int e^x \sin x dx = e^x \sin x - \int e^x \cos x dx$--②

②를 ①에 대입하면 $\int e^x \cos x dx = e^x \cos x + e^x \sin x - \int e^x \cos x dx + C$

따라서 $\int e^x \cos x dx = \frac{1}{2} e^x (\sin x + \cos x) + C.$

4.3 유리함수의 적분

유리함수의 적분법

Ⅰ. 분자의 차수가 분모의 차수보다 크거나 같은 경우

⇨ 실제 나눗셈을 시행하면 된다.

예제 4.3.1

$\int \frac{x^3-2}{x-1}dx$을 구하여라.

풀이

$$\frac{x^3-2}{x-1}=\frac{(x^3-1)-1}{x-1}=\frac{(x-1)(x^2+x+1)-1}{x-1}=x^2+x+1-\frac{1}{x-1}$$

이므로

$$\int \frac{x^3-2}{x-1}dx=\int [x^2+x+1-\frac{1}{x-1}]dx=\frac{1}{3}x^3+\frac{1}{2}x^2+x-\ln|x-1|+C$$

Ⅱ. 분모가 서로 다른 1차인수를 가지는 경우

⇨ 부분분수로 분해해서 항별로 적분하면 된다.

즉, $\frac{p(x)}{q(x)}=\frac{p(x)}{(x-\alpha_1)(x-\alpha_2)\cdots(x-\alpha_n)}=\frac{A_1}{x-\alpha_1}+\frac{A_2}{x-\alpha_2}+\cdots+\frac{A_n}{x-\alpha_n}$라 두고 항등식을 이용해서 상수 $A_1, A_2, \cdots, A_n$를 결정한 후 양변을 항별로 적분하면 된다.

예제 4.3.2

$\int \frac{x^2+2x-2}{x^3-16x}dx$을 구하여라.

풀이

$$\frac{x^2+2x-2}{x^3-16x}=\frac{x^2+2x-2}{x(x+4)(x-4)}=\frac{A}{x}+\frac{B}{x+4}+\frac{C}{x-4}$$

라 두고 각 계수를 비교하면

$x^2+2x-2=A(x+4)(x-4)+Bx(x-4)+Cx(x+4)$이다.

$x=0$를 대입하면 $-16A=-2$. 따라서 $A=\dfrac{1}{8}$

$x=4$를 대입하면 $32C=22$. 따라서 $C=\dfrac{11}{16}$

$x=-4$를 대입하면 $32B=6$. 따라서 $B=\dfrac{3}{16}$

그러므로

$$\begin{aligned}\int \frac{x^2+2x-2}{x^3-16x}dx &= \frac{1}{8}\int \frac{1}{x}dx+\frac{3}{16}\int \frac{1}{x+4}dx+\frac{11}{16}\int \frac{1}{x-4}dx \\ &= \frac{1}{8}\ln|x|+\frac{3}{16}\ln|x+4|+\frac{11}{16}\ln|x-4|+C\end{aligned}$$

Ⅲ. 분모가 k-중근을 가지는 경우

⇨ 즉, $\dfrac{p(x)}{q(x)}=\dfrac{p(x)}{(x-a)^k g(x)}$, $g(x)\neq 0$이라 하면 $\dfrac{p(x)}{q(x)}$를 상수 $A_1, A_2, \cdots, A_k$와 $x-a$를 인수로 포함하지 않는 식 $h(x)$에 대해

$\dfrac{p(x)}{q(x)}=\dfrac{A_1}{x-a}+\dfrac{A_2}{(x-a)^2}+\cdots+\dfrac{A_k}{(x-a)^k}+h(x)$라 두고 항등식을 이용해서 상수 $A_1, A_2, \cdots, A_k$를 결정하고 각각 양변을 항별로 적분하면 된다.

예제 4.3.3

$\displaystyle\int \frac{3x+2}{x(x-2)^2(x+3)}dx$을 구하여라.

풀이

$$\frac{3x+2}{x(x-2)^2(x+3)}=\frac{A}{x}+\frac{B}{x-2}+\frac{C}{(x-2)^2}+\frac{D}{x+3}$$

라 두고 각 계수를 비교하면

$3x+2=A(x-2)^2(x+3)+Bx(x-2)(x+3)+Cx(x+3)+Dx(x-2)^2$이다.

$x=0$를 대입하면 $12A=2$. 따라서 $A=\dfrac{1}{6}$

$x=2$를 대입하면 $10C=8$. 따라서 $C=\dfrac{4}{5}$

$x=-3$를 대입하면 $-75D=-7$. 따라서 $D=\dfrac{7}{75}$

x^3의 계수를 비교하면 $A+B+D=0$. 따라서 $B=-\dfrac{13}{50}$

그러므로

$$\begin{aligned}\int \frac{3x+2}{x(x-2)^2(x+3)}dx &= \frac{1}{6}\int \frac{1}{x}dx - \frac{13}{50}\int \frac{1}{x-2}dx + \frac{4}{5}\int \frac{1}{(x-2)^2}dx + \frac{7}{75}\int \frac{1}{x+3}dx \\ &= \frac{1}{6}\ln|x| - \frac{13}{50}\ln|x-2| - \frac{4}{5(x-2)} + \frac{7}{75}\ln|x+3| + C\end{aligned}$$

Ⅳ. $q(x)$가 이차 인수 $ax^2+bx+c \quad (b^2-4ac<0)$를 가지는 경우

⇨ $\dfrac{p(x)}{q(x)}=\dfrac{p(x)}{(ax^2+bx+c)g(x)}$, $g(x)\neq 0$이면 $\dfrac{p(x)}{q(x)}$를 상수 A_1, A_2와 $h(x)$에 대해 $\dfrac{p(x)}{q(x)}=\dfrac{A_1x+A_2}{ax^2+bx+c}+h(x)$라 두고 항등식을 이용해서 상수 A_1, A_2를 결정하고 각각 양변을 적분하면 된다.

만약, $\dfrac{p(x)}{q(x)}=\dfrac{p(x)}{(ax^2+bx+c)^kg(x)}$, $g(x)\neq 0$이면 $\dfrac{p(x)}{q(x)}$를 상수 $A_1, A_2, \cdots, A_k$, $B_1, B_2, \cdots, B_k$와 ax^2+bx+c를 인수로 포함하지 않는 식 $h(x)$에 대해 $\dfrac{p(x)}{q(x)}=\dfrac{A_1x+B_1}{ax^2+bx+c}+\dfrac{A_2x+B_2}{(ax^2+bx+c)^2}+\cdots+\dfrac{A_kx+B_k}{(ax^2+bx+c)^k}+h(x)$라 두고 항등식을 이용해서 상수 $A_1, A_2, \cdots, A_k$와 $B_1, B_2, \cdots, B_k$를 결정하고 각각 양변을 항별로 적분하면 된다.

예제 4.3.4

$\displaystyle\int \frac{x-1}{x^3+8}dx$을 구하여라.

풀이

$$\frac{x-1}{x^3+8}=\frac{x-1}{(x+2)(x^2-2x+4)}=\frac{A}{x+2}+\frac{Bx+C}{x^2-2x+4}$$

라 두고 각 계수를 비교하면

$$x-1=A(x^2-2x+4)+(x+2)(Bx+C)=(A+B)x^2+(-2A+2B+C)x+4A+2C$$

따라서 $A+B=0$, $-2A+2B+C=1$, $4A+2C=-1$

연립해서 풀면 $A=-\frac{1}{4}$, $B=\frac{1}{4}$, $C=0$이다.

그러므로

$$\int \frac{x-1}{x^3+8}dx = -\frac{1}{4}\int \frac{1}{x+2}dx + \frac{1}{4}\int \frac{x}{x^2-2x+4}dx$$

$$= -\frac{1}{4}\ln|x+2| + \frac{1}{8}\int \frac{2x-2}{x^2-2x+4}dx + \frac{1}{4}\int \frac{1}{x^2-2x+4}dx$$

$$= -\frac{1}{4}\ln|x+2| + \frac{1}{8}\ln|x^2-2x+4| + \frac{1}{4}\int \frac{1}{(x-1)^2+3}dx =$$

$$= -\frac{1}{4}\ln|x+2| + \frac{1}{8}\ln|x^2-2x+4| + \frac{1}{4\sqrt{3}}\tan^{-1}\left(\frac{x-1}{\sqrt{3}}\right) + C$$

Ⅴ. $\sin x$와 $\cos x$를 포함하는 유리함수의 적분인 경우

⇨ $t=\tan\frac{x}{2}$로 치환하면 $\sin x = \frac{2t}{1+t^2}$, $\cos x = \frac{1-t^2}{1+t^2}$, $dx = \frac{2}{1+t^2}dt$.

$(\because)$

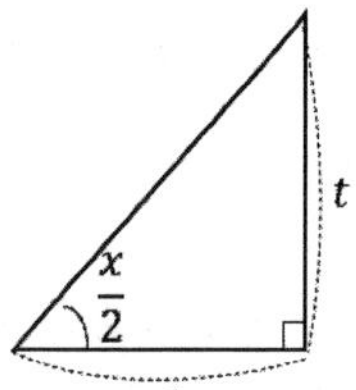

$$\sin x = \sin\left(2\cdot\frac{x}{2}\right) = 2\sin\left(\frac{x}{2}\right)\cos\left(\frac{x}{2}\right) = 2\frac{t}{\sqrt{1+t^2}}\cdot\frac{1}{\sqrt{1+t^2}} = \frac{2t}{1+t^2},$$

$$\cos x = \cos\left(2\cdot\frac{x}{2}\right) = \cos^2\left(\frac{x}{2}\right) - \sin^2\left(\frac{x}{2}\right) = \left(\frac{1}{\sqrt{1+t^2}}\right)^2 - \left(\frac{t}{\sqrt{1+t^2}}\right)^2 = \frac{1-t^2}{1+t^2},$$

$t=\tan\frac{x}{2}$이므로 $dt = \frac{1}{2}\sec^2\frac{x}{2}dx = \frac{1+t^2}{2}dx$. 따라서 $dx = \frac{2}{1+t^2}dt$

예제 4.3.5

다음 부정적분을 구하여라.

① $\int \frac{1}{\sin x + \cos x}dx$　　② $\int \frac{\sin x}{1+\sin x}dx$　　③ $\int \frac{\cos x}{1+\cos x}dx$

풀이

① $t=\tan\frac{x}{2}$로 치환하면 $\sin x=\frac{2t}{1+t^2}$, $\cos x=\frac{1-t^2}{1+t^2}$, $dx=\frac{2}{1+t^2}dt.$

따라서

$$\int\frac{1}{\sin x+\cos x}dx=\int\frac{1}{\frac{2t}{1+t^2}+\frac{1-t^2}{1+t^2}}\cdot\frac{2}{1+t^2}dt=2\int\frac{1}{1+2t-t^2}dt$$

$$=2\int\frac{1}{2-(t-1)^2}dt=2\int\frac{1}{(\sqrt{2}+t-1)(\sqrt{2}-(t-1))}dt$$

$$=2\int\frac{1}{2\sqrt{2}}\left(\frac{1}{\sqrt{2}-t+1}+\frac{1}{\sqrt{2}+t-1}\right)dt$$

$$=\frac{1}{\sqrt{2}}(-\ln|\sqrt{2}-t+1|+\ln|\sqrt{2}+t-1|)$$

$$=\frac{1}{\sqrt{2}}\ln\left|\frac{\sqrt{2}+t-1}{\sqrt{2}-t+1}\right|+C$$

$$=\frac{1}{\sqrt{2}}\ln\left|\frac{\sqrt{2}+\tan\frac{x}{2}-1}{\sqrt{2}-\tan\frac{x}{2}+1}\right|+C$$

③ $t=\tan\frac{x}{2}$로 치환하면 $\cos x=\frac{1-t^2}{1+t^2}$, $dx=\frac{2}{1+t^2}dt$

따라서

$$\int\frac{\cos x}{1+\cos x}dx=\int\frac{\frac{1-t^2}{1+t^2}}{1+\frac{1-t^2}{1+t^2}}\cdot\frac{2}{1+t^2}dt=\int\frac{1-t^2}{1+t^2}dt=\int\left(-1+\frac{2}{1+t^2}\right)dt$$

$$=-t+2\tan^{-1}t+C=-\tan\frac{x}{2}+x+C$$

4.4 무리함수의 적분

정리 4.4.1

① 피적분함수가 $\sqrt[n]{ax+b}$을 포함하는 경우 ⇨ $t=\sqrt[n]{ax+b}$ 치환하여 적분

② 피적분함수가 $\sqrt[n]{ax+b}$와 $\sqrt[m]{ax+b}$을 포함하는 경우 ⇨ $t=\sqrt[l]{ax+b}$ 치환하여 적분, 여기서 l은 m과 n의 최소공배수

예제 4.4.1

다음 부정적분을 구하여라.

① $\displaystyle\int \frac{1}{\sqrt{2x-1}+1}dx$ ② $\displaystyle\int \frac{1}{\sqrt{x}\,(1+\sqrt[4]{x})}dx$

풀이

① $t=\sqrt{2x-1}$라 두면 $x=\frac{1}{2}(t^2+1)$. 따라서 $dx=tdt$

그러므로

$$\int \frac{1}{\sqrt{2x-1}+1}dx=\int \frac{t}{t+1}dt=\int (1-\frac{1}{t+1})dt$$

$$=t-\ln|t+1|=\sqrt{2x-1}-\ln|\sqrt{2x-1}+1|+C$$

② $t=\sqrt[4]{x}$라 두면 $x=t^4$, $\sqrt{x}=t^2$, $dx=4t^3dt$

따라서

$$\int \frac{1}{\sqrt{x}\,(1+\sqrt[4]{x})}dx=\int \frac{4t^3}{t^2(1+t)}dt=4\int \frac{t}{1+t}dt$$

$$=4\int (1-\frac{1}{1+t})dt=4(t-\ln|1+t|)+C$$

$$=4(\sqrt[4]{x}-\ln|1+\sqrt[4]{x}|)+C$$

● 삼각치환법

피적분함수가 $\sqrt{a^2-x^2}$, $\sqrt{a^2+x^2}$, $\sqrt{x^2-a^2}$ $(a>0)$을 포함하는 경우의 적분법

① 피적분함수가 $\sqrt{a^2-x^2}$ 을 포함하는 경우

⇨ $x=a\sin\theta$ $(-\frac{\pi}{2}\le\theta\le\frac{\pi}{2})$ 치환하면 $dx=a\cos\theta d\theta$ 이고

$\sqrt{a^2-x^2}=\sqrt{a^2-a^2\sin^2\theta}=a\sqrt{1-\sin^2\theta}=a\cos\theta$ 이다.

② 피적분함수가 $\sqrt{a^2+x^2}$ 을 포함하는 경우

⇨ $x=a\tan\theta$ $(-\frac{\pi}{2}<\theta<\frac{\pi}{2})$ 치환하면 $dx=a\sec^2\theta d\theta$ 이고

$\sqrt{a^2+x^2}=\sqrt{a^2+a^2\tan^2\theta}=a\sqrt{1+\tan^2\theta}=a\sec\theta$ 이다.

③ 피적분함수가 $\sqrt{x^2-a^2}$ 을 포함하는 경우

⇨ $x=a\sec\theta$ $(0\le\theta<\frac{\pi}{2}$, 또는 $\pi\le\theta<\frac{3\pi}{2})$ 치환하면 $dx=a\sec\theta\tan\theta\, d\theta$ 이고

$\sqrt{x^2-a^2}=\sqrt{a^2\sec^2\theta-a^2}=a\sqrt{\sec^2\theta-1}=a\tan\theta$ 이다.

예제 4.4.2

$a>0$ 일 때 다음 부정적분을 구하여라.

① $\int\sqrt{a^2-x^2}\,dx$

② $\int\sqrt{a^2+x^2}\,dx$

③ $\int\sqrt{x^2-a^2}\,dx$

풀이

① $x=a\sin\theta$ $(-\frac{\pi}{2}\le\theta\le\frac{\pi}{2})$ 치환하면 $dx=a\cos\theta d\theta$, $\sqrt{a^2-x^2}=a\cos\theta$

따라서

$$\int\sqrt{a^2-x^2}\,dx=\int a^2\cos^2\theta d\theta=\frac{a^2}{2}\int(1+\cos2\theta)d\theta=\frac{a^2}{2}[\theta+\frac{1}{2}\sin2\theta]+C$$

$$=\frac{a^2}{2}[\theta+\sin\theta\cos\theta]+C=\frac{a^2}{2}[\sin^{-1}(\frac{x}{a})+\frac{x}{a}\cdot\frac{\sqrt{a^2-x^2}}{a}]+C$$

$$=\frac{1}{2}[a^2\sin^{-1}(\frac{x}{a})+x\sqrt{a^2-x^2}]+C$$

② $x = a\tan\theta$ $\left(-\frac{\pi}{2} < \theta < \frac{\pi}{2}\right)$ 치환하면 $dx = a\sec^2\theta d\theta$

$$\sqrt{a^2+x^2} = \sqrt{a^2+a^2\tan^2\theta} = a\sec\theta$$

$$\int \sqrt{a^2+x^2}\,dx = \int a\sec\theta \cdot a\sec^2\theta d\theta = a^2\int \sec^3\theta d\theta$$

여기서

$$\int \sec^3\theta\, d\theta = \int \sec\theta \cdot \sec^2\theta\, d\theta = \sec\theta\tan\theta - \int \sec\theta\tan^2\theta d\theta$$

$$= \sec\theta\tan\theta - \int \sec\theta(\sec^2\theta - 1)d\theta$$

$$= \sec\theta\tan\theta - \int \sec^3\theta d\theta + \int \sec\theta d\theta$$

$$= \sec\theta\tan\theta - \int \sec^3\theta d\theta + \ln|\sec\theta + \tan\theta| + C$$

따라서 $2\int \sec^3\theta d\theta = \sec\theta\ \tan\theta + \ln|\sec\theta + \tan\theta| + C$

그러므로 $\int \sec^3\theta d\theta = \frac{1}{2}\sec\theta\ \tan\theta + \frac{1}{2}\ln|\sec\theta + \tan\theta| + C$

$$\int \sqrt{a^2+x^2}\,dx = a^2\int \sec^3\theta d\theta$$

$$= \frac{a^2}{2}[\sec\theta\tan\theta + \ln|\sec\theta + \tan\theta|] + C$$

$$= \frac{a^2}{2}\left[\frac{x}{a} \cdot \frac{\sqrt{a^2+x^2}}{a} + \ln\left|\frac{x}{a} + \frac{\sqrt{a^2+x^2}}{a}\right|\right] + C$$

$$= \frac{1}{2}[x\sqrt{a^2+x^2} + a^2\ln|x + \sqrt{a^2+x^2}|] + C$$

③ $x = a\sec\theta$ $\left(0 \le \theta < \frac{\pi}{2}\right.$, 또는 $\left.\pi \le \theta < \frac{3\pi}{2}\right)$ 치환해서 같은 방법으로 풀면 된다.

예제 4.4.3

다음 부정적분 $\int x\sin^{-1}x dx$을 구하여라.

풀이

$u=\sin^{-1}x$, $dv=xdx$라 두면 $du=\dfrac{1}{\sqrt{1-x^2}}dx$, $v=\dfrac{1}{2}x^2$

따라서

$$\begin{aligned}\int x\sin^{-1}x dx &= \frac{1}{2}x^2\sin^{-1}x-\frac{1}{2}\int\frac{x^2}{\sqrt{1-x^2}}dx = \frac{1}{2}x^2\sin^{-1}x-\frac{1}{2}\int\frac{1-(1-x^2)}{\sqrt{1-x^2}}dx\\ &= \frac{1}{2}x^2\sin^{-1}x-\frac{1}{2}\int\left(\frac{1}{\sqrt{1-x^2}}-\sqrt{1-x^2}\right)dx\\ &= \frac{1}{2}x^2\sin^{-1}x-\frac{1}{2}[\sin^{-1}x-\int\sqrt{1-x^2}\,dx]\end{aligned}$$

$\int\sqrt{1-x^2}\,dx$를 계산하기 위해 $x=\sin\theta$ $(-\frac{\pi}{2}\le\theta\le\frac{\pi}{2})$를 대입하면

$dx=\cos\theta d\theta$, $\sqrt{1-x^2}=\sqrt{1-\sin^2\theta}=\cos\theta$

따라서

$$\begin{aligned}\int\sqrt{1-x^2}\,dx &= \int\cos^2\theta d\theta=\frac{1}{2}\int(1+\cos2\theta)d\theta\\ &= \frac{1}{2}(\theta+\sin\theta\cos\theta)=\frac{1}{2}(\sin^{-1}x+x\sqrt{1-x^2})\end{aligned}$$

그러므로

$$\begin{aligned}\int x\sin^{-1}x dx &= \frac{1}{2}x^2\sin^{-1}x-\frac{1}{2}[\sin^{-1}x-\int\sqrt{1-x^2}\,dx]\\ &= \frac{1}{2}x^2\sin^{-1}x-\frac{1}{2}[\sin^{-1}x-\frac{1}{2}(\sin^{-1}x+x\sqrt{1-x^2})]+C\\ &= \frac{1}{4}[(2x^2-1)\sin^{-1}x+x\sqrt{1-x^2}]+C\end{aligned}$$

4.5 삼각함수의 변환

Ⅰ. $\int \sin ax \cos bx dx$, $\int \sin ax \sin bx dx$, $\int \cos ax \cos bx dx$ 형의 적분

$$\sin\alpha\cos\beta = \frac{1}{2}[\sin(\alpha+\beta)+\sin(\alpha-\beta)]$$

$$\cos\alpha\cos\beta = \frac{1}{2}[\cos(\alpha+\beta)+\cos(\alpha-\beta)]$$

$$\sin\alpha\sin\beta = -\frac{1}{2}[\cos(\alpha+\beta)-\cos(\alpha-\beta)]$$

을 이용하면 된다.

예제 4.5.1

$\int \sin 5x \cos 2x dx$을 구하여라.

풀이

$$\int \sin 5x \cos 2x dx = \frac{1}{2}\int(\sin 7x+\sin 3x)dx = -\frac{1}{2}[\frac{1}{7}\cos 7x+\frac{1}{3}\cos 3x]+C$$

Ⅱ. $\int \sin^m x \cos^n x dx$ 형의 적분

1. m과 n 중 홀수인 경우

① n이 홀수이면

⇨ $\sin^m x\cos^n x = \sin^m x\cos^{n-1}x\cos x = \sin^m x(1-\sin^2 x)^{\frac{n-1}{2}}\cos x$으로 표현하고 $u=\sin x$를 치환하여 계산한다.

② m: 홀수이면

⇨ $\sin^m x\cos^n x = \sin^{m-1}x\cos^n x\sin x = \cos^n x(1-\cos^2 x)^{\frac{m-1}{2}}\sin x$으로 표현하고 $u=\cos x$를 치환하여 계산한다.

2. m과 n 모두 짝수인 경우

⇨ 반각공식 $\sin^2 x = \dfrac{1-\cos 2x}{2}$, $\cos^2 x = \dfrac{1+\cos 2x}{2}$ 을 이용하여 계산한다.

예제 4.5.2

다음 부정적분을 구하여라.

① $\int \sin^4 x \cos^3 x dx$　　　② $\int \sin^3 x \cos^2 x dx$

③ $\int \sin^4 x \cos^2 x dx$　　　④ $\int \sin^2 x \cos^4 x dx$

풀이

① $\int \sin^4 x \cos^3 x dx = \int \sin^4 x \cos^2 x \cos x dx = \int \sin^4 x (1-\sin^2 x)\cos x dx$

$$= \frac{1}{5}\sin^5 x - \frac{1}{7}\sin^7 x + C$$

④ $\int \sin^2 x \cos^4 x dx = \int \frac{1-\cos 2x}{2}(\frac{1+\cos 2x}{2})^2 dx = \frac{1}{8}\int (1-\cos^2 2x)(1+\cos 2x)dx$

$$= \frac{1}{8}\int \sin^2 2x(1+\cos 2x)dx = \frac{1}{8}\int (\frac{1-\cos 4x}{2} + \sin^2 2x \cos 2x)dx$$

$$= \frac{1}{8}[\frac{1}{2}(x - \frac{1}{4}\sin 4x) + \frac{1}{6}\sin^3 2x] + C$$

$$= \frac{1}{16}x - \frac{1}{64}\sin 4x + \frac{1}{48}\sin^3 2x + C$$

Ⅲ. $\int \tan^m x \sec^n x dx$ 형의 적분

1. n: 짝수인 경우

⇨ $\tan^m x \sec^n x = \tan^m x \sec^{n-2} x \sec^2 x = \tan^m x (1+\tan^2 x)^{\frac{n-2}{2}} \sec^2 x$로 표현하고 $u = \tan x$를 치환한다.

2. m: 홀수인 경우

⇨ $\tan^m x \sec^n x = \tan^{m-1} x \sec^{n-1} x \sec x \tan x = (\sec^2 x - 1)^{\frac{m-1}{2}} \sec^{n-1} x \sec x \tan x$ 으로 표현하고 $u = \sec x$를 치환한다.

3. n: 홀수, m: 짝수인 경우 ⇨ $\sec x$의 누승으로 고친다.

예제 4.5.3

다음 부정적분을 구하여라.

① $\int \tan^5 x \sec x dx$ ② $\int \tan^2 x \sec^4 x dx$ ③ $\int \tan^2 x \sec x dx$

풀이

① $\int \tan^5 x \sec x dx = \int \tan^4 x \sec x \tan x dx = \int (\sec^2 x - 1)^2 \sec x \tan x dx$

$$= \int (\sec^4 x - 2\sec^2 x + 1)\sec x \tan x dx$$

$$= \frac{1}{5}\sec^5 x - \frac{2}{3}\sec^3 x + \sec x + C$$

② $\int \tan^2 x \sec^4 x dx = \int \tan^2 x \sec^2 x \sec^2 x dx = \int \tan^2 x (1 + \tan^2 x)\sec^2 x dx$

$$= \int (\tan^2 x + \tan^4 x)\sec^2 x dx = \frac{1}{3}\tan^3 x + \frac{1}{5}\tan^5 x + C$$

③ $\int \tan^2 x \sec x dx = \int (\sec^2 x - 1)\sec x \, dx = \int (\sec^3 x - \sec x)dx.$

여기서

$$\begin{aligned}\int \sec^3 x dx &= \int \sec x \sec^2 x dx = \sec x \tan x - \int \sec x \tan^2 x dx \\ &= \sec x \tan x - \int \sec x (\sec^2 x - 1)dx \\ &= \sec x \tan x - \int \sec^3 x dx + \int \sec x dx \\ &= \sec x \tan x - \int \sec^3 x dx + \ln|\sec x + \tan x| + C\end{aligned}$$

따라서 $\int \sec^3 x dx = \frac{1}{2}\sec x \tan x + \frac{1}{2}\ln|\sec x + \tan x| + C$

그러므로

$$\int \tan^2 x \sec x dx = \int (\sec^3 x - \sec x)dx$$

$$= \frac{1}{2}\sec x \tan x + \frac{1}{2}\ln|\sec x + \tan x| - \ln|\sec x + \tan x| + C$$

$$= \frac{1}{2}\sec x \tan x - \frac{1}{2}\ln|\sec x + \tan x| + C$$

연습문제

1 다음 등식을 만족하는 함수 $f(x)$를 구하여라.

① $\int f(x)dx = x^2 + 2x + C$

② $\int (x-1)f(x)dx = \frac{1}{4}x^4 - \frac{1}{3}x^3 + x^2 - 2x + C$

2 다음 부정적분을 구하여라.

① $\int (x+1)^2 dx$ ② $\int (1+\sin x)\cos x dx$ ③ $\int x^2(2x^3-5)^3 dx$

④ $\int \frac{\sin\sqrt{x}}{\sqrt{x}}dx$ ⑤ $\int \frac{x}{1+x^2}dx$ ⑥ $\int x\sin x^2 dx$

⑦ $\int \frac{\sec^2 x}{\sqrt{\tan x}}dx$ ⑧ $\int \frac{\ln x}{x}dx$ ⑨ $\int xe^{x^2}dx$

⑩ $\int x^4 e^x dx$ ⑪ $\int \ln(x+1)dx$ ⑫ $\int (x^2+1)\sin x dx$

3 다음 부정적분을 구하여라.

① $\int \frac{x^3-1}{x-1}dx$ ② $\int \frac{x^4+x^2+1}{x^2+x+1}dx$ ③ $\int \frac{x+1}{x(x-1)^2(x+2)}dx$

④ $\int \frac{1}{(x^2+2x+5)^2}dx$ ⑤ $\int \frac{e^t}{e^{2t}+3e^t+2}dt$ ⑥ $\int \frac{1}{1+\tan^2 x} + \frac{1}{1+\cot^2 x}\, dx$

⑦ $\int \frac{e^x-1}{e^x+1}dx$ ⑧ $\int \frac{1}{e^x+e^{-x}}dx$ ⑨ $\int (\sin^{-1}x)^2 dx$

⑩ $\int \frac{x+1}{\sqrt{x^2+2x+2}}dx$ ⑪ $\int x(\ln x)^2 dx$ ⑫ $\int e^x\sqrt{1-e^{2x}}dx$

⑬ $\int (\cos^{-1}x)^3 dx$ ⑭ $\int e^{-x}\cos x dx$ ⑮ $\int \frac{\sinh x}{\cosh^2 x}dx$

⑯ $\int \frac{1}{\sqrt{9-x^2}}dx$ ⑰ $\int \frac{1}{x^2+4}dx$ ⑱ $\int \frac{1}{\sqrt{9+x^2}}dx$

⑲ $\int \frac{1}{1+\sin x}dx$ ⑳ $\int \sqrt{\frac{x-1}{2-x}}dx$

5장

정적분

5.1 정적분의 정의

어떤 도형의 넓이나 그 도형을 여러 개의 간단한 도형으로 세분하여 그 넓이 또는 부피의 근사값을 구하고 이 근사값의 합의 극한값으로 넓이나 부피를 구하는 방법을 구분구적법이라 한다. 여기서, $y=f(x)$와 x축 및 두 직선 $x=a$, $x=b$로 둘러싸인 도형의 넓이를 구분구적법을 이용해서 구할 수 있고 이때의 근삿값에 대한 극한값을 $f(x)$의 $x=a$에서 $x=b$까지의 정적분이라 한다.

정의 정적분

f를 구간 $[a,b]$에서 정의된 유계인 함수라고 하자.

$P=\{x_0, x_1, x_2, \cdots, x_n\}$를 $[a,b]$의 분할, 즉,

$a=x_0 < x_1 < x_2 < \cdots < x_{n-1} < x_n = b$에 대해 $\Delta x_i = x_i - x_{i-1}$,

$\overline{x_i} \in [x_{i-1}, x_i]$, $i=1, 2, \cdots, n$, $\|\mathrm{P}\| = \max\{\Delta \mathrm{x_i} \mid \mathrm{i}=1, 2, \cdots, \mathrm{n}\}$라고 할 때, 어떠한 분할 P와 어떠한 점 $\overline{x_i} \in [x_{i-1}, x_i]$, $i=1, 2, \cdots, n$에 대해서도 분할 P에 의한 f의 $[a,b]$에서의 리만합 $\sum_{i=1}^{n} f(\overline{x_i})\Delta x_i$의 극한 $\lim_{\|P\|\to 0} \sum_{i=1}^{n} f(\overline{x_i})\Delta x_i$가 존재하면 f는 $[a,b]$에서 적분가능이라 하고 $\int_a^b f(x)dx = \lim_{\|P\|\to 0} \sum_{i=1}^{n} f(\overline{x_i})\Delta x_i$라 정의한다. 이때 $\int_a^b f(x)dx$를 구간 $[a,b]$에서의 함수 f의 정적분이라고 한다.

Note

f가 $[a,b]$에서 적분가능이고 임의의 $x \in [a,b]$에 대해 $f(x) \geq 0$일 때 S를 $y=f(x)$, $x=a$, $x=b$, x 축으로 둘러싸인 면적이라고 하면 $S=\int_a^b f(x)dx$이다.

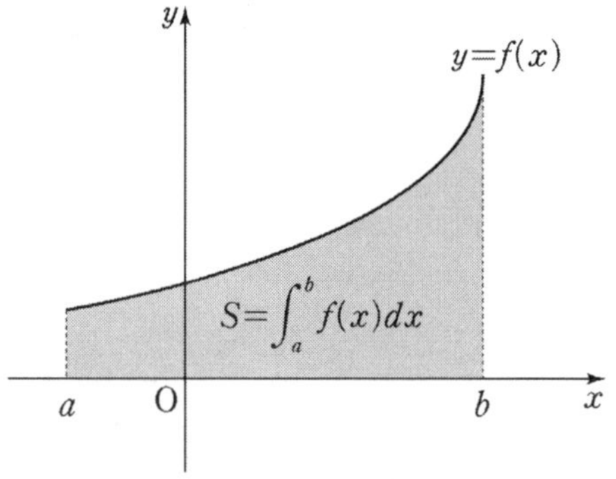

왜냐하면, $[a,b]$의 임의의 분할 $P=\{x_0, x_1, x_2, \cdots, x_n\}$에 대해

$\Delta x_i = x_i - x_{i-1}, \quad i=1,2,\cdots,n$

$t_i = inf\{f(x)\,|\,x_{i-1} \le x \le x_i\}, \quad i=1,2,\cdots,n$

$s_i = sup\{f(x)\,|\,x_{i-1} \le x \le x_i\}, \quad i=1,2,\cdots,n$

라고 하면 $L(P,f)=\sum_{i=1}^{n} t_i \Delta x_i \le S \le \sum_{i=1}^{n} s_i \Delta x_i = U(P,f)$

여기서 f가 $[a,b]$에서 적분가능이므로

$\int_a^b f(x)dx = \lim_{\|P\| \to 0} U(P,f) = \lim_{\|P\| \to 0} L(P,f)$이다.

따라서 $S=\int_a^b f(x)dx$

참고

정의

공집합이 아닌 실수의 부분집합 S에 대해

① 적당한 실수 $u \in R$가 존재해서 임의의 $x \in S$에 대해 $x \le u$를 만족할 때 S는 위로 유계라고 하고 u를 S의 상계라고 한다.

② 적당한 실수 $v \in R$가 존재해서 임의의 $x \in S$에 대해 $x \ge v$를 만족할 때 S는 아래로 유계라고 하고 v를 S의 하계라고 한다.

③ S가 위로 유계이고 아래로 유계일 때 S는 유계라고 한다.

정의

S를 공집합이 아닌 실수 R의 부분집합이라고 하자.

① S가 위로 유계일 때 u가 S의 상계이고 임의의 S의 상계 v에 대해 $u \le v$를 만족하면 u를 S의 상한이라고 하고 $u = s\,upS$로 표기한다.

② S가 아래로 유계일 때 w가 S의 하계이고 임의의 S의 하계 v에 대해 $w \ge v$를 만족하면 w를 S의 하한이라고 하고 $w = i\,nfS$로 표기한다.

Note

$\int_a^b f(x)dx$의 값은 변수 x와는 무관하다. 즉, $\int_a^b f(x)dx = \int_a^b f(t)dt$

정리 5.1.1

f가 $[a,b]$에서 연속이면 $[a,b]$에서 적분가능하다.

Note

f가 $[a,b]$에서 적분가능이라 하고 $P=\{x_0, x_1, x_2, \cdots, x_n\}$를 $[a,b]$의 분할이라고 하자. 즉, $a=x_0 < x_1 < x_2 < \cdots < x_{n-1} < x_n = b$.

$\Delta x_i = x_i - x_{i-1} = \dfrac{b-a}{n}, \quad i = 1, 2, \cdots, n,$

$\overline{x_i} = x_i = a + \dfrac{i(b-a)}{n}, \ i = 1, 2, \cdots, n$라 하면

$\|P\| = \max\{\Delta x_i \mid i = 1, 2, \cdots, n\}$에 대해 $\|P\| \to 0$ 이면 $n \to \infty$ 이다.

따라서

$$\int_a^b f(x)dx = \lim_{\|P\|\to 0}\sum_{i=1}^{n} f(\overline{x_i})\Delta x_i = \lim_{n\to\infty}\sum_{i=1}^{n} f(a+\frac{i(b-a)}{n})\frac{b-a}{n}$$

예제 5.1.1

다음의 정적분을 구하여라.

① $\displaystyle\int_a^b c\,dx$ 여기서 $a < b$이고 $c \in R$이다.

② $\displaystyle\int_0^b x\,dx$ 여기서 $b > 0$.

③ $\displaystyle\int_0^b x^2 dx$ 여기서 $b > 0$.

풀이

① $P=\{x_0, x_1, x_2, \cdots, x_n\}$를 $[a,b]$의 분할,

즉, $a = x_0 < x_1 < x_2 < \cdots < x_{n-1} < x_n = b$이라고 하자.

여기서, $\Delta x_i = x_i - x_{i-1} = \dfrac{b-a}{n}$, $\overline{x_i} \in [x_{i-1}, x_i]$, $i = 1, 2, \cdots, n$라고 하면

임의의 $i = 1, 2, \cdots, n$에 대해 $f(\overline{x_i}) = c$이다. 따라서

$\displaystyle\sum_{i=1}^{n} f(\overline{x_i})\frac{b-a}{n} = \sum_{i=1}^{n} c\frac{b-a}{n} = c(b-a)$이다. 그러므로

$$\int_a^b f(x)dx = \lim_{n\to\infty}\sum_{i=1}^{n} f(\overline{x_i})\frac{b-a}{n} = \lim_{n\to\infty} c(b-a) = c(b-a)$$

② $P = \{x_0, x_1, x_2, \cdots, x_n\}$를 $[0,b]$의 분할

즉, $0 = x_0 < x_1 < x_2 < \cdots < x_{n-1} < x_n = b$이라고 하자.

$\Delta x_i = x_i - x_{i-1} = \frac{b}{n}$, $\overline{x_i} = \frac{ib}{n} \in [x_{i-1}, x_i]$, $i = 1, 2, \cdots, n$라고 하면

$f(\overline{x_i}) = \frac{ib}{n}$, $i = 1, 2, \cdots, n$이다.

따라서 $\sum_{i=1}^{n} f(\overline{x_i})\frac{b}{n} = \sum_{i=1}^{n}\frac{ib}{n}\cdot\frac{b}{n} = (\frac{b}{n})^2\sum_{i=1}^{n} i = (\frac{b}{n})^2\frac{n(n+1)}{2} = \frac{b^2(n+1)}{2n}$

이므로 $\int_0^b f(x)dx = \lim_{n\to\infty}\sum_{i=1}^{n} f(\overline{x_i})\frac{b}{n} = \lim_{n\to\infty}\frac{b^2(n+1)}{2n} = \frac{1}{2}b^2$이다.

③ 같은 방법으로 유도할 수 있다.

Note

f가 $[a,b]$에서 적분가능하면 다음이 성립한다. 정적분의 정의를 이용하면 쉽게 증명할 수 있다.

① $\int_b^a f(x)dx = -\int_a^b f(x)dx$

② $\int_a^a f(x)dx = 0$

예제 5.1.2

다음을 정적분으로 나타내시오.

$$\lim_{n\to\infty}\frac{1}{n}[\sqrt{1+\frac{1}{n}} + \sqrt{1+\frac{2}{n}} + \cdots + \sqrt{1+\frac{n-1}{n}} + \sqrt{1+\frac{n}{n}}]$$

풀이

$\frac{b-a}{n} = \frac{1}{n}$, $f(a + \frac{i(b-a)}{n}) = \sqrt{1+\frac{i}{n}}$, $i = 1, 2, \cdots, n$

에서 $a=0$, $b=1$, $f(x)=\sqrt{1+x}$, $x_i=\frac{i}{n}$이다.

따라서

$$\lim_{n\to\infty}\frac{1}{n}\left[\sqrt{1+\frac{1}{n}}+\sqrt{1+\frac{2}{n}}+\cdots+\sqrt{1+\frac{n}{n}}\right]=\lim_{n\to\infty}\sum_{i=1}^{n}\frac{1}{n}\sqrt{1+\frac{i}{n}}=\int_0^1\sqrt{1+x}\,dx$$

정리 5.1.2 **정적분의 성질**

f, g가 $[a,b]$에서 적분가능하면 다음이 성립된다.

① $\int_a^b[f(x)\pm g(x)]dx=\int_a^b f(x)dx\pm\int_a^b g(x)dx$

② $\int_a^b[kf(x)]dx=k\int_a^b f(x)dx$(여기서 k는 상수)

③ $\int_a^b f(x)dx=\int_a^c f(x)dx+\int_c^b f(x)dx$

④ 임의의 $x\in[a,b]$에 대해 $f(x)\geq 0$이면 $\int_a^b f(x)dx\geq 0$

⑤ 임의의 $x\in[a,b]$에 대해 $f(x)\geq g(x)$ 이면 $\int_a^b f(x)dx\geq\int_a^b g(x)dx$

⑥ $\left|\int_a^b f(x)dx\right|\leq\int_a^b|f(x)|dx$

증명

$P=\{x_0, x_1, x_2, \cdots, x_n\}$를 $[a,b]$의 분할

즉, $a=x_0<x_1<x_2<\cdots<x_{n-1}<x_n=b$

$\Delta x_i=x_i-x_{i-1}=\frac{b-a}{n}$, $\overline{x_i}=x_i=a+\frac{i(b-a)}{n}$, $i=1, 2, \cdots, n$

$\|P\|=\max\{\Delta x_i \mid i=1, 2, \cdots, n\}$에 대해

① $\int_a^b[f(x)\pm g(x)]dx=\lim_{\|P\|\to 0}\sum_{i=1}^{n}(f(\overline{x_i})\pm g(\overline{x_i}))\Delta x_i$

$$=\lim_{\|P\|\to 0}\sum_{i=1}^{n}f(\overline{x_i})\Delta x_i\pm\lim_{\|P\|\to 0}\sum_{i=1}^{n}g(\overline{x_i})\Delta x_i$$

$$=\int_a^b f(x)dx\pm\int_a^b g(x)dx$$

② $\displaystyle\int_a^b [kf(x)]dx = \lim_{\|P\|\to 0}\sum_{i=1}^{n} kf(\overline{x_i})\Delta x_i = k\lim_{\|P\|\to 0}\sum_{i=1}^{n} f(\overline{x_i})\Delta x_i = k\int_a^b f(x)dx$

③ 임의의 $x\in[a,b]$에 대해 $f(x)\ge 0$이면 $\displaystyle\int_a^b f(x)dx = \lim_{\|P\|\to 0}\sum_{i=1}^{n} f(\overline{x_i})\Delta x_i \ge 0$

④ 임의의 $x\in[a,b]$에 대해 $f(x)\ge g(x)$이면 임의의 $x\in[a,b]$에 대해 $f(x)-g(x)\ge 0$.

따라서 $\displaystyle\int_a^b [f(x)-g(x)]dx \ge 0$.

그러므로 $\displaystyle\int_a^b f(x)dx \ge \int_a^b g(x)dx$

⑤ 임의의 $x\in[a,b]$에 대해 $-|f(x)|\le f(x)\le |f(x)|$이므로

임의의 $x\in[a,b]$에 대해 $\displaystyle -\int_a^b |f(x)|dx \le \int_a^b f(x)dx \le \int_a^b |f(x)|dx$.

따라서 $\displaystyle\left|\int_a^b f(x)dx\right| \le \int_a^b |f(x)|dx$.

Note

$P=\{x_0, x_1, x_2, \cdots, x_n\}$를 $[a,b]$의 분할이라고 하자.

즉, $a=x_0 < x_1 < x_2 < \cdots < x_{n-1} < x_n = b$.

$\Delta x_i = x_i - x_{i-1} = \dfrac{b-a}{n}$, $\quad i=1, 2, \cdots, n$,

$\overline{x_i} = x_i = a + \dfrac{i(b-a)}{n}$, $i=1, 2, \cdots, n$라 할 때

$\displaystyle\frac{1}{n}\sum_{i=1}^{n} f(\overline{x_i}) = \frac{1}{b-a}\sum_{i=1}^{n} f(\overline{x_i})\Delta x_i$은 함숫값 $f(\overline{x_1}), f(\overline{x_2}), \cdots, f(\overline{x_n})$의

평균값이다. 여기서 f가 $[a,b]$에서 적분가능하면

$\displaystyle\lim_{n\to\infty}\frac{1}{n}\sum_{i=1}^{n} f(\overline{x_i}) = \lim_{n\to\infty}\frac{1}{b-a}\sum_{i=1}^{n} f(\overline{x_i})\Delta x_i = \frac{1}{b-a}\int_a^b f(x)dx$이 되므로

$\displaystyle\frac{1}{b-a}\int_a^b f(x)dx$를 $[a,b]$에서 f의 평균값이라고 한다.

정리 5.1.3 **적분에 관한 평균값 정리**

f가 $[a,b]$에서 연속이면 $\int_a^b f(x)dx = f(c)(b-a)$를 만족하는 c가 (a,b) 내에 존재한다.

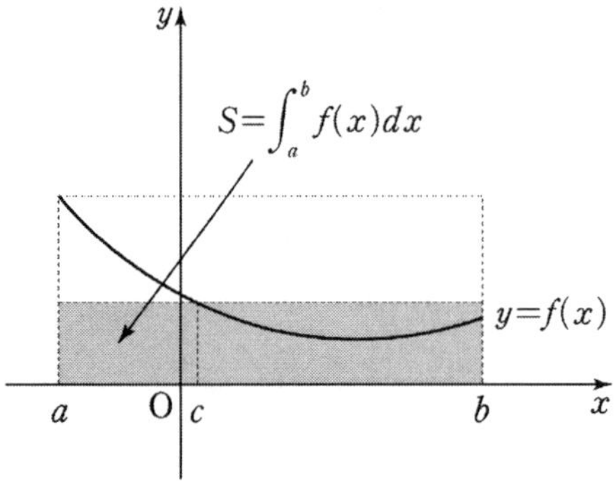

증명

f : $[a,b]$에서 연속이므로 최대최소정리에 의해 f는 $[a,b]$에서 최댓값 M과 최솟값 m을 가진다.

따라서 적당한 상수 α, β가 $[a,b]$에서 존재해서 $m = f(\alpha)$, $M = f(\beta)$를 만족한다.

임의의 $x \in [a,b]$에 대해 $m \le f(x) \le M$이므로 $\int_a^b m dx \le \int_a^b f(x)dx \le \int_a^b M dx$이다.

따라서 $f(\alpha) = m \le \frac{1}{b-a}\int_a^b f(x)dx \le M = f(\beta)$이다.

f가 $[a,b]$에서 연속이므로 중간값 정리에 의해 $\frac{1}{b-a}\int_a^b f(x)dx = f(c)$를 만족하는 c가 (a,b) 내에 존재한다.

예제 5.1.3

$[0, 2]$에서 $f(x) = x^3$에 평균값정리를 만족하는 c의 값을 구하여라.

풀이

$f(x) = x^3$: $[0, 2]$에서 연속이므로 적분에 관한 평균값정리에 의해

$\int_0^2 x^3 dx = 2f(c) = 2c^3$를 만족하는 c가 $(0,2)$ 내에 존재한다.

$\int_0^2 x^3 dx = \frac{16}{4} = 4$이므로 $2c^3 = 4$이므로 $c = \sqrt[3]{2}$이다.

정리 5.1.4 **미적분학의 제1기본정리**

$[a,b]$에서 연속인 함수 f에 대해 $F(x)=\int_a^x f(t)dt \quad (a \le x \le b)$라고 하면 F는 (a,b)에서 미분가능이고 임의의 $x \in (a,b)$에 대해 $F'(x)=f(x)$이다.

증명

$x, x+h \in (a, b)$에 대해

$$\frac{F(x+h)-F(x)}{h}=\frac{1}{h}[\int_a^{x+h} f(t)dt-\int_a^x f(t)dt]$$

$$=\frac{1}{h}[\int_a^{x+h} f(t)dt+\int_x^a f(t)dt]=\frac{1}{h}\int_x^{x+h} f(t)dt$$

f가 $[a,b]$에서 연속이므로 f는 $[x,x+h]$ (또는 $[x+h,x]$)에서 연속이다. 적분에 관한 평균값 정리에 의해 $\frac{1}{h}\int_x^{x+h} f(t)dt=f(c)$를 만족하는 c가 $(x,x+h)$ (또는 $(x+h, x)$)에서 존재한다.

$h \to 0$이면 $c \to x$이고 f가 $[a,b]$에서 연속이므로 $\lim_{h \to 0} f(c)=\lim_{c \to x} f(c)=f(x)$이다.

임의의 $x \in (a,b)$에 대해

$$F'(x)=\lim_{h \to 0}\frac{F(x+h)-F(x)}{h}=\lim_{h \to 0}\frac{1}{h}\int_x^{x+h} f(t)dt=\lim_{h \to 0} f(c)=f(x)$$

따라서 F도 (a,b)에서 미분가능이고 임의의 $x \in (a,b)$에 대해 $F'(x)=f(x)$이다.

예제 5.1.4

다음 함수의 도함수를 구하여라.

① $F(x)=\int_1^x (u^3+u)du$ ② $F(x)=\int_0^x \sqrt{1+t^4}\,dt$ ③ $F(x)=\int_0^{x^2} \cos t^3 dt$

풀이

① $F'(x)=x^3+x$

② $F'(x)=\sqrt{1+x^4}$

③ $F'(x)=2x\cos(x^2)^3=2x\cos x^6$

정리 5.1.5 **미적분학의 제2기본정리**

f가 $[a,b]$에서 연속이고 F를 f의 부정적분이라고 하면 $\int_a^b f(x)dx = F(b) - F(a)$

표기 $[F(x)]_a^b = F(b) - F(a)$

증명

미적분학의 제1기본정리에 의해 $\int_a^x f(t)dt$는 f의 부정적분이다. F가 f의 부정적분이므로 $\int_a^x f(t)dt = F(x) + C$ (C : 상수)

$x = a$를 대입하면 $0 = \int_a^a f(t)dt = F(a) + C$. 따라서 $C = -F(a)$.

$x = b$를 대입하면 $\int_a^b f(t)dt = F(b) + C = F(b) - F(a)$.

예제 5.1.5

① $\int_{\frac{\pi}{4}}^{\frac{\pi}{2}} (2\sin x - \cos x)dx$ ② $\int_1^2 x^2 e^{x^3+2}dx$ ③ $\int_{-4}^{-2} \frac{1}{x^2}dx$

풀이

① $\int_{\frac{\pi}{4}}^{\frac{\pi}{2}} (2\sin x - \cos x)dx = [-2\cos x - \sin x]_{\frac{\pi}{4}}^{\frac{\pi}{2}} = -1 - (-\sqrt{2} - \frac{\sqrt{2}}{2}) = -1 + \frac{3\sqrt{2}}{2}$

② $\int_1^2 x^2 e^{x^3+2}dx = [\frac{1}{3}e^{x^3+2}]_1^2 = \frac{1}{3}(e^{10} - e^3)$

③ $\int_{-4}^{-2} \frac{1}{x^2}dx = [-\frac{1}{x}]_{-4}^{-2} = \frac{1}{2} - \frac{1}{4} = \frac{1}{4}$

Note

f가 $[a,b]$에서 불연속인 점이 있으면 미적분학의 기본정리가 성립하지 않는다.

예 $\int_{-1}^{1} \frac{1}{x} dx = \ln|x|\,]_{-1}^{1} = \ln 1 - \ln 1 = 0$

위 계산이 올바른가? 실제로 $y = \frac{1}{x}$는 $x = 0$에서 불연속이므로 $\int_{-1}^{1} \frac{1}{x} dx$는 특이 적분이다.

$\lim_{t \to 0^+} \int_{t}^{1} \frac{1}{x} dx = \lim_{t \to 0^+} [\ln|x|]_{t}^{1} = 0 - (-\infty) = \infty$이므로 $\int_{0}^{1} \frac{1}{x} dx$은 발산한다.

같은 방법으로 $\int_{-1}^{0} \frac{1}{x} dx$도 발산한다. 그러므로

$\int_{-1}^{1} \frac{1}{x} dx = \int_{-1}^{0} \frac{1}{x} dx + \int_{0}^{1} \frac{1}{x} dx$은 발산한다.

5.2 정적분의 계산

5.2.1 치환적분법

정리 5.2.1 정적분의 치환적분법

$u=g(x)$가 (a,b)에서 연속인 도함수를 가지고 $y=f(u)$가 $[\alpha,\beta]$에서 연속, $\alpha=g(a)$, $\beta=g(b)$이면 $\int_a^b f(g(x))g'(x)dx=\int_\alpha^\beta f(u)du$

증명

F를 f의 임의의 부정적분이라고 하면 $y=f(u)$가 $[\alpha,\beta]$에서 연속이므로

$\int_\alpha^\beta f(u)du=F(\beta)-F(\alpha)$를 만족한다.

또는 $u=g(x)$가 미분가능이고 F가 f의 부정적분이므로

$\int f(g(x))g'(x)dx=\int f(u)du+C=F(u)+C=F(g(x))+C$이다.

그러므로

$$\int_a^b f(g(x))g'(x)dx=F(g(b))-F(g(a))=F(\beta)-F(\alpha)=\int_\alpha^\beta f(u)du$$

예제 5.2.1

다음 정적분을 계산하여라.

① $\int_1^3 (2x-3)^5dx$　② $\int_0^1 x^2(1-x^3)^3dx$　③ $\int_1^2 xe^{-x^2}dx$

④ $\int_0^2 \frac{2x+1}{x^2+x+1}dx$

풀이

① $u=2x-3$라고 치환하면 $du=2dx$. 따라서 $dx=\frac{1}{2}du$

$x=1$이면 $u=-1$이고, $x=3$이면 $u=3$.

따라서 $\int_1^3 (2x-3)^5dx=\frac{1}{2}\int_{-1}^3 u^5du=\frac{1}{2}[\frac{1}{6}u^6]_{-1}^3=\frac{1}{12}(729-1)=\frac{182}{3}$

② $u=1-x^3$라고 치환하면 $du=-3x^2dx$. 따라서 $x^2dx=-\frac{1}{3}du$.

$x=0$이면 $u=1$이고, $x=1$이면 $u=0$

따라서

$$\int_0^1 x^2(1-x^3)^3dx=-\frac{1}{3}\int_1^0 u^3du=-\frac{1}{3}[\frac{1}{4}u^4]_1^0=\frac{1}{12}$$

③ $u=-x^2$라 치환해서 같은 방법으로 적분하면 된다.

④ $u=x^2+x+1$라 치환해서 같은 방법으로 적분하면 된다.

예제 5.2.2

다음 정적분을 계산하여라.

① $\int_0^a \sqrt{a^2-x^2}dx \quad (a>0)$ ② $\int_0^a \sqrt{a^2+x^2}dx \quad (a>0)$

풀이

① $x=a\sin\theta \ (-\frac{\pi}{2}\le\theta\le\frac{\pi}{2})$ 치환하면 $dx=a\cos\theta d\theta$, $\sqrt{a^2-x^2}=a\cos\theta$

$x=0$이면 $\theta=0$, $x=a$이면 $\theta=\frac{\pi}{2}$

따라서

$$\int_0^a \sqrt{a^2-x^2}dx=\int_0^{\frac{\pi}{2}} a\cos\theta\cdot a\cos\theta d\theta=a^2\int_0^{\frac{\pi}{2}}\cos^2\theta d\theta$$

$$=\frac{a^2}{2}\int_0^{\frac{\pi}{2}}(1+\cos2\theta)d\theta=\frac{a^2}{2}[\theta+\frac{1}{2}\sin2\theta]_0^{\frac{\pi}{2}}=\frac{a^2\pi}{4}$$

정의

$f: X\to Y$가 X에서 Y로의 함수일 때

① f가 우함수 ⇔ 임의의 $x\in X$에 대해 $f(-x)=f(x)$를 만족할 때

② f가 기함수 ⇔ 임의의 $x\in X$에 대해 $f(-x)=-f(x)$를 만족할 때

Note

f가 우함수이면 f의 그래프는 y축에 대칭이고, f가 기함수이면 f의 그래프는 원점에 대칭이다.

예제 5.2.3

$f: X \to Y$가 X에서 Y로의 함수일 때

① f가 우함수이면 $\int_{-a}^{a} f(x)dx = 2\int_{0}^{a} f(x)dx$이고

② f가 기함수이면 $\int_{-a}^{a} f(x)dx = 0$이다.

증명

① f가 우함수이면 정의에 의해 임의의 $x \in X$에 대해 $f(-x) = f(x)$

따라서

$$\begin{aligned}\int_{-a}^{a} f(x)dx &= \int_{-a}^{0} f(x)dx + \int_{0}^{a} f(x)dx = \int_{-a}^{0} f(-x)dx + \int_{0}^{a} f(x)dx \\ &= -\int_{a}^{0} f(x)dx + \int_{0}^{a} f(x)dx = \int_{0}^{a} f(x)dx + \int_{0}^{a} f(x)dx \\ &= 2\int_{0}^{a} f(x)dx\end{aligned}$$

② f가 기함수이면 정의에 의해 임의의 $x \in X$에 대해 $f(-x) = -f(x)$이다. 같은 방법을 적용하면 $\int_{-a}^{a} f(x)dx = 0$이다.

예 $\int_{-1}^{1} x^2 dx = 2\int_{0}^{1} x^2 dx = 2[\frac{1}{3}x^3]_0^1 = \frac{2}{3}$

5.2.2 정적분의 부분적분법

Note

두 함수 f, g에 대해 도함수 f', g'가 $[a,b]$에서 연속이면 $fg'+f'g$도 $[a,b]$에서 연속이므로 $fg'+f'g$은 $[a,b]$에서 적분가능이다. $(fg)'=fg'+f'g$이므로 fg가 $fg'+f'g$의 부정적분이다. 따라서

$\int_a^b (f(x)g'(x)+f'(x)g(x))\,dx=[f(x)g(x)]_a^b$이다.

정적분의 선형성에 의해 $\int_a^b f(x)g'(x)dx=[f(x)g(x)]_a^b-\int_a^b f'(x)g(x)dx$이다.

또는 $u=f(x)$, $v=g(x)$ 대입하면 $du=f'(x)dx$, $dv=g'(x)dx$ 이고

$\int_a^b udv=[uv]_a^b-\int_a^b vdu$ 을 만족한다.

예제 5.2.4

다음 정적분을 계산하여라.

① $\int_1^2 x^2 \ln x\,dx$　　② $\int_0^1 x^3 e^x dx$　　③ $\int_0^{\frac{1}{2}} \sin^{-1}x dx$

풀이

① $u=\ln x$, $dv=x^2dx$라 두면 $du=\frac{1}{x}dx$, $v=\frac{1}{3}x^3$

따라서

$$\int_1^2 x^2\ln x dx=[\frac{1}{3}x^3\ln x]_1^2-\int_1^2\frac{1}{3}x^2dx=\frac{8}{3}\ln 2-[\frac{1}{9}x^3]_1^2=\frac{8}{3}\ln 2-\frac{7}{9}$$

② $u=x^3$, $dv=e^xdx$라 두고 부분 적분하면 된다.

③ $u=\sin^{-1}x$, $dv=dx$라 두면 $du=\frac{1}{\sqrt{1-x^2}}dx$, $v=x$

따라서

$$\int_0^{\frac{1}{2}}\sin^{-1}xdx=[x\sin^{-1}x]_0^{\frac{1}{2}}-\int_0^{\frac{1}{2}}\frac{x}{\sqrt{1-x^2}}dx$$

$$=\frac{1}{2}\sin^{-1}(\frac{1}{2})+[\sqrt{1-x^2}]_0^{\frac{1}{2}}=\frac{1}{2}\cdot\frac{\pi}{6}+\frac{\sqrt{3}}{2}-1=\frac{\pi}{12}+\frac{\sqrt{3}}{2}-1$$

예제 5.2.5

다음 정적분을 계산하여라.

① $\int_0^{\frac{\pi}{2}} \cos^4 x \sin^3 x dx$ ② $\int_0^{\frac{\pi}{2}} \sin^4 x \cos^2 x dx$ ③ $\int_0^{\frac{\pi}{3}} \sec^2 x \tan^4 x dx$

④ $\int_0^{\frac{\pi}{3}} \tan x \sec^3 x dx$ ⑤ $\int_0^{\frac{\pi}{4}} \tan^2 x \sec x dx$

풀이

① $$\int_0^{\frac{\pi}{2}} \cos^4 x \sin^3 x dx = \int_0^{\frac{\pi}{2}} \cos^4 x \sin^2 x \sin x dx = \int_0^{\frac{\pi}{2}} \cos^4 x (1-\cos^2 x)\sin x dx$$
$$=-\int_1^0 u^4(1-u^2)du = [\frac{1}{5}u^5 - \frac{1}{7}u^7]_0^1 = \frac{2}{35}$$

② $$\int_0^{\frac{\pi}{2}} \sin^4 x \cos^2 x dx = \int_0^{\frac{\pi}{2}} (\frac{1-\cos 2x}{2})^2 \cdot \frac{1+\cos 2x}{2} dx$$

$$=\frac{1}{8}\int_0^{\frac{\pi}{2}} (1-\cos^2 2x)(1-\cos 2x)dx = \frac{1}{8}\int_0^{\frac{\pi}{2}} \sin^2(2x)(1-\cos 2x)dx$$

$$=\frac{1}{8}\int_0^{\frac{\pi}{2}} (\frac{1-\cos 4x}{2} - \sin^2(2x)\cos 2x)dx$$

$$=\frac{1}{8}[\frac{1}{2}(x-\frac{1}{4}\sin(4x)) - \frac{1}{6}\sin^3(2x))]_0^{\frac{\pi}{2}} = \frac{\pi}{32}$$

예제 5.2.6

다음 정적분을 계산하여라.

$\int_0^{\frac{\pi}{2}} \sin^n x dx$ (n: 자연수)

풀이

$$\int_0^{\frac{\pi}{2}} \sin^n x dx = \int_0^{\frac{\pi}{2}} \sin^{n-1} x \sin x dx$$

$u=\sin^{n-1}x$, $dv=\sin x dx$라 두면 $du=(n-1)\sin^{n-2}x\cos x dx$, $v=-\cos x$

따라서

$$\begin{aligned}\int_0^{\frac{\pi}{2}}\sin^n x dx &= \int_0^{\frac{\pi}{2}}\sin^{n-1}x\sin x dx \\ &= -\sin^{n-1}x\cos x\Big]_0^{\frac{\pi}{2}} + (n-1)\int_0^{\frac{\pi}{2}}\sin^{n-2}x\cos^2 x dx \\ &= (n-1)\int_0^{\frac{\pi}{2}}\sin^{n-2}x(1-\sin^2 x)dx \\ &= (n-1)\int_0^{\frac{\pi}{2}}\sin^{n-2}x dx - (n-1)\int_0^{\frac{\pi}{2}}\sin^n x dx\end{aligned}$$

$n\int_0^{\frac{\pi}{2}}\sin^n x dx = (n-1)\int_0^{\frac{\pi}{2}}\sin^{n-2}x dx$이므로

$$\int_0^{\frac{\pi}{2}}\sin^n x dx = \frac{n-1}{n}\int_0^{\frac{\pi}{2}}\sin^{n-2}x dx \quad (\ n \ge 2\ ),\cdots\cdots (1)$$

$n=0$이면 $\int_0^{\frac{\pi}{2}}\sin^0 x dx = \int_0^{\frac{\pi}{2}}dx = \frac{\pi}{2}$이고

$n=1$이면 $\int_0^{\frac{\pi}{2}}\sin x dx = -\cos x\Big]_0^{\frac{\pi}{2}} = 1$이다.

$n \ge 2$인 임의의 자연수 n에 대해 위 점화식 (1)에 대입하면 된다.

$n=2$이면 $\int_0^{\frac{\pi}{2}}\sin^2 x dx = \frac{1}{2}\int_0^{\frac{\pi}{2}}dx = \frac{1}{2}\cdot\frac{\pi}{2}$

$n=3$이면 $\int_0^{\frac{\pi}{2}}\sin^3 x dx = \frac{2}{3}\int_0^{\frac{\pi}{2}}\sin x dx = \frac{2}{3}\cdot 1$

$n=4$이면 $\int_0^{\frac{\pi}{2}}\sin^4 x dx = \frac{3}{4}\int_0^{\frac{\pi}{2}}\sin^2 x dx = \frac{3}{4}\cdot\frac{1}{2}\cdot\frac{\pi}{2}$

$n=5$이면 $\int_0^{\frac{\pi}{2}}\sin^5 x dx = \frac{4}{5}\int_0^{\frac{\pi}{2}}\sin^3 x dx = \frac{4}{5}\cdot\frac{2}{3}\cdot 1$

즉, $\int_0^{\frac{\pi}{2}}\sin^n x dx = \begin{cases}\frac{n-1}{n}\cdot\frac{n-3}{n-2}\cdots\frac{4}{5}\cdot\frac{2}{3}\cdot 1, & n:\text{홀수} \\ \frac{n-1}{n}\cdot\frac{n-3}{n-2}\cdots\frac{3}{4}\cdot\frac{1}{2}\cdot\frac{\pi}{2}, & n:\text{짝수}\end{cases}$ 이다.

예제 5.2.7

다음 정적분을 계산하여라.

$$\int_0^{\frac{\pi}{2}} \cos^n x dx \quad (n\text{: 자연수})$$

풀이

$$\int_0^{\frac{\pi}{2}} \cos^n x dx = \int_0^{\frac{\pi}{2}} \sin^n \left(\frac{\pi}{2} - x\right) dx = \int_0^{\frac{\pi}{2}} \sin^n x dx$$ 이므로

$$\int_0^{\frac{\pi}{2}} \cos^n x dx = \begin{cases} \dfrac{n-1}{n} \cdot \dfrac{n-3}{n-2} \cdots \dfrac{4}{5} \cdot \dfrac{2}{3} \cdot 1, & n: \text{홀수} \\ \dfrac{n-1}{n} \cdot \dfrac{n-3}{n-2} \cdots \dfrac{3}{4} \cdot \dfrac{1}{2} \cdot \dfrac{\pi}{2}, & n: \text{짝수} \end{cases}$$ 이다.

5.3 특이적분(Improper integral)

특이적분은 적분구간의 길이가 무한이거나, 혹은 그 구간에서 피적분함수가 발산하는 경우 등, 일반적인 정적분의 정의로는 정의되지 않는 경우에 대한 정적분이다.

정의 적분구간이 무한 구간인 경우

① f가 $[a,\infty)$에서 연속일 때 $\lim_{b\to\infty}\int_a^b f(x)dx$가 존재하면 특이적분 $\int_a^\infty f(x)dx$가 수렴한다고 하고 $\int_a^\infty f(x)dx = \lim_{b\to\infty}\int_a^b f(x)dx$로 정의한다.

② f가 $(-\infty,b]$에서 연속일 때 $\lim_{a\to-\infty}\int_a^b f(x)dx$가 존재하면 특이적분 $\int_{-\infty}^b f(x)dx$가 수렴한다고 하고 $\int_{-\infty}^b f(x)dx = \lim_{a\to-\infty}\int_a^b f(x)dx$로 정의한다.

③ f가 $(-\infty,\infty)$에서 연속이고 $\lim_{\substack{a\to-\infty\\ b\to\infty}}\int_a^b f(x)dx$가 존재하면 특이적분 $\int_{-\infty}^\infty f(x)dx$가 수렴한다고 하고 $\int_{-\infty}^\infty f(x)dx = \lim_{\substack{a\to-\infty\\ b\to\infty}}\int_a^b f(x)dx$로 정의한다.

예제 5.3.1

다음 특이적분의 수렴성을 조사하고 수렴하면 그 값을 구하여라.

① $\int_{-\infty}^{\infty}\frac{1}{x^2+4}dx$　　② $\int_{-\infty}^{0} e^x dx$

풀이

① $f(x)=\frac{1}{x^2+4}$는 $(-\infty,\infty)$에서 연속이다.

$$\lim_{\substack{a\to-\infty\\ b\to\infty}}\int_a^b \frac{1}{x^2+4}dx = \lim_{\substack{a\to-\infty\\ b\to\infty}}[\frac{1}{2}\tan^{-1}(\frac{x}{2})]_a^b$$

$$= \frac{1}{2}\lim_{\substack{a\to-\infty\\ b\to\infty}}[\tan^{-1}(\frac{b}{2}) - \tan^{-1}(\frac{a}{2})] = \frac{1}{2}[\frac{\pi}{2} - (-\frac{\pi}{2})] = \frac{\pi}{2}$$

이므로 특이적분 $\int_{-\infty}^{\infty}\frac{1}{x^2+4}dx$은 수렴하고

$\int_{-\infty}^{\infty}\frac{1}{x^2+4}dx = \lim_{\substack{a\to-\infty\\ b\to\infty}}\int_a^b \frac{1}{x^2+4}dx = \frac{\pi}{2}$이다.

② $f(x) = e^x$가 $(-\infty, 0]$에서 연속.

$\lim_{b\to-\infty}\int_b^0 e^x dx = \lim_{b\to-\infty}[e^x]_b^0 = \lim_{b\to\infty}[1-e^b] = 1$이므로 $\int_{-\infty}^0 e^x dx$은 수렴하고

$\int_{-\infty}^0 e^x dx = \lim_{b\to-\infty}\int_b^0 e^x dx = 1.$

정의 발산하는 함수의 경우

① f가 $[a,b)$에서 연속이고 $\lim_{x\to b^-}f(x) = \pm\infty$일 때 $\lim_{t\to b^-}\int_a^t f(x)dx$가 존재하면 특이적분 $\int_a^b f(x)dx$가 수렴한다고 하고 $\int_a^b f(x)dx = \lim_{t\to b^-}\int_a^t f(x)dx$로 정의한다.

② f가 $(a,b]$에서 연속이고 $\lim_{x\to a^+}f(x) = \pm\infty$일 때 $\lim_{t\to a^+}\int_t^b f(x)dx$가 존재하면 특이적분 $\int_a^b f(x)dx$가 수렴한다고 하고 $\int_a^b f(x)dx = \lim_{t\to a^+}\int_t^b f(x)dx$로 정의한다.

③ f가 $[a,b]-\{c\}$ $(a < c < b)$에서 연속, $\lim_{x\to c}f(x) = \pm\infty$일 때 특이적분 $\int_a^c f(x)dx$와 $\int_c^b f(x)dx$가 모두 수렴하면 $\int_a^b f(x)dx$가 수렴하고

$\int_a^b f(x)dx = \int_a^c f(x)dx + \int_c^b f(x)dx$ 로 정의한다.

예제 5.3.2

다음 특이적분의 수렴성을 조사하고 수렴하면 그 값을 구하여라,

① $\displaystyle\int_0^2 \frac{1}{\sqrt{4-x^2}}dx$ ② $\displaystyle\int_0^1 \frac{1}{1-x^2}dx$ ③ $\displaystyle\int_{-1}^1 \frac{1}{x^2}dx$

풀이

① $f(x)=\dfrac{1}{\sqrt{4-x^2}}$가 $[0,2)$에서 연속이고 $\displaystyle\lim_{x\to 2^-}\frac{1}{\sqrt{4-x^2}}=\infty$.

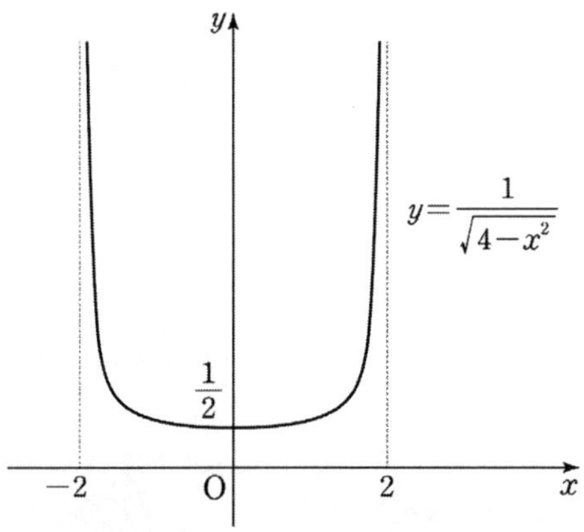

$$\lim_{t\to 2^-}\int_0^t \frac{1}{\sqrt{4-x^2}}dx=\lim_{t\to 2^-}[\sin^{-1}(\frac{x}{2})]_0^t=\lim_{t\to 2^-}\sin^{-1}\frac{t}{2}=\frac{\pi}{2}$$ 이므로

$\displaystyle\int_0^2 \frac{1}{\sqrt{4-x^2}}dx$은 수렴하고 $\displaystyle\int_0^2 \frac{1}{\sqrt{4-x^2}}dx=\lim_{t\to 2^-}\int_0^t \frac{1}{\sqrt{4-x^2}}dx=\frac{\pi}{2}$

② $f(x)=\dfrac{1}{1-x^2}$가 $[0,1)$에서 연속이고 $\displaystyle\lim_{x\to i^-}\frac{1}{1-x^2}=\infty$이다.

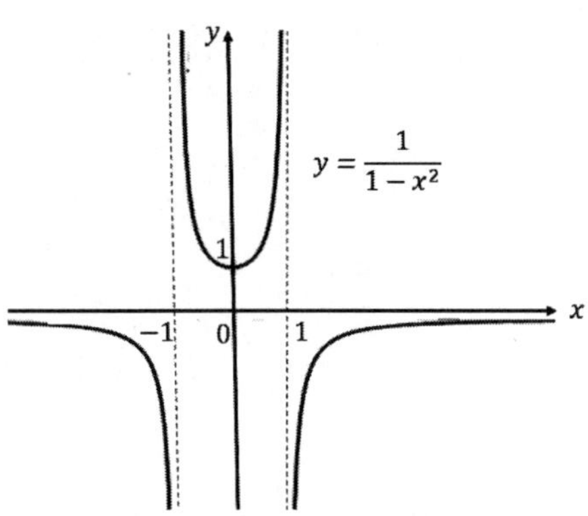

$$\lim_{t\to1^-}\int_0^t \frac{1}{(1-x)(1+x)}dx = \frac{1}{2}\lim_{t\to1^-}\int_0^t \frac{1}{1-x}+\frac{1}{1+x}dx$$

$$= \frac{1}{2}\lim_{t\to1^-}[-\ln|1-x|+\ln|1+x|]_0^t = \frac{1}{2}\lim_{t\to1^-}[-\ln|1-t|+\ln|1+t|] = \infty$$

이므로 $\int_0^1 \frac{1}{1-x^2}dx$은 발산한다.

연습문제

1 다음 극한값을 정적분으로 표시하여라.

① $\lim_{n\to\infty}\left(\frac{1}{n+1}+\frac{1}{n+2}+\cdots+\frac{1}{2n}\right)$

② $\lim_{n\to\infty}\frac{1}{n\sqrt{n}}(\sqrt{1}+\sqrt{2}+\cdots+\sqrt{n})$

③ $\lim_{n\to\infty}\left(\frac{1}{\sqrt{n^2+1^2}}+\frac{1}{\sqrt{n^2+2^2}}+\cdots+\frac{1}{\sqrt{n^2+n^2}}\right)$

④ $\lim_{n\to\infty}\frac{1}{n^2}(\sqrt{n^2+1^2}+\sqrt{n^2+2^2}+\cdots+\sqrt{n^2+n^2})$

⑤ $\lim_{n\to\infty}\frac{1}{n}(e^{\frac{1}{n}}+e^{\frac{2}{n}}+e^{\frac{3}{n}}+\cdots+e^{\frac{n}{n}})$

⑥ $\lim_{n\to\infty}\left\{\ln(n+1)^{\frac{1}{n}}+\ln(n+2)^{\frac{1}{n}}+\cdots+\ln(n+n)^{\frac{1}{n}}-\ln n\right\}$

2 다음 정적분을 계산하여라.

① $\int_1^e \frac{\ln x}{x}\,dx$ ② $\int_0^1 x\sqrt{x^2+3}\,dx$ ③ $\int_e^{e^2}\frac{1}{x\ln x}dx$

④ $\int_0^1 \pi(\sin(\pi x))3^{-\cos(\pi x)}\,dx$ ⑤ $\int_0^1 x^3(1+x^4)^{\frac{1}{5}}dx$ ⑥ $\int_1^2 -2x\,2^{-x^2}dx$

⑦ $\int_0^1 \sin x\,e^{-\cos x}\,dx$ ⑧ $\int_1^2\frac{1}{\sqrt{x}(1+\sqrt{x})^5}\,dx$ ⑨ $\int_0^{\pi/2}\frac{\cos x}{2+\sin x}dx$

⑩ $\int_0^1\frac{x+1}{(x^2+2x+2)^2}dx$ ⑪ $\int_3^4 x\sqrt{x-3}\,dx$ ⑫ $\int_1^2(3-2x)^{10}dx$

연습문제

3 다음 정적분을 구하여라.

① $\int_0^{\frac{\pi}{4}} \cos x \sin^2 x dx$　② $\int_0^{\frac{\pi}{4}} \sin^3 x\, dx$　③ $\int_0^2 3^{x-1} + e^{2x} dx$

④ $\int_0^{\frac{\pi}{2}} \sin^2 x dx$　⑤ $\int_0^{\frac{\pi}{6}} \sin^4 3x dx$　⑥ $\int_0^{\frac{\pi}{2}} e^x \sin x dx$

⑦ $\int_0^1 x^2 \tan^{-1} x\, dx$　⑧ $\int_0^2 \sqrt{4-x^2}\, dx$　⑨ $\int_3^4 \frac{1}{\sqrt{x^2-4}}$

⑩ $\int_0^1 \sqrt{x}(1+3x) dx$　⑪ $\int_0^a x^2 \sqrt{a^2-x^2}\, dx$　⑫ $\int_0^1 \frac{1}{x^2-x+1} dx$

⑬ $\int_0^{\pi} \frac{x \sin x}{1+\cos^2 x} dx$　⑭ $\int_0^{\frac{\pi}{2}} \ln \sin\theta\, d\theta$　⑮ $\int_0^1 \ln(\sqrt{x^2+1}-x) dx$

4 다음이 성립함을 보여라.

$$\int \sec^n x dx = \frac{1}{n-1}\sec^{n-2} x \tan x + \frac{n-2}{n-1}\int \sec^{n-2} x dx \quad (n \geq 3)$$

5 다음 이상적분을 계산하여라.

① $\int_1^{\infty} \sin\left(\frac{\pi}{2}x\right) dx$　② $\int_2^8 \frac{x}{\sqrt{x^2-4}} dx$　③ $\int_0^{\infty} \frac{2+x}{1+x^2} dx$

④ $\int_1^{\infty} \frac{1}{x^4} dx$　⑤ $\int_0^{\infty} e^{-ax}\, dx$　⑥ $\int_{-\infty}^1 e^x\, dx$

⑦ $\int_0^1 \frac{1}{x\sqrt{x}}\, dx$　⑧ $\int_{-\infty}^{\infty} \frac{1}{x^2+2x+2} dx$

6장

정적분의 응용

6.1 평면적

정리 6.1.1 **곡선과 x축으로 둘러싸인 부분의 넓이**

f가 $[a,b]$에서 연속이고 임의의 $x \in [a,b]$ 에 대해 $f(x) \geq 0$이라고 하자. S를 곡선 $y = f(x)$과 x축 및 두 직선 $x = a$, $x = b$로 둘러싸인 부분의 넓이라고 하면 $S = \int_a^b f(x)dx$ 이다.

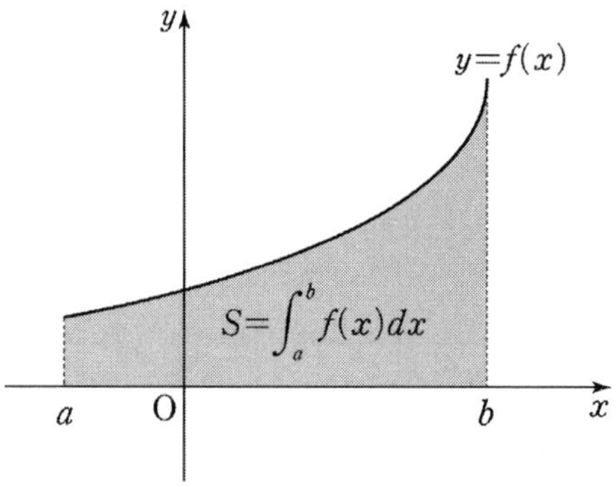

증명

임의의 $t \in [a,b]$에 대해 $F(t)$를 곡선 $y = f(x)$과 x축 및 두 직선 $x = a$,$x = t$로 둘러싸인 부분의 넓이라 하면 $F(a) = 0$, $F(b) = S$가 된다.

f가 $[a,b]$에서 연속이므로 유계이다. 따라서 임의의 $t \in [a,b]$와 충분히 작은 h에 대해 f는 $[t,t+h]$에서 유계이다. 그러므로 적당한 실수 $L, M \geq 0$가 존재해서 임의의 $x \in [t,t+h]$에 대해 $L \leq f(x) \leq M$

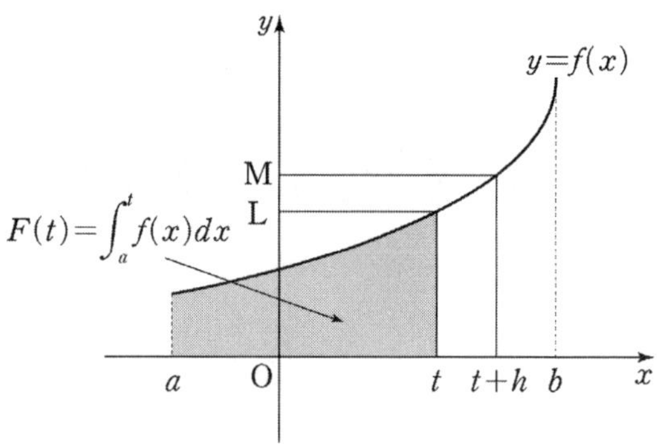

따라서 임의의 $t \in [a,b]$와 충분히 작은 h에 대해 $Lh \leq F(t+h) - F(t) \leq Mh$.

그러므로 $L \leq \dfrac{F(t+h) - F(t)}{h} \leq M$.

여기서, f가 $[a,b]$에서 연속이므로 $\lim_{h\to 0}L=\lim_{h\to 0}M=f(t)$이다.

그러므로 $F'(t)=\lim_{h\to 0}\dfrac{F(t+h)-F(t)}{h}=f(t)$, 즉 F는 f의 부정적분이다.

따라서 $F(t)=\int f(t)dt$.

f의 부정적분 중 하나를 G라 하면 임의의 $t\in[a,b]$에 대해 $F(t)=G(t)+C$ (C : 상수)
$F(a)=0$ 이므로 $C=-G(a)$이다. 또한 $F(b)=S$이므로

$$S=F(b)=G(b)+C=G(b)-G(a)=\int_a^b f(x)dx$$

참고

① f가 $[a,b]$에서 연속일 때 S를 곡선과 x축 및 두 직선 $x=a$, $x=b$로 둘러싸인 부분의 넓이라고 하면 $S=\int_a^b |y|dx=\int_a^b |f(x)|dx$이다.

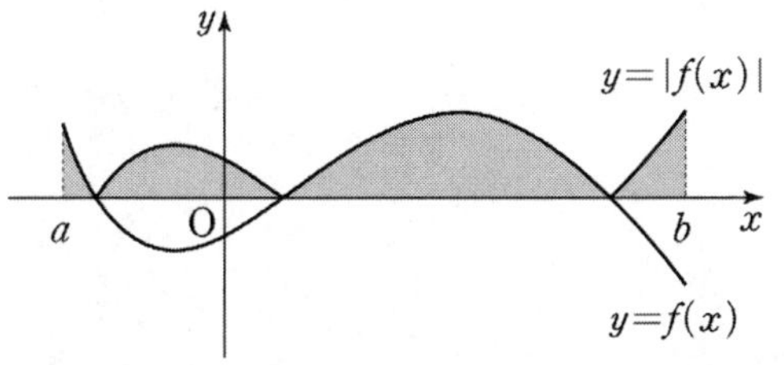

② f, g는 $[a,b]$에서 연속이고 임의의 $x\in[a,b]$에 대해 $f(x)\geq g(x)$일 때 S를 두 곡선 $y=f(x)$,$y=g(x)$와 두 직선 $x=a$,$x=b$로 둘러싸인 부분의 넓이라 하면

$$S=\int_a^b (f(x)-g(x))dx$$

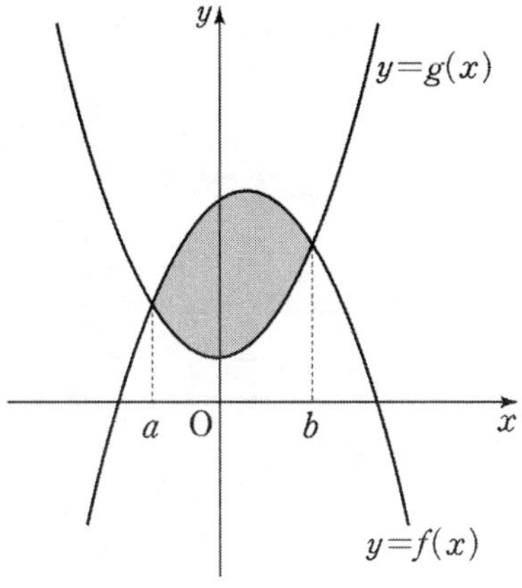

③ $x=g(y)$가 $[c,d]$에서 연속일 때 S를 곡선 $x=g(y)$과 y축 및 두 직선 $y=c$, $y=d$로 둘러싸인 부분의 넓이라고 하면 $S=\int_c^d |x|dy=\int_c^d |g(y)|dy$

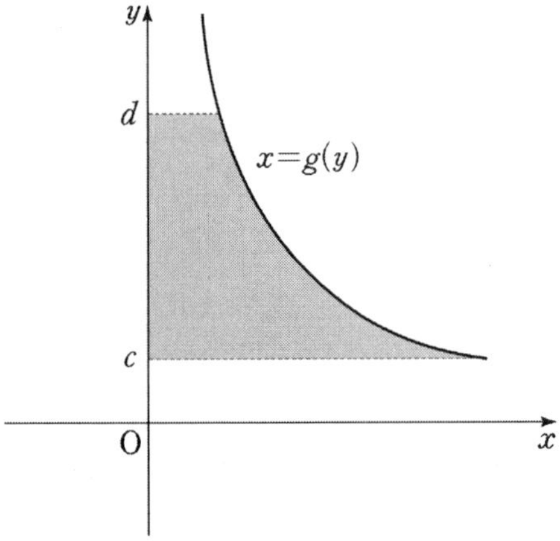

④ $x=f(y)$, $x=g(y)$가 $[c,d]$에서 연속이고 임의의 $y\in[c,d]$에 대해 $f(y)\geq g(y)$일 때 S를 두 곡선 $x=f(y)$, $x=g(y)$와 두 직선 $y=c$, $y=d$로 둘러싸인 부분의 넓이라고 하면 $S=\int_c^d (f(y)-g(y))dy$.

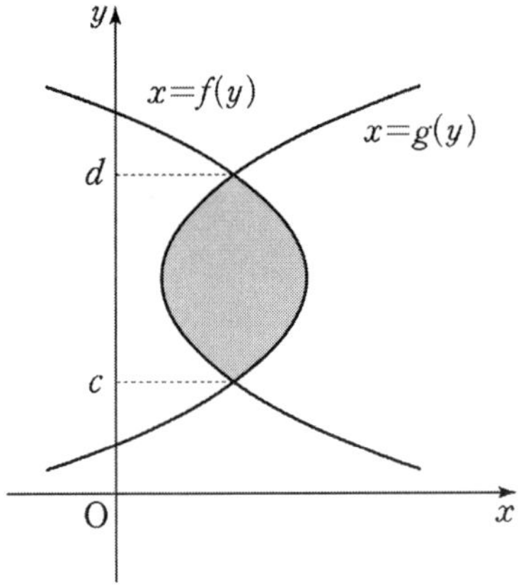

예제 6.1.1

곡선 $f(x)=x^3$과 x축 및 두 직선 $x=1$, $x=-1$로 둘러싸인 부분의 넓이를 구하여라.

풀이

$$S=\int_{-1}^{1}|f(x)|dx=\int_{-1}^{0}-x^3dx+\int_{0}^{1}x^3dx=-[\frac{1}{4}x^4]_{-1}^{0}+[\frac{1}{4}x^4]_{0}^{1}=-[-\frac{1}{4}]+\frac{1}{4}=\frac{1}{2}$$

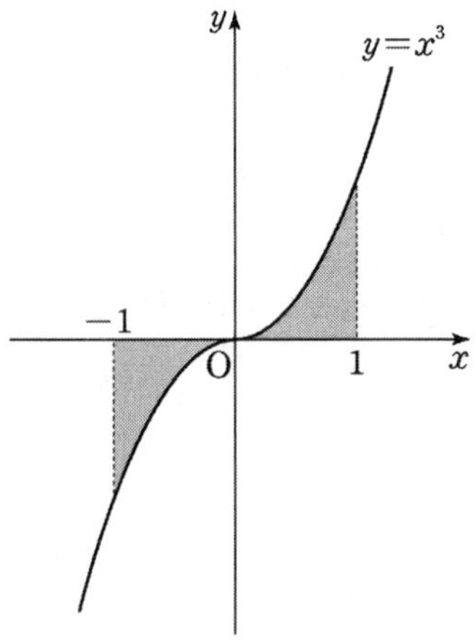

예제 6.1.2

타원 $\frac{x^2}{a^2}+\frac{y^2}{b^2}=1 \quad (a>0\,,\,b>0)$의 내부의 면적을 구하여라.

풀이

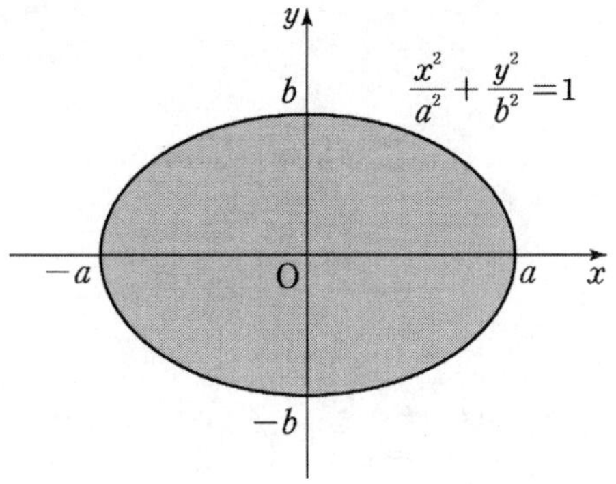

주어진 타원은 x축과 y축에 대해서 대칭이므로 구하고자 하는 타원의 면적은 제 1사분면의 면적의 4배이다.

$\frac{x^2}{a^2}+\frac{y^2}{b^2}=1$에서 $y^2=b^2(1-\frac{x^2}{a^2})=\frac{b^2}{a^2}(a^2-x^2)$이므로 $y=\pm\frac{b}{a}\sqrt{a^2-x^2}$.

따라서 타원의 면적 A는 제 1사분면의 그래프의 식이 $y=\frac{b}{a}\sqrt{a^2-x^2}$ 이므로

$A=4\int_0^a \frac{b}{a}\sqrt{a^2-x^2}\,dx$이다.

여기서 $x=a\sin\theta$라 두면, $dx=a\cos\theta d\theta$, $\sqrt{a^2-x^2}=a\cos\theta$이고 $x=0$이면

$\theta=0$이고 $x=a$이면 $\theta=\frac{\pi}{2}$이므로

$$A=4\int_0^a \frac{b}{a}\sqrt{a^2-x^2}\,dx=\frac{4b}{a}\int_0^{\frac{\pi}{2}} a^2\cos^2\theta d\theta=2ab\int_0^{\frac{\pi}{2}}(1+\cos 2\theta)d\theta$$

$$=2ab[\theta+\frac{1}{2}\sin 2\theta]_0^{\frac{\pi}{2}}=2ab(\frac{\pi}{2})=ab\pi$$

예제 6.1.3

두 곡선 $y=\frac{2}{x^2+1}$와 $y=x^2$로 둘러싸인 부분의 넓이를 구하여라.

풀이

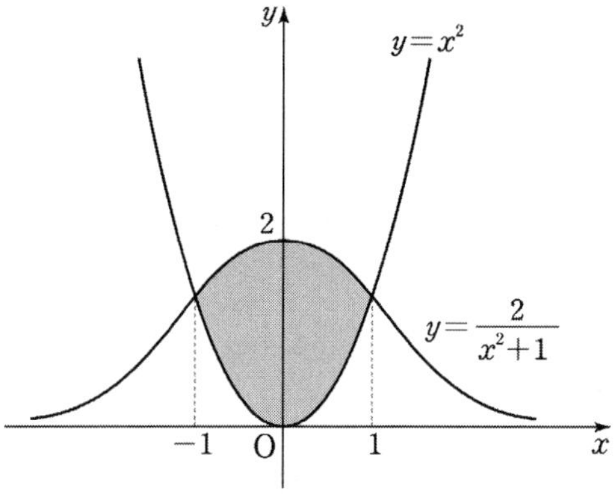

먼저 두 곡선 $y=\frac{2}{x^2+1}$와 $y=x^2$의 교점을 구하면 $\frac{2}{x^2+1}=x^2$에서 $x^2(x^2+1)=2$

따라서 $0=x^4+x^2-2=(x^2-1)(x^2+2)=(x+1)(x-1)(x^2+2)$

그러므로 $x=\pm 1$

S를 두 곡선 $y=\frac{2}{x^2+1}$와 $y=x^2$로 둘러싸인 부분의 넓이라고 하면 대칭에 의해

$$S=\int_{-1}^1(\frac{2}{x^2+1}-x^2)dx=2\int_0^1(\frac{2}{x^2+1}-x^2)dx=2[2\tan^{-1}x-\frac{1}{3}x^3]_0^1=\pi-\frac{2}{3}$$

예제 6.1.4

포물선 $y^2 = x$와 직선 $x + y = 2$로 둘러싸인 부분의 넓이를 구하여라.

풀이

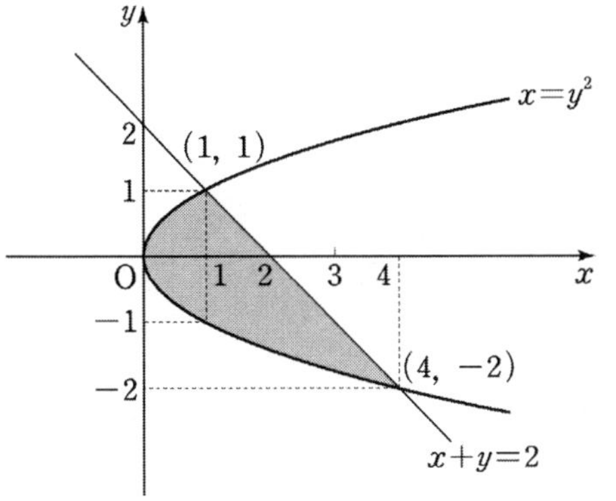

먼저 곡선 $y^2 = x$와 직선 $x + y = 2$의 교점을 구하면 $y^2 = -y + 2$에서

$y^2 + y - 2 = (y+2)(y-1) = 0$이므로 $y = 1$ 또는 $y = -2$이다.

따라서 교점은 $(1,1)$, $(4,-2)$이다.

S를 포물선 $y^2 = x$와 직선 $x + y = 2$로 둘러싸인 부분의 넓이라고 하면

$$S = \int_{-2}^{1} [-y + 2 - y^2]dy = [-\frac{1}{2}y^2 + 2y - \frac{1}{3}y^3]_{-2}^{1} = \frac{9}{2}$$

정의

평면상의 곡선 C가 $x = f(t)$, $y = g(t)$, $t \in I$로 주어질 때

$\{(x,y) \mid x = f(t),\ y = g(t),\ t \in I\}$을 곡선 C의 그래프, $x = f(t)$, $y = g(t)$를 곡선 C의 매개함수, $t \in I$를 매개변수라고 한다.

특히, $I = [a,b]$이고 곡선 C가 아래와 같이 주어질 때 $(f(a), g(a))$를 곡선 C의 시점, $(f(b), g(b))$를 곡선 C의 종점이라고 한다.

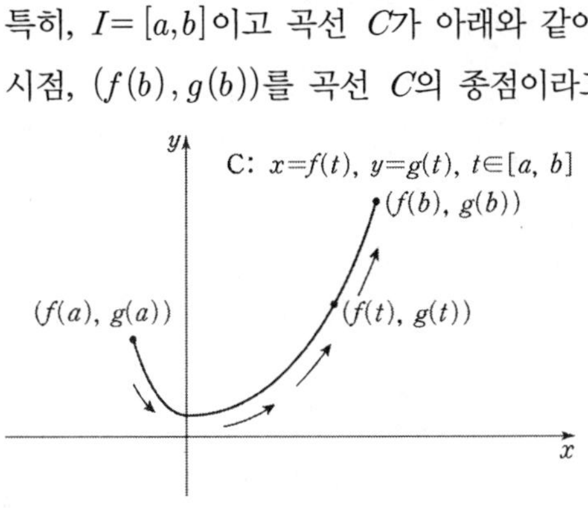

예제 6.1.5

다음 매개함수에 의해 나타나는 곡선 C의 형태를 그려보아라.

① $x = t - 1$, $y = t^2 - t$

② $x = \cos t$, $y = \sin t$ $(0 \le t \le 2\pi)$

③ $x = 2\cos t$, $y = 3\sin t$ $(0 \le t \le 2\pi)$

풀이

① $x = t - 1$이므로 $t = x + 1$이다.

따라서 $y = t^2 - t = (x+1)^2 - (x+1) = x^2 + x$, 즉, $x = t - 1$, $y = t^2 - t$는 $y = x^2 + x$의 매개함수이다.

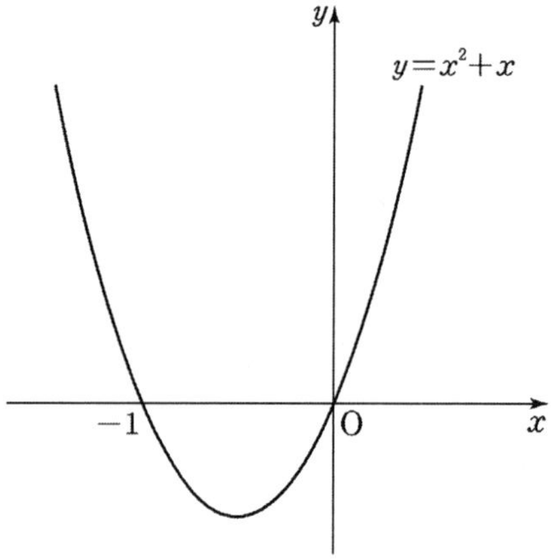

② $\cos^2 t + \sin^2 t = 1$이므로 $x^2 + y^2 = 1$, 즉, $x = \cos t$, $y = \sin t$는 중심이 원점이고 반지름이 1인 원 $x^2 + y^2 = 1$의 매개함수이다.

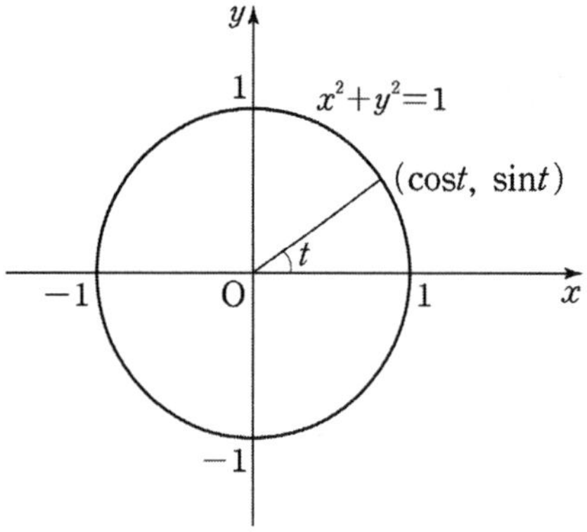

③ $\cos^2 t + \sin^2 t = 1$이므로 $\frac{x^2}{4} + \frac{y^2}{9} = 1$. 즉,

$x = 2\cos t$, $y = 3\sin t$ $(0 \le t \le 2\pi)$은 타원 $\frac{x^2}{4} + \frac{y^2}{9} = 1$의 매개함수이다.

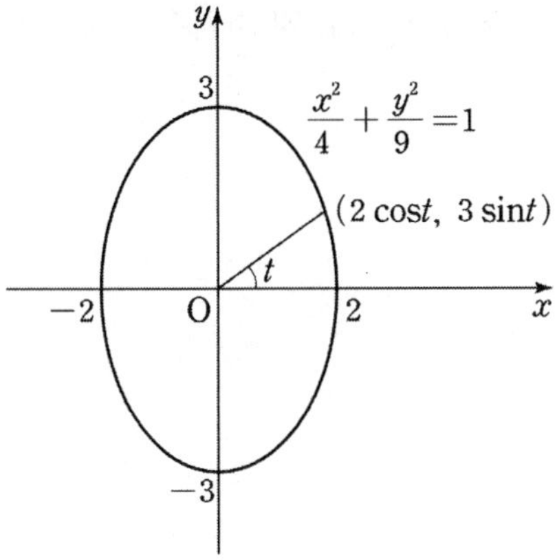

Note 사이클로이드 곡선

일직선 위를 미끄러지지 않고 굴러가는 바퀴 위에 한 점을 찍으면, 그 점은 회전을 거듭할 때마다 일정한 모양의 곡선을 그리게 된다. 이때 그려진 곡선이 사이클로이드 곡선이다.

사이클로이드는 곡선상의 어느 점에서 출발해도 최단 점까지 걸리는 시간이 일정한 등시곡선이다. 그래서 사이클로이드를 거꾸로 한 형태의 그릇을 만들고 그 벽에 유리구슬을 놓으면 위치와는 상관없이 바닥에 닿기까지 걸리는 시간은 같게 된다.

또한 사이클로이드는 두 점 사이를 이동할 때 최단 시간을 갖는 최단강하선이다. 직선 경로가 최단 거리이기 때문에 가장 빠를 것 같지만 실제로는 사이클로이드 곡선을 따라 내려가는 것이 가장 빠르다. 워터파크의 미끄럼틀, 롤러코스터도 놀이터에 있는 것과 같은 직선 형태로 만드는 것보다 사이클로이드 형태로 만들게 되면 더 빨리 내려오기 때문에 더 큰 스릴을 맛볼 수 있다.

실제로 우리나라의 기와를 보면 사이클로이드 모양으로 되어 있다. 이것은 빗물이 기와에 오래 머무르지 않고 빠르게 흘러가도록 하여, 기와에 스며드는 것을 막고 목조 건물이 썩는 것을 방지하기 위해서이다.

사이클로이드는 평면상의 한 직선 l을 따라 원이 미끄러지지 않고 회전할 때 원주상의 정점 P가 그리는 궤적이다. 즉, P가 l위에 있을 때부터 회전을 시작한다고 하고 l을 x축, 최초의 P의 위치를 원점에 잡으면 궤적의 방정식은 $x = a(t - \sin t)$, $y = a(1 - \cos t)$로

주어진다. 여기서, a는 원의 반지름, t은 원이 회전한 일반각이다.

왜냐하면 반지름이 a인 원의 중심을 C, 중심에서 x축에 내린 수선의 x좌표를 N, 원상의 점 P에서 x축에 내린 수선의 x좌표를 M 그리고 선분 $\overline{CN}$의 연장선과 점 P를 지나고 x축에 평행인 선분과의 교점을 R이라고 하자. $\angle PCN = t$라고 하면 다음이 성립한다.

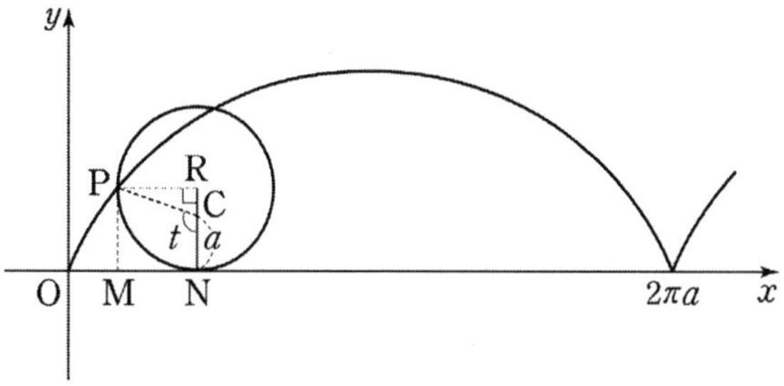

$|\overline{ON}| = at$

$x = |\overline{OM}| = |\overline{ON}| - |\overline{MN}| = at - |\overline{PR}| = at - a\sin(\pi - t) = at - a\sin t = a(t - \sin t)$

$y = |\overline{PM}| = |\overline{RN}| = |\overline{RC}| + |\overline{CN}| = a\cos(\pi - t) + a = -a\cos t + a = a(1 - \cos t)$

따라서 반지름이 a인 원 상의 점 P가 마찰 없이 직선을 굴러갈 때 그리는 사이클로이드 곡선의 매개함수는 $x = a(t - \sin t)$, $y = a(1 - \cos t)$이다.

매개함수로 주어진 평면상의 곡선의 넓이는 다음과 같다.

정리 6.1.2

함수 $y = f(x)$는 $[a,b]$에서 곡선 $x = g(t)$, $y = h(t)$로 주어지고 $a = g(t_1)$, $b = g(t_2)$ 일 때 곡선과 x축 및 두 직선 $x = a$, $x = b$로 둘러싸인 부분의 넓이를 S라고 하면

$$S = \int_a^b |f(x)| dx = \int_a^b |y| dx = \int_{t_1}^{t_2} |h(t)| g'(t) dt$$

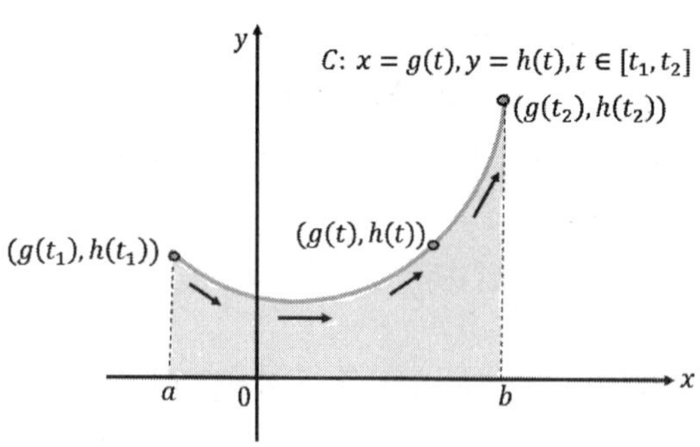

증명

$x = g(t)$이므로 $dx = g'(t)dt$

$a = g(t_1)$, $b = g(t_2)$이므로 $x = a$일 때 $t = t_1$이고, $x = b$일 때 $t = t_2$이다. 그러므로

$$S = \int_a^b |f(x)|dx = \int_a^b |y|dx = \int_{t_1}^{t_2} |h(t)|g'(t)dt$$

예제 6.1.6

사이클로이드 $x = t - \sin t$, $y = 1 - \cos t$ $(0 \le t \le 2\pi)$와 x축 사이에 있는 부분의 면적을 구하여라.

풀이

$x = t - \sin t$ 이므로 $dx = (1 - \cos t)dt$이다. 따라서 면적 S는

$$S = \int_0^{2\pi} ydx = \int_0^{2\pi} (1 - \cos t)^2 dt = \int_0^{2\pi} (2\sin^2 \frac{t}{2})^2 dt = 4\int_0^{2\pi} \sin^4 \frac{t}{2} dt = 8\int_0^{\pi} \sin^4 t dt$$

$$= 16\int_0^{\frac{\pi}{2}} \sin^4 t dt = 16 \cdot \frac{3}{4} \cdot \frac{1}{2} \cdot \frac{\pi}{2} = 3\pi$$

예제 6.1.7

타원 $\frac{x^2}{a^2} + \frac{y^2}{b^2} = 1$ $(a > 0, b > 0)$의 내부의 면적을 구하여라.

풀이

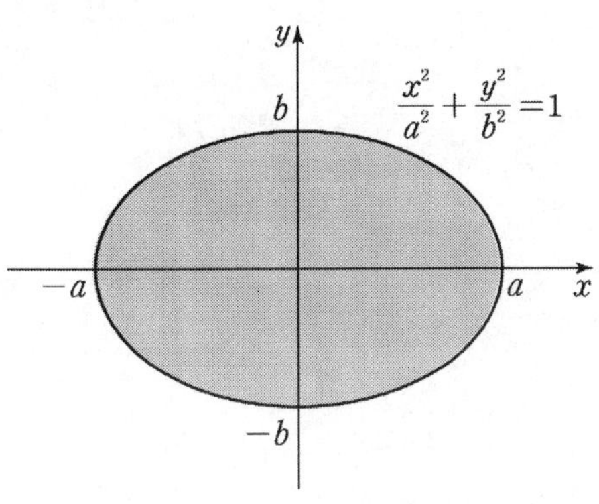

타원은 x축과 y축에 대해서 대칭이므로 타원의 면적 A는 제 1사분면의 면적의 4배이다.

$x = a\cos t$, $y = b\sin t$가 타원 $\frac{x^2}{a^2} + \frac{y^2}{b^2} = 1$의 매개함수이므로

$$A = 4\int_0^a y\,dx = 4\int_{\frac{\pi}{2}}^0 b\sin t(-a\sin t)dt = 4ab\int_0^{\frac{\pi}{2}} \sin^2 t\,dt = 4ab \cdot \frac{1}{2} \cdot \frac{\pi}{2} = ab\pi$$

이다.

6.2 직교좌표계와 극좌표계

평면상의 한 점은 x, y라는 두 개의 직선 축을 이용하여, 공간상의 한 점은 x, y, z라는 세 개의 직선 축을 이용하여 위치를 나타낼 수 있다. 먼저 고정된 기준점을 원점 O라고 놓고, 다음 그림과 같은 평면직교좌표에서 P점의 위치를 나타내면 (1, 1)이다.

- **직교좌표계**

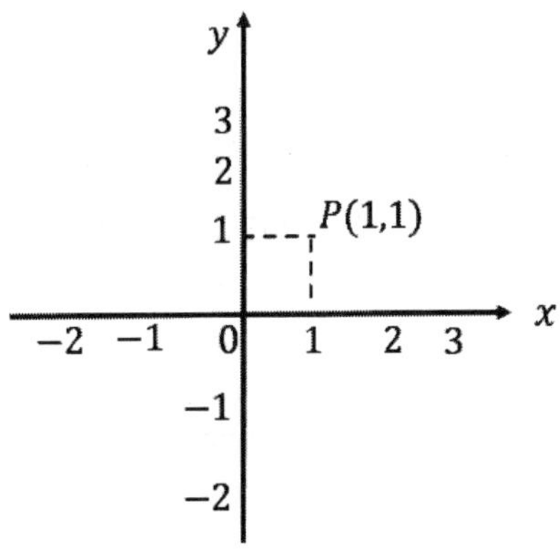

- **극좌표계와 극좌표**

2차원 평면 위의 한 점 P와 원점 O까지의 거리가 r이고 원점 O에서 시작되는 한 반직선을 기준선으로 하여 $\overline{OP}$까지 반시계방향으로 이루는 각 θ로서 나타낸 것을 극좌표계, 이때 점 P를 순서쌍 (r,θ)로 나타낸 것을 점 P의 극좌표라고 한다.

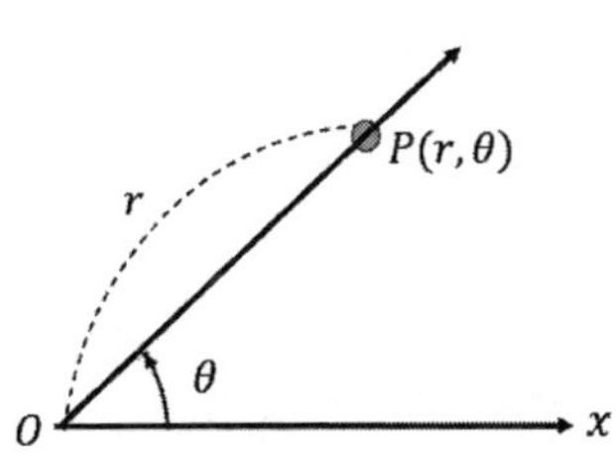

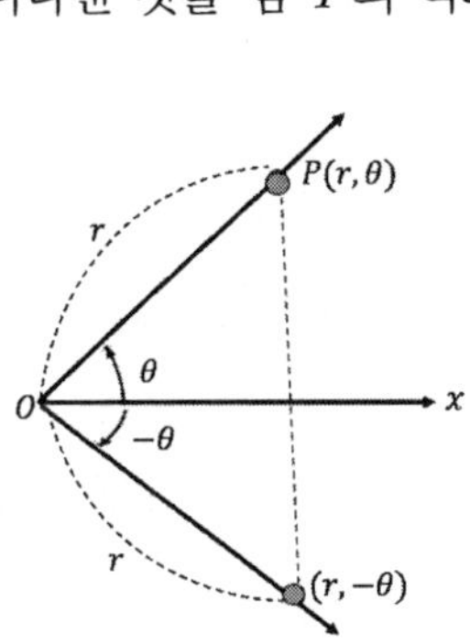

직교좌표(x,y)와 극좌표 (r,θ) 사이에는 $x = r\cos\theta$, $y = r\sin\theta$, $r = \sqrt{x^2+y^2}$ 그리고 $\theta = \tan^{-1}(\frac{y}{x})$의 관계가 있다.

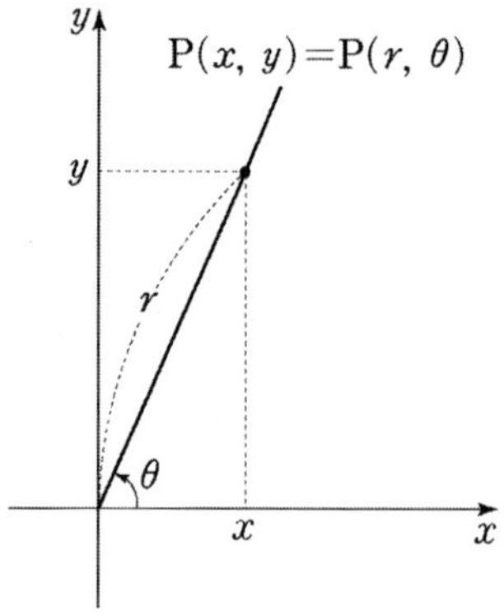

평면상의 점 $P(x,y)=P(r,\theta)$에 대해 직교좌표계에서는 유일한 점 (x,y)로 표현되지만, 극좌표계에서는 그 점을 (r,θ)외 여러 개의 극좌표로 표현할 수 있다. 다음 예를 살펴보자.

예제 6.2.1

직교좌표 $(1,1)$을 극좌표로 나타내어라.

풀이

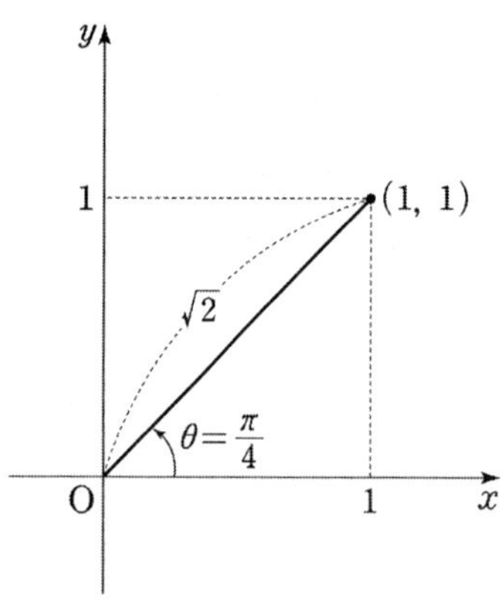

$$(\sqrt{2}\,,\ \frac{\pi}{4})=(\sqrt{2}\,,\ 2\pi+\frac{\pi}{4})=(\sqrt{2}\,,\ 4\pi+\frac{\pi}{4})=\cdots=(\sqrt{2}\,,\ 2n\pi+\frac{\pi}{4}),$$

$$(-\sqrt{2}\,,\ \pi+\frac{\pi}{4})=(-\sqrt{2}\,,\ 3\pi+\frac{\pi}{4})=(-\sqrt{2}\,,\ 5\pi+\frac{\pi}{4})=\cdots=(-\sqrt{2}\,,\ (2n+1)\pi+\frac{\pi}{4}),$$

$$(-\sqrt{2}\,,\ -\frac{3\pi}{4})=(-\sqrt{2}\,,\ -2\pi-\frac{3\pi}{4})=(-\sqrt{2}\,,\ -4\pi-\frac{3\pi}{4})=\cdots=(-\sqrt{2}\,,\ -(2n\pi+\frac{3\pi}{4})),$$

혹은

$$(\sqrt{2}\ ,\ -\pi-\frac{3\pi}{4})=(\sqrt{2}\ ,\ -3\pi-\frac{3\pi}{4})=(\sqrt{2}\ ,\ -5\pi-\frac{3\pi}{4})=\cdots=(\sqrt{2}\ ,\ -(2n+1)\pi-\frac{3\pi}{4}))$$

여기서, $n\in N$.

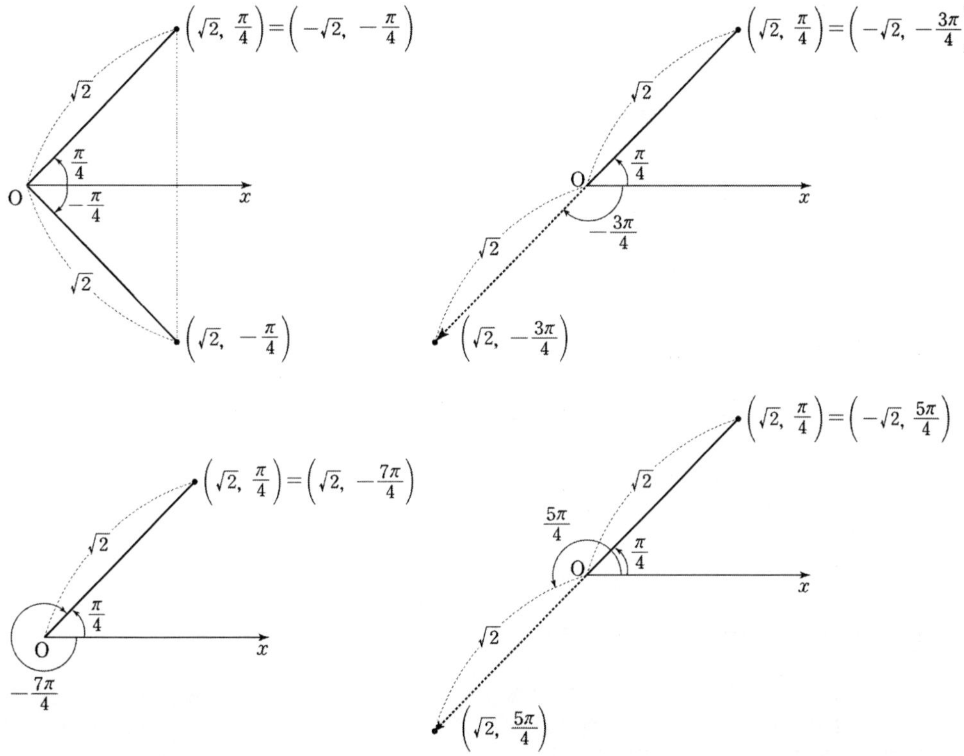

즉, 위 극좌표가 나타내는 점은 모두 같다.

$$(\sqrt{2},\frac{\pi}{4})=(\sqrt{2},-\frac{7}{4}\pi)=(-\sqrt{2},-\frac{\pi}{4})=(-\sqrt{2},\frac{5}{4}\pi)=(-\sqrt{2},-\frac{3}{4}\pi)$$

정의 극방정식

동경 r이 θ의 함수 $r=f(\theta)$의 관계에 있을 때 $r=f(\theta)$를 극방정식이라 한다.

Ⅰ. 직선의 극방정식

i) 직선 $x=a$의 극방정식

$x=r\cos\theta$ 대입하면 $r=\dfrac{a}{\cos\theta}=a\sec\theta$. 실제로 $\cos\theta=\dfrac{a}{r}$ 이므로 $r=\dfrac{a}{\cos\theta}=a\sec\theta$.

그러므로 직선 $x=a$의 극방정식은 $r=a\sec\theta$이다.

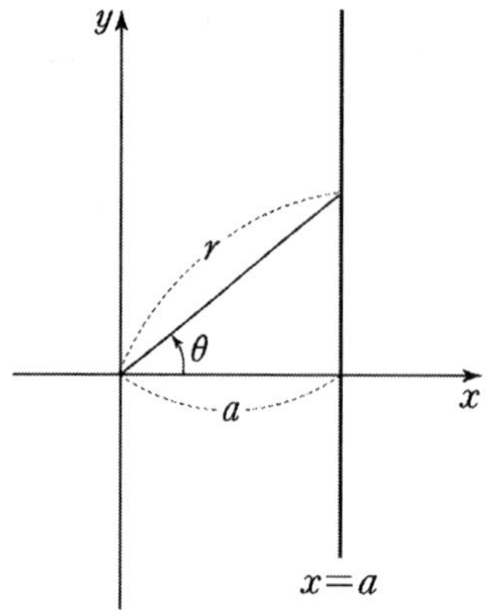

ii) 직선 $y=a$의 극방정식:

$y=r\sin\theta$ 대입하면 $r=\dfrac{a}{\sin\theta}=a\csc\theta$. 실제로 $\sin\theta=\dfrac{a}{r}$이므로 $r=\dfrac{a}{\sin\theta}=a\csc\theta$

그러므로 직선 $y=a$의 극방정식은 $r=a\csc\theta$이다.

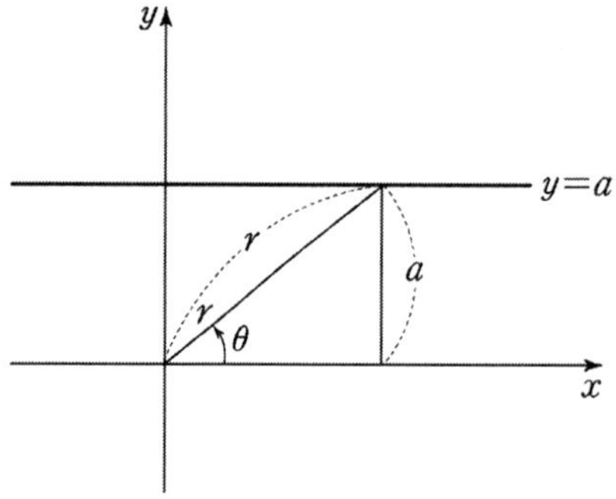

iii) $\theta=\alpha$: 원점을 지나고 직선 l이 극축과 이루는 각이 α인 직선의 식.

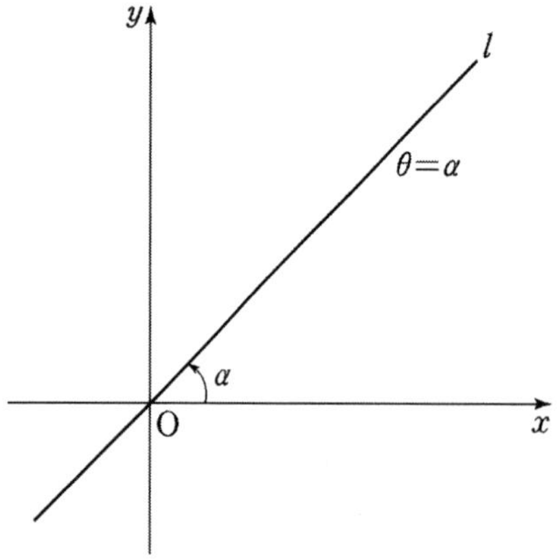

ⅳ) $r_0 = r\cos(\theta - \theta_0)$ 또는 $r = r_0\sec(\theta - \theta_0)$: 점 $P_0(r_0, \theta_0)$ $(r_0 \geq 0)$가 원점에서 직선 l에 내린 수선의 발이라고 할 때 직선 l의 극방정식

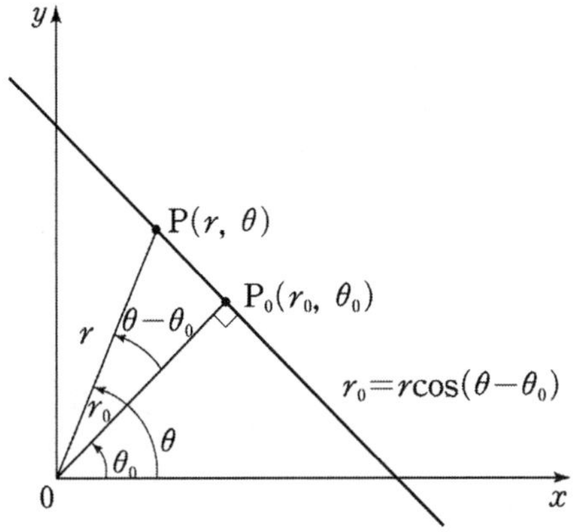

Ⅱ. 원의 극방정식

ⅰ) 중심이 원점이고 반지름이 a인 원의 극방정식:

중심이 원점이고 반지름이 a인 원의 식은 $x^2 + y^2 = a^2$이다. 직교좌표와 극좌표 사이의 관계에 의해 $x^2 + y^2 = r^2$이므로 $r = a$가 중심이 원점이고 반지름이 a인 원의 식이 된다. 그러므로 중심이 원점이고 반지름이 a인 원의 극방정식은 $r = a$이다.

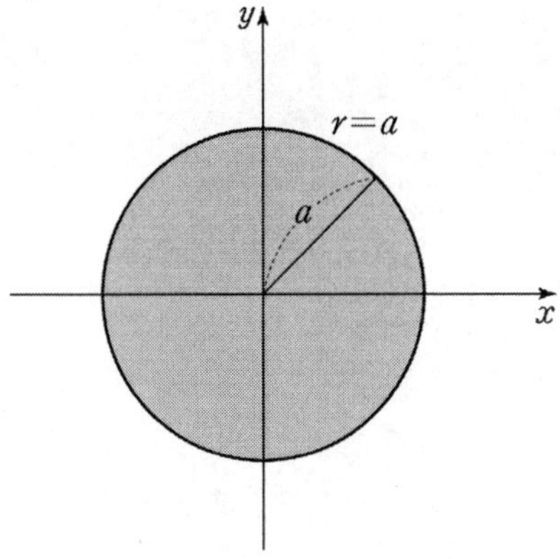

ⅱ) 중심이 $(a,0)$이고 반지름이 a인 원의 극방정식:

중심이 $(a,0)$이고 반지름이 a인 원의 식은 $(x-a)^2 + y^2 = a^2$이다. 전개하면 $x^2 + y^2 = 2ax$. 직교좌표와 극좌표 사이의 관계에 의해 $x = r\cos\theta$, $x^2 + y^2 = r^2$이므로 $r = 2a\cos\theta$가 중심이 $(a,0)$이고 반지름이 a인 원의 식이 된다. 그러므로 중심이 $(a,0)$이고 반지름이 a인 원의 극방정식은 $r = 2a\cos\theta$이다.

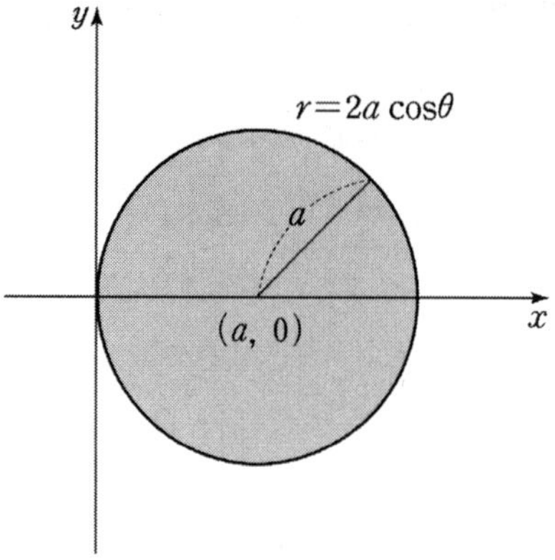

iii) 중심이 $(a, \frac{\pi}{2})$이고 반지름이 a인 원의 극방정식:

중심이 $(0,a)$이고 반지름이 a인 원의 식 $x^2+(y-a)^2=a^2$이다. 전개하면 $x^2+y^2=2ay$이다. 직교좌표와 극좌표 사이의 관계에 의해 $r=2a\sin\theta$이고, 중심 $(0,a)$의 극좌표는 $(a, \frac{\pi}{2})$이다.

그러므로 중심이 $(a, \frac{\pi}{2})$이고, 반지름이 a인 원의 극방정식은 $r=2a\sin\theta$이다.

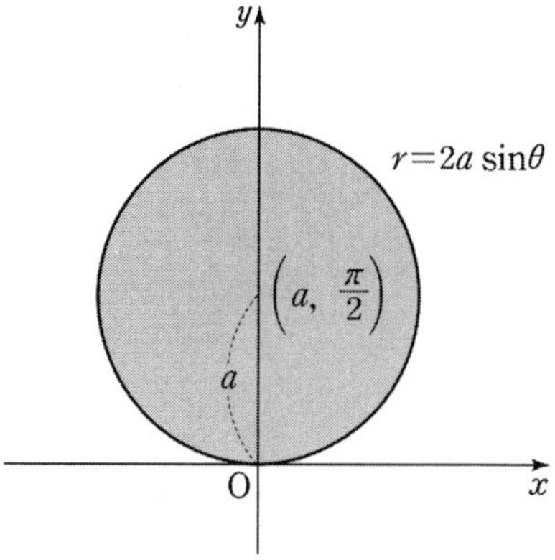

iv) 중심이 $(-a,0)$이고 반지름이 a인 원의 극방정식:

중심이 $(-a,0)$이고 반지름이 a인 원의 식은 $(x+a)^2+y^2=a^2$이다. 전개하면 $x^2+y^2=-2ax$. 직교좌표와 극좌표 사이의 관계에 의해 $r=-2a\cos\theta$가 중심이 $(-a,0)$이고 반지름이 a인 원의 식이 된다. 그러므로 중심이 $(-a,0)$이고, 반지름이 a인 원의 극방정식은 $r=-2a\cos\theta$이다.

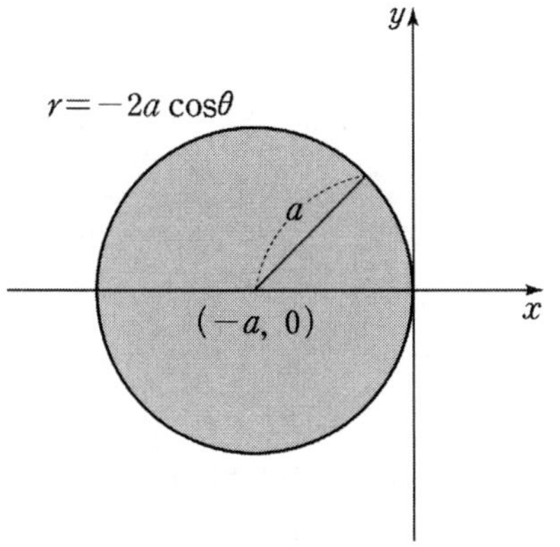

v) 중심이 $(-a, \frac{\pi}{2})$이고 반지름이 a인 원의 극방정식:.

중심이 $(0,-a)$이고 반지름이 a인 원의 식 $x^2+(y+a)^2=a^2$이다. 전개하면 $x^2+y^2=-2ay$. 직교좌표와 극좌표 사이의 관계에 의해 $r=-2a\sin\theta$이고, $(0,-a)$의 극좌표는 $(-a, \frac{\pi}{2})$이므로 중심이 $(-a, \frac{\pi}{2})$이고, 반지름이 a인 원의 극방정식은 $r=-2a\sin\theta$이다.

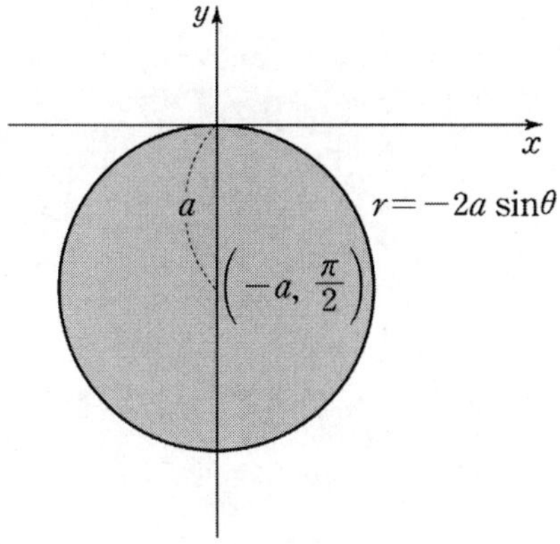

vi) 중심이 (r_0,θ_0)이고 반지름이 a인 원의 극방정식:

코사인 제 2법칙을 적용하면 $a^2=r^2+r_0^2-2rr_0\cos(\theta-\theta_0)$은 중심이 (r_0,θ_0)이고 반지름이 a인 원의 극방정식이다.

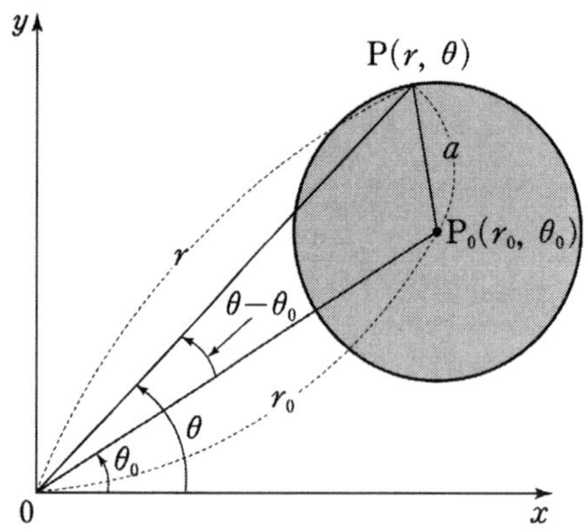

Note

① 극좌표계에서 대칭성

i) $r=f(\theta)$에서 $f(\theta)=f(-\theta)$가 성립하면 $r=f(\theta)$의 그래프는 x축에 대해 대칭이다.

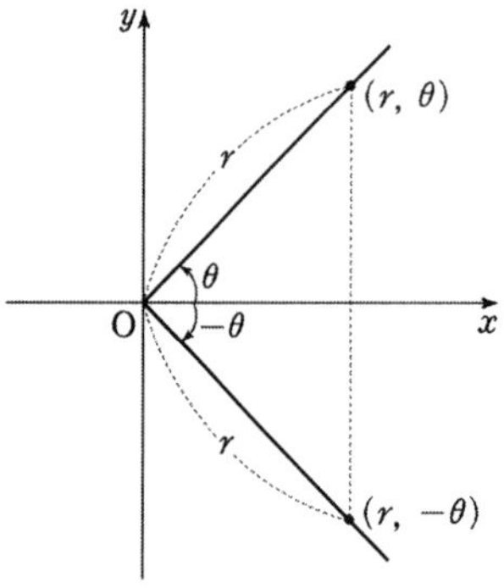

ii) $r=f(\theta)$에서 $f(\theta)=f(\pi-\theta)$가 성립하면 $r=f(\theta)$의 그래프는 y축에 대해 대칭이다.

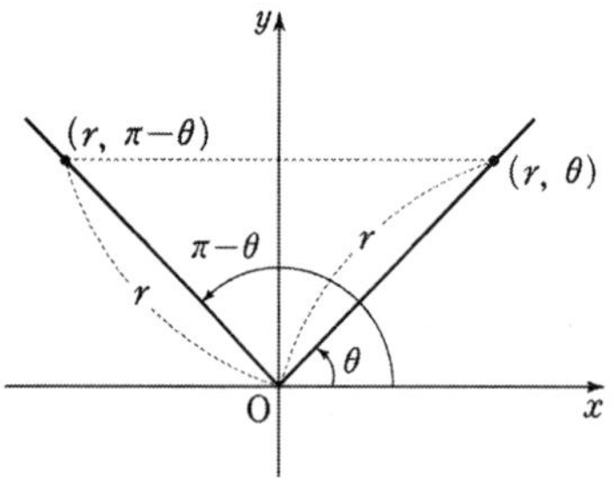

iii) $r=f(\theta)$에서 $f(\theta)=f(\pi+\theta)$가 성립하면 $r=f(\theta)$의 그래프는 원점에 대해 대칭이다.

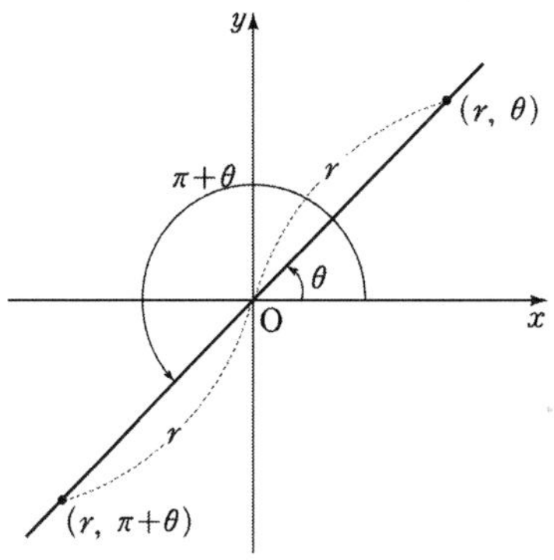

② 극점에서의 접선

그래프가 원점을 지나면 $r=0$을 대입하여 θ에 관해 정리하면 극점에서의 접선을 구할 수 있다.

● 극방정식의 그래프

Ⅰ. $r=a\pm b\sin\theta$, $r=a\pm b\cos\theta$형의 극방정식

☞ $a=b$이면 심장형이라고 한다.

예제 6.2.2

다음 극방정식의 그래프를 그려라.

① $r=1-\cos\theta$　② $r=1+\cos\theta$　③ $r=1-\sin\theta$　④ $r=1+\sin\theta$

풀이

① $r=1-\cos\theta$

$\cos(-\theta)=\cos\theta$이므로 그래프는 x축에 대해 대칭이다. 따라서 $\theta=0$에서 $\theta=\pi$까지 그래프를 그리고 x축에 대해 대칭되게 그리면 된다. 먼저 극점에서의 접선을 구하기 위해 $r=0$을 대입하면 $\cos\theta=1$이다. 그러므로 $\theta=0$이 극점에서의 접선이 된다.

θ	0	$\frac{\pi}{3}$	$\frac{\pi}{2}$	$\frac{2\pi}{3}$	π
$r=1-\cos\theta$	0	$\frac{1}{2}$	1	$\frac{3}{2}$	2

따라서 극방정식 $r=1-\cos\theta$의 그래프는 다음과 같다.

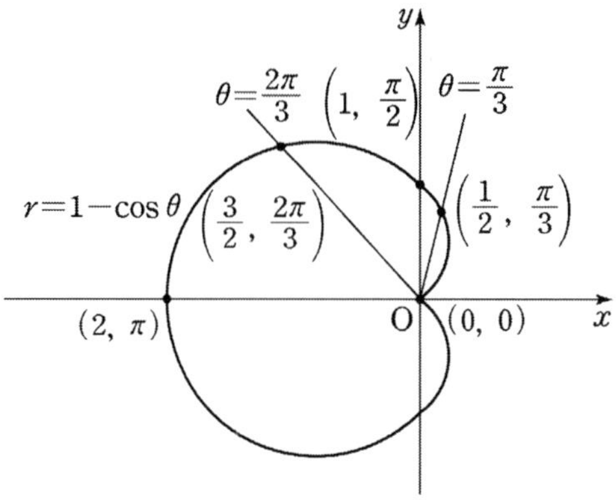

③ $r=1-\sin\theta$

$\sin(\pi-\theta)=\sin\theta$이므로 그래프는 y축에 대해 대칭이다. 따라서 $\theta=-\dfrac{\pi}{2}$에서 $\theta=\dfrac{\pi}{2}$까지 그래프를 그리고 y축에 대해 대칭되게 그리면 된다. 먼저 극점에서의 접선을 구하기 위해 $r=0$을 대입하면 $\sin\theta=1$이다. 따라서 $\theta=\dfrac{\pi}{2}$은 극점에서의 접선이 된다.

θ	$-\frac{\pi}{2}$	$-\frac{\pi}{6}$	0	$\frac{\pi}{6}$	$\frac{\pi}{2}$
$r=1-\sin\theta$	2	$\frac{3}{2}$	1	$\frac{1}{2}$	0

따라서 극방정식 $r=1-\sin\theta$의 그래프는 다음과 같다.

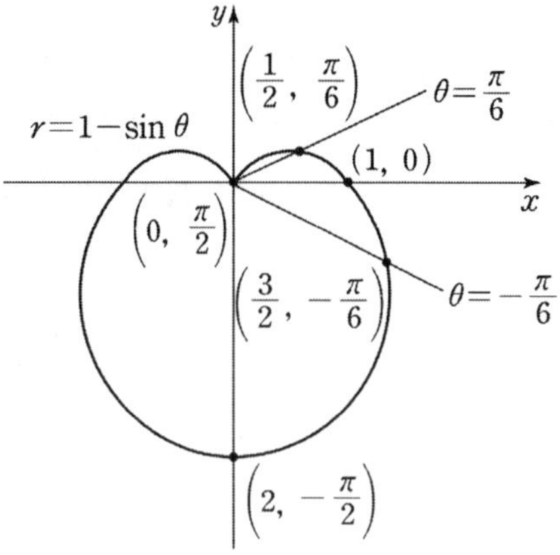

예제 6.2.3

극방정식 $r=1-2\cos\theta$ 의 그래프를 그려라.

풀이

$\cos(-\theta)=\cos\theta$이므로 그래프는 x축에 대해 대칭이다. 따라서 $\theta=0$에서 $\theta=\pi$까지 그래프를 그리고 x축에 대해 대칭되게 그리면 된다.

먼저 극점에서의 접선을 구하기 위해 $r=0$을 대입하면 $\cos\theta=\dfrac{1}{2}$이다. 따라서 $\theta=\dfrac{\pi}{3}$가 극점에서의 접선이 된다.

θ	0	$\frac{\pi}{4}$	$\frac{\pi}{3}$	$\frac{\pi}{2}$	$\frac{2\pi}{3}$	$\frac{3\pi}{4}$	π
$r=1-2\cos\theta$	-1	$1-\sqrt{2}$	0	1	2	$1+\sqrt{2}$	3

따라서 극방정식 $r=1-2\cos\theta$의 그래프는 다음과 같다.

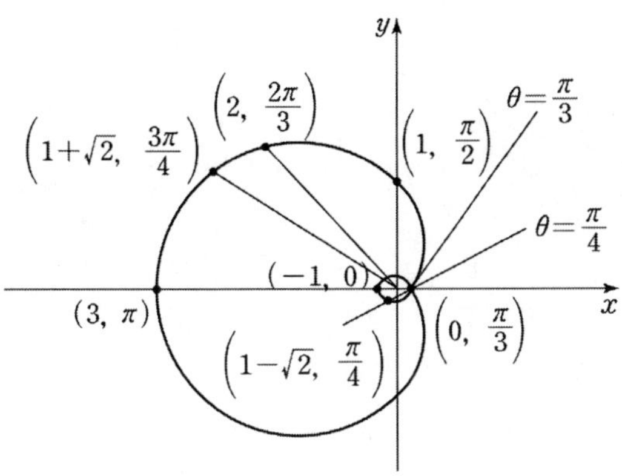

Ⅱ. $r=a\sin n\theta$, $r=a\cos n\theta$ $(n\in N)$형의 극방정식 ☞ 장미형

☞ n이 짝수이면 $2n$ 잎 장미, n이 홀수이면 n 잎 장미

예제 6.2.4

다음 극방정식의 그래프를 그려라.

① $r=\cos 2\theta$ ② $r=\sin 2\theta$ ③ $r=\cos 3\theta$ ④ $r=\sin 3\theta$

풀이

① $r = \cos 2\theta$

$\cos 2(-\theta) = \cos 2\theta$이므로 그래프는 x축에 대해 대칭이다. 그리고 $\cos 2(\pi-\theta) = \cos(2\pi - 2\theta) = \cos(-2\theta) = \cos(2\theta)$이므로 그래프는 y축에 대해 대칭이다. 따라서 $\theta = 0$에서 $\theta = \frac{\pi}{2}$까지 그래프를 그리고 x축에 대해 대칭되게 그리고 다시 y축에 대해 대칭되게 그리면 된다. 먼저 극점에서의 접선을 구하기 위해 $r=0$을 대입하면 $\cos 2\theta = 0$이다. $2\theta = \frac{\pi}{2}, \frac{3\pi}{2}, \frac{5\pi}{2}, \frac{7\pi}{2}$이므로 $\theta = \frac{\pi}{4}, \frac{3\pi}{4}, \frac{5\pi}{4}, \frac{7\pi}{4}$은 극점에서의 접선이 된다.

θ	0	$\frac{\pi}{6}$	$\frac{\pi}{4}$	$\frac{\pi}{3}$	$\frac{\pi}{2}$
$r = \cos 2\theta$	1	$\frac{1}{2}$	0	$-\frac{1}{2}$	-1

따라서 극방정식 $r = \cos 2\theta$의 그래프는 다음과 같다.

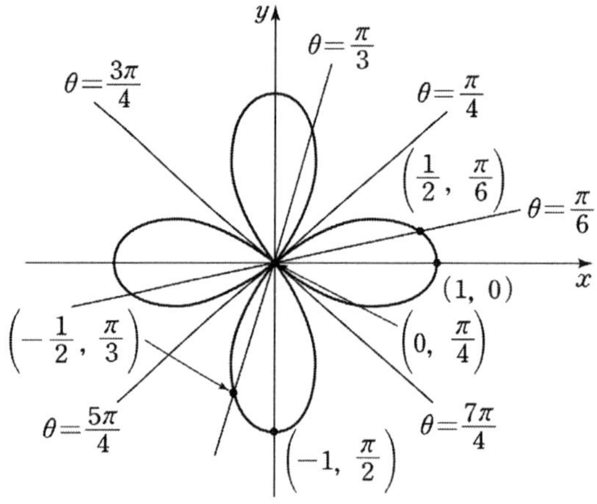

Ⅲ. $r^2 = a^2 \sin 2\theta$, $r^2 = a^2 \cos 2\theta$ 형의 극방정식. ☞연주형

예제 6.2.5

① $r^2 = \cos 2\theta$ ② $r^2 = \sin 2\theta$

풀이

① $r^2 = \cos 2\theta$

$\cos 2(-\theta) = \cos 2\theta$이므로 그래프는 x축에 대해 대칭이다.

$\cos 2(\pi - \theta) = \cos(2\pi - 2\theta) = \cos(-2\theta) = \cos(2\theta)$이므로 그래프는 y축에 대해 대칭이다. 또한 $r^2 = (-r)^2$이므로 원점에 대해서도 대칭이다.

$r^2 = \cos 2\theta \geq 0$이므로 $-\dfrac{\pi}{2} \leq 2\theta \leq \dfrac{\pi}{2}$이거나 $\dfrac{3\pi}{2} \leq 2\theta \leq \dfrac{5\pi}{2}$.

따라서 $-\dfrac{\pi}{4} \leq \theta \leq \dfrac{\pi}{4}$이거나 $\dfrac{3\pi}{4} \leq \theta \leq \dfrac{5\pi}{4}$이다.

극점에서의 접선을 구하기 위해 $r = 0$을 대입하면 $\cos 2\theta = 0$이다.

$2\theta = \dfrac{\pi}{2}, \dfrac{3\pi}{2}, \dfrac{5\pi}{2}, \dfrac{7\pi}{2}$이므로 $\theta = \dfrac{\pi}{4}, \dfrac{3\pi}{4}, \dfrac{5\pi}{4}, \dfrac{7\pi}{4}$가 극점에서의 접선이 된다.

θ	0	$\dfrac{\pi}{6}$	$\dfrac{\pi}{4}$
r	± 1	$\pm \dfrac{1}{\sqrt{2}}$	0

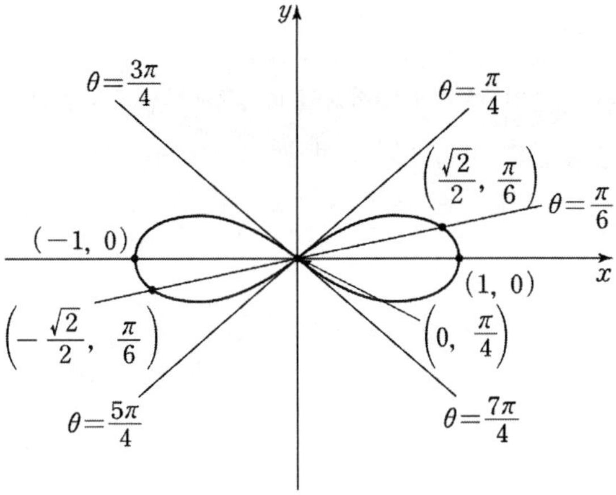

Ⅳ. $r = a\theta$, $r = ae^{b\theta}$ 형의 극방정식 ☞나선형

예제 6.2.6

극방정식 $r = \theta$ 의 그래프를 그려보아라.

풀이

$r=\theta$ 이므로 주어진 극방정식의 그래프는

$(0,0)$, $(\frac{\pi}{2},\frac{\pi}{2})$, (π,π), $(\frac{3\pi}{2},\frac{3\pi}{2})$, $(2\pi,2\pi)\cdots$등을 지난다.

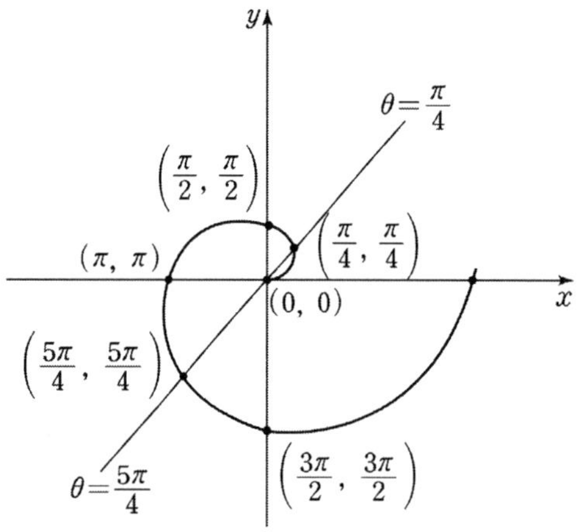

☞ 극좌표계에서의 면적

정리 6.2.1 **극방정식으로 주어진 곡선의 넓이**

$r=f(\theta)$ $(0\le\alpha\le\theta\le\beta\le 2\pi)$은 연속인 곡선의 방정식일 때 S를 곡선 $r=f(\theta)$ 및 두 직선 $\theta=\alpha$과 $\theta=\beta$로 둘러싸인 부분의 넓이라고 하면

$$S=\frac{1}{2}\int_{\alpha}^{\beta}r^2d\theta=\frac{1}{2}\int_{\alpha}^{\beta}(f(\theta))^2d\theta$$

증명

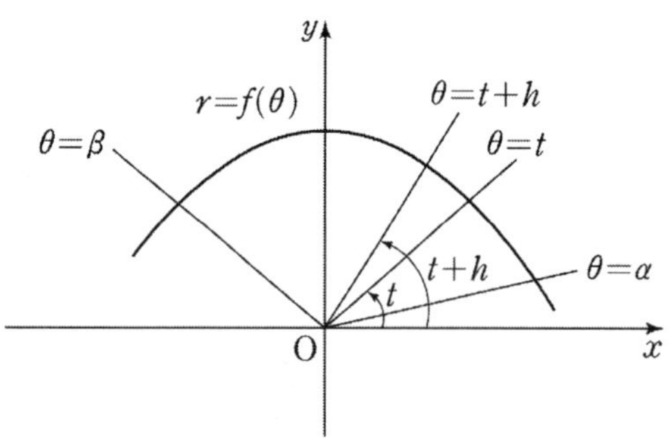

$F(t)(\alpha\le t\le\beta)$를 곡선 $r=f(\theta)$와 동경 $\theta=\alpha$와 $\theta=t$사이의 면적이라 두면 $F(\alpha)=0$, $F(\beta)=S$이다.

$r=f(\theta)$가 $[\alpha,\beta]$에서 연속이므로 유계이다. 따라서 임의의 $t\in[\alpha,\beta]$와 충분히 작은 h에 대해 $r=f(\theta)$는 $[t,t+h]$에서 유계이다.
그러므로 적당한 실수 L, $M\in R$가 존재해서 임의의 $\theta\in[t,t+h]$에 대해 $L\le f(\theta)\le M$

따라서 임의의 $t\in[\alpha,\beta]$와 충분히 작은 h에 대해
$\frac{1}{2}L^2h\le F(t+h)-F(t)\le\frac{1}{2}M^2h$
그러므로 $\frac{1}{2}L^2\le\frac{F(t+h)-F(t)}{h}\le\frac{1}{2}M^2$
가정에서 $r=f(\theta)$가 $[\alpha,\beta]$에서 연속이므로 $\lim_{h\to0}L=\lim_{h\to0}M=f(t)$
그러므로 $F'(t)=\lim_{h\to0}\frac{F(t+h)-F(t)}{h}=\frac{1}{2}f(t)^2$, 즉, F가 $\frac{1}{2}f^2$의 부정적분이다.
따라서 $F(t)=\frac{1}{2}\int f(t)^2dt$
$\frac{1}{2}f^2$의 원시함수중 하나를 G라 하면 임의의 $t\ (\alpha\le t\le\beta)$에 대해
$F(t)=G(t)+C$ 를 만족한다. 여기서 C는 상수이다.
$F(\alpha)=0$, $F(\beta)=S$이므로 $C=-G(\alpha)$
따라서 $S=F(\beta)=G(\beta)+C=G(\beta)-G(\alpha)=\frac{1}{2}\int_\alpha^\beta f(t)^2dt$이다.

예제 6.2.7

곡선 $r=1+\cos\theta$로 둘러싸인 부분의 면적을 구하여라.

풀이

$\cos(-\theta)=\cos\theta$이므로 그래프는 x축에 대해 대칭이다.
극점에서의 접선을 구하기 위해 $r=0$을 대입하면 $\cos\theta=-1$이므로 $\theta=\pi$가 극점에서의 접선이 된다.

θ	0	$\frac{\pi}{3}$	$\frac{\pi}{2}$	$\frac{2\pi}{3}$	π
$r=1+\cos\theta$	2	$\frac{3}{2}$	1	$\frac{1}{2}$	0

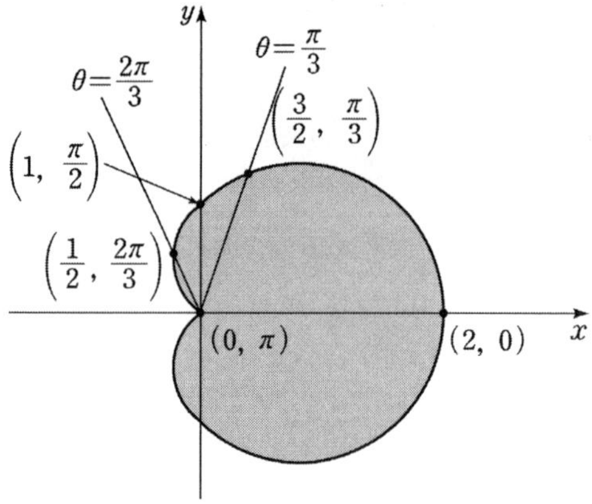

곡선은 x축에 대해 대칭이므로 곡선 $r=1+\cos\theta$로 둘러싸인 부분의 면적은 $\theta=0$에서 $\theta=\pi$까지 곡선으로 둘러싸인 면적의 2배를 하면 된다.

$$S=2\times\frac{1}{2}\int_0^{\pi} r^2 d\theta=\int_0^{\pi}(1+\cos\theta)^2 d\theta=\int_0^{\pi}(2\cos^2(\frac{\theta}{2}))^2 d\theta=4\int_0^{\pi}\cos^4(\frac{\theta}{2})d\theta$$

$$=8\int_0^{\frac{\pi}{2}}\cos^4\theta d\theta=8\cdot\frac{3}{4}\cdot\frac{1}{2}\cdot\frac{\pi}{2}=\frac{3}{2}\pi$$

예제 6.2.8

곡선 $r^2=2\cos 2\theta$으로 둘러싸인 부분의 면적을 구하여라.

풀이

예제 5.2.4와 같은 방법을 적용하면 그래프는 x축, y축에 대해 대칭이고 원점에 대해서도 대칭이다.

$r^2=2\cos 2\theta \geq 0$이므로 $-\frac{\pi}{4}\leq\theta\leq\frac{\pi}{4}$이거나 $\frac{3\pi}{4}\leq\theta\leq\frac{5\pi}{4}$이다.

또한 $\theta=\frac{\pi}{4}, \frac{3\pi}{4}, \frac{5\pi}{4}, \frac{7\pi}{4}$가 극점에서의 접선이 되며 그래프는 아래와 같다.

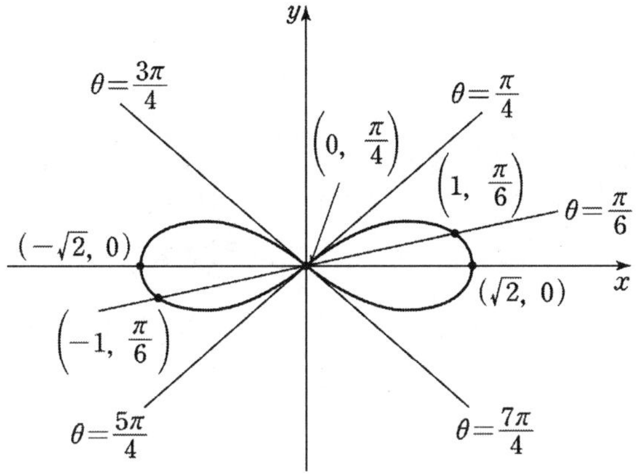

따라서 곡선 $r^2=2\cos 2\theta$로 둘러싸인 부분의 면적은 $\theta=0$에서 $\theta=\frac{\pi}{4}$까지 곡선으로 둘러싸인 면적의 4배를 하면 된다.

그러므로

$S=4\cdot\frac{1}{2}\int_0^{\frac{\pi}{4}} r^2 d\theta = 2\int_0^{\frac{\pi}{4}} 2\cos 2\theta d\theta = 4\left[\frac{1}{2}\sin 2\theta\right]_0^{\frac{\pi}{4}} = 2$이다.

예제 6.2.9

곡선 $r=\sin 2\theta$로 둘러싸인 부분의 면적을 구하여라.

풀이

먼저 극점에서의 접선을 구하기 위해 $r=0$을 대입하면 $\sin 2\theta=0$이므로

$2\theta=0, \pi, 2\pi, 3\pi$

따라서 $\theta=0, \frac{\pi}{2}, \pi, \frac{3\pi}{2}$은 극점에서의 접선이 된다.

$r=\sin 2\theta=\cos\left(2\theta+\frac{\pi}{2}\right)=\cos\left(2\left(\theta+\frac{\pi}{4}\right)\right)$이므로 $r=a\cos 2\theta$의 그래프를 $\frac{\pi}{4}$만큼 회전시키면 된다.

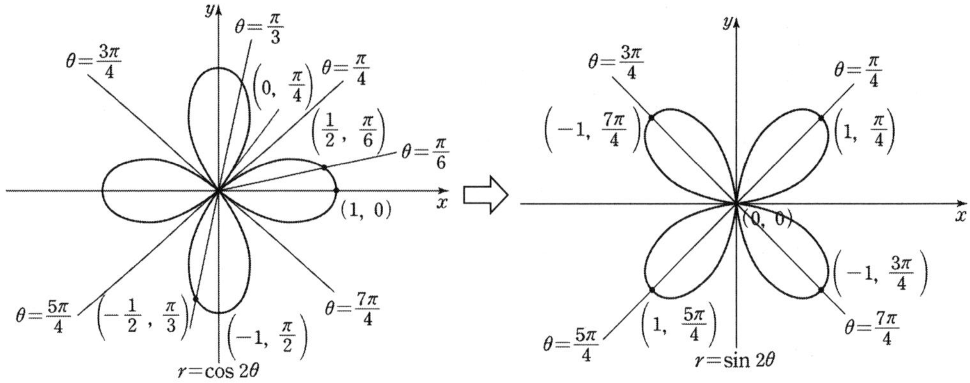

대칭에 의해 곡선 $r = \sin 2\theta$로 둘러싸인 부분의 면적은 $\theta = 0$에서 $\theta = \dfrac{\pi}{2}$까지 곡선으로 둘러싸인 면적의 4배를 하면 된다.

그러므로

$$S = 4\int_0^{\frac{\pi}{2}} \frac{1}{2}\sin^2 2\theta d\theta = 2\int_0^{\frac{\pi}{2}} \frac{1-\cos 4\theta}{2} d\theta = [\theta - \frac{1}{4}\sin 4\theta]_0^{\frac{\pi}{2}} = \frac{1}{2}\pi$$

예제 6.2.10

원 $r = 3\cos\theta$의 내부와 심장형 $r = 1+\cos\theta$의 외부에 있는 부분의 면적을 구하여라.

풀이

먼저 원 $r = 3\cos\theta$과 심장형 $r = 1+\cos\theta$의 교점을 구하기 위해

$3\cos\theta = 1+\cos\theta$라 하면 $\cos\theta = \dfrac{1}{2}$. 따라서 $\theta = \dfrac{\pi}{3}, \dfrac{5\pi}{3}$

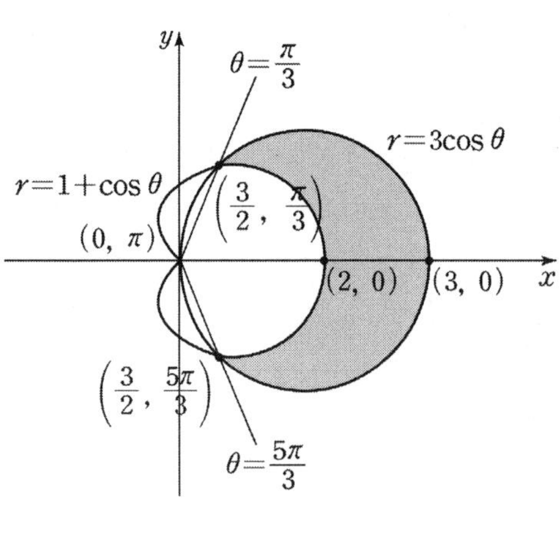

원 $r=3\cos\theta$의 내부와 심장형(cardiod) $r=1+\cos\theta$의 외부에 있는 부분의 영역은 위의 그림과 같다. 따라서 구하고자 하는 면적 A는 대칭에 의해

$$A=2\times\frac{1}{2}\int_0^{\frac{\pi}{3}}[(3\cos\theta)^2-(1+\cos\theta)^2]d\theta=\int_0^{\frac{\pi}{3}}[(8\cos^2\theta-2\cos\theta-1]d\theta$$

$$=\int_0^{\frac{\pi}{3}}[4(1+\cos2\theta)-2\cos\theta-1]d\theta$$

$$=[3\theta+2\sin2\theta-2\sin\theta]_0^{\frac{\pi}{3}}=\pi+\sqrt{3}-\sqrt{3}=\pi$$

6.3 곡선의 길이

정리 6.3.1 곡선의 길이

f가 $[a,b]$에서 미분가능이고 f'이 연속일 때 곡선 $y=f(x)$의 $x=a$에서 $x=b$까지의 호의 길이 s는

$$s=\int_a^b \sqrt{1+\left(\frac{dy}{dx}\right)^2}\,dx=\int_a^b \sqrt{1+(f'(x))^2}\,dx$$로 주어진다.

증명

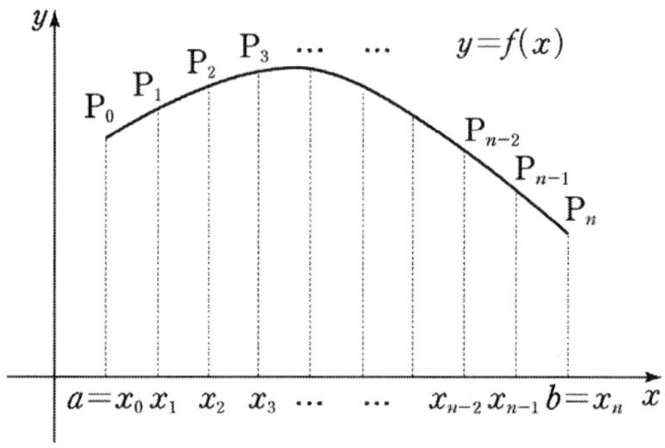

$P=\{x_0, x_1, x_2, \cdots, x_n\}$를 $[a,b]$의 분할,

즉, $a=x_0<x_1<x_2<\cdots<x_{n-1}<x_n=b$이라고 하고 각 $i=1, 2, \cdots, n$에 대해 소구간의 길이를 $\Delta x_i=x_i-x_{i-1}$, 그리고 $\|P\|=\max\{\Delta x_1, \Delta x_2, \Delta x_3, \cdots, \Delta x_n\}$라고 하자.

각 $i=1, 2, \cdots, n$에 대해 $P_i=(x_i, f(x_i))$ 라고 할 때 평면상의 두 점 사이의 거리는

$|\overline{P_{i-1}P_i}|=\sqrt{(x_i-x_{i-1})^2+(f(x_i)-f(x_{i-1}))^2}$, $i=1, 2, \cdots, n$이다.

f가 $[a,b]$에서 미분가능이므로 연속이다. 따라서 임의의 $i=1, 2, \cdots, n$에 대해 f는 $[x_{i-1}, x_i]$에서 연속이고 미분가능이다. 따라서 평균값정리에 의해 각 $i=1, 2, \cdots, n$에 대해 $c_i \in (x_{i-1}, x_i)$가 존재해서 $\dfrac{f(x_i)-f(x_{i-1})}{x_i-x_{i-1}}=f'(c_i)$를 만족한다.

각 $i=1, 2, \cdots, n$에 대해 $f(x_i)-f(x_{i-1})=f'(c_i)(x_i-x_{i-1})=f'(c_i)\Delta x_i$이므로

$$\sum_{i=1}^{n} \overline{|P_{i-1}P_i|} = \sum_{i=1}^{n} \sqrt{(x_i - x_{i-1})^2 + (f(x_i) - f(x_{i-1}))^2}$$

$$= \sum_{i=1}^{n} \sqrt{(\Delta x_i)^2 + (f'(c_i)\Delta x_i)^2} = \sum_{i=1}^{n} \sqrt{1 + (f'(c_i))^2}\, \Delta x_i$$

f'이 $[a,b]$에서 연속이므로 $y = \sqrt{1+(f'(x))^2}$도 $[a,b]$에서 연속이다.

따라서 극한값 $\lim_{\|P\|\to 0} \sum_{i=1}^{n} \sqrt{1+(f'(c_i))^2}\,\Delta x_i$이 존재하므로 $y = \sqrt{1+(f'(x))^2}$이 $[a,b]$에서 적분가능이다. 그러므로 곡선 $y = f(x)$의 $x = a$에서 $x = b$까지의 호의 길이 s는

$$s = \lim_{\|P\|\to 0} \sum_{i=1}^{n} \overline{|P_{i-1}P_i|} = \lim_{\|P\|\to 0} \sum_{i=1}^{n} \sqrt{1+(f'(c_i))^2}\,\Delta x_i = \int_a^b \sqrt{1+(f'(x))^2}\,dx$$ 이다.

참고

곡선 $y = f(x)$의 $x = a$에서 $x = t$까지의 호의 길이 s는

$s = \int_a^t \sqrt{1+(f'(x))^2}\,dx = \int_a^t \sqrt{1+(\frac{dy}{dx})^2}\,dx$이므로 $\frac{ds}{dx} = \sqrt{1+(\frac{dy}{dx})^2}$ 이다.

따라서 호의 길이의 미분 ds는 $ds = \frac{ds}{dx}dx = \sqrt{1+(\frac{dy}{dx})^2}\,dx$로 주어진다.

따름정리 6.3.2

$x = g(y)$가 $[c,d]$에서 미분가능이고 $\frac{dx}{dy}$가 연속일 때 곡선 $x = g(y)$의 $y = c$에서 $y = d$까지의 호의 길이 s는

$s = \int_c^d \sqrt{1+\left(\frac{dx}{dy}\right)^2}\,dy = \int_c^d \sqrt{1+(g'(y))^2}\,dy$로 주어진다.

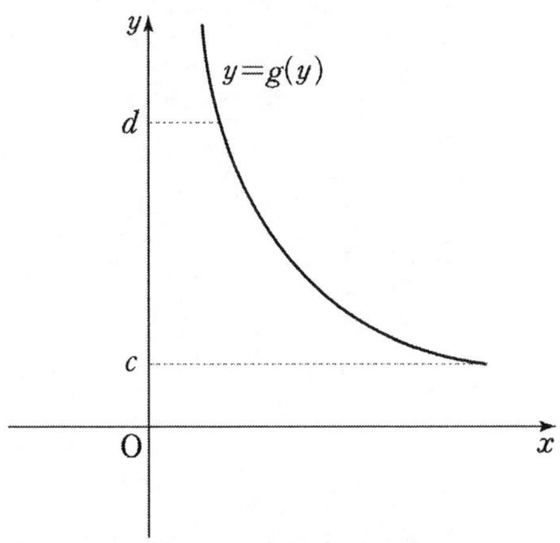

예제 6.3.1

$x=0$에서 $x=1$까지 직선 $y=4x+5$의 길이를 구하여라.

풀이

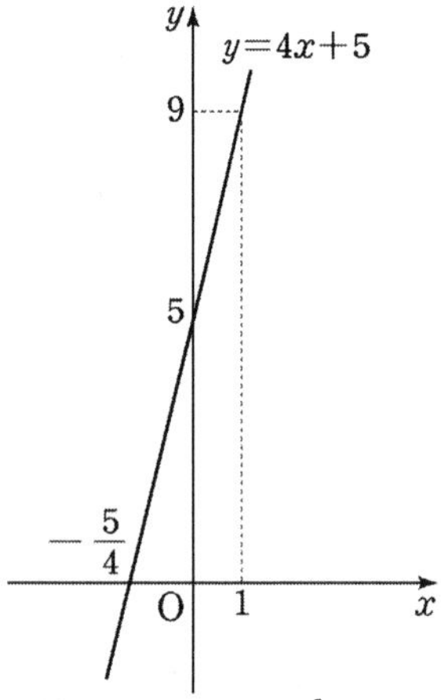

$y=4x+5$이면 $\dfrac{dy}{dx}=4$

따라서 $x=0$에서 $x=1$까지 직선 $y=4x+5$의 길이 l은

$$l=\int_0^1 \sqrt{1+\left(\frac{dy}{dx}\right)^2}\,dx=\int_0^1 \sqrt{1+16}\,dx=\sqrt{17}$$

예제 6.3.2

곡선 $y=x^{\frac{3}{2}}\,(0\le x\le 2)$의 길이를 구하여라.

풀이

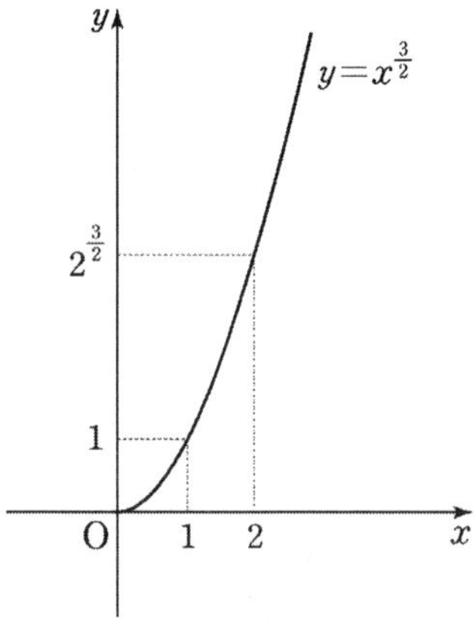

$y = x^{\frac{3}{2}}$ 이면 $\frac{dy}{dx} = \frac{3}{2}x^{\frac{1}{2}}$

따라서

$$l = \int_0^2 \sqrt{1+\left(\frac{dy}{dx}\right)^2}\,dx = \int_0^2 \sqrt{1+\frac{9}{4}x}\,dx = [\frac{4}{9}\cdot\frac{2}{3}(1+\frac{9}{4}x)^{\frac{3}{2}}]_0^2 = \frac{8}{27}[(\frac{11}{2})^{\frac{3}{2}} - 1]$$

정리 6.3.3 매개함수로 주어진 곡선의 길이

$y = f(x)$로 주어진 곡선 C의 매개함수가 $x = x(t)$, $y = y(t)$, $a = x(t_1)$, $b = x(t_2)$ 일 때 $\frac{dx}{dt}$, $\frac{dy}{dt}$가 연속이면 $y = f(x)$로 주어진 곡선 C의 $t = t_1$에서 $t = t_2$까지 나타나는 곡선의 길이 s는 다음과 같이 주어진다.

$$s = \int_{t_1}^{t_2} \sqrt{\left(\frac{dx}{dt}\right)^2 + \left(\frac{dy}{dt}\right)^2}\,dt = \int_{t_1}^{t_2} \sqrt{(x'(t))^2 + (y'(t))^2}\,dt$$

증명

$y = f(x)$가 매개함수 $x = x(t)$, $y = y(t)$으로 주어지고 미분가능하므로 연쇄율에 의해

$\frac{dy}{dx} = \frac{\frac{dy}{dt}}{\frac{dx}{dt}} = \frac{y'(t)}{x'(t)}$를 만족한다. $x = x(t)$이므로 $dx = x'(t)dt$

따라서

$$s = \int_a^b \sqrt{1+\left(\frac{dy}{dx}\right)^2}\,dx = \int_{t_1}^{t_2} \sqrt{1+\left(\frac{y'(t)}{x'(t)}\right)^2}\,x'(t)dt$$

$$= \int_{t_1}^{t_2} \sqrt{(x'(t))^2 + (y'(t))^2}\,dt = \int_{t_1}^{t_2} \sqrt{\left(\frac{dx}{dt}\right)^2 + \left(\frac{dy}{dt}\right)^2}\,dt$$

예제 6.3.3

사이클로이드 $x = a(t - \sin t)$, $y = a(1 - \cos t)$ $(0 \le t \le 2\pi)$의 길이를 구하여라.

풀이

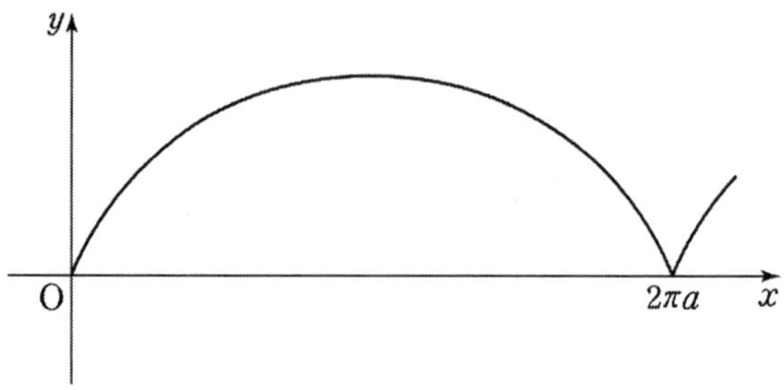

$x = a(t - \sin t)$, $y = a(1 - \cos t)$이면 $\frac{dx}{dt} = a(1 - \cos t)$, $\frac{dy}{dt} = a\sin t$

이므로 길이 s는

$$s = \int_0^{2\pi} \sqrt{\left(\frac{dx}{dt}\right)^2 + \left(\frac{dy}{dt}\right)^2}\,dt = \int_0^{2\pi} \sqrt{(a(1-\cos t))^2 + (a\sin t)^2}\,dt$$

$$= \int_0^{2\pi} \sqrt{a^2(1 - 2\cos t + \cos^2 t) + a^2\sin^2 t}\,dt = \int_0^{2\pi} \sqrt{a^2(2 - 2\cos t)}\,dt$$

$$= \sqrt{2}\,a\int_0^{2\pi} \sqrt{1 - \cos t}\,dt = \sqrt{2}\,a\int_0^{2\pi} \sqrt{2\sin^2\left(\frac{t}{2}\right)}\,dt$$

$$= 2a\int_0^{2\pi} \sin\left(\frac{t}{2}\right)dt = -4a\left[\cos\left(\frac{t}{2}\right)\right]_0^{2\pi} = -4a(-1-1) = 8a$$

정리 6.3.4 **$r = f(\theta)$로 주어진 곡선의 길이**

$r = f(\theta)$로 주어진 곡선 C에 대해 $r = f(\theta)$가 $[\theta_1, \theta_2]$에서 미분가능하고 $\frac{dr}{d\theta}$이 연속이면 곡선 C의 $\theta = \theta_1$에서 θ_2까지 길이 s는 $s = \int_{\theta_1}^{\theta_2} \sqrt{r^2 + \left(\frac{dr}{d\theta}\right)^2}\,d\theta$로 주어진다.

증명

극좌표와 직각좌표와의 관계에서 $x = r\cos\theta$, $y = r\sin\theta$

$\frac{dx}{d\theta} = \frac{dr}{d\theta}\cos\theta - r\sin\theta$, $\frac{dy}{d\theta} = \frac{dr}{d\theta}\sin\theta + r\cos\theta$이므로

$$\left(\frac{dx}{d\theta}\right)^2 + \left(\frac{dy}{d\theta}\right)^2 = \left(\frac{dr}{d\theta}\cos\theta - r\sin\theta\right)^2 + \left(\frac{dr}{d\theta}\sin\theta + r\cos\theta\right)^2$$

$$= \left(\frac{dr}{d\theta}\right)^2(\cos^2\theta + \sin^2\theta) + r^2(\sin^2\theta + \cos^2\theta) = \left(\frac{dr}{d\theta}\right)^2 + r^2$$

그러므로 곡선 C의 $\theta=\theta_1$에서 θ_2까지 길이 s는

$$s=\int_{\theta_1}^{\theta_2}\sqrt{(\frac{dx}{d\theta})^2+(\frac{dy}{d\theta})^2}\,d\theta=\int_{\theta_1}^{\theta_2}\sqrt{r^2+\left(\frac{dr}{d\theta}\right)^2}\,d\theta.$$

예제 6.3.4

곡선 $r=1-\cos\theta$의 길이를 구하여라.

풀이

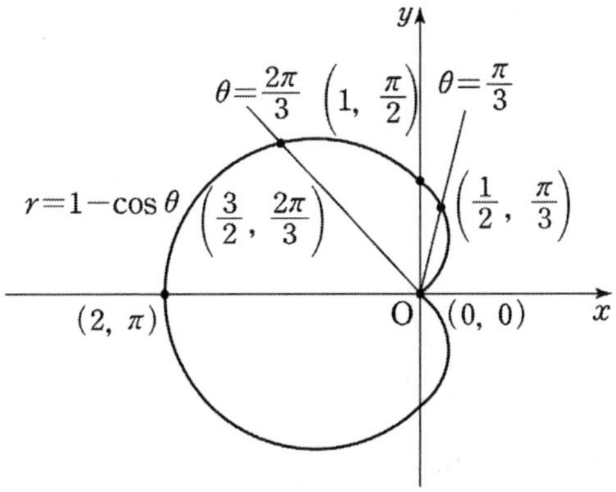

곡선이 x축에 대해 대칭이므로 곡선 $r=1-\cos\theta$의 길이는 $\theta=0$에서 $\theta=\pi$까지 곡선의 길이 2배를 하면 된다.

$$l=2\int_0^{\pi}\sqrt{r^2+\left(\frac{dr}{d\theta}\right)^2}\,d\theta=2\int_0^{\pi}\sqrt{(1-\cos\theta)^2+\sin^2\theta}\,d\theta$$

$$=2\int_0^{\pi}\sqrt{1-2\cos\theta+\cos^2\theta+\sin^2\theta}\,d\theta=2\int_0^{\pi}\sqrt{2-2\cos\theta}\,d\theta$$

$$=2\sqrt{2}\int_0^{\pi}\sqrt{2\sin^2(\frac{\theta}{2})}\,d\theta=4\int_0^{\pi}\sin(\frac{\theta}{2})d\theta=8[-\cos(\frac{\theta}{2})]_0^{\pi}=8$$

6.4 입체의 체적

I. 일반 입체의 부피

정리 6.4.1 **일반 입체의 부피**

어떤 입체를 x축에 수직인 평면 $x=t$으로 자른 단면의 넓이 $S(t)$에 대해 $S(t)$가 $[a,b]$에서 연속이라고 할 때 입체의 두 평면 $x=a$, $x=b$ 사이에 있는 입체의 부피 V는 $V=\int_a^b S(x)dx$로 주어진다.

증명

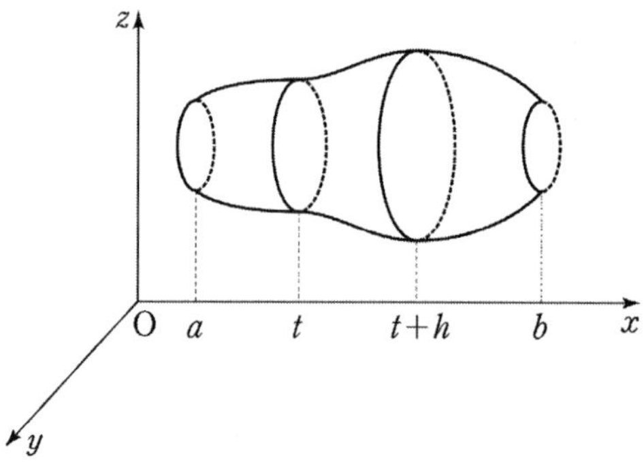

$P=\{x_0, x_1, x_2, \cdots, x_n\}$를 $[a,b]$의 분할, 즉,

$a=x_0 < x_1 < x_2 < \cdots < x_{n-1} < x_n = b$에 대해 $\Delta x_i = x_i - x_{i-1}$,

$\overline{x_i} \in [x_{i-1}, x_i]$, $i=1, 2, \cdots, n$

$\|P\| = \max\{\Delta x_i \mid i=1, 2, \cdots, n\}$이라고 하자.

임의의 $i=1, 2, \cdots, n$에 대해 x축에 수직인 평면 $x=\overline{x_i}$으로 자른 단면의 넓이 $S(\overline{x_i})$, $V(x_i)$를 $x=x_{i-1}$와 $x=x_i$ 사이에 있는 입체의 체적이라 하면 $V(x_i)=S(\overline{x_i})\Delta x_i$이다.

그러므로 입체의 두 평면 $x=a$, $x=b$ 사이에 있는 입체의 부피 V는

$$V \approx \sum_{i=1}^{n} V(x_i) = \sum_{i=1}^{n} S(\overline{x_i})\Delta x_i.$$

가정에서 S가 $[a,b]$에서 연속이므로 S가 $[a,b]$에서 적분가능하다.

그러므로 $V=\lim_{\|P\|\to 0}\sum_{i=1}^{n} V(x_i)=\lim_{\|P\|\to 0}\sum_{i=1}^{n} S(\overline{x_i})\Delta x_i=\int_a^b S(x)dx$

예제 6.4.1

밑면의 반지름이 a인 직원기둥을 밑면의 지름을 지나면서 밑면과 60°를 이루는 평면으로 잘랐을 때 생기는 쐐기 모양 입체의 부피를 구하여라.

풀이

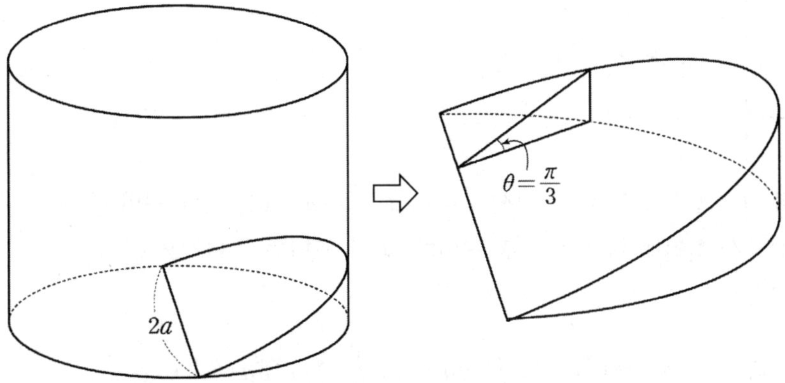

$S(x)$: x축에 수직인 평면으로 자른 단면의 넓이라고 하면

$$S(x) = \frac{1}{2}\sqrt{a^2 - x^2} \cdot \sqrt{a^2 - x^2}\tan\frac{\pi}{3} = \frac{\sqrt{3}}{2}(a^2 - x^2)$$

따라서 부피는

$$V = \int_{-a}^{a} S(x)dx = \int_{-a}^{a}\frac{\sqrt{3}}{2}(a^2 - x^2)dx = 2 \cdot \frac{\sqrt{3}}{2}\int_{0}^{a}(a^2 - x^2)dx$$

$$= \sqrt{3}\left[a^2x - \frac{1}{3}x^3\right]_0^a = \frac{2\sqrt{3}}{3}a^3$$

Ⅱ. 회전체의 부피 (원판 이용)

정리 6.4.2

f가 $[a,b]$에서 연속이고 임의의 $x \in [a,b]$에 대해 $f(x) \geq 0$일 때 V를 $y = f(x)$의 그래프와 x축 및 두 직선 $x = a$, $x = b(a < b)$로 둘러싸인 부분을 x축의 둘레로 회전시킨 회전체의 부피라고 하면 V는 $V = \pi\int_a^b y^2dx = \pi\int_a^b (f(x))^2dx$이다.

증명

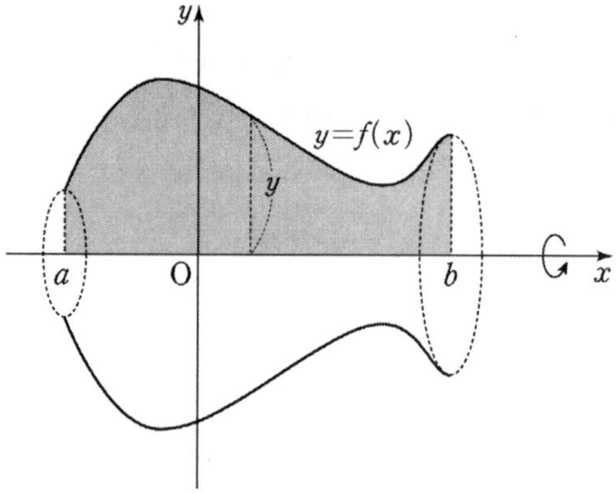

$y=f(x)$의 그래프와 x축 및 두 직선 $x=a$, $x=b$ $(a<b)$로 둘러싸인 부분을 x축의 둘레로 회전시킨 회전체 단면은 모두 원이다. 따라서 단면의 면적은 $S(x)=\pi y^2=\pi(f(x))^2$이다.

그러므로 정리 6.4.1에 의해 $V=\pi\int_a^b y^2dx=\pi\int_a^b(f(x))^2dx$

참고

$x=g(y)$가 $[c,d]$에서 연속이고 임의의 $y\in[c,d]$에 대해 $g(y)\geq 0$일 때 V를 $x=g(y)$의 그래프와 y축 및 두 직선 $y=c$, $y=d(c<d)$로 둘러싸인 부분을 y축의 둘레로 회전시킨 입체의 부피는 $V=\pi\int_a^b x^2dy=\pi\int_c^d(g(y))^2dy$이다.

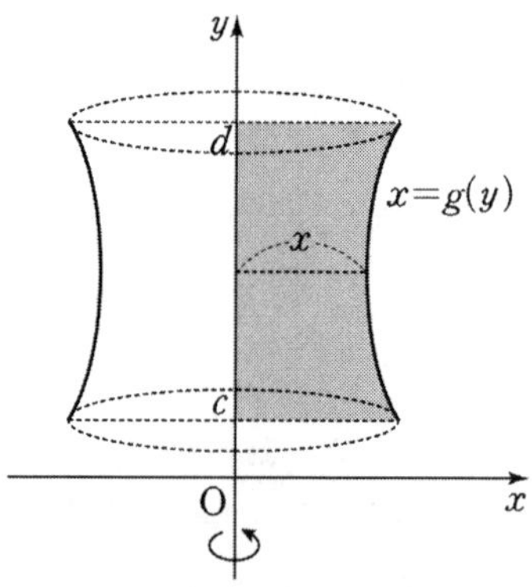

예제 6.4.2

밑면의 반지름이 a, 높이가 h인 원기둥의 체적을 구하여라.

풀이

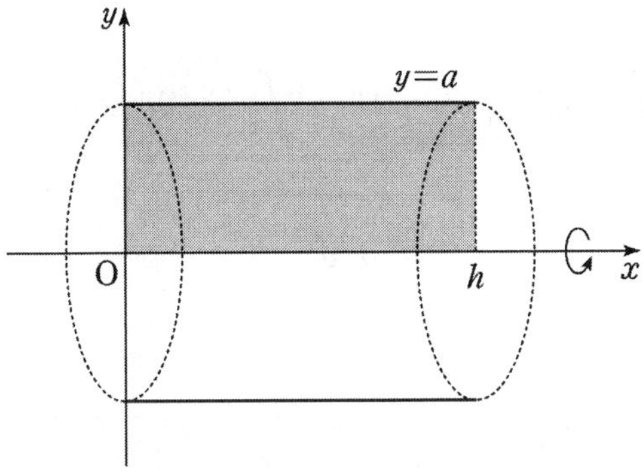

상수함수 $y=a$의 그래프와 x축 및 두 직선 $x=0$, $x=h(h>0)$로 둘러싸인 부분을 x축의 둘레로 회전하면 밑면의 반지름이 a, 높이가 h인 원기둥이 된다.

따라서 원기둥의 부피는 $V=\pi\int_0^h y^2dx=\pi\int_0^h a^2dx=\pi a^2h$

예제 6.4.3

사이클로이드 $x=a(\theta-\sin\theta)$, $y=a(1-\cos\theta)$ $(0\le\theta\le 2\pi)$로 둘러싸인 부분을 x축의 둘레로 회전시킨 입체의 부피를 구하여라.

풀이

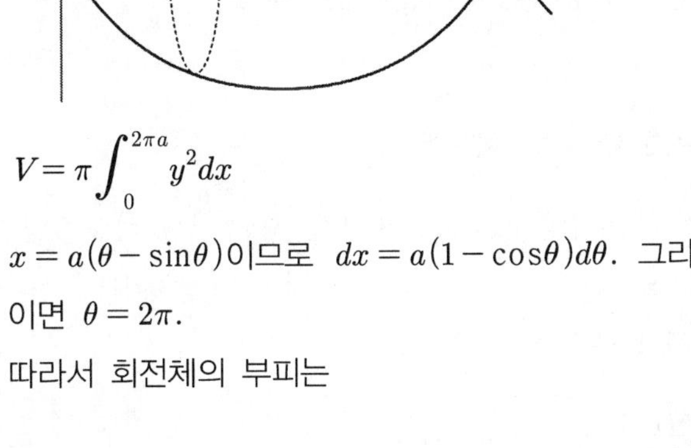

$$V=\pi\int_0^{2\pi a} y^2dx$$

$x=a(\theta-\sin\theta)$이므로 $dx=a(1-\cos\theta)d\theta$. 그리고 $x=0$이면 $\theta=0$, $x=2\pi a$이면 $\theta=2\pi$.

따라서 회전체의 부피는

$$V=\pi\int_0^{2\pi a}y^2dx=\pi\int_0^{2\pi}a^2(1-\cos\theta)^2\cdot a(1-\cos\theta)d\theta=\pi a^3\int_0^{2\pi}(1-\cos\theta)^3d\theta$$

$$=\pi a^3\int_0^{2\pi}(2\sin^2(\frac{\theta}{2}))^3d\theta=8\pi a^3\int_0^{2\pi}\sin^6(\frac{\theta}{2})d\theta=16\pi a^3\int_0^{\pi}\sin^6\theta d\theta$$

$$=32\pi a^3\int_0^{\frac{\pi}{2}}\sin^6\theta d\theta=32\pi a^3\cdot\frac{5}{6}\cdot\frac{3}{4}\cdot\frac{1}{2}\cdot\frac{\pi}{2}=5\pi^2a^3$$

예제 6.4.4

$y=x^2$과 $y=4$로 둘러싸인 부분을 y축의 둘레로 회전시킨 입체의 부피를 구하여라.

풀이

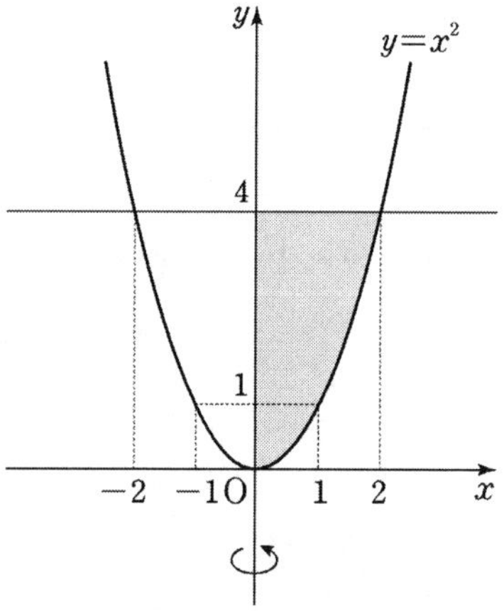

$y=x^2$이면 $x=\sqrt{y}$이다. 즉, $x=\sqrt{y}$ 의 그래프와 y축, $y=0$, $y=4$로 둘러싸인 부분을 y축의 둘레로 회전시킨 입체의 부피를 구하면 된다. 따라서

$$V=\pi\int_0^4x^2dy=\pi\int_0^4(\sqrt{y})^2dy=\pi\int_0^4ydy=\pi[\frac{1}{2}y^2]_0^4=8\pi$$

정리 6.4.3 **두 곡선으로 둘러싸인 부분을 회전시킨 입체의 부피**

① 함수 f, g가 $[a,b]$에서 연속이고 임의의 $x\in[a,b]$에 대해 $f(x)\geq g(x)\geq 0$일 때 V를 $y=f(x)$, $y=g(x)$의 그래프와 두 직선 $x=a$, $x=b(a<b)$로 둘러싸인 부분을 x축의 둘레로 회전시킨 회전체의 부피라고 하면 V는

$V=\pi\int_a^b[(f(x))^2-(g(x))^2]dx$이다.

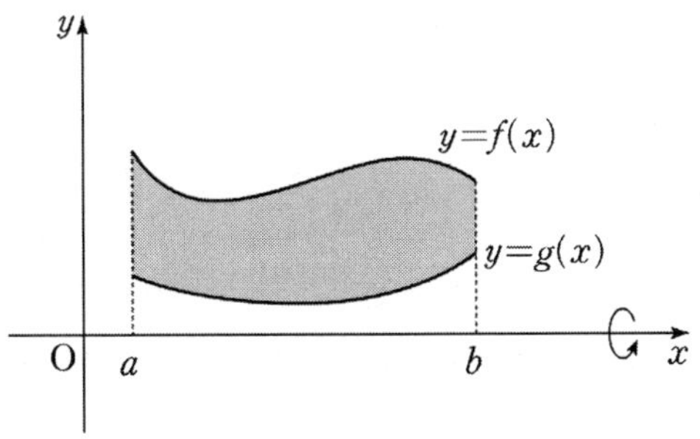

② 함수 f , g가 $[c,d]$에서 연속이고 임의의 $y\in[c,d]$에 대해 $f(y)\geq g(y)\geq 0$일 때 V를 $x=f(y)$, $x=g(y)$의 그래프와 두 직선 $y=c$, $y=d$, $(c<d)$로 둘러싸인 부분을 y축의 둘레로 회전시킨 회전체의 부피라고 하면 V는 $V=\pi\int_c^d[(f(y))^2-(g(y))^2]dy$

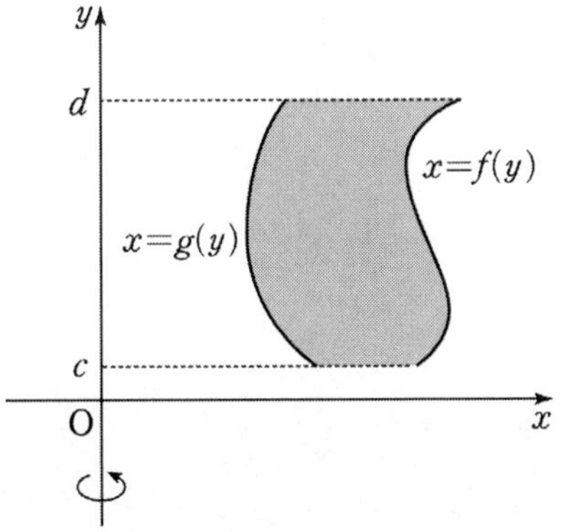

예제 6.4.5

원 $(x-3)^2+(y-2)^2=1$을 x축의 둘레로 회전시킨 회전체의 부피를 구하여라.

풀이

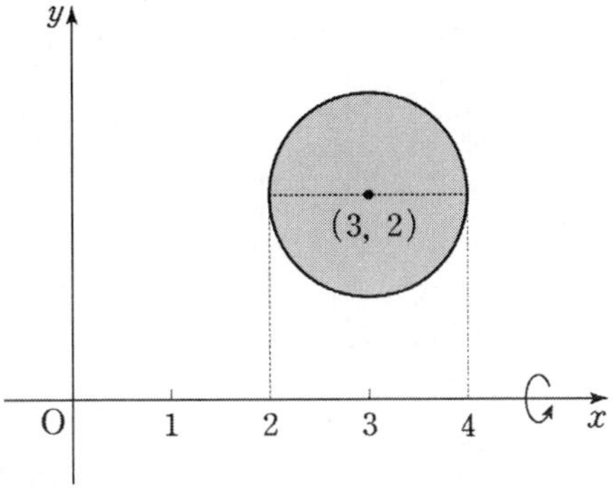

$(x-3)^2+(y-2)^2=1$를 풀면 $(y-2)^2=1-(x-3)^2$이므로

$y_1=2+\sqrt{1-(x-3)^2}$, $y_2=2-\sqrt{1-(x-3)^2}$.

따라서 구하고자 하는 회전체의 부피는 상반원 $y_1=2+\sqrt{1-(x-3)^2}$, 직선 $x=2$, $x=4$로 둘러싸인 부분을 x축의 둘레로 회전시킨 회전체의 부피에서 하반원 $y_2=2-\sqrt{1-(x-3)^2}$의 그래프를 직선 $x=2$, $x=4$로 둘러싸인 부분을 x축의 둘레로 회전시킨 회전체의 부피를 빼면 된다. 따라서

$$V=\pi\int_2^4 y_1^2 dx-\pi\int_2^4 y_2^2\, dx=\pi\int_2^4 [(2+\sqrt{1-(x-3)^2})^2-(2-\sqrt{1-(x-3)^2})^2]dx$$

$$=8\pi\int_2^4\sqrt{1-(x-3)^2}\,dx$$

여기서 $x-3=\sin\theta$ $(-\frac{\pi}{2}\le\theta\le\frac{\pi}{2})$로 치환하면 $dx=\cos\theta\, d\theta$이고

$\sqrt{1-(x-3)^2}=\sqrt{1-\sin^2\theta}=\cos\theta$이다. $x=2$이면 $\theta=-\frac{\pi}{2}$ 그리고 $x=4$이면

$\theta=\frac{\pi}{2}$이므로

$$V=8\pi\int_2^4\sqrt{1-(x-3)^2}\,dx=8\pi\int_{-\frac{\pi}{2}}^{\frac{\pi}{2}}\cos^2\theta\, d\theta$$

$$=4\pi\int_{-\frac{\pi}{2}}^{\frac{\pi}{2}}(1+\cos2\theta)d\theta=4\pi\left[\theta+\frac{1}{2}\sin2\theta\right]_{-\frac{\pi}{2}}^{\frac{\pi}{2}}=4\pi^2$$

Note

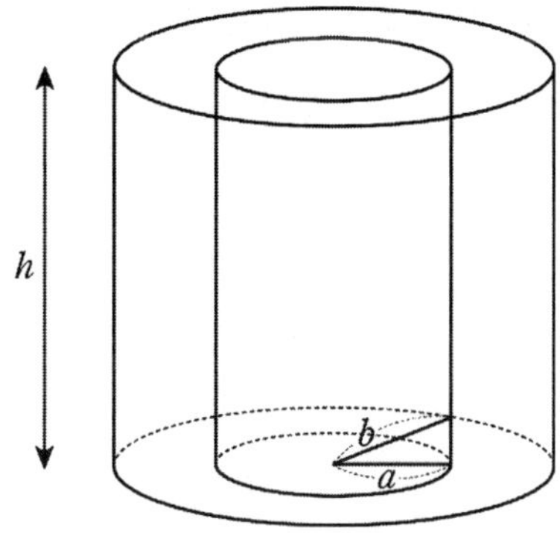

속이 비어있는 원통의 안쪽 반지름은 a, 바깥쪽 반지름은 b, 원통의 높이가 h일 때 원통의 부피는

$$\pi b^2 h - \pi a^2 h = \pi(b^2 - a^2)h = \pi(b+a)(b-a)h = 2\pi \cdot \frac{a+b}{2} \cdot (b-a)h$$

즉, 원통의 부피는 $2\pi \times$원통 반지름의 평균$\times$원통의 두께$\times$원통의 높이가 된다.
위 결과를 이용하면 회전체의 부피를 구할 수 있다.

정리 6.4.4 **회전체의 부피 (원주각 이용)**

$y=f(x)$가 $[a,b]$에서 연속일 때 V를 $y=f(x)$의 그래프와 x축 및 두 직선 $x=a$, $x=b$ $(a>0)$로 둘러싸인 부분을 y축의 둘레로 회전시킨 입체의 부피라고 하면 V는

$$V = 2\pi\int_a^b xy\,dx = 2\pi\int_a^b xf(x)\,dx$$

증명

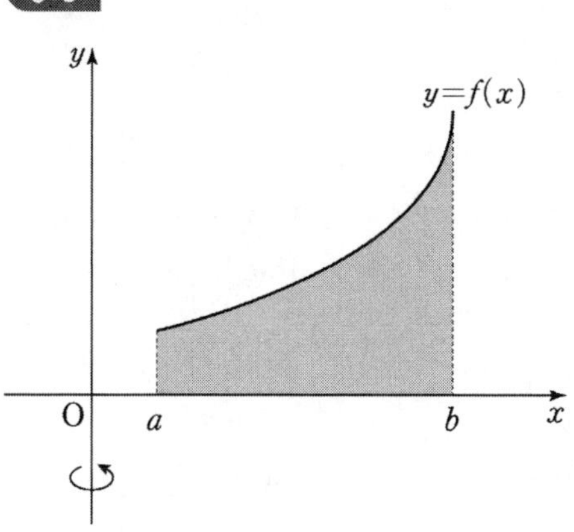

$P=\{x_0, x_1, x_2, \cdots, x_n\}$를 $[a,b]$의 분할, 즉,

$a = x_0 < x_1 < x_2 < \cdots < x_{n-1} < x_n = b$

$\Delta x_i = x_i - x_{i-1}, \quad i = 1, 2, \cdots, n$, $\|P\| = \max\{\Delta x_1, \Delta x_2, \Delta x_3, \cdots, \Delta x_n\}$라 하면

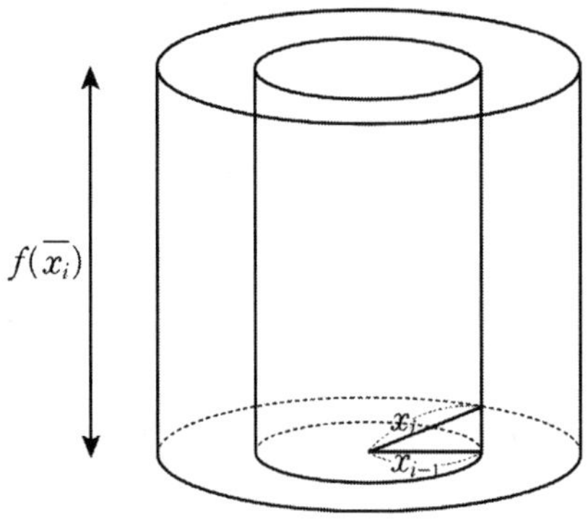

$x = x_{i-1}$에서 $x = x_i$까지의 부분을 회전시킨 입체의 체적 V_i은

$$V_i = \pi(x_i^2 - x_{i-1}^2)f(\overline{x_i}) = 2\pi \cdot \frac{x_{i-1}+x_i}{2} \cdot (x_i - x_{i-1})f(\overline{x_i}) = 2\pi\overline{x_i}f(\overline{x_i})\Delta x_i$$

여기서, $\overline{x_i} = \dfrac{x_{i-1}+x_i}{2}$

그러므로 입체의 체적은 $V \approx \sum_{i=1}^{n} 2\pi\overline{x_i}f(\overline{x_i})\Delta x_i$가 된다.

f가 $[a,b]$에서 연속이므로 $y = 2\pi x f(x)$도 $[a,b]$에서 연속이다. $y = 2\pi x f(x)$가 $[a,b]$에서 적분가능이므로 $\lim_{\|P\| \to 0} \sum_{i=1}^{n} 2\pi\overline{x_i}f(\overline{x_i})\Delta x_i$이 존재한다.

그러므로 $V = \lim_{\|P\| \to 0} \sum_{i=1}^{n} V_i = \lim_{\|P\| \to 0} \sum_{i=1}^{n} 2\pi\overline{x_i}f(\overline{x_i})\Delta x_i = \int_a^b 2\pi x f(x)dx.$

예제 6.4.6

곡선 $y = x^3$ $(0 \le x \le 2)$과 $y = 0$으로 둘러싸인 영역을 회전축 $x = -3$의 주위로 회전시킬 때 생기는 입체의 부피를 구하여라.

풀이

$$V = 2\pi\int_0^2 (x+3)y\,dx = 2\pi\int_0^2 (x+3)x^3\,dx = 2\pi\int_0^2 (x^4 + 3x^3)dx$$

$$= 2\pi\left[\frac{1}{5}x^5 + \frac{3}{4}x^4\right]_0^2 = \frac{184\pi}{5}$$

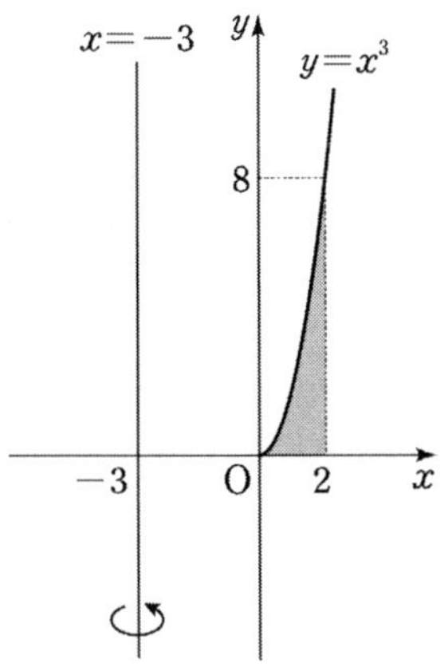

참고

$x=g(y)$가 $[c,d]$에서 연속이고 V를 $x=g(y)$의 그래프와 y축 및 두 직선 $y=c$, $y=d$, $(c>0)$로 둘러싸인 부분을 x축의 둘레로 회전시킨 입체의 부피 V는 $V=2\pi\int_c^d xydy=2\pi\int_c^d yg(y)dy$

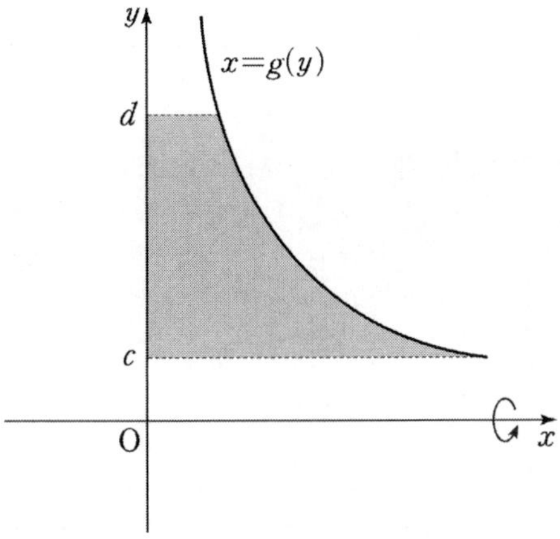

예제 6.4.7

$y=x^2$과 $y=4$로 둘러싸인 부분을 y축의 둘레로 회전시킨 입체의 부피를 원주각을 이용하여 구하여라.

풀이

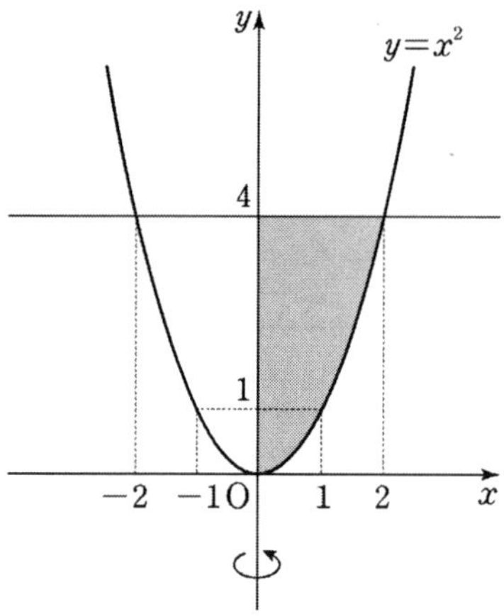

$y=x^2$과 $y=4$로 둘러싸인 부분을 y축의 둘레로 회전시킨 입체의 부피는

$$V=2\pi\int_0^2 xydx=2\pi\int_0^2 x^3dx=2\pi[\frac{1}{4}x^4]_0^2=8\pi$$

예제 6.4.8

원 $r=\cos\theta$를 y축으로 회전시킬 때 생기는 회전체의 부피를 구하여라.

풀이

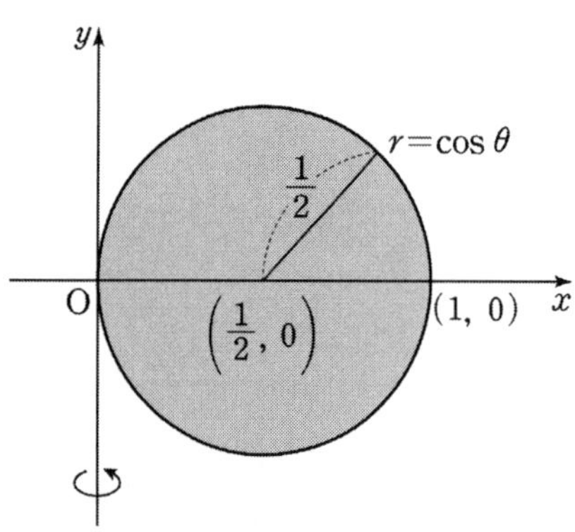

$r=\cos\theta$이면 $x=r\cos\theta=\cos^2\theta$, $y=r\sin\theta=\sin\theta\cos\theta$이고

$dx=-2\sin\theta\cos\theta\, d\theta$.

$r=0$이면 $\theta=\frac{\pi}{2}$, $r=1$이면 $\theta=0$

따라서 체적은 대칭에 의해

$$V=2\cdot 2\pi\int_0^1 xydx=4\pi\int_{\frac{\pi}{2}}^{0}\cos^2\theta\cdot\sin\theta\cos\theta\cdot(-2\sin\theta\cos\theta)d\theta$$

$$=8\pi\int_0^{\frac{\pi}{2}}\sin^2\theta\cos^4\theta d\theta=8\pi\int_0^{\frac{\pi}{2}}\sin^2\theta(1-\sin^2\theta)^2d\theta$$

$$=8\pi\int_0^{\frac{\pi}{2}}(\sin^2\theta-2\sin^4\theta+\sin^6\theta)d\theta$$

$$=8\pi\left[\frac{1}{2}\cdot\frac{\pi}{2}-2\cdot\frac{3}{4}\cdot\frac{1}{2}\cdot\frac{\pi}{2}+\frac{5}{6}\cdot\frac{3}{4}\cdot\frac{1}{2}\cdot\frac{\pi}{2}\right]=\frac{\pi^2}{4}$$

6.5 회전체의 겉넓이

Note

● **원뿔의 겉넓이**

원뿔의 겉넓이는 아래 그림에서 보는 바와 같이 반지름이 l이고 호의 길이가 $2\pi r$인 부채꼴의 면적과 같다. 따라서 원뿔의 겉넓이는 $\frac{1}{2}l \cdot 2\pi r = \pi r l$

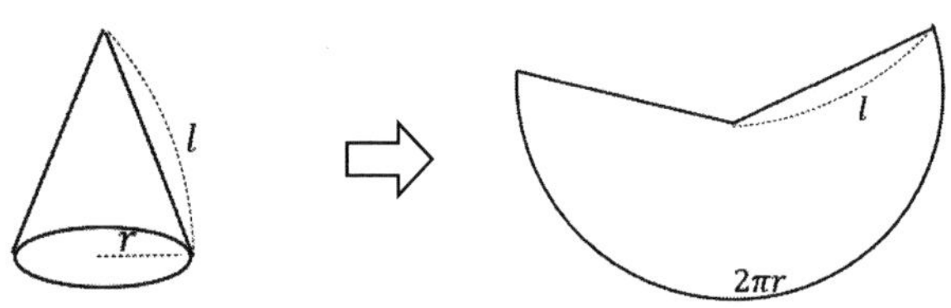

● **원뿔대의 겉넓이**

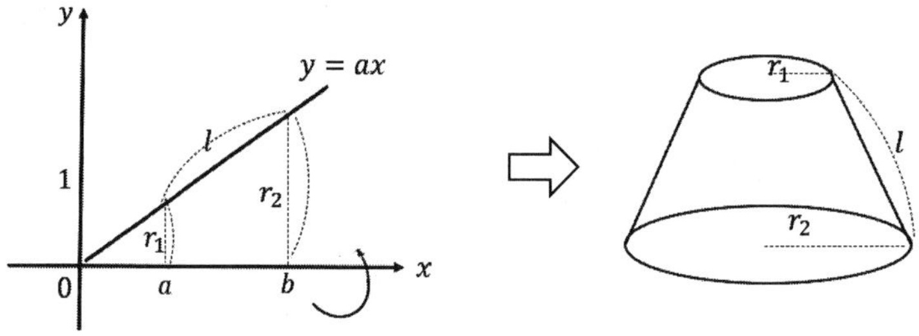

원점을 지나는 직선 $y = ax$의 그래프, x축, $x = a$, $x = b$ 둘러싸인 영역을 x축으로 회전하면 오른쪽과 같은 원뿔대가 된다. 그러면 원뿔대의 상반원의 반지름은 r_1, 하반원의 반지름을 r_2, 원뿔대의 비스듬한 길이를 l, 그리고 원뿔이 되도록 연장한 비스듬한 길이를 m이라 하면

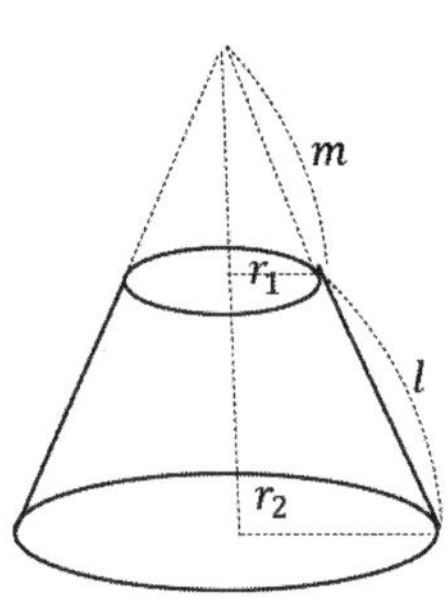

비례관계에 의해 $\dfrac{m}{r_1} = \dfrac{l+m}{r_2}$이므로 $r_2 m = r_1(l+m)$을 만족한다.

따라서 원뿔대의 겉넓이는

$\pi r_2(m+l) - \pi r_1 m = \pi(r_2 m + r_2 l - r_1 m) = \pi l(r_1+r_2) = 2\pi \cdot \dfrac{r_1+r_2}{2} l$가 된다.

즉, 원뿔대의 겉넓이는 $2\pi \times$ 반지름의 평균 $\times$ 비스듬한 길이가 된다.

정리 6.5.1 회전체의 겉넓이

f, f'가 $[a,b]$에서 연속일 때 A를 $y=f(x)$의 그래프와 x축 및 두 직선 $x=a$, $x=b$ $(a<b)$로 둘러싸인 부분을 x축의 둘레로 회전시킨 입체의 겉넓이라고 하면

$$A = 2\pi \int_a^b y\sqrt{1+\left(\frac{dy}{dx}\right)^2}\,dx = 2\pi \int_a^b f(x)\sqrt{1+(f'(x))^2}\,dx$$

증명

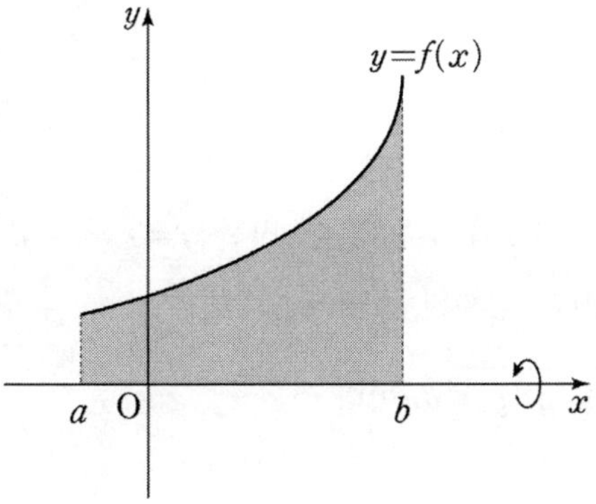

$P = \{x_0, x_1, x_2, \cdots, x_n\}$는 $[a,b]$의 분할,

즉, $a = x_0 < x_1 < x_2 < \cdots < x_{n-1} < x_n = b$이다.

임의의 $i = 1, 2, \cdots, n$에 대해 소구간의 길이를 $\Delta x_i = x_i - x_{i-1}$, 각 분할점에서의 그래프상의 점을 $P_i = (x_i, f(x_i))$, 그리고 $\|P\| = \max\{\Delta x_1, \Delta x_2, \Delta x_3, \cdots, \Delta x_n\}$이라고 하자. 각 $i = 1, 2, \cdots, n$에 대해 $x = x_{i-1}$에서 $x = x_i$까지의 부분을 회전시킨 입체의 겉넓이는 $A_i = 2\pi f(\overline{x_i})\,|\overline{P_{i-1}P_i}|$, $\overline{x_i} = \dfrac{x_i + x_{i-1}}{2}$이다.

여기서 $|\overline{P_{i-1}P_i}| = \sqrt{(x_i - x_{i-1})^2 + (f(x_i) - f(x_{i-1}))^2}$ $(i = 1, 2, \cdots, n)$이다.

f, f'가 $[a,b]$에서 연속이므로 f가 $[a,b]$에서 연속이고 (a,b)에서 미분가능하다. 따라서 임의의 $i = 1, 2, \cdots, n$에 대해 f가 $[x_{i-1}, x_i]$에서 연속이고 (x_{i-1}, x_i)에서 미분가능하다.

그러므로 평균값정리에 의해 $x_i^* \in (x_{i-1}, x_i)$가 존재해서 $\dfrac{f(x_i)-f(x_{i-1})}{x_i - x_{i-1}} = f'(x_i^*)$

를 만족한다. 그러므로

$$|\overline{P_{i-1}P_i}| = \sqrt{(x_i - x_{i-1})^2 + (f(x_i) - f(x_{i-1}))^2}$$

$$= \sqrt{(\Delta x_i)^2 + (f'(x_i^*)\Delta x_i)^2} = \sqrt{1+(f'(x_i^*))^2}\,\Delta x_i$$

여기서, f'이 $[a,b]$에서 연속이므로 $y = 2\pi f(x)\sqrt{1+(f'(x))^2}$ 도 $[a,b]$에서 연속이다.

따라서 $y = 2\pi f(x)\sqrt{1+(f'(x))^2}$ 가 $[a,b]$에서 적분가능이다. 그러므로

$\lim\limits_{\|P\|\to 0} \sum\limits_{i=1}^{n} 2\pi f(x_i^*)\sqrt{1+(f'(x_i^*))^2}\,\Delta x_i$이 존재한다.

그러므로

$$A = \lim_{\|P\|\to 0}\sum_{i=1}^{n} 2\pi f(x_i^*)\,\overline{P_{i-1}P_i} = \lim_{\|P\|\to 0}\sum_{i=1}^{n} 2\pi f(x_i^*)\sqrt{1+(f'(x_i^*))^2}\,\Delta x_i$$

$$= \int_a^b 2\pi f(x)\sqrt{1+(f'(x))^2}\,dx$$

참고

g , g'가 $[c,d]$에서 연속일 때 A를 $x = g(y)$의 그래프와 y축 및 두 직선 $y = c$, $y = d$ $(c < d)$로 둘러싸인 부분을 y축의 둘레로 회전시킨 입체의 겉넓이는

$A = 2\pi \int_c^d x\sqrt{1+(\frac{dx}{dy})^2}\,dy = 2\pi \int_c^d g(y)\sqrt{1+(g'(y))^2}\,dy$이다.

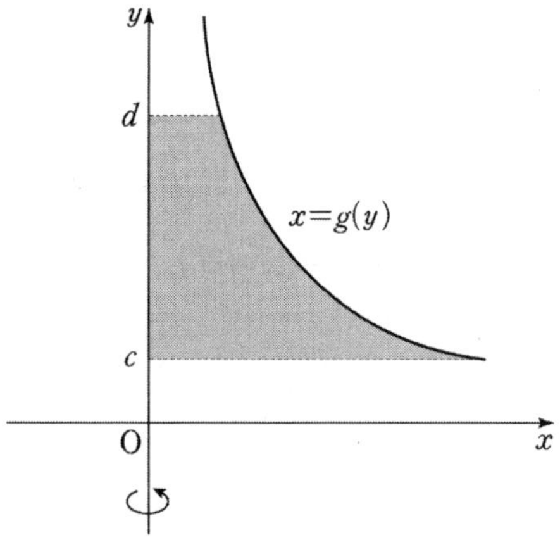

예제 6.5.1

반지름이 a인 구의 겉넓이를 구하여라.

풀이

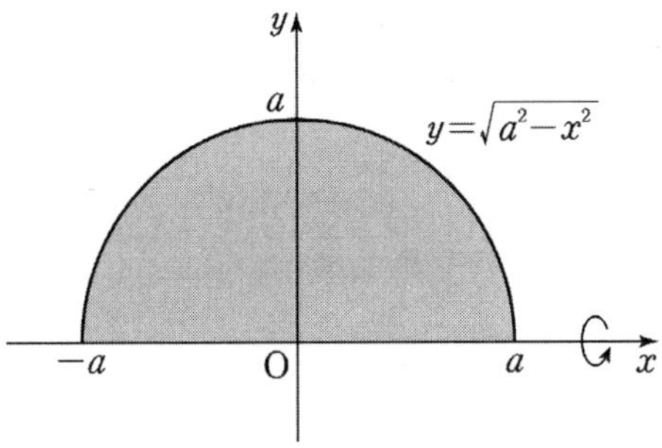

반지름이 a인 상반원의 식은 $y=\sqrt{a^2-x^2}$ 이므로 $\dfrac{dy}{dx}=-\dfrac{x}{\sqrt{a^2-x^2}}$

따라서 $\sqrt{1+(\dfrac{dy}{dx})^2}=\sqrt{1+(-\dfrac{x}{\sqrt{a^2-x^2}})^2}=\sqrt{1+\dfrac{x^2}{a^2-x^2}}=\dfrac{a}{\sqrt{a^2-x^2}}$

따라서 구의 표면적은

$$S=2\pi\int_{-a}^{a}y\sqrt{1+(\frac{dy}{dx})^2}\,dx=2\pi\int_{-a}^{a}\sqrt{a^2-x^2}\frac{a}{\sqrt{a^2-x^2}}dx=2\pi a\int_{-a}^{a}dx=4\pi a^2$$

예제 6.5.2

원 $(x-3)^2+(y-2)^2=1$을 x축의 둘레로 회전시킨 회전체의 겉넓이를 구하여라.

풀이

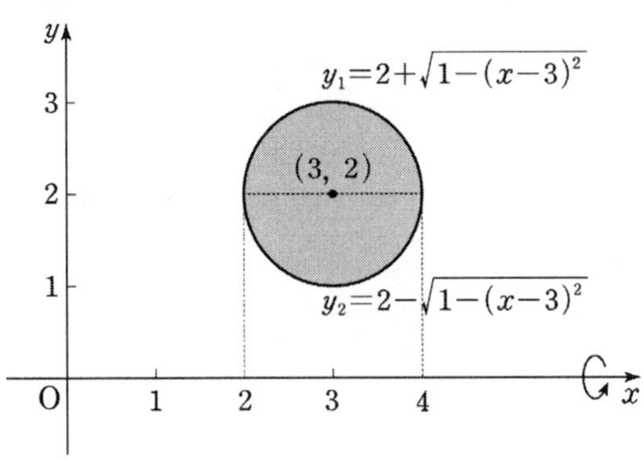

$(x-3)^2+(y-2)^2=1$를 풀면 $(y-2)^2=1-(x-3)^2$이므로

$$y_1 = 2+\sqrt{1-(x-3)^2},\ y_2 = 2-\sqrt{1-(x-3)^2}.$$

따라서 회전체의 표면적은

$$S = 2\pi\int_2^4 y_1\sqrt{1+(\frac{dy_1}{dx})^2}\,dx + 2\pi\int_2^4 y_2\sqrt{1+(\frac{dy_2}{dx})^2}\,dx$$

$$= 2\pi\int_2^4 (y_1+y_2)\frac{1}{\sqrt{1-(x-3)^2}}dx = 8\pi\int_2^4 \frac{1}{\sqrt{1-(x-3)^2}}dx$$

$$= 8\pi[\sin^{-1}(x-3)]_2^4 = 8\pi[\sin^{-1}1-\sin^{-1}(-1)] = 8\pi(\frac{\pi}{2}-(-\frac{\pi}{2})) = 8\pi^2$$

정리 6.5.2 **회전체의 겉넓이**

$y=f(x)$로 주어진 곡선 C의 $[a,b]$에서의 매개함수가 $x=x(t)$, $y=y(t)$로 주어지고 $a=x(t_1)$, $b=x(t_2)$이다. $\frac{dx}{dt}$, $\frac{dy}{dt}$가 연속일 때 S를 $t=t_1$에서 $t=t_2$까지 곡선을 x축의 둘레로 회전시킨 회전체의 겉넓이라고 하면

$$S = 2\pi\int_{t_1}^{t_2} y(t)\sqrt{\left(\frac{dx}{dt}\right)^2+\left(\frac{dy}{dt}\right)^2}\,dt$$

증명

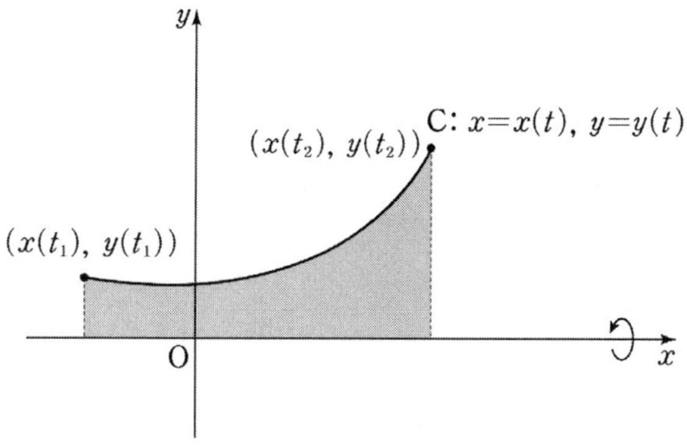

$y=f(x)$가 매개함수 $x=x(t), y=y(t)$로 주어지고 미분가능하므로 연쇄율에 의해

$$\frac{dy}{dx} = \frac{\frac{dy}{dt}}{\frac{dx}{dt}} = \frac{y'(t)}{x'(t)}.$$ 그리고 $x=x(t)$이므로 $dx = x'(t)dt$

따라서

$$S = 2\pi \int_a^b y \sqrt{1 + \left(\frac{dy}{dx}\right)^2}\, dx = 2\pi \int_{t_1}^{t_2} y(t) \sqrt{1 + \left(\frac{y'(t)}{x'(t)}\right)^2}\, x'(t) dt$$

$$= 2\pi \int_{t_1}^{t_2} y(t) \sqrt{(x'(t))^2 + (y'(t))^2}\, dt$$

예제 6.5.3

사이클로이드 $x = a(t - \sin t)$, $y = a(1 - \cos t)$ $(0 \le t \le 2\pi)$을 x축의 둘레로 회전시킨 회전체의 겉넓이를 구하여라.

풀이

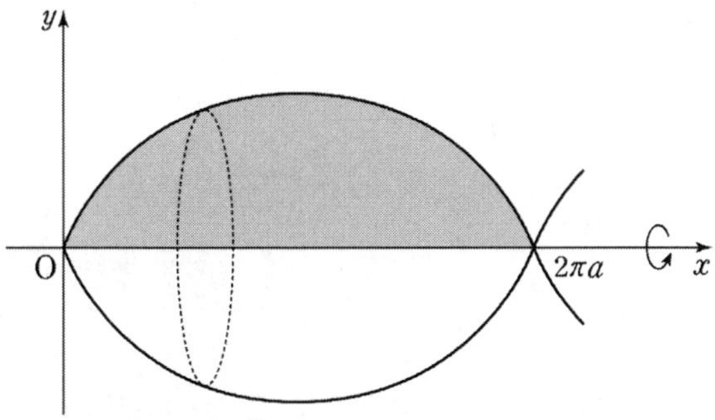

$S = 2\pi \int_0^{2\pi a} y \sqrt{\left(\frac{dx}{dt}\right)^2 + \left(\frac{dy}{dt}\right)^2}\, dt$에서

여기서 $x = a(t - \sin t)$, $y = a(1 - \cos t)$이므로 $\frac{dx}{dt} = a(1 - \cos t)$, $\frac{dy}{dt} = a \sin t$

따라서

$$\left(\frac{dx}{dt}\right)^2 + \left(\frac{dy}{dt}\right)^2 = (a(1 - \cos t))^2 + (a \sin t)^2 = a^2(1 - 2\cos t + \cos^2 t + \sin^2 t)$$

$$= a^2(2 - 2\cos t) = 2a^2 \cdot 2\sin^2\left(\frac{t}{2}\right) = 4a^2 \sin^2\left(\frac{t}{2}\right)$$

그러므로 겉넓이는

$$S = 2\pi \int_0^{2\pi a} y \sqrt{\left(\frac{dx}{dt}\right)^2 + \left(\frac{dy}{dt}\right)^2}\, dt = 2\pi \int_0^{2\pi} a(1 - \cos t) \sqrt{4a^2 \sin^2\left(\frac{t}{2}\right)}\, dt$$

$$= 8a^2\pi \int_0^{2\pi} \sin^3\left(\frac{t}{2}\right) dt = 16a^2\pi \int_0^{\pi} \sin^3 t\, dt = 16a^2\pi \int_0^{\pi} \sin t(1 - \cos^2 t) dt$$

$$= 16a^2\pi\left[-\cos t + \frac{1}{3}\cos^3 t\right]_0^{\pi} = 16a^2\pi \cdot \frac{4}{3} = \frac{64}{3}a^2\pi$$

정리 6.5.3 **회전체의 겉넓이**

$r=f(\theta)$로 주어진 곡선 C에 대해 $r=f(\theta)$는 $[\alpha,\beta]$에서 미분가능하고 $r=f'(\theta)$가 연속일 때 곡선 C의 그래프와 $\theta=\alpha$에서 $\theta=\beta$까지 둘러싸인 부분을 x축의 둘레로 회전시킨 회전체의 겉넓이는

$S=2\pi\int_{\alpha}^{\beta} r\sin\theta\sqrt{r^2+\left(\frac{dr}{d\theta}\right)^2}\,d\theta$이다.

증명

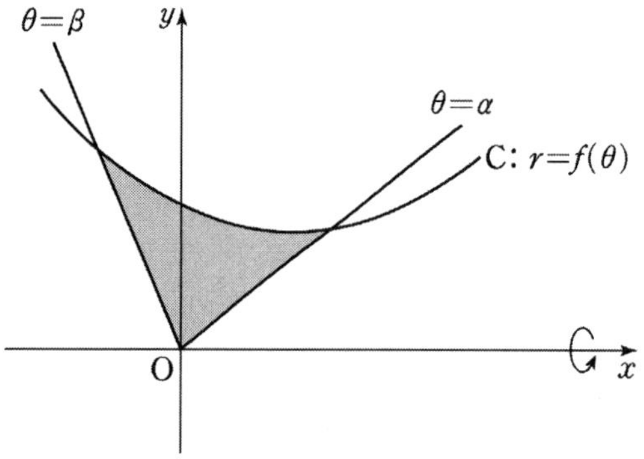

극좌표와 직각좌표와의 관계에서 $x=r\cos\theta$, $y=r\sin\theta$이므로

$$\frac{dx}{d\theta}=\frac{dr}{d\theta}\cos\theta-r\sin\theta,\quad \frac{dy}{d\theta}=\frac{dr}{d\theta}\sin\theta+r\cos\theta$$

따라서

$$\left(\frac{dx}{d\theta}\right)^2+\left(\frac{dy}{d\theta}\right)^2=\left(\frac{dr}{d\theta}\cos\theta-r\sin\theta\right)^2+\left(\frac{dr}{d\theta}\sin\theta+r\cos\theta\right)^2$$

$$=\left(\frac{dr}{d\theta}\right)^2(\cos^2\theta+\sin^2\theta)+r^2(\sin^2\theta+\cos^2\theta)=\left(\frac{dr}{d\theta}\right)^2+r^2$$

그러므로 곡선 C의 $\theta=\alpha$에서 $\theta=\beta$까지인 부분을 x축의 둘레로 회전시킨 회전체의 겉넓이는

$$S=2\pi\int_{\alpha}^{\beta} r\sin\theta\sqrt{\left(\frac{dx}{d\theta}\right)^2+\left(\frac{dy}{d\theta}\right)^2}\,d\theta=2\pi\int_{\alpha}^{\beta} r\sin\theta\sqrt{r^2+\left(\frac{dr}{d\theta}\right)^2}\,d\theta$$

참고

$r=f(\theta)$로 주어진 곡선 C에 대해 $r=f(\theta)$는 $[\alpha, \beta]$에서 미분가능하고 $r=f'(\theta)$가 연속일 때 곡선 C의 그래프와 $\theta=\alpha$에서 $\theta=\beta$까지 둘러싸인 부분을 y축의 둘레로 회전시킨 회전체의 겉넓이는 $S=2\pi\int_{\alpha}^{\beta} r\cos\theta\sqrt{r^2+\left(\frac{dr}{d\theta}\right)^2}\,d\theta$이다.

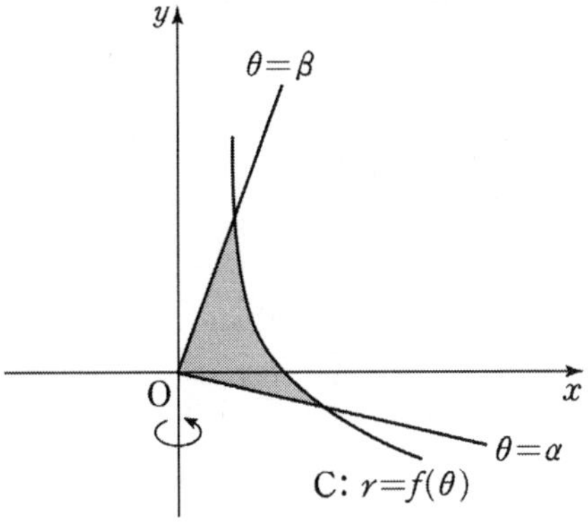

예제 6.5.4

곡선 $r=1-\sin\theta$을 기선의 둘레로 회전시킨 회전체의 겉넓이를 구하여라.

풀이

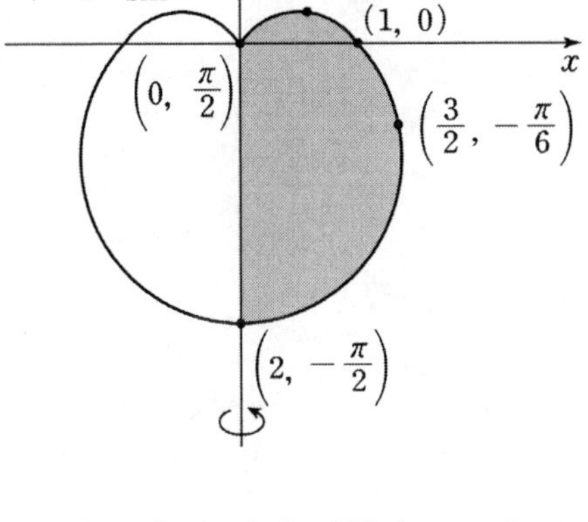

곡선은 y축에 관해 대칭이므로 $S=2\pi\int_{-\frac{\pi}{2}}^{\frac{\pi}{2}} r\cos\theta\sqrt{r^2+\left(\frac{dr}{d\theta}\right)^2}\,d\theta$

여기서

$$\sqrt{r^2+\left(\frac{dr}{d\theta}\right)^2}=\sqrt{(1-\sin\theta)^2+(-\cos\theta)^2}$$

$$=\sqrt{1-2\sin\theta+\sin^2\theta+\cos^2\theta}=\sqrt{2-2\sin\theta}=\sqrt{2}\sqrt{1-\sin\theta}$$

따라서

$$S=2\pi\int_{-\frac{\pi}{2}}^{\frac{\pi}{2}} r\cos\theta\sqrt{r^2+\left(\frac{dr}{d\theta}\right)^2}\,d\theta=2\pi\int_{-\frac{\pi}{2}}^{\frac{\pi}{2}}(1-\sin\theta)\cos\theta\sqrt{2}\sqrt{1-\sin\theta}\,d\theta$$

$$=2\sqrt{2}\pi\int_{-\frac{\pi}{2}}^{\frac{\pi}{2}}(1-\sin\theta)^{\frac{3}{2}}\cos\theta d\theta=2\sqrt{2}\pi\left[-\frac{2}{5}(1-\sin\theta)^{\frac{5}{2}}\right]_{-\frac{\pi}{2}}^{\frac{\pi}{2}}=\frac{32}{5}\pi$$

연습문제

1 다음 그래프로 둘러싸인 부분의 넓이 S를 구하여라.

① $y=e^x-1$, x축, $x=-1$, $x=1$

② $y=\ln x$, x축, $x=\dfrac{1}{e}$, $x=e$

③ $y=\cos x$, x축, $x=0$, $x=\dfrac{3}{2}\pi$.

④ $y=\ln(3-x)$, $x=0$, $y=0$

⑤ $y=e^x$, y 축, $y=2, y=3$

⑥ $y=\dfrac{4}{x}$, $x+y=5$

⑦ $y=\sqrt{x}+2$, $x=\sqrt{y}+2$, x축, y축.

⑧ $y=\sin x$, $y=\cos x$. $0 \le x \le \pi$

⑨ $y=e^x$, $y=x$, $x=1$, $x=2$

⑩ $x=y^2-4$, $y=x-2$

2 다음 곡선 및 직선으로 둘러싸인 도형의 면적을 구하여라.

① $r=4\sin\theta$

② $r=2\cos 3\theta$

③ $r=8\sin^2\dfrac{\theta}{2}$

④ $r=2-\cos\theta$

⑤ $r=5\sin\theta$

⑥ $r=1+2\cos\theta$

3 다음 두 곡선에 대해 첫째 곡선의 내부에 있고 둘째 곡선의 외부에 있는 부분의 면적을 구하여라.

① $\begin{cases} r=5\sin\theta \\ r=2+\sin\theta \end{cases}$

② $\begin{cases} r^2=2\cos^2\theta \\ r=1 \end{cases}$

4 반지름이 a인 구의 부피를 구하여라.

연습문제

5 다음 곡선을 회전축의 둘레로 회전시킨 입체의 부피를 구하여라.

① $y=\sin 2x(0 \leqq x \leqq \pi)$, x축의 둘레로

② $y=\ln(x+1)$, $x=0$, $y=1$로 둘러싸인 부분을 y축의 둘레로

③ $y=\sin x$, $y=\cos x$ $\left(0 \leq x \leq \dfrac{\pi}{4}\right)$로 둘러싸인 부분을 x축의 둘레로

④ $0 \leqq x \leqq \dfrac{\pi}{4}$, $y=\sin x$, $y=\sqrt{2}-\cos x$, y축으로 둘러싸인 부분을 x축 둘레로

⑤ $1 \leqq x \leqq e$에서 두 곡선 $y=1$, $y=\ln x$로 둘러싸인 부분을 y축의 둘레로

6 곡선 $y=x(x-2)^2$과 x축으로 둘러싸인 영역을 y축의 주위로 회전시킬 때 생기는 입체의 부피를 구하여라.

7 다음 곡선 및 직선으로 둘러싸인 영역을 y축에 관해 회전시켜 생긴 회전체의 체적을 구하여라.

① $y=x^{\frac{2}{3}}$, y축 $y=1$과 $y=4$ ② $y=\dfrac{1}{x}$, y축 $y=1$과 $y=4$

8 다음 곡선 및 직선으로 둘러싸인 영역을 y축에 관해 회전시켜 생긴 회전체의 체적을 원주각을 이용하여 구하여라.

① $y=3x+4$, $x=3$ 및 x축 ② $y=x^2+4$, $x=4$, x축

③ $y=x^2-2x$, $y=2x$ ④ $y=x^2$, $y^2=x$

9 곡선 $y=x-x^2$과 $y=0$으로 둘러싸인 영역을 회전축 $x=-1$의 주위로 회전시킬 때 생기는 입체의 부피를 구하여라.

연습문제

10 다음 곡선 및 직선으로 둘러싸인 영역을 x축에 관해 회전시켜 생긴 회전체의 체적을 원주각을 이용하여 구하여라.

① $y=-2x+4,\quad y=2,$ y축 ② $y=x^2,\quad y^2=x$

11 곡선 $y=x^2(0\le x\le 2)$의 길이를 구하여라.

12 다음 곡선의 길이를 구하여라.

① $x=0$에서 $x=5$까지 $y=\dfrac{12}{5}x+1$

② $x=-1$에서 $x=8$까지 $y=x^{\frac{2}{3}}$

③ $t=0$에서 $t=2\pi$까지 $x=3\sin t,\quad y=3(\cos t-1)$

④ 포물선 $y^2=4ax\ (a>0)$ 상의 한 점 $(c, 2\sqrt{ac})$로부터 꼭짓점까지의 곡선의 길이(단, $c>0$)

⑤ $y=\dfrac{1}{2}(e^x+e^{-x})(0\le x\le 1)$

⑥ $y=\ln(1-x^2)\left(0\le x\le \dfrac{1}{2}\right)$

⑦ $x=\cos^3 t,\ y=\sin^3 t\ \left(0\le t\le \dfrac{\pi}{2}\right)$

⑧ $x=t-\sin t, y=1-\cos t\ ,\ 0\le t\le \pi$

⑨ $x=e^t(\sin t+\cos t),\ y=e^t(\sin t-\cos t),\ 0\le t\le 1$

13 다음 곡선 및 직선으로 둘러싸인 영역을 x축에 관해 회전시켜 생긴 회전체의 겉넓이를 구하여라.

① $y=\dfrac{r}{h}x,\ x=h$ ② $y=x^3,\quad 0\le x\le 1$

③ $y=x^2,\quad 0\le x\le 2$ ④ $x=\cos^3 t,\quad y=\sin^3 t\quad (0\le t\le 2\pi)$

⑤ $y=\sqrt{x}\ (0\le x\le 4)$ ⑥ $y=\sqrt{a^2-x^2}\ (-a\le x\le a)$

7장

행렬과 행렬식

7.1 행렬의 정의와 연산

행렬(matrix)은 숫자 또는 문자를 직사각형 모양으로 배열한 것을 말한다. 행렬의 가로 배열을 행, 세로 배열을 열이라 한다. 행렬의 각 문자나 숫자를 행렬의 성분, 크기는 행렬을 구성하는 행과 열의 개수로 정해진다.

$A = \begin{pmatrix} a_{11} & a_{12} & \cdots & a_{1n} \\ a_{21} & a_{22} & \cdots & a_{2n} \\ \vdots & \vdots & \cdots & \vdots \\ a_{m1} & a_{m2} & \cdots & a_{mn} \end{pmatrix}$는 m개의 행과 n개의 열을 갖는 $m \times n$행렬이다.

간단히 $A = (a_{ij})_{m \times n}$로 표기한다. 여기서 a_{ij}는 행렬 A의 i행 j열에 대응하는 성분이다. 특히, 행의 개수와 열의 개수가 같으면 즉, $m = n$이면 $A = (a_{ij})_{n \times n}$를 n차 정방행렬이라 한다. 이때 a_{11} , a_{22} , $\cdots$, a_{nn}은 주 대각선상의 성분이라 한다.

수와 마찬가지로 행렬에 대해서도 덧셈, 뺄셈, 곱셈 등의 연산을 시행할 수 있다. 예를 들어 2차 정사각행렬인 A와 B의 덧셈과 뺄셈은 두 행렬에서 대응하는 성분들을 각각 더하거나 빼면 된다.

즉, $A = \begin{pmatrix} a_{11} & a_{12} \\ a_{21} & a_{22} \end{pmatrix}$, $B = \begin{pmatrix} b_{11} & b_{12} \\ b_{21} & b_{22} \end{pmatrix}$일 때 $A + B = \begin{pmatrix} a_{11} + b_{11} & a_{12} + b_{12} \\ a_{21} + b_{21} & a_{22} + b_{22} \end{pmatrix}$가 된다.

정의

$A = (a_{ij})_{m \times n}$, $B = (b_{ij})_{m \times n}$을 주어진 $m \times n$ 행렬이라고 하자.

① 모든 성분이 같을 때 $A = B$라고 정의한다. 즉, 모든 $i = 1, 2, \cdots, m$, $j = 1, 2, \cdots, n$에 대해 $a_{ij} = b_{ij}$일 때이다.

② 두 행렬의 덧셈은 두 행렬의 같은 성분끼리 서로 더하면 된다. 즉, $A + B = (a_{ij} + b_{ij})_{m \times n}$ 로 정의된다. 여기서 두 행렬의 덧셈이 잘 정의되기 위해서는 두 행렬의 크기가 같아야 한다.

③ 행렬의 상수곱은 행렬의 각 성분에 모두 c을 곱하면 된다. 즉, $cA = (ca_{ij})_{m \times n}$ (여기서 c는 상수)로 정의된다.
특히 $c = -1$일 때 즉, $-A = (-1)A$로 표기하고, $A - B = A + (-1)B$으로 정의한다. 모든 성분이 0인 행렬을 영행렬이라 하고, $0_{m \times n}$으로 표기한다.

예제 7.1.1

행렬이 $A=\begin{pmatrix}2 & 5\\3 & -4\end{pmatrix}$, $B=\begin{pmatrix}1 & 3\\2 & 4\end{pmatrix}$로 주어졌을 때 다음을 구하여라.

① $A+B$ ② $A-B$ ③ $3A$

풀이

① $A+B=\begin{pmatrix}2 & 5\\3 & -4\end{pmatrix}+\begin{pmatrix}1 & 3\\2 & 4\end{pmatrix}=\begin{pmatrix}3 & 8\\5 & 0\end{pmatrix}$

② $A-B=\begin{pmatrix}2 & 5\\3 & -4\end{pmatrix}-\begin{pmatrix}1 & 3\\2 & 4\end{pmatrix}=\begin{pmatrix}1 & 2\\1 & -8\end{pmatrix}$

③ $3A=3\begin{pmatrix}2 & 5\\3 & -4\end{pmatrix}=\begin{pmatrix}6 & 15\\9 & -12\end{pmatrix}$

행렬의 곱셈

행렬의 곱셈은 대응되는 성분끼리 곱하는 것이 아니라 다른 방식으로 약속한다. 2차 정방행렬인 A와 B를 곱한 행렬 AB의 i행 j열 성분은 행렬 A의 i행과 행렬 B의 j열의 성분을 차례로 곱하여 합한 것이다.

즉, $A=\begin{pmatrix}a_{11} & a_{12}\\a_{21} & a_{22}\end{pmatrix}$, $B=\begin{pmatrix}b_{11} & b_{12}\\b_{21} & b_{22}\end{pmatrix}$이면 행렬의 곱셈은

$AB=\begin{pmatrix}a_{11}b_{11}+a_{12}b_{21} & a_{11}b_{12}+a_{12}b_{22}\\a_{21}b_{11}+a_{22}b_{21} & a_{21}b_{12}+a_{22}b_{22}\end{pmatrix}$가 된다.

정의

$A=(a_{ij})_{m\times n}$, $B=(b_{ij})_{n\times p}$일 때 $AB=(\sum_{k=1}^{n}a_{ik}b_{kj})_{m\times p}$로 정의한다.

즉 $A \times B = C$

$$\begin{pmatrix}a_{11} & a_{12} & \cdots & a_{1n}\\ \vdots & \vdots & \vdots & \vdots\\ a_{i1} & a_{i2} & \cdots & a_{in}\\ \vdots & \vdots & \vdots & \vdots\\ a_{m1} & a_{m2} & \cdots & a_{mn}\end{pmatrix}\begin{pmatrix}b_{11} & \cdots & b_{1j} & \cdots & b_{1p}\\ b_{21} & \cdots & b_{2j} & \cdots & b_{2p}\\ \vdots & \cdots & \vdots & \cdots & \vdots\\ b_{n1} & \cdots & b_{nj} & \cdots & b_{np}\end{pmatrix}=\begin{pmatrix}c_{11} & \cdots & c_{1j} & \cdots & c_{1p}\\ \vdots & \cdots & \vdots & \cdots & \vdots\\ c_{i1} & \cdots & c_{ij} & \cdots & c_{ip}\\ \vdots & \cdots & \vdots & \cdots & \vdots\\ c_{m1} & \cdots & c_{mj} & \cdots & c_{mp}\end{pmatrix}$$

c_{ij}는 A의 i행과 B의 j열의 내적이다.

여기서 주목해야 할 것은 두 행렬의 덧셈이 잘 정의되기 위해서는 두 행렬의 크기가 같아야 하지만, 두 행렬의 곱셈이 잘 정의되기 위해서는 앞의 행렬의 열의 개수와 뒤의 행렬의 행의 개수가 같아야 한다.

예제 7.1.2

다음 행렬의 곱셈을 구하여라.

① $\begin{pmatrix} a & b & c \\ a^2 & b^2 & c^2 \end{pmatrix}\begin{pmatrix} -a & -a^2 \\ b & -b^2 \\ -b & -c^2 \end{pmatrix}$ ② $\begin{pmatrix} 1 & 3 & -2 \\ 3 & 0 & 5 \end{pmatrix}\begin{pmatrix} 4 & 5 & -1 & 3 \\ 1 & -2 & 0 & 1 \\ 2 & -1 & 0 & 2 \end{pmatrix}$

풀이

① $\begin{pmatrix} a & b & c \\ a^2 & b^2 & c^2 \end{pmatrix}\begin{pmatrix} -a & -a^2 \\ b & -b^2 \\ -b & -c^2 \end{pmatrix} = \begin{pmatrix} -a^2+b^2-bc & -a^3-b^3-c^3 \\ -a^3+b^3-bc^2 & -a^4-b^4-c^4 \end{pmatrix}$

② $\begin{pmatrix} 1 & 3 & -2 \\ 3 & 0 & 5 \end{pmatrix}\begin{pmatrix} 4 & 5 & -1 & 3 \\ 1 & -2 & 0 & 1 \\ 2 & -1 & 0 & 2 \end{pmatrix} = \begin{pmatrix} 3 & 1 & -1 & 2 \\ 22 & 10 & -3 & 19 \end{pmatrix}$

정리 7.1.1

일반적으로 행렬은 곱셈에 대해 교환법칙이 성립하지 않는다.

예

$A = \begin{pmatrix} 1 & 2 \\ 0 & 3 \end{pmatrix}$, $B = \begin{pmatrix} -1 & 2 \\ 1 & 3 \end{pmatrix}$에 대해 $AB = \begin{pmatrix} 1 & 2 \\ 0 & 3 \end{pmatrix}\begin{pmatrix} -1 & 2 \\ 1 & 3 \end{pmatrix} = \begin{pmatrix} 1 & 8 \\ 3 & 9 \end{pmatrix}$이다.

그러나 $BA = \begin{pmatrix} -1 & 2 \\ 1 & 3 \end{pmatrix}\begin{pmatrix} 1 & 2 \\ 0 & 3 \end{pmatrix} = \begin{pmatrix} -1 & 4 \\ 1 & 11 \end{pmatrix}$이므로 $AB \neq BA$.

Note

① 행렬 A, B, C에 대해 $AB = AC$이라고 해서 $A = 0$ 또는 $B = C$이라고 할 수 없다. 즉, $A \neq 0$이고 $B \neq C$인 경우에도 $AB = AC$일 수 있다.

예

$A = \begin{pmatrix} 1 & -1 \\ 1 & -1 \end{pmatrix}$, $B = \begin{pmatrix} 1 & 2 \\ 1 & 3 \end{pmatrix}$, $C = \begin{pmatrix} 0 & 2 \\ 0 & 3 \end{pmatrix}$에 대해 $AB = \begin{pmatrix} 1 & -1 \\ 1 & -1 \end{pmatrix}\begin{pmatrix} 1 & 2 \\ 1 & 3 \end{pmatrix} = \begin{pmatrix} 0 & -1 \\ 0 & -1 \end{pmatrix}$이고

$AC = \begin{pmatrix} 1 & -1 \\ 1 & -1 \end{pmatrix}\begin{pmatrix} 0 & 2 \\ 0 & 3 \end{pmatrix} = \begin{pmatrix} 0 & -1 \\ 0 & -1 \end{pmatrix}$이므로 $AB = AC$이지만 $A \neq 0$이고 $B \neq C$이다.

② 행렬 A, B에 대해 $AB = 0$이라고 해서 $A = 0$ 또는 $B = 0$이라고 할 수 없다. 즉, $A \neq 0$ 이고 $B \neq 0$인 경우에도 $AB = 0$일 수 있다.

예

$A = \begin{pmatrix} 1 & 1 \\ 1 & 1 \end{pmatrix}$, $B = \begin{pmatrix} 1 & -1 \\ -1 & 1 \end{pmatrix}$에 대해 $AB = \begin{pmatrix} 1 & 1 \\ 1 & 1 \end{pmatrix}\begin{pmatrix} 1 & -1 \\ -1 & 1 \end{pmatrix} = \begin{pmatrix} 0 & 0 \\ 0 & 0 \end{pmatrix} = 0$이다. 그러나 $A \neq 0$이고 $B \neq 0$이다.

정리 7.1.2

A, B, C를 주어진 연산이 수행될 수 있도록 크기가 정의된 행렬이라 하고 O를 크기가 같은 영행렬, s, t를 임의의 실수라고 하자. 다음이 성립한다.

① $(A+B)+C=A+(B+C)$

② $A+B=B+A$

③ $A+O=O+A=A$

④ $A+(-1)A=(-1)A+A=O$

⑤ $(st)A=s(tA)$

⑥ $(s+t)A=sA+tA$

⑦ $s(A+B)=sA+sB$

⑧ $s(AB)=(sA)B=A(sB)$.

⑨ $1A=A$

⑩ $(AB)C=A(BC)$

⑪ $A(B+C)=AB+AC$

⑫ $(A+B)C=AC+BC$

7.2 행렬의 종류

① 단위행렬(Identity matrix, unit matrix)

단위행렬은 대각선 원소가 모두 1이고 나머지 원소는 0인 정방행렬이다.

즉, $I=(a_{ij})_{n\times n}$, 단 $a_{ij}=\begin{cases}1, & i=j\\ 0, & i\neq j\end{cases}$

n차 단위행렬, 즉 $n\times n$ 단위행렬을 I_n로 표기한다. 예를 들어 2차, 3차 단위행렬은 각각

$I_2=\begin{pmatrix}1&0\\0&1\end{pmatrix}$, $I_3=\begin{pmatrix}1&0&0\\0&1&0\\0&0&1\end{pmatrix}$으로 주어진다.

Note

A가 $n\times n$행렬일 때 $AI_n=I_nA=A$가 된다. k가 0이 아닌 상수일 때 $kI_3=\begin{pmatrix}k&0&0\\0&k&0\\0&0&k\end{pmatrix}$이다. 이를 스칼라행렬이라 한다.

② 대각행렬(diagonal matrix)

대각행렬은 대각선 원소 외에는 모두 0인 행렬이다. 즉, $A=(a_{ij})_{n\times n}$일 때 $i\neq j$인 i,j에 대해 $a_{ij}=0$이다.

예 $A=\begin{pmatrix}3&0&0\\0&-1&0\\0&0&10\end{pmatrix}$, $B=\begin{pmatrix}-6&0&0\\0&2&0\\0&0&4\end{pmatrix}$

③ 삼각행렬(Triangular matrix)

삼각행렬은 대각선 원소의 아랫부분 혹은 윗부분의 원소가 모두 0인 행렬이다. 즉, $A=(a_{ij})_{n\times n}$에 대해 $i>j$인 i,j에 대해 $a_{ij}=0$일 때나 혹은 $i<j$인 i,j에 대해 $a_{ij}=0$일 때 $A=(a_{ij})_{n\times n}$를 삼각행렬이라고 한다.

예 $A=\begin{pmatrix}1&2&3\\0&4&5\\0&0&6\end{pmatrix}$, $B=\begin{pmatrix}1&0&0\\3&4&0\\2&5&6\end{pmatrix}$

④ 전치행렬(Transpose matrix)

전치행렬은 행렬의 행과 열을 바꾼 행렬이다. 즉, $A=(a_{ij})_{m\times n}$ 이면 A의 전치행렬은 ${}^tA=(a_{ji})_{n\times m}$ 이다.

예 $A=\begin{pmatrix}1&2&3\\4&5&6\end{pmatrix}$ 이면 ${}^tA=\begin{pmatrix}1&4\\2&5\\3&6\end{pmatrix}$

정리 7.2.1

A , B를 주어진 연산이 수행될 수 있도록 크기가 정의된 행렬이라 하자. 그러면 다음이 성립한다.

① ${}^t(A+B)={}^tA+{}^tB$

② ${}^t(AB)={}^tB\ {}^tA$

③ ${}^t({}^tA\ )=A$

예제 7.2.1

$A=\begin{pmatrix}1&1&-1\\2&-1&4\end{pmatrix}$, $B=\begin{pmatrix}1&2&1\\0&2&4\\3&3&7\end{pmatrix}$일 때 ${}^t(AB)={}^tB\ {}^tA$임을 보여라.

풀이

$AB=\begin{pmatrix}1&1&-1\\2&-1&4\end{pmatrix}\begin{pmatrix}1&2&1\\0&2&4\\3&3&7\end{pmatrix}=\begin{pmatrix}-2&1&-2\\14&14&26\end{pmatrix}$이므로 ${}^t(AB)=\begin{pmatrix}-2&14\\1&14\\-2&26\end{pmatrix}$이다.

한편 ${}^tB\ {}^tA=\begin{pmatrix}1&0&3\\2&2&3\\1&4&7\end{pmatrix}\begin{pmatrix}1&2\\1&-1\\-1&4\end{pmatrix}=\begin{pmatrix}-2&14\\1&14\\-2&26\end{pmatrix}$이므로 ${}^t(AB)={}^tB\ {}^tA$이다.

⑤ 대칭행렬(Symmetric matrix)

$A={}^tA$일 때 A를 대칭행렬이라 한다. 즉, $A=(a_{ij})_{n\times n}$ 일 때 모든 i,j에 대해 $a_{ij}=a_{ji}$이다.

예 $A=\begin{pmatrix}1&7&8\\7&0&4\\8&4&-1\end{pmatrix}$은 대칭행렬이다.

⑥ 역행렬(Inverse matrix)

정의

정방행렬 A가 가역행렬(invertible matrix)이라고 하는 것은 A와 같은 크기의 정방행렬 B가 존재해서 $AB = I = BA$를 만족할 때를 말한다. 이때 B를 A의 역행렬이라고 하고 $B = A^{-1}$로 표기한다.

정리 7.2.2

A의 역행렬이 존재하면 A의 역행렬은 유일하다.

증명

B, C가 A의 역행렬이면 정의에 의해 $AB = I = BA$이고 $AC = I = CA$이다. 따라서 $B = BI = B(AC) = (BA)C = IC = C$이다. 그러므로 A의 역행렬은 유일하다.

Note

모든 정방행렬이 역행렬을 가지는 것은 아니다. 다음 예를 살펴보자.

예제 7.2.2

다음 행렬은 역행렬을 가지지 않는다.

① $0 = \begin{pmatrix} 0 & 0 \\ 0 & 0 \end{pmatrix}$ ② $A = \begin{pmatrix} 1 & 2 \\ 1 & 2 \end{pmatrix}$

풀이

① 모든 행렬 B에 대해 $0B = 0$이므로 $0B = I$가 성립하는 행렬 B는 존재하지 않는다.

② $B = \begin{pmatrix} a & b \\ c & d \end{pmatrix}$에 대해 $AB = \begin{pmatrix} 1 & 2 \\ 1 & 2 \end{pmatrix}\begin{pmatrix} a & b \\ c & d \end{pmatrix} = \begin{pmatrix} a+2c & b+2d \\ a+2c & b+2d \end{pmatrix}$이므로 $AB = I$가 되려면 $a+2c = 1$이고 동시에 $a+2c = 0$이 되어야 한다. 이것은 모순이다. 그러므로 $A = \begin{pmatrix} 1 & 2 \\ 1 & 2 \end{pmatrix}$의 역행렬은 존재하지 않는다.

Note

2차 정방행렬 $A=\begin{pmatrix} a & b \\ c & d \end{pmatrix}$에 대해 $ad-bc=0$이면 A의 역행렬은 존재하지 않는다.

그러나 $ad-bc \neq 0$이면 A의 역행렬이 존재하고 $A^{-1}=\dfrac{1}{ad-bc}\begin{pmatrix} d & -b \\ -c & a \end{pmatrix}$이다.

예제 7.2.3

$\begin{pmatrix} 4 & 2 \\ 3 & 5 \end{pmatrix}$의 역행렬을 구하여라.

풀이

$\begin{pmatrix} 4 & 2 \\ 3 & 5 \end{pmatrix}$의 역행렬은 $\dfrac{1}{14}\begin{pmatrix} 5 & -2 \\ -3 & 4 \end{pmatrix}$이다.

실제로,

$\begin{pmatrix} 4 & 2 \\ 3 & 5 \end{pmatrix} \cdot \dfrac{1}{14}\begin{pmatrix} 5 & -2 \\ -3 & 4 \end{pmatrix} = \dfrac{1}{14}\begin{pmatrix} 14 & 0 \\ 0 & 14 \end{pmatrix} = \begin{pmatrix} 1 & 0 \\ 0 & 1 \end{pmatrix}$이고

$\dfrac{1}{14}\begin{pmatrix} 5 & -2 \\ -3 & 4 \end{pmatrix} \cdot \begin{pmatrix} 4 & 2 \\ 3 & 5 \end{pmatrix} = \dfrac{1}{14}\begin{pmatrix} 14 & 0 \\ 0 & 14 \end{pmatrix} = \begin{pmatrix} 1 & 0 \\ 0 & 1 \end{pmatrix}$이다.

따라서

$\begin{pmatrix} 4 & 2 \\ 3 & 5 \end{pmatrix}$의 역행렬은 $\dfrac{1}{14}\begin{pmatrix} 5 & -2 \\ -3 & 4 \end{pmatrix}$이다.

정리 7.2.3

A, B를 같은 크기의 가역행렬이라고 하면 AB도 가역행렬이고 $(AB)^{-1} = B^{-1}A^{-1}$가 성립한다.

증명

$(AB)(B^{-1}A^{-1}) = A(BB^{-1})A^{-1} = AIA^{-1} = AA^{-1} = I$이고

$(B^{-1}A^{-1})(AB) = B^{-1}(A^{-1}A)B = BIB^{-1} = BB^{-1} = I$이다.

따라서 AB가 가역행렬이고 $(AB)^{-1} = B^{-1}A^{-1}$이다.

정리 7.2.4

A, B를 같은 크기의 가역행렬이라고 하면 다음이 성립한다.

① A^{-1}도 가역행렬이고 $(A^{-1})^{-1} = A$

② AB도 가역행렬이고 $(AB)^{-1} = B^{-1}A^{-1}$

③ A^n도 가역행렬이고 $(A^n)^{-1} = (A^{-1})^n$, $n = 0, 1, 2, \cdots$

④ kA $(k \neq 0)$도 가역행렬이고 $(kA)^{-1} = \dfrac{1}{k}A^{-1}$

⑤ ${}^tA$도 가역행렬이고 ${}^t(A^{-1}) = ({}^tA)^{-1}$

7.3 행렬식의 정의와 성질

정의

① $A=(a)$의 행렬식은 $\det A=a$이다.

② $A=\begin{pmatrix} a & b \\ c & d \end{pmatrix}$의 행렬식은 $\det A=\begin{vmatrix} a & b \\ c & d \end{vmatrix}=ad-bc$이다.

③ $A=\begin{pmatrix} a_{11} & a_{12} & a_{13} \\ a_{21} & a_{22} & a_{23} \\ a_{31} & a_{32} & a_{33} \end{pmatrix}$ 의 행렬식은

$$\det A=\begin{vmatrix} a_{11} & a_{12} & a_{13} \\ a_{21} & a_{22} & a_{23} \\ a_{31} & a_{32} & a_{33} \end{vmatrix}$$

$$=a_{11}a_{22}a_{33}+a_{12}a_{23}a_{31}+a_{13}a_{21}a_{32}-(a_{13}a_{22}a_{31}+a_{11}a_{23}a_{32}+a_{12}a_{21}a_{33})$$

이다.

정방행렬 A의 행렬식을 $\det A$ 혹은 $|A|$로 표기한다.

예

$A=\begin{pmatrix} 1 & 2 & 3 \\ -1 & -2 & 0 \\ 2 & 4 & 5 \end{pmatrix}$이면 $\det A=-10-12+0-(-12+0-10)=0$

예제 7.3.1

다음 행렬의 행렬식을 구하여라.

① $A=\begin{pmatrix} 2 & 4 \\ 3 & 5 \end{pmatrix}$ ② $A=\begin{pmatrix} 1 & 2 & 3 \\ 2 & 3 & 4 \\ 3 & 4 & 5 \end{pmatrix}$ ③ $A=\begin{pmatrix} 2 & 7 & -1 \\ 4 & 3 & 1 \\ 5 & 2 & -8 \end{pmatrix}$

풀이

① $A=\begin{pmatrix} 2 & 4 \\ 3 & 5 \end{pmatrix}$의 행렬식은 $\det A=10-12=-2$

② $A=\begin{pmatrix} 1 & 2 & 3 \\ 2 & 3 & 4 \\ 3 & 4 & 5 \end{pmatrix}$의 행렬식은 $\det A=15+24+24-(27+16+20)=0$

③ $A=\begin{pmatrix}2&7&-1\\4&3&1\\5&2&-8\end{pmatrix}$의 행렬식은 $\det A=-48-8+35-(-15+4-224)=214$

☞ 여인수 전개에 의한 행렬식 계산

정 의

$A=(a_{ij})_{n\times n}$의 행렬식(determinant)은

$$\det A=\begin{cases}a_{i1}A_{i1}+a_{i2}A_{i2}+\cdots+a_{in}A_{in},\ (i=1,2,\cdots,n):i\text{행전개}\\ \\ a_{1j}A_{1j}+a_{2j}A_{2j}+\cdots+a_{nj}A_{nj},\ (j=1,2,\cdots,n):j\text{열전개}\end{cases}$$

로 정의된다.

단, 여기서 $A_{ij}=(-1)^{i+j}\det M_{ij}$ (a_{ij}의 여인수(cofactor)), M_{ij}는 A에서 i행과 j열을 뺀 부분행렬(소행렬)이다.

Note

$A=(a_{ij})_{n\times n}$의 행렬식(determinant)은 어느 행, 어느 열로 전개하더라도 같은 값을 가진다.

예를 들어 $A=\begin{pmatrix}a&b\\c&d\end{pmatrix}$에 대해

1행 전개를 하면 $\det A=aA_{11}+bA_{12}=a(-1)^{1+1}d+b(-1)^{1+2}c=ad-bc$,

2행 전개를 하면 $\det A=cA_{21}+dA_{22}=c(-1)^{2+1}b+d(-1)^{2+2}a=ad-bc$

1열 전개를 하면 $\det A=aA_{11}+cA_{21}=a(-1)^{1+1}d+c(-1)^{2+1}b=ad-bc$,

2열 전개를 하면 $\det A=bA_{12}+dA_{22}=b(-1)^{1+2}c+d(-1)^{2+2}a=ad-bc$

예제 7.3.2

다음 행렬의 행렬식을 여인수 전개를 이용하여 구하여라.

① $A=\begin{pmatrix}a_{11}&a_{12}\\a_{21}&a_{22}\end{pmatrix}$　　② $A=\begin{pmatrix}a_{11}&a_{12}&a_{13}\\a_{21}&a_{22}&a_{23}\\a_{31}&a_{32}&a_{33}\end{pmatrix}$

풀이

① $A=\begin{pmatrix} a_{11} & a_{12} \\ a_{21} & a_{22} \end{pmatrix}$에 대해 1행 전개를 하면

$$\det A = a_{11}A_{11}+a_{12}A_{12}=a_{11}(-1)^{1+1}a_{22}+a_{12}(-1)^{1+2}a_{21}=a_{11}a_{22}-a_{12}a_{21}$$

② $A=\begin{pmatrix} a_{11} & a_{12} & a_{13} \\ a_{21} & a_{22} & a_{23} \\ a_{31} & a_{32} & a_{33} \end{pmatrix}$에 대해 1행 전개를 하면

$$\begin{aligned}\det A &= a_{11}A_{11}+a_{12}A_{12}+a_{13}A_{13} \\ &= a_{11}(-1)^{1+1}\begin{vmatrix} a_{22} & a_{23} \\ a_{32} & a_{33} \end{vmatrix}+a_{12}(-1)^{1+2}\begin{vmatrix} a_{21} & a_{23} \\ a_{31} & a_{33} \end{vmatrix}+a_{13}(-1)^{1+3}\begin{vmatrix} a_{21} & a_{22} \\ a_{31} & a_{32} \end{vmatrix} \\ &= a_{11}(a_{22}a_{33}-a_{23}a_{32})-a_{12}(a_{21}a_{33}-a_{23}a_{31})+a_{13}(a_{21}a_{32}-a_{22}a_{31}) \\ &= a_{11}a_{22}a_{33}+a_{12}a_{23}a_{31}+a_{13}a_{21}a_{32}-a_{13}a_{22}a_{31}-a_{11}a_{23}a_{32}-a_{12}a_{21}a_{33}.\end{aligned}$$

예제 7.3.3

다음 행렬의 행렬식을 여인수 전개를 이용하여 구하여라.

① $A=\begin{pmatrix} 2 & -1 & 1 \\ 1 & 4 & 0 \\ 2 & 0 & -2 \end{pmatrix}$　　② $A=\begin{pmatrix} 2 & 7 & -1 \\ 4 & 3 & 1 \\ 5 & 2 & -8 \end{pmatrix}$

풀이

① 행렬A에 대해 1행 전개를 하면

$$\begin{aligned}\det A &= 2A_{11}+(-1)A_{12}+A_{13} \\ &= 2(-1)^{1+1}\begin{vmatrix} 4 & 0 \\ 0 & -2 \end{vmatrix}+(-1)(-1)^{1+2}\begin{vmatrix} 1 & 0 \\ 2 & -2 \end{vmatrix}+(-1)^{1+3}\begin{vmatrix} 1 & 4 \\ 2 & 0 \end{vmatrix} \\ &= 2\times(-8)+(-2)+(-8)=-26\end{aligned}$$

예제 7.3.4

$A=(a_{ij})_{n\times n}$가 삼각행렬이면 A의 행렬식은 대각선 원소의 곱이다.

즉, $\det A = a_{11}a_{22}\cdots a_{nn}$

증명

$n=2$인 경우 $A=\begin{pmatrix} a_{11} & a_{12} \\ 0 & a_{22} \end{pmatrix}$이면 $\det A = a_{11}a_{22}$

$n=k$일 때 성립한다고 가정하자.

즉, $A=\begin{pmatrix} a_{11} & a_{12} & a_{13} & \cdots & a_{1k} \\ 0 & a_{22} & a_{23} & \cdots & a_{2k} \\ 0 & 0 & a_{33} & \cdots & a_{2k} \\ \vdots & \vdots & \vdots & \vdots & \vdots \\ 0 & 0 & \cdots & 0 & a_{kk} \end{pmatrix}$이면 $\det A = a_{11}a_{22}\cdots a_{kk}$가 된다.

1열 전개하면 귀납법 가정에 의해

$$\det\begin{pmatrix} a_{11} & a_{12} & a_{13} & \cdots & a_{1k} & a_{1k+1} \\ 0 & a_{22} & a_{23} & \cdots & a_{2k} & a_{2k+1} \\ 0 & 0 & a_{33} & \cdots & a_{3k} & a_{3k+1} \\ \vdots & \vdots & \vdots & \vdots & \vdots & \vdots \\ 0 & 0 & \cdots & 0 & a_{kk} & a_{kk+1} \\ 0 & 0 & \cdots & 0 & 0 & a_{k+1k+1} \end{pmatrix} = a_{11}\det\begin{pmatrix} a_{22} & a_{23} & a_{24} & \cdots & a_{2k+1} \\ 0 & a_{33} & a_{34} & \cdots & a_{3k+1} \\ 0 & 0 & a_{44} & \cdots & a_{4k+1} \\ \vdots & \vdots & \vdots & \vdots & \vdots \\ 0 & 0 & \cdots & 0 & a_{k+1k+1} \end{pmatrix}.$$

$$= a_{11}a_{22}\cdots a_{k+1k+1}$$

따라서 수학적 귀납법에 의해 모든 자연수 n에 대해 $\det A = a_{11}a_{22}\cdots a_{nn}$이다.

예

단위행렬의 행렬식은 1이다.

참고

● 수학적 귀납법

N: 자연수들의 집합, $S\subset N$

① $1\in S$이고 ② 자연수 $k\in N$에 대해 $k\in S$이면 $k+1\in S$이다.

①, ②를 만족하면 $S=N$이 성립한다.

정리 7.3.1 **행렬식의 성질**

A : 임의의 $n\times n$ 정방행렬에 대해

① A'을 A의 한 행에 상수 k를 곱한 행렬이라고 하면 $\det A' = k\det A$이다. 즉, 한 행에 공통인 인수는 행렬식 밖으로 나온다.

$$\det A' = \begin{vmatrix} a_{11} & a_{12} \cdots & a_{1n} \\ a_{21} & a_{22} \cdots & a_{2n} \\ \vdots & \vdots \ddots & \vdots \\ ka_{i1} & ka_{i2} \cdots & ka_{in} \\ \vdots & \vdots \ddots & \vdots \\ a_{n1} & a_{n2} \cdots & a_{nn} \end{vmatrix} = k \begin{vmatrix} a_{11} & a_{12} \cdots & a_{1n} \\ a_{21} & a_{22} \cdots & a_{2n} \\ \vdots & \vdots \ddots & \vdots \\ a_{i1} & a_{i2} \cdots & a_{in} \\ \vdots & \vdots \ddots & \vdots \\ a_{n1} & a_{n2} \cdots & a_{nn} \end{vmatrix} = k\det A$$

예 $\begin{vmatrix} ka & kb \\ c & d \end{vmatrix} = (ka)d - (kb)c = k(ad-bc) = k\begin{vmatrix} a & b \\ c & d \end{vmatrix}.$

② A'을 A의 두 행을 교환한 행렬이라고 하면 $\det A' = -\det A$이다. 즉, 두 행을 교환하면 행렬식의 부호가 변한다.

$$\begin{vmatrix} a_{11} & a_{12} & \cdots & a_{1n} \\ a_{21} & a_{22} & \cdots & a_{2n} \\ \vdots & \vdots & \ddots & \vdots \\ a_{n1} & a_{n2} & \cdots & a_{nn} \end{vmatrix} = (-1) \begin{vmatrix} a_{21} & a_{22} & \cdots & a_{2n} \\ a_{11} & a_{12} & \cdots & a_{1n} \\ \vdots & \vdots & \ddots & \vdots \\ a_{n1} & a_{n2} & \cdots & a_{nn} \end{vmatrix}$$

예 $\begin{vmatrix} a & b \\ c & d \end{vmatrix} = ad-bc$이고, $\begin{vmatrix} c & d \\ a & b \end{vmatrix} = bc-ad = -(ad-bc)$이다.

③ A'을 A의 한 행에 상수 k배 하여 다른 행에 더한 행렬이라고 하면 $\det A' = \det A$이다. 즉, 한 행에 상수 k배 하여 다른 행에 더해도 행렬식은 변하지 않는다.

$$\det A' = \begin{vmatrix} a_{11} & a_{12} & \cdots & a_{1n} \\ a_{21} & a_{22} & \cdots & a_{2n} \\ \vdots & \vdots & \ddots & \vdots \\ a_{i1}+ka_{11} & a_{i2}+ka_{12} & \cdots & a_{in}+ka_{1n} \\ \vdots & \vdots & \ddots & \vdots \\ a_{n1} & a_{n2} & \cdots & a_{nn} \end{vmatrix} = \begin{vmatrix} a_{11} & a_{12} \cdots & a_{1n} \\ a_{21} & a_{22} \cdots & a_{2n} \\ \vdots & \vdots \ddots & \vdots \\ a_{i1} & a_{i2} \cdots & a_{in} \\ \vdots & \vdots \ddots & \vdots \\ a_{n1} & a_{n2} \cdots & a_{nn} \end{vmatrix} + \begin{vmatrix} a_{11} & a_{12} \cdots & a_{1n} \\ a_{21} & a_{22} \cdots & a_{2n} \\ \vdots & \vdots \ddots & \vdots \\ ka_{11} & ka_{12} \cdots & ka_{1n} \\ \vdots & \vdots \ddots & \vdots \\ a_{n1} & a_{n2} \cdots & a_{nn} \end{vmatrix}$$

$$= \begin{vmatrix} a_{11} & a_{12} \cdots & a_{1n} \\ a_{21} & a_{22} \cdots & a_{2n} \\ \vdots & \vdots \ddots & \vdots \\ a_{i1} & a_{i2} \cdots & a_{in} \\ \vdots & \vdots \ddots & \vdots \\ a_{n1} & a_{n2} \cdots & a_{nn} \end{vmatrix} + k \begin{vmatrix} a_{11} & a_{12} \cdots & a_{1n} \\ a_{21} & a_{22} \cdots & a_{2n} \\ \vdots & \vdots \ddots & \vdots \\ a_{11} & a_{12} \cdots & a_{1n} \\ \vdots & \vdots \ddots & \vdots \\ a_{n1} & a_{n2} \cdots & a_{nn} \end{vmatrix} = \det A$$

예 $\begin{vmatrix} a & b \\ c+ka & d+kb \end{vmatrix} = a(d+kb) - b(c+ka) = ad-bc = \begin{vmatrix} a & b \\ c & d \end{vmatrix}.$

④ 한 행이 모두 0이면 행렬식은 0이다.

예 $\begin{vmatrix} a & b \\ 0 & 0 \end{vmatrix} = 0.$

⑤ 두 행이 같은 행렬의 행렬식은 0이다.

(∵)

행이 같은 두 행의 순서를 교환하면 ②에 의해서 행렬식의 부호가 반대가 되므로 $\det A = -\det A$이다. 따라서 $\det A = 0$

예 $\begin{vmatrix} a & b \\ a & b \end{vmatrix} = ab - ab = 0.$

⑥ 한 행이 두 수의 합이면 행렬식은 두 행렬식의 합으로 표시할 수 있다.

$$\begin{vmatrix} a_{11} & a_{12} & \cdots & a_{1n} \\ \vdots & \vdots & \ddots & \vdots \\ a_{i1}+b_{i1} & a_{i2}+b_{i2} & \cdots & a_{in}+b_{in} \\ \vdots & \vdots & \ddots & \vdots \\ a_{n1} & a_{n2} & \cdots & a_{nn} \end{vmatrix} = \begin{vmatrix} a_{11} & \cdots & a_{1n} \\ \vdots & \ddots & \vdots \\ a_{i1} & \cdots & a_{in} \\ \vdots & \ddots & \vdots \\ a_{n1} & \cdots & a_{nn} \end{vmatrix} + \begin{vmatrix} a_{11} & \cdots & a_{1n} \\ \vdots & \ddots & \vdots \\ b_{i1} & \cdots & b_{in} \\ \vdots & \ddots & \vdots \\ a_{n1} & \cdots & a_{nn} \end{vmatrix}$$

예 $\begin{vmatrix} a & b \\ c+e & d+f \end{vmatrix} = a(d+f) - b(c+e) = (ad-bc) + (af-be) = \begin{vmatrix} a & b \\ c & d \end{vmatrix} + \begin{vmatrix} a & b \\ e & f \end{vmatrix}.$

> **Note**
>
> 정리 7.3.1의 ①에 의해 임의의 $n \times n$ 정방행렬 A에 대해 $\det(kA) = k^n \det A$이다.
>
> **예** $A = \begin{pmatrix} a & b \\ c & d \end{pmatrix}$ 이면
>
> $$\det(kA) = \begin{vmatrix} ka & kb \\ kc & kd \end{vmatrix} = k^2ad - k^2bc = k^2(ad-bc) = k^2\begin{vmatrix} a & b \\ c & d \end{vmatrix} = k^2\det A.$$

예제 7.3.5

다음 행렬 A에 대해 $\det A$를 구하여라.

① $A = \begin{pmatrix} 0 & 1 & 5 \\ 3 & -6 & 9 \\ 2 & 6 & 1 \end{pmatrix}$　　② $A = \begin{pmatrix} 1 & 3 & -2 & 4 \\ 2 & 6 & -4 & 8 \\ 3 & 9 & 1 & 5 \\ 1 & 1 & 4 & 8 \end{pmatrix}$

풀이

①

$$\det A = \begin{vmatrix} 0 & 1 & 5 \\ 3 & -6 & 9 \\ 2 & 6 & 1 \end{vmatrix} = -\begin{vmatrix} 3 & -6 & 9 \\ 0 & 1 & 5 \\ 2 & 6 & 1 \end{vmatrix} = -3\begin{vmatrix} 1 & -2 & 3 \\ 0 & 1 & 5 \\ 2 & 6 & 1 \end{vmatrix} = -3\begin{vmatrix} 1 & -2 & 3 \\ 0 & 1 & 5 \\ 0 & 10 & -5 \end{vmatrix}$$

$$= -3\times 5\begin{vmatrix} 1 & -2 & 3 \\ 0 & 1 & 5 \\ 0 & 2 & -1 \end{vmatrix} = -15\begin{vmatrix} 1 & -2 & 3 \\ 0 & 1 & 5 \\ 0 & 0 & -11 \end{vmatrix} = (-15)\times(-11) = 165$$

② $\det A = \begin{vmatrix} 1 & 3 & -2 & 4 \\ 2 & 6 & -4 & 8 \\ 3 & 9 & 1 & 5 \\ 1 & 1 & 4 & 8 \end{vmatrix} = 2\begin{vmatrix} 1 & 3 & -2 & 4 \\ 1 & 3 & -2 & 4 \\ 3 & 9 & 1 & 5 \\ 1 & 1 & 4 & 8 \end{vmatrix} = 0.$

정리 7.3.2

임의의 정방행렬 A에 대해 $\det A = \det({}^tA)$이다. 즉, 행렬식에서 열과 행을 바꾸어도 행렬식의 값은 불변이다.

$$\begin{vmatrix} a_{11} & a_{12} & \cdots & a_{1n} \\ a_{21} & a_{22} & \cdots & a_{2n} \\ \vdots & \vdots & \ddots & \vdots \\ a_{n1} & a_{n2} & \cdots & a_{nn} \end{vmatrix} = \begin{vmatrix} a_{11} & a_{21} & \cdots & a_{n1} \\ a_{12} & a_{22} & \cdots & a_{n2} \\ \vdots & \vdots & \ddots & \vdots \\ a_{1n} & a_{2n} & \cdots & a_{nn} \end{vmatrix}$$

예 $A = \begin{pmatrix} a & b \\ c & d \end{pmatrix}$이면 $\det({}^tA) = \begin{vmatrix} a & c \\ b & d \end{vmatrix} = ad - bc = \begin{vmatrix} a & b \\ c & d \end{vmatrix} = \det A$이다.

Note

기본행 연산의 행을 열로 바꾸어도 같은 결과를 얻을 수 있다. 즉, 임의의 $n\times n$ 정방행렬 A에 대해

① A'을 A의 한 열에 상수 k를 곱한 행렬이라고 하면 $\det A' = k\det A$이다.

예 $\begin{vmatrix} ka & b \\ kc & d \end{vmatrix} = (ka)d - b(kc) = k(ad - bc) = k\begin{vmatrix} a & b \\ c & d \end{vmatrix}.$

② A'을 A의 두 열을 교환한 행렬이라고 하면 $\det A' = -\det A$이다.

예 $\begin{vmatrix} a & b \\ c & d \end{vmatrix} = ad - bc$이고, $\begin{vmatrix} b & a \\ d & c \end{vmatrix} = bc - ad = -(ad - bc)$이다.

③ A'을 A의 한 열에 상수 k배 하여 다른 열에 더한 행렬이라고 하면

$\det A' = \det A$이다.

예 $\begin{vmatrix} a & b+ka \\ c & d+kc \end{vmatrix} = a(d+kc) - c(b+ka) = ad - bc = \begin{vmatrix} a & b \\ c & d \end{vmatrix}$.

④ 한 열이 모두 0이면 행렬식은 0이다.

예 $\begin{vmatrix} a & 0 \\ b & 0 \end{vmatrix} = 0$.

⑤ 두 열이 같은 행렬의 행렬식은 0이다.

예 $\begin{vmatrix} a & a \\ b & b \end{vmatrix} = ab - ab = 0$.

⑥ 한 열이 두 수의 합이면 행렬식은 두 행렬식의 합으로 표시할 수 있다.

예 $\begin{vmatrix} a & b+e \\ c & d+f \end{vmatrix} = a(d+f) - c(b+e) = (ad-bc) + (af-ce) = \begin{vmatrix} a & b \\ c & d \end{vmatrix} + \begin{vmatrix} a & e \\ c & f \end{vmatrix}$.

증명

① A'을 A의 한 열에 상수 k를 곱한 행렬이라고 하면 ${}^t(A')$은 ${}^tA$의 한 행에 상수 k를 곱한 행렬이 된다. 따라서 $\det A' = \det {}^t(A') = k\det({}^tA) = k\det A$

② A'을 A의 r열과 s열을 교환한 행렬이라 하면 ${}^t(A')$은 ${}^tA$의 r행과 s행을 교환한 행렬이 된다. 따라서 $\det A' = \det {}^t(A') = -\det({}^tA) = -\det A$

예제 7.3.6

다음 행렬 A에 대해 $\det A$를 구하여라.

① $A = \begin{pmatrix} 1 & -3 & 7 \\ -4 & 12 & 5 \\ 2 & -6 & 3 \end{pmatrix}$ ② $A = \begin{pmatrix} 1 & 0 & 0 & 3 \\ 2 & 5 & 0 & 6 \\ 0 & 6 & 3 & 0 \\ 3 & 7 & 2 & -5 \end{pmatrix}$

풀이

① $\det A = \begin{vmatrix} 1 & -3 & 7 \\ -4 & 12 & 5 \\ 2 & -6 & 3 \end{vmatrix} = -3\begin{vmatrix} 1 & 1 & 7 \\ -4 & -4 & 5 \\ 2 & 2 & 3 \end{vmatrix} = 0$

② 1열에 -3배 하여 4열에 더하면

$$\det A = \begin{vmatrix} 1 & 0 & 0 & 3 \\ 2 & 5 & 0 & 6 \\ 0 & 6 & 3 & 0 \\ 3 & 7 & 2 & -5 \end{vmatrix} = \begin{vmatrix} 1 & 0 & 0 & 0 \\ 2 & 5 & 0 & 0 \\ 0 & 6 & 3 & 0 \\ 3 & 7 & 2 & -14 \end{vmatrix} = 1 \cdot 5 \cdot 3 \cdot (-14) = -210.$$

예제 7.3.7

다음 행렬 A에 대해 $\det A$를 구하여라.

① $A = \begin{pmatrix} 2 & 7 & -1 & 0 \\ 0 & 4 & 2 & 6 \\ 4 & 3 & 1 & 2 \\ 5 & -2 & -8 & 0 \end{pmatrix}$ ② $A = \begin{pmatrix} 3 & 5 & -2 & 6 \\ 1 & 2 & -1 & 1 \\ 2 & 4 & 1 & 5 \\ 3 & 7 & 5 & 3 \end{pmatrix}$

풀이

① $A = \begin{pmatrix} 2 & 7 & -1 & 0 \\ 0 & 4 & 2 & 6 \\ 4 & 3 & 1 & 2 \\ 5 & -2 & -8 & 0 \end{pmatrix}$에서 4열전개를 하면

$$\det A = -0 \cdot \begin{vmatrix} 0 & 4 & 2 \\ 4 & 3 & 1 \\ 5 & -2 & 8 \end{vmatrix} + 6 \cdot \begin{vmatrix} 2 & 7 & -1 \\ 4 & 3 & 1 \\ 5 & -2 & -8 \end{vmatrix} - 2 \cdot \begin{vmatrix} 2 & 7 & -1 \\ 0 & 4 & 2 \\ 5 & -2 & -8 \end{vmatrix} + 0 \cdot \begin{vmatrix} 2 & 7 & -1 \\ 0 & 4 & 2 \\ 4 & 3 & 1 \end{vmatrix}$$

$$= 6 \begin{vmatrix} 2 & 7 & -1 \\ 4 & 3 & 1 \\ 5 & -2 & -8 \end{vmatrix} - 2 \begin{vmatrix} 2 & 7 & -1 \\ 0 & 4 & 2 \\ 5 & -2 & -8 \end{vmatrix}$$

여기서

$\begin{vmatrix} 2 & 7 & -1 \\ 4 & 3 & 1 \\ 5 & -2 & -8 \end{vmatrix} = -48 + 8 + 35 - (-15 - 4 - 224) = 238$이고,

$\begin{vmatrix} 2 & 7 & -1 \\ 0 & 4 & 2 \\ 5 & -2 & -8 \end{vmatrix} = -64 + 0 + 70 - (-20 - 8 + 0) = 34$이다.

따라서

$$\det A = 6 \begin{vmatrix} 2 & 7 & -1 \\ 4 & 3 & 1 \\ 5 & -2 & -8 \end{vmatrix} - 2 \begin{vmatrix} 2 & 7 & -1 \\ 0 & 4 & 2 \\ 5 & -2 & -8 \end{vmatrix} = 6 \times 238 - 2 \times 34 = 1360.$$

Note

$\det(A+B) \neq \det A + \det B$

예

$A=\begin{pmatrix}1&2\\2&5\end{pmatrix}$, $B=\begin{pmatrix}3&1\\1&3\end{pmatrix}$라 하면 $A+B=\begin{pmatrix}4&3\\3&8\end{pmatrix}$이므로 $\det(A+B)=\begin{vmatrix}4&3\\3&8\end{vmatrix}=23$이다.

그런데 $\det A+\det B=\begin{vmatrix}1&2\\2&5\end{vmatrix}+\begin{vmatrix}3&1\\1&3\end{vmatrix}=1+8=9$이므로

$\det(A+B) \neq \det A + \det B$.

정리 7.3.3

곱의 행렬식은 각 행렬식의 곱과 같다. 즉, $\det(AB)=\det A \det B$이다.

증명

같은 방법으로 증명할 수 있으므로 $n=2$인 경우만 고려한다.

예제 7.3.8

$A=\begin{pmatrix}3&1\\2&1\end{pmatrix}$, $B=\begin{pmatrix}-1&3\\5&8\end{pmatrix}$이면 $\det(AB)=\det A \det B$인지 확인해 보아라.

풀이

$A=\begin{pmatrix}3&1\\2&1\end{pmatrix}$, $B=\begin{pmatrix}-1&3\\5&8\end{pmatrix}$이므로 $AB=\begin{pmatrix}3&1\\2&1\end{pmatrix}\begin{pmatrix}-1&3\\5&8\end{pmatrix}=\begin{pmatrix}2&17\\3&14\end{pmatrix}$이다.

따라서 $\det(AB)=\begin{vmatrix}2&17\\3&14\end{vmatrix}=-23$이다.

한편 $\det A \det B=\begin{vmatrix}3&1\\2&1\end{vmatrix}\cdot\begin{vmatrix}-1&3\\5&8\end{vmatrix}=1\cdot(-23)=-23$이다. 따라서

$\det(AB)=\det A \det B$.

연습문제

1 행렬이 $A=\begin{pmatrix}6 & 5 & 1\\ 2 & -4 & 3\end{pmatrix}$, $B=\begin{pmatrix}1 & 3 & 5\\ 2 & 4 & 6\end{pmatrix}$로 주어졌을 때 다음을 구하여라.

① $A+2B$　　② $A-3B$

2 다음 행렬의 곱셈을 구하여라.

① $\begin{pmatrix}1 & 2 & 4\\ -3 & 1 & 2\end{pmatrix}\begin{pmatrix}-4 & 1\\ 3 & 2\\ -2 & -3\end{pmatrix}$　　② $\begin{pmatrix}1 & 2 & -2\\ 3 & 4 & 5\\ -1 & -2 & 3\end{pmatrix}\begin{pmatrix}4 & 5 & -3 & 2\\ 1 & -2 & 5 & 1\\ 2 & -1 & 4 & 2\end{pmatrix}$

3 다음 행렬 A에 대해 $\det A$를 구하여라.

① $\begin{pmatrix}2 & 1 & 3\\ -4 & 12 & 5\\ 1 & -5 & 4\end{pmatrix}$　　② $\begin{pmatrix}1 & -2 & -3\\ -4 & 1 & -13\\ 3 & -5 & 4\end{pmatrix}$

8장

선형 연립방정식

8.1 선형 연립방정식의 해

● 연립방정식의 해

예 $\begin{cases} x+y=1, \\ 6x+2z=8, \\ 3y-z=3 \end{cases}$: 선형 연립방정식

일반적인 형태는 다음과 같다.

$$\begin{cases} a_{11}x_1+a_{12}x_2+\ldots+a_{1n}x_n=b_1 \\ a_{21}x_1+a_{22}x_2+\ldots+a_{2n}x_n=b_2 \\ \vdots \\ a_{m1}x_1+a_{m2}x_2+\ldots+a_{mn}x_n=b_m \end{cases}$$

① 유일해

예제 8.1.1

$\begin{cases} x+y=4, \\ 2x-y=5 \end{cases}$ 이면 해는 유일하고 $x=3,\ y=1$가 해가 된다.

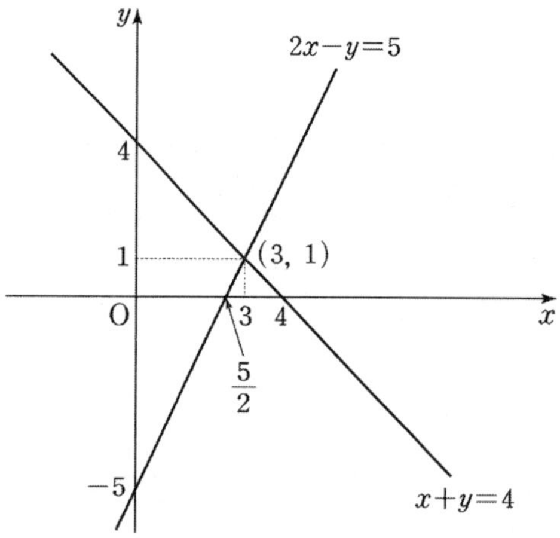

② 부정=무수히 많은 해

예제 8.1.2

$\begin{cases} x+2y=3, \\ 3x+6y=9 \end{cases}$ 은 무수히 많은 해를 가진다.

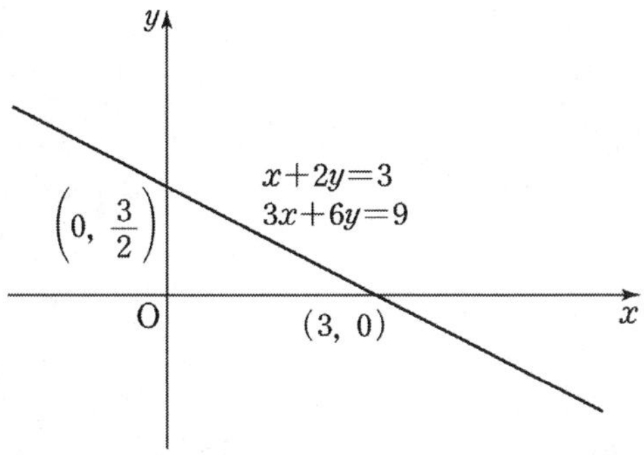

③ 불능=해가 존재하지 않는 경우

예제 8.1.3

$\begin{cases} 2x+4y=3, \\ 3x+6y=1 \end{cases}$: 해가 존재하지 않는다.

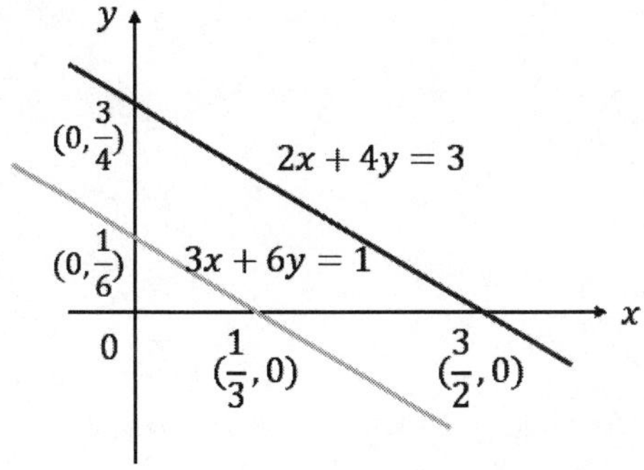

8.2 연립방정식의 해법-역행렬 이용

Note

$ax+by=c$ (a, b, c: 실수)은 직선의 방정식(x, y에 관한 1차 방정식), $ax+by+cz=d$ (a, b, c, d: 실수)은 평면의 방정식(x, y, z에 관한 1차 방정식)의 일반형이다.

일반적으로 $a_1x_1+a_2x_2+\ldots+a_nx_n=b$ (a_1, a_2, $\cdots$, a_n, b: 실수)은 x_1, x_2, $\cdots$, x_n에 관한 1차 방정식이다.

Note

연립1차방정식 $\begin{cases} a_{11}x+a_{12}y=b_1 \\ a_{21}x+a_{22}y=b_2 \end{cases}$ (a_{11}, a_{12}, a_{21}, a_{22}, b_1, b_2: 실수)을 행렬을 이용해서 간단하게 표현해보자.

$\begin{cases} a_{11}x+a_{12}y=b_1 \\ a_{21}x+a_{22}y=b_2 \end{cases}$은 $\begin{pmatrix} a_{11}x+a_{12}y \\ a_{21}x+a_{22}y \end{pmatrix}=\begin{pmatrix} b_1 \\ b_2 \end{pmatrix}$로 쓸 수 있으며 이것은 $\begin{pmatrix} a_{11} & a_{12} \\ a_{21} & a_{22} \end{pmatrix}\begin{pmatrix} x \\ y \end{pmatrix}=\begin{pmatrix} b_1 \\ b_2 \end{pmatrix}$으로 표현된다. 여기서 $A=\begin{pmatrix} a_{11} & a_{12} \\ a_{21} & a_{22} \end{pmatrix}$, $X=\begin{pmatrix} x \\ y \end{pmatrix}$, $B=\begin{pmatrix} b_1 \\ b_2 \end{pmatrix}$라 두면 $AX=B$가 된다.

A를 연립방정식의 계수행렬이라고 한다.

같은 방법으로

연립방정식 $\begin{cases} a_{11}x_1+a_{12}x_2+\cdots+a_{1n}x_n=b_1 \\ a_{21}x_1+a_{22}x_2+\cdots+a_{2n}x_n=b_2 \\ \vdots \\ a_{m1}x_1+a_{m2}x_2+\cdots+a_{mn}x_n=b_m \end{cases}$ 을 행렬을 이용해서 간단하게 표

현하면 $AX=B$이다. 여기서 $A=\begin{pmatrix} a_{11} & a_{12} & \dots & a_{1n} \\ a_{21} & a_{22} & \dots & a_{2n} \\ \vdots & \vdots & \vdots & \vdots \\ a_{m1} & a_{m2} & \dots & a_{mn} \end{pmatrix}$, $X=\begin{pmatrix} x_1 \\ x_2 \\ \vdots \\ x_n \end{pmatrix}$, $B=\begin{pmatrix} b_1 \\ b_2 \\ \vdots \\ b_m \end{pmatrix}$이다.

연립방정식 $AX=B$에서 $B=0$(즉 모든 i에 대해 $b_i=0$)이면 동차 연립방정식, 아니면 비동차 연립방정식이라 한다. $x_1=0$, $x_2=0$, $\cdots$, $x_n=0$인 해를 자명해라고 한다.

혹은 연립방정식을 풀어서 쓰면

$x_1\begin{pmatrix} a_{11} \\ a_{21} \\ \vdots \\ a_{m1} \end{pmatrix}+x_2\begin{pmatrix} a_{12} \\ a_{22} \\ \vdots \\ a_{m2} \end{pmatrix}+\cdots+x_n\begin{pmatrix} a_{1n} \\ a_{2n} \\ \vdots \\ a_{mn} \end{pmatrix}=\begin{pmatrix} b_1 \\ b_2 \\ \vdots \\ b_m \end{pmatrix}$으로 쓸 수 있다.

여기서 $A_1=\begin{pmatrix} a_{11} \\ a_{21} \\ \vdots \\ a_{m1} \end{pmatrix}$, $A_2=\begin{pmatrix} a_{12} \\ a_{22} \\ \vdots \\ a_{m2} \end{pmatrix}$, $A_n=\begin{pmatrix} a_{1n} \\ a_{2n} \\ \vdots \\ a_{mn} \end{pmatrix}$라 두면 연립방정식은

$x_1A_1+x_2A_2+\cdots+x_nA_n=B$로 표현할 수 있다. 즉, $Ax=B$가 해를 가질 필요충분조건은 B가 A의 열벡터들의 1차 결합으로 표현되는 것이다.

예제 8.2.1

다음 연립방정식을 행렬을 이용하여 간단하게 표현해 보아라.

① $\begin{cases} 2x_1+4x_2+x_3=15 \\ x_1-2x_2+5x_3=10 \\ 5x_1+x_2-10x_3=5 \end{cases}$ ② $\begin{cases} 3x_1-x_2+2x_3+x_4=8 \\ x_1-2x_2-3x_4=-2 \\ -5x_1+2x_2-x_3+6x_4=12 \end{cases}$ ③ $\begin{cases} x+y=10, \\ 6x-2z=-8 \\ 3y-z=-2 \end{cases}$

풀이

① 연립방정식은 $\begin{pmatrix} 15 \\ 10 \\ 5 \end{pmatrix}=\begin{pmatrix} 2x_1+4x_2+x_3 \\ x_1-2x_2+5x_3 \\ 5x_1+x_2-10x_3 \end{pmatrix}=\begin{pmatrix} 2 & 4 & 1 \\ 1 & -2 & 5 \\ 5 & 1 & -10 \end{pmatrix}\begin{pmatrix} x_1 \\ x_2 \\ x_3 \end{pmatrix}$로 쓸 수 있다.

$A=\begin{pmatrix} 2 & 4 & 1 \\ 1 & -2 & 5 \\ 5 & 1 & -10 \end{pmatrix}$, $B=\begin{pmatrix} 15 \\ 10 \\ 5 \end{pmatrix}$로 설정하면 $AX=B$를 만족한다.

② 같은 방법으로 연립방정식은 $\begin{pmatrix} 3 & -1 & 2 & 1 \\ 1 & -2 & 0 & -3 \\ -5 & 2 & -1 & 6 \end{pmatrix}\begin{pmatrix} x_1 \\ x_2 \\ x_3 \\ x_4 \end{pmatrix} = \begin{pmatrix} 8 \\ -2 \\ 12 \end{pmatrix}$로 쓸 수 있다.

$A = \begin{pmatrix} 3 & -1 & 2 & 1 \\ 1 & -2 & 0 & -3 \\ -5 & 2 & -1 & 6 \end{pmatrix}$, $X = \begin{pmatrix} x_1 \\ x_2 \\ x_3 \\ x_4 \end{pmatrix}$, $B = \begin{pmatrix} 8 \\ -2 \\ 12 \end{pmatrix}$으로 두면 연립방정식을 $AX = B$로 표시할 수 있다.

정리 8.2.1

A가 $n \times n$ 가역행렬이고 B가 $n \times 1$행렬이면 연립방정식 $AX = B$는 오직 하나의 해 $X = A^{-1}B$를 가진다.

증명

$A(A^{-1}B) = (AA^{-1})B = IB = B$이므로 $X = A^{-1}B$은 연립방정식 $AX = B$의 오직 하나의 해가 된다.

정 의

행렬에 대한 다음 세 가지 연산을 기본행연산이라 한다.

① 한 행에 0이 아닌 상수를 곱한다.

② 두 행의 순서를 서로 바꾼다.

③ 한 행에 상수곱하여 다른 행에 더한다.

Note

n차 정방행렬 A와 n차 단위행렬 I_n에 대해 $(A : I_n)$에 $(I_n : A^{-1})$가 될 때까지 유한 번의 기본행연산을 시행하면 A의 역행렬을 구할 수 있다.

예제 8.2.2

연립방정식 $\begin{cases} x_1 + 2x_2 + 3x_3 = 5 \\ 2x_1 + 5x_2 + 3x_3 = 3 \\ x_1 + 8x_3 = 17 \end{cases}$을 역행렬을 이용하여 풀어라.

풀이

$A = \begin{pmatrix} 1 & 2 & 3 \\ 2 & 5 & 3 \\ 1 & 0 & 8 \end{pmatrix}$, $X = \begin{pmatrix} x_1 \\ x_2 \\ x_3 \end{pmatrix}$, $B = \begin{pmatrix} 5 \\ 3 \\ 17 \end{pmatrix}$라 두면 연립방정식은 $AX = B$로 표현할 수 있다.

$(A : I_3) = \begin{pmatrix} 1 & 2 & 3 & : & 1 & 0 & 0 \\ 2 & 5 & 3 & : & 0 & 1 & 0 \\ 1 & 0 & 8 & : & 0 & 0 & 1 \end{pmatrix}$에 1행에 -2을 곱한 후 2행에 더하고, 1행에 -1을 곱한 후 3행에 더하면

$\begin{pmatrix} 1 & 2 & 3 & : & 1 & 0 & 0 \\ 0 & 1 & -3 & : & -2 & 1 & 0 \\ 0 & -2 & 5 & : & -1 & 0 & 1 \end{pmatrix}$가 된다.

2행에 -2을 곱한 후 1행에 더하고, 2행에 2를 곱한 후 3행에 더하면

$\begin{pmatrix} 1 & 0 & 9 & : & 5 & -2 & 0 \\ 0 & 1 & -3 & : & -2 & 1 & 0 \\ 0 & 0 & -1 & : & -5 & 2 & 1 \end{pmatrix}$ 3행에 -1을 곱하고, 3행에 9를 곱하고 1행에 더하고 3행에 -3을 곱하고 2행에 더하면

$\begin{pmatrix} 1 & 0 & 0 & : & -40 & 16 & 9 \\ 0 & 1 & 0 & : & 13 & -5 & -3 \\ 0 & 0 & 1 & : & 5 & -2 & -1 \end{pmatrix}$

그러므로 A는 가역행렬이고 $A^{-1} = \begin{pmatrix} -40 & 16 & 9 \\ 13 & -5 & -3 \\ 5 & -2 & -1 \end{pmatrix}$ 이다.

따라서 이 방정식의 해는 $X = A^{-1}B = \begin{pmatrix} -40 & 16 & 9 \\ 13 & -5 & -3 \\ 5 & -2 & -1 \end{pmatrix}\begin{pmatrix} 5 \\ 3 \\ 17 \end{pmatrix} = \begin{pmatrix} 1 \\ -1 \\ 2 \end{pmatrix}$이다.

즉, $x_1 = 1$, $x_2 = -1$, $x_3 = 2$이다.

8.3 연립방정식의 해법-가우스 소거법

• 행렬을 이용한 가우스 소거법

연립1차방정식 $\begin{cases} a_{11}x + a_{12}y = b_1 \\ a_{21}x + a_{22}y = b_2 \end{cases}$ $(a_{11}, a_{12}, a_{21}, a_{22}, b_1, b_2$: 실수)에 대해

$A = \begin{pmatrix} a_{11} & a_{12} \\ a_{21} & a_{22} \end{pmatrix}$, $X = \begin{pmatrix} x \\ y \end{pmatrix}$, $B = \begin{pmatrix} b_1 \\ b_2 \end{pmatrix}$라 두면 $AX = B$가 된다.

여기서 A를 연립방정식의 계수행렬, $(A : B) = \begin{pmatrix} a_{11} & a_{12} & : b_1 \\ a_{21} & a_{22} & : b_2 \end{pmatrix}$를 연립방정식의 확대계수행렬이라 한다.

일반화시키면 연립1차방정식 $\begin{cases} a_{11}x_1 + a_{12}x_2 + \cdots + a_{1n}x_n = b_1 \\ a_{21}x_1 + a_{22}x_2 + \cdots + a_{2n}x_n = b_2 \\ \vdots \qquad\qquad \vdots \qquad\qquad \vdots \\ a_{m1}x_1 + a_{m2}x_2 + \cdots + a_{mn}x_n = b_m \end{cases}$ 에 대해

$A = \begin{pmatrix} a_{11} & a_{12} & \dots & a_{1n} \\ a_{21} & a_{22} & \dots & a_{2n} \\ \vdots & \vdots & \vdots & \vdots \\ a_{m1} & a_{m2} & \dots & a_{mn} \end{pmatrix}$, $X = \begin{pmatrix} x_1 \\ x_2 \\ \vdots \\ x_n \end{pmatrix}$, $B = \begin{pmatrix} b_1 \\ b_2 \\ \vdots \\ b_m \end{pmatrix}$라 두면 $AX = B$을 만족한다.

$\begin{pmatrix} a_{11} & a_{12} & \cdots & a_{1n} & : b_1 \\ a_{21} & a_{22} & \cdots & a_{2n} & : b_2 \\ \vdots & \vdots & \vdots & & : \\ a_{m1} & a_{m2} & \cdots & a_{mn} & : b_m \end{pmatrix}$이 연립방정식의 확대계수행렬이 된다.

예제 8.3.1

다음 연립방정식을 첨가행렬을 이용하여 간단하게 표현해 보아라.

$\begin{cases} x + y = 5, \\ 6x - 2z = -10 \\ 3y - z = -5 \end{cases}$

풀이

연립1차방정식 $\begin{cases} x+y=5, \\ 6x-2z=-10 \\ 3y-z=-5 \end{cases}$에 대해 $A=\begin{pmatrix} 1 & 1 & 0 \\ 6 & 0 & -2 \\ 0 & 3 & -1 \end{pmatrix}$, $X=\begin{pmatrix} x \\ y \\ z \end{pmatrix}$, $B=\begin{pmatrix} 5 \\ -10 \\ -5 \end{pmatrix}$

라 두면 연립방정식은 $AX=B$로 표현할 수 있다.

연립방정식의 확대계수행렬은 $\begin{pmatrix} 1 & 1 & 0 & : & 5 \\ 6 & 0 & -2 & : & -10 \\ 0 & 3 & -1 & : & -5 \end{pmatrix}$ 이 된다.

● 가우스 소거법

① 한 행에 k배 하여 다른 행에 더한다.

② 두 행을 서로 바꾼다.

③ 한 행에 0이 아닌 상수를 곱한다.

①+②+③을 통해 A를 '삼각행렬'로 변환하면 각 행은 0이 아닌 숫자는 위 항의 0이 아닌 숫자가 나온 열보다 뒤에 위치한다.

예제 8.3.2

가우스 소거법을 이용하여 다음 연립방정식을 풀어라.

$$\begin{cases} 3y+2z=7 & \cdots ① \\ x+4y-4z=3 & \cdots ② \\ 3x+3y+8z=1 & \cdots ③ \end{cases}$$

풀이

①과 ②의 위치를 서로 바꾼다.

$\begin{cases} x+4y-4z=3 & \cdots ① \\ 3y+2z=7 & \cdots ② \\ 3x+3y+8z=1 & \cdots ③ \end{cases}$ 가 된다. 확대계수행렬로 표현하면 $\begin{pmatrix} 1 & 4 & -4 & : & 3 \\ 0 & 3 & 2 & : & 7 \\ 3 & 3 & 8 & : & 1 \end{pmatrix}$ 이 된다.

①에 -3배 한 후 ③에 더하면

$$\begin{cases} x+4y-4z=3 & \cdots ① \\ 3y+2z=7 & \cdots ② \\ 0-9y+20z=-8 & \cdots ③ \end{cases}$$ 가 된다. 확대계수행렬로 표현하면 $\begin{pmatrix} 1 & 4 & -4 & : & 3 \\ 0 & 3 & 2 & : & 7 \\ 0 & -9 & 20 & : & -8 \end{pmatrix}$

가 된다.

②에 3배 한 후 ③에 더하면

$$\begin{cases} x+4y-4z=3 & \cdots ① \\ 3y+2z=7 & \cdots ② \\ 0+26z=13 & \cdots ③ \end{cases}$$ 가 된다. 확대계수행렬로 표현하면 $\begin{pmatrix} 1 & 4 & -4 & : & 3 \\ 0 & 3 & 2 & : & 7 \\ 0 & 0 & 26 & : & 13 \end{pmatrix}$가 된다.

마지막 방정식부터 차례로 미지수의 답을 구할 수 있다. 이것을 후방 대체법이라 한다. 3행에서 $z=\frac{1}{2}$을 얻는다. 이것을 2행에 대입하면 $y=2$가 된다.

$z=\frac{1}{2}$과 $y=2$을 1행에 대입하면 $x=-3$이 되므로 해는 $(x,y,z)=(-3,2,\frac{1}{2})$이다.

혹은 ③에 $\frac{1}{26}$을 곱하면

$$\begin{cases} x+4y-4z=3 & \cdots ① \\ y+\frac{2}{3}z=\frac{7}{3} & \cdots ② \\ z=\frac{1}{2} & \cdots ③ \end{cases}$$ 가 된다. 확대계수행렬로 표현하면 $\begin{pmatrix} 1 & 4 & -4 & : & 3 \\ 0 & 1 & \frac{2}{3} & : & \frac{7}{3} \\ 0 & 0 & 1 & : & \frac{1}{2} \end{pmatrix}$가 된다.

③에 $-\frac{2}{3}$을 곱한 후 ②에 더하면

$$\begin{cases} x+4y-4z=3 & \cdots ① \\ y=2 & \cdots ② \\ z=\frac{1}{2} & \cdots ③ \end{cases}$$ 가 된다. 확대계수행렬로 표현하면 $\begin{pmatrix} 1 & 4 & -4 & : & 3 \\ 0 & 1 & 0 & : & 2 \\ 0 & 0 & 1 & : & \frac{1}{2} \end{pmatrix}$

③에 4을 곱하고 ①에 더하면

$$\begin{cases} x+4y=5 & \cdots ① \\ y=2 & \cdots ② \\ z=\frac{1}{2} & \cdots ③ \end{cases}$$ 가 된다. 확대계수행렬로 표현하면 $\begin{pmatrix} 1 & 4 & 0 & : & 5 \\ 0 & 1 & 0 & : & 2 \\ 0 & 0 & 1 & : & \frac{1}{2} \end{pmatrix}$

②에 -4을 곱하고 ①에 더하면

$$\begin{cases} x=-3 & \cdots ① \\ y=2 & \cdots ② \\ z=\frac{1}{2} & \cdots ③ \end{cases}$$ 가 된다. 확대계수행렬로 표현하면 $\begin{pmatrix} 1 & 0 & 0 & : & -3 \\ 0 & 1 & 0 & : & 2 \\ 0 & 0 & 1 & : & \frac{1}{2} \end{pmatrix}$가 된다.

따라서 해는 $(x,y,z)=(-3,2,\frac{1}{2})$이다.

예제 8.3.3

가우스 소거법을 이용하여 다음 연립방정식을 풀어라.

① $\begin{cases} 2x+z=10, \\ 2y-z=0 \\ -6x-3y+z=0 \end{cases}$ ② $\begin{cases} x_1+2x_2-x_3=4, \\ 2x_1+x_2+x_3=8 \\ -x_1+x_2+x_3=-1 \end{cases}$

풀이

① 방정식의 결합행렬을 구한다. $\begin{pmatrix} 2 & 0 & 1 & : & 10 \\ 0 & 2 & -1 & : & 0 \\ -6 & -3 & 1 & : & 0 \end{pmatrix}$

1행에 $\frac{1}{2}$배 하면 $\begin{pmatrix} 1 & 0 & \frac{1}{2} & : & 5 \\ 0 & 2 & -1 & : & 0 \\ -6 & -3 & 1 & : & 0 \end{pmatrix}$

1행에 6배 한 후 3행에 더하면 $\begin{pmatrix} 1 & 0 & \frac{1}{2} & : & 5 \\ 0 & 2 & -1 & : & 0 \\ 0 & -3 & 4 & : & 30 \end{pmatrix}$

2행에 $\frac{1}{2}$배 하면 $\begin{pmatrix} 1 & 0 & \frac{1}{2} & : & 5 \\ 0 & 1 & -\frac{1}{2} & : & 0 \\ 0 & -3 & 4 & : & 30 \end{pmatrix}$

2행에 3배 한 후 3행에 더하면 $\begin{pmatrix} 1 & 0 & \frac{1}{2} & : & 5 \\ 0 & 1 & -\frac{1}{2} & : & 0 \\ 0 & 0 & \frac{5}{2} & : & 30 \end{pmatrix}$

3행에 $\frac{2}{5}$배하면 $\begin{pmatrix} 1 & 0 & \frac{1}{2} & : & 5 \\ 0 & 1 & -\frac{1}{2} & : & 0 \\ 0 & 0 & 1 & : & 12 \end{pmatrix}$

3행에 $-\frac{1}{2}$배하여 1행에 더하고 3행에 $\frac{1}{2}$배하여 2행에 더하면 $\begin{pmatrix} 1 & 0 & 0 & : & -1 \\ 0 & 1 & 0 & : & 6 \\ 0 & 0 & 1 & : & 12 \end{pmatrix}$

따라서 $x=-1$, $y=6$, $z=12$가 구하는 해이다.

8.4 연립방정식의 해법-크레이머 공식

● 크레이머 공식을 이용한 연립방정식의 해법

연립1차방정식 $\begin{cases} a_{11}x + a_{12}y = b_1 \\ a_{21}x + a_{22}y = b_2 \end{cases}$ $(a_{11}, a_{12}, a_{21}, a_{22}, b_1, b_2$: 실수)에 대해

$A = \begin{pmatrix} a_{11} & a_{12} \\ a_{21} & a_{22} \end{pmatrix}$, $X = \begin{pmatrix} x \\ y \end{pmatrix}$, $B = \begin{pmatrix} b_1 \\ b_2 \end{pmatrix}$라 두면 $AX = B$가 된다.

연립방정식 $\begin{cases} a_{11}x + a_{12}y = b_1 \\ a_{21}x + a_{22}y = b_2 \end{cases}$ 의 해는 $a_{11}a_{22} - a_{21}a_{12} \neq 0$이면

$x = \dfrac{b_1a_{22} - b_2a_{12}}{a_{11}a_{22} - a_{21}a_{12}}$, $y = \dfrac{b_2a_{11} - b_1a_{21}}{a_{11}a_{22} - a_{21}a_{12}}$이다.

다시 말해서 $\det A = a_{11}a_{22} - a_{21}a_{12} \neq 0$이면 해는

$x = \dfrac{b_1a_{22} - b_2a_{12}}{a_{11}a_{22} - a_{21}a_{12}} = \dfrac{\begin{vmatrix} b_1 & a_{12} \\ b_2 & a_{22} \end{vmatrix}}{\begin{vmatrix} a_{11} & a_{12} \\ a_{21} & a_{22} \end{vmatrix}}$, $y = \dfrac{b_2a_{11} - b_1a_{21}}{a_{11}a_{22} - a_{21}a_{12}} = \dfrac{\begin{vmatrix} a_{11} & b_1 \\ a_{21} & b_2 \end{vmatrix}}{\begin{vmatrix} a_{11} & a_{12} \\ a_{21} & a_{22} \end{vmatrix}}$가 된다.

일반화한 결과는 다음과 같다.

정리 8.4.1 Cramer의 공식

A는 n차 정방행렬, B는 $n \times 1$ 행렬일 때 $\det A \neq 0$이면 $AX = B$는 유일한 해를 가지고 $AX = B$의 해는 $x_i = \dfrac{\det A_i}{\det A}$ $(i = 1, 2, \cdots, n)$가 된다.

여기서 $A_i = \begin{pmatrix} a_{11} & a_{12} & \cdots & b_1 & \cdots & a_{1n} \\ \vdots & \vdots & \ddots & \vdots & \ddots & \vdots \\ a_{n1} & a_{n2} & \cdots & b_n & \cdots & a_{nn} \end{pmatrix}$ 이다.

(b가 있는 열: i열)

증명

$\det A \neq 0$이므로 A는 가역행렬이다. 따라서 정리 8.2.1에 의해 $AX=B$는 유일한 해를 가지고 해는 $X=A^{-1}B$이다.
그러므로 해는

$$X=A^{-1}B=\frac{1}{|A|}adjA\cdot B=\frac{1}{|A|}\begin{pmatrix}A_{11} & A_{21} & \cdots & A_{n1}\\ A_{12} & A_{22} & \cdots & A_{n2}\\ \vdots & \vdots & \ddots & \vdots\\ A_{1n} & A_{2n} & \cdots & A_{nn}\end{pmatrix}\begin{pmatrix}b_1\\ b_2\\ \vdots\\ b_n\end{pmatrix}.$$

$$=\frac{1}{|A|}\begin{pmatrix}b_1A_{11}+b_2A_{21}+\ldots+b_nA_{n1}\\ b_1A_{12}+b_2A_{22}+\ldots+b_nA_{n2}\\ \vdots\\ b_1A_{1n}+b_2A_{2n}+\ldots+b_nA_{nn}\end{pmatrix}$$

$X=\begin{pmatrix}x_1\\ x_2\\ \vdots\\ x_n\end{pmatrix},\quad B=\begin{pmatrix}b_1\\ b_2\\ \vdots\\ b_n\end{pmatrix}$에 대해 $A_i=\underset{i\text{열}}{\begin{pmatrix}a_{11} & a_{12} & \cdots & b_1 & \cdots & a_{1n}\\ \vdots & \vdots & \ddots & \vdots & \ddots & \vdots\\ a_{n1} & a_{n2} & \cdots & b_n & \cdots & a_{nn}\end{pmatrix}}$라 두자.

여기서 i열을 기준으로 하여 $\det A_i$를 구해보면 $|A_i|=b_1A_{1i}+b_2A_{2i}+\ldots+b_nA_{ni}$가 된다.

그러므로 $x_i=\dfrac{\det A_i}{\det A}$, $i=1, 2, \cdots, n$가 된다.

참고

정의

n차 정방행렬 A에 대해 $A_{ij}=(-1)^{i+j}\det M_{ij}$를 a_{ij}의 여인수(cofactor)라 한다. 여기서 M_{ij}는 A에서 i행과 j열을 뺀 부분행렬(소행렬)이다. A의 여인수 행렬 $(A_{ij})_{n\times n}$에 대해 $adjA={}^t(A_{ij})_{n\times n}$를 A의 수반행렬이라고 한다.

Note

$A=(a_{ij})_{n\times n}$가 가역행렬이면 $A^{-1}=\dfrac{1}{|A|}\mathrm{adjA}$이다.

예제 8.4.1

Cramer의 공식을 이용하여 해를 구하여라.

① $\begin{cases} x-2z=0 \\ 8x+5y-z=3 \\ 2x+3y+4z=-2 \end{cases}$ ② $\begin{cases} 2x_1+4x_2-x_3=15 \\ x_1-3x_2+2x_3=-5 \\ 6x_1+5x_2+x_3=28 \end{cases}$

풀이

① $\begin{cases} x-2z=0 \\ 8x+5y-z=3 \\ 2x+3y+4z=-2 \end{cases}$ 에서 계수행렬은 $A=\begin{pmatrix} 1 & 0 & -2 \\ 8 & 5 & -1 \\ 2 & 3 & 4 \end{pmatrix}$이다.

$\det A=\begin{vmatrix} 1 & 0 & -2 \\ 8 & 5 & -1 \\ 2 & 3 & 4 \end{vmatrix}=20-48+0-(-20-3+0)=-5\neq 0$이므로 해가 유일하게 존재한다.

따라서 Cramer의 공식에 의해

$$x=\frac{\begin{vmatrix} 0 & 0 & -2 \\ 3 & 5 & -1 \\ -2 & 3 & 4 \end{vmatrix}}{\det A}=\frac{-18-(20)}{-5}=\frac{38}{5},$$

$$y=\frac{\begin{vmatrix} 1 & 0 & -2 \\ 8 & 3 & -1 \\ 2 & -2 & 4 \end{vmatrix}}{\det A}=\frac{12+32-(-12+2)}{-5}=-\frac{54}{5},$$

$$z=\frac{\begin{vmatrix} 1 & 0 & 0 \\ 8 & 5 & 3 \\ 2 & 3 & -2 \end{vmatrix}}{\det A}=\frac{-10-(9)}{-5}=\frac{19}{5}$$ 이다.

연습문제

1 다음 연립방정식을 행렬을 이용하여 간단하게 표현해 보아라.

① $\begin{cases} x_1 + 2x_2 + x_3 = 12 \\ -2x_1 + 3x_2 + 4x_3 = 4 \\ -5x_1 + x_2 + 6x_3 = -5 \end{cases}$

② $\begin{cases} 3x_1 - x_2 + 2x_3 + x_4 = 8 \\ x_1 - 2x_2 - 3x_4 = -2 \\ -5x_1 + 2x_2 - x_3 + 6x_4 = 12 \end{cases}$

③ $\begin{cases} x + y = 10, \\ 6x - 2z = -8 \\ 3y - z = -2 \end{cases}$

2 다음 연립방정식을 역행렬을 이용하여 풀어라.

① $\begin{cases} x + y = 4, \\ 2x - y = 14 \end{cases}$

② $\begin{cases} 2x_1 + x_3 = 2 \\ -2x_1 + 3x_2 + 4x_3 = 4 \\ -5x_1 + 5x_2 + 6x_3 = -1 \end{cases}$

3 가우스 소거법을 이용하여 다음 연립방정식을 풀어라.

① $\begin{cases} 2x_1 - x_2 - x_3 = 3, \\ -6x_1 + 6x_2 + 5x_3 = -3 \\ 4x_1 + 4x_2 + 7x_3 = 3 \end{cases}$

② $\begin{cases} x + y = 1, \\ 6x - 2z = -8 \\ 3y - z = -3 \end{cases}$

4 Cramer의 공식을 이용하여 해를 구하여라.

① $\begin{cases} x_1 - 3x_2 + x_3 = 4 \\ 2x_1 - x_2 = -2 \\ 4x_1 - 3x_3 = 0 \end{cases}$

② $\begin{cases} 3x_1 + 2x_2 + x_3 = 7 \\ x_1 - x_2 + 3x_3 = 3 \\ 5x_1 + 4x_2 - 2x_3 = 1 \end{cases}$

9장

벡터의 내적과 외적

9.1 벡터의 정의와 연산

9.1.1 벡터의 정의

벡터는 크기와 방향을 가지는 물리적인 양을 말한다. 예를 들어 바람의 이동이나 어떤 물체에 가해지는 힘, 속도, 가속도 등은 벡터이다. 반면 스칼라는 방향을 갖지 않고 크기만 가지는 물리적인 양을 말한다. 예를 들어 넓이, 길이, 질량, 일 등은 스칼라이다. 2차 및 3차 공간에서의 벡터는 유향선분 또는 화살표로 표시한다. 벡터의 방향은 화살표가 지시하는 방향이며, 벡터의 시점과 종점을 잇는 유향선분의 길이가 벡터의 크기가 된다.

정의

① 평면 위의 점 $P(x,y)$에 대해 방향이 원점 O에서 P방향이고 크기가 $|OP|$인 벡터를 점 P의 위치벡터라 하고 $\overrightarrow{OP}$ 또는 (x,y)로 적는다.

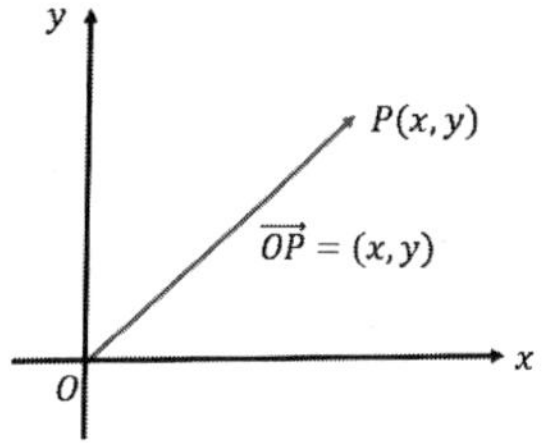

② $0=(0,0)$는 원점의 위치벡터, 크기가 0인 벡터이다.

③ 단위벡터는 크기가 1인 벡터이다.

④ $\overrightarrow{PQ}$는 시점이 P, 종점이 Q, 방향은 P에서 Q 방향, 크기는 $|\overrightarrow{PQ}|$인 벡터이다.

⑤ $-\overrightarrow{PQ}$는 $\overrightarrow{PQ}$와 크기는 같고 방향이 반대인 벡터 즉, $-\overrightarrow{PQ}=\overrightarrow{QP}$이다.

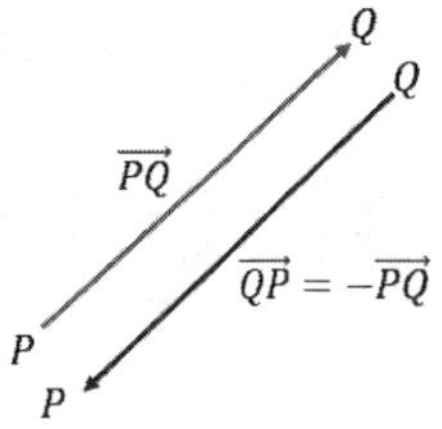

벡터 v에 대해 v의 시점이 A, 종점이 B이면 $v=\overrightarrow{AB}$로 표시한다.

정의

벡터 $\boldsymbol{u}, \boldsymbol{v}$와 실수 a에 대해

① $\boldsymbol{u} = \boldsymbol{v}$가 동치라고 하는 것은 $\boldsymbol{u}$, $\boldsymbol{v}$의 시점과 종점이 같을 때, $\boldsymbol{u}$, $\boldsymbol{v}$의 크기와 방향이 같을 때를 말한다.

② $-\boldsymbol{v}$는 $\boldsymbol{v}$와 크기는 같고 방향이 반대인 벡터이다.

③ $a\boldsymbol{v}$는 $a > 0$이면 $\boldsymbol{v}$와 같은 방향, $a < 0$이면 $\boldsymbol{v}$와 반대 방향이고 크기는 $\boldsymbol{v}$의 $|a|$인 벡터이다. 즉, $a > 0$이면 $\boldsymbol{v}$와 같은 방향의 a배의 크기를 가지는 벡터이고, $a < 0$이면 $\boldsymbol{v}$와 반대 방향의 $|a|$ 배의 크기를 가지는 벡터이다. 그리고 $a = 0$이거나 $\boldsymbol{v}$ =0이면 $a\boldsymbol{v} = 0$이라고 정의한다.

<table>
<tr>
<td>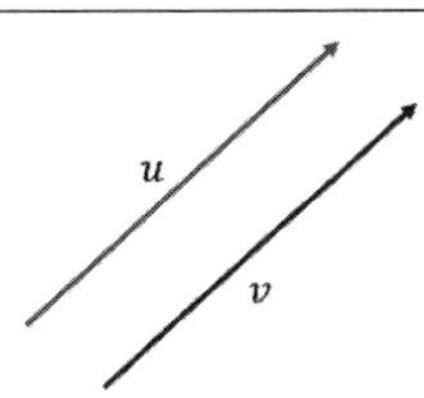</td>
<td>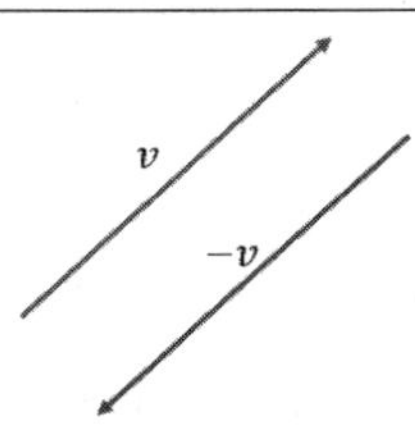
$-\boldsymbol{v}$</td>
<td>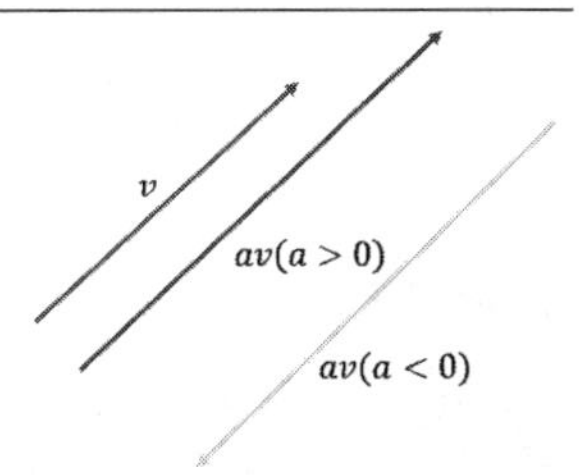</td>
</tr>
<tr>
<td>벡터의 상등 $\boldsymbol{u} = \boldsymbol{v}$</td>
<td>크기는 같고 방향이 반대인 벡터</td>
<td>벡터의 스칼라 곱 $a\boldsymbol{v}$</td>
</tr>
</table>

Note

$-\boldsymbol{v}$는 $\boldsymbol{v}$와 크기는 같고 방향이 반대인 벡터이므로 $(-1)\boldsymbol{v} = -\boldsymbol{v}$를 만족한다.

9.1.2 벡터의 연산

① 두 벡터의 합

두 벡터 $\boldsymbol{u}, \boldsymbol{v}$의 합 $\boldsymbol{u} + \boldsymbol{v}$은 아래와 같이 평행사변형, 혹은 삼각형 두 가지 방법으로 정의할 수 있다.

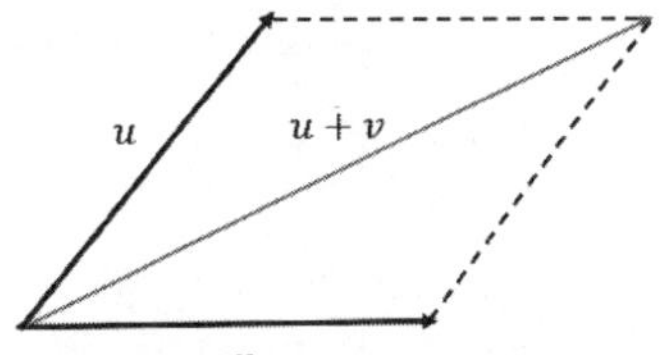	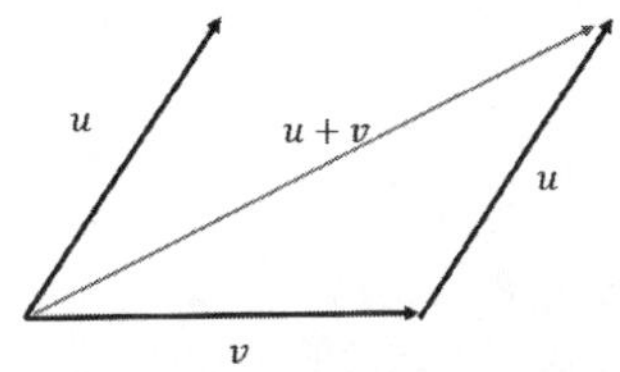

② 두 벡터의 뺄셈

두 벡터 u,v의 차 $u-v$는 $u-v=u+(-1)v=u+(-v)$로 정의한다.

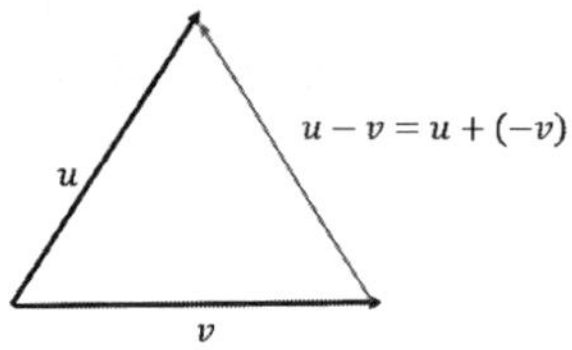

벡터의 성질

u , v , w를 R^2에서의 벡터, k , l를 임의의 스칼라라고 하자.

① $u+v=v+u$: 벡터의 합에 대한 교환법칙

② $(u+v)+w=u+(v+w)$: 벡터의 합에 대한 결합법칙

③ $u+0=0+u=u$: 벡터의 합에 대한 항등원의 존재

④ $u+(-u)=0$: 벡터의 합에 대한 음의 벡터의 존재

⑤ $k(lu)=(kl)u$: 스칼라 곱에 대한 결합법칙

⑥ $k(u+v)=ku+kv$: 스칼라 곱에 대한 분배법칙

⑦ $(k+l)u=ku+lu$: 스칼라에 대한 분배법칙

⑧ $1u=u$: 스칼라 곱에 대한 항등원의 존재

Note

① 2차원에서 벡터는 (x, y) 좌표로 표현한다.

② 3차원에서 벡터는 (x, y, z) 좌표로 표현한다.

③ R^n에서 벡터는 $v=(x_1, x_2, x_3, \cdots, x_n)$로 표현한다.

정의

평면상의 두 점 $P(x,y)$, $P_1(x_1, y_1)$, $P_2(x_2,y_2)$와 위치벡터 $\overrightarrow{OP_1}=(x_1,y_1)$, $\overrightarrow{OP_2}=(x_2,y_2)$에 대해

① $\overrightarrow{OP_1}+\overrightarrow{OP_2}=(x_1+x_2\,,\,y_1+y_2)$: 두 벡터 $\overrightarrow{OP_1}$, $\overrightarrow{OP_2}$의 합

② $a\overrightarrow{OP}=(ax, ay)$

③ $|\overrightarrow{OP}|=|(x,y)|=\sqrt{x^2+y^2}$

④ $\overrightarrow{P_1P_2}=\overrightarrow{OP_2}-\overrightarrow{OP_1}=(x_2-x_1\,,\,y_2-y_1)$

예제 9.1.1

$P_1=(3,2)$, $P_2=(-1,4)$에 대해 다음을 구하여라.

① 위치벡터 $\overrightarrow{OP_1}$의 길이

② $3\overrightarrow{OP_1}-2\overrightarrow{OP_2}$

③ 위치벡터 $\overrightarrow{P_1P_2}$

풀이

① 위치벡터 $\overrightarrow{OP_1}$의 길이는 $|\,OP_1\,|=\sqrt{3^2+2^2}=\sqrt{13}$ 이다.

② $3\overrightarrow{OP_1}-2\overrightarrow{OP_2}=3(3,2)-2(-1,4)=(9,6)+(2,-8)=(11,-2)$

③ $\overrightarrow{P_1P_2}=\overrightarrow{OP_2}-\overrightarrow{OP_1}=(-1,4)-(3,2)=(-4,2)$

정의

$\boldsymbol{u}=(x_1, x_2, \cdots, x_n)$, $\boldsymbol{v}=(y_1, y_2, \cdots, y_n)$ 에 대해

① $\boldsymbol{u}+\boldsymbol{v}=(x_1+y_1, x_2+y_2, \cdots, x_n+y_n)$

② k가 스칼라(실수)이면 $k\boldsymbol{u}=(kx_1, kx_2, \cdots, kx_n)$

③ $-\boldsymbol{u}=(-x_1, -x_2, \cdots, -x_n)$

④ $\boldsymbol{u}-\boldsymbol{v}=\boldsymbol{u}+(-\boldsymbol{v})=(x_1-y_1, x_2-y_2, \cdots, x_n-y_n)$

예제 9.1.2

① 벡터 $v=(1,3,\sqrt{2}-1)$, $w=(-1,3,\sqrt{2}+1)$에 대해 $v+w$를 구하여라.

② $v=(2,\sqrt{3},-2)$에 대해 $(-2)v$를 구하여라.

풀이

① $v=(1,3,\sqrt{2}-1)$, $w=(-1,3,\sqrt{2}+1)$에 대해

$v+w=(1,3,\sqrt{2}-1)+(-1,3,\sqrt{2}+1)=(0,6,2\sqrt{2})$

② $v=(2,\sqrt{3},-2)$에 대해 $(-2)v=(-2)(2,\sqrt{3},-2)=(-4,-2\sqrt{3},4)$

예제 9.1.3

벡터 $v=(1,2,3,4,5)$, $w=(-2,-5,7,4,11)$에 대해 다음을 구하여라.

① $v+w$　　② $3v$　　③ $-w$　　④ $v-w$

풀이

예제 9.1.2와 같은 방법으로 풀면 된다.

9.2 벡터의 크기와 내적

9.2.1 벡터의 크기

정의

① $\boldsymbol{u}=(x_1, x_2)$에 대해 $\boldsymbol{u}=(x_1, x_2)$의 크기는 $\|\boldsymbol{u}\|=\sqrt{x_1^2+x_2^2}$ 이고

② $\boldsymbol{u}=(x_1, x_2, \cdots, x_n)$에 대해 $\boldsymbol{u}=(x_1, x_2, \cdots, x_n)$의 크기는

$\|\boldsymbol{u}\|=\sqrt{x_1^2+x_2^2+\cdots+x_n^2}$ 이다.

정의

$P_1=(x_1, y_1)$, $P_2=(x_2, y_2)$에 대해 $P_1=(x_1, y_1)$, $P_2=(x_2, y_2)$ 사이의 거리는 $d=\|\overrightarrow{P_1P_2}\|=\|\overrightarrow{OP_2}-\overrightarrow{OP_1}\|=\sqrt{(x_2-x_1)^2+(y_2-y_1)^2}$ 이다.

예제 9.2.1

$\boldsymbol{u}=(4,-1)$, $\boldsymbol{v}=(-2,3)$에 대해 다음을 구하여라.

① $\|\boldsymbol{u}\|$ ② $\|\boldsymbol{v}\|$ ③ $\|\boldsymbol{u}-\boldsymbol{v}\|$

풀이

① $\boldsymbol{u}=(4,-1)$ 의 크기는 $\|\boldsymbol{u}\|=\sqrt{4^2+(-1)^2}=\sqrt{17}$ 이다.

② $\boldsymbol{v}=(-2,3)$ 의 크기는 $\|\boldsymbol{v}\|=\sqrt{(-2)^2+3^2}=\sqrt{13}$ 이다.

③ $\boldsymbol{u}=(4,-1)$ 에서 $\boldsymbol{v}=(-2,3)$ 까지의 거리는

$\|\boldsymbol{u}-\boldsymbol{v}\|=\sqrt{(4-(-2))^2+(-1-3)^2}=\sqrt{36+16}=\sqrt{52}$ 이다.

Note

R^2에서의 벡터 $\boldsymbol{u}, \boldsymbol{v}$와 임의의 스칼라 k에 대해 다음이 성립한다.

① $\|\boldsymbol{u}\| \geq 0$. 특히 $\|\boldsymbol{u}\|=0 \Leftrightarrow \boldsymbol{u}=0$

② $\|k\boldsymbol{u}\|=|k|\,\|\boldsymbol{u}\|$

③ $\|\boldsymbol{u}+\boldsymbol{v}\| \leq \|\boldsymbol{u}\|+\|\boldsymbol{v}\|$

9.2.2 벡터의 내적

정의

벡터 $\boldsymbol{u}, \boldsymbol{v}$에 대해 두 벡터 $\boldsymbol{u}, \boldsymbol{v}$의 내적은 다음과 같이 정의된다.

① $\boldsymbol{u} = (x_1, x_2), \boldsymbol{v} = (y_1, y_2)$ 이면 두 벡터 $\boldsymbol{u}, \boldsymbol{v}$의 내적은 $\boldsymbol{u} \cdot \boldsymbol{v} = x_1 y_1 + x_2 y_2$ 이다.

② $\boldsymbol{u} = (x_1, x_2, x_3), \boldsymbol{v} = (y_1, y_2, y_3)$이면 두 벡터 $\boldsymbol{u}, \boldsymbol{v}$의 내적은

$\boldsymbol{u} \cdot \boldsymbol{v} = x_1 y_1 + x_2 y_2 + x_3 y_3$ 이다.

③ $\boldsymbol{u} = (x_1, x_2, x_3, \cdots, x_n), \boldsymbol{v} = (y_1, y_2, y_3, \cdots, y_n)$이면 두 벡터 $\boldsymbol{u}, \boldsymbol{v}$의 내적은

$\boldsymbol{u} \cdot \boldsymbol{v} = x_1 y_1 + x_2 y_2 + x_3 y_3 + \cdots + x_n y_n$ 이다.

정리 9.2.1

R^n에서의 벡터 $\boldsymbol{u}, \boldsymbol{v}, \boldsymbol{w}$와 임의의 스칼라 k에 대해 다음이 성립한다.

① $\boldsymbol{u} \cdot \boldsymbol{v} = \boldsymbol{v} \cdot \boldsymbol{u}$

② $\boldsymbol{u} \cdot (\boldsymbol{v} + \boldsymbol{w}) = (\boldsymbol{u} \cdot \boldsymbol{v}) + (\boldsymbol{u} \cdot \boldsymbol{w})$

③ $k(\boldsymbol{u} \cdot \boldsymbol{v}) = (k\boldsymbol{u}) \cdot \boldsymbol{v} = \boldsymbol{u} \cdot (k\boldsymbol{v})$

④ $\boldsymbol{u} \cdot \boldsymbol{u} = \| \boldsymbol{u} \|^2$

⑤ $\| k\boldsymbol{u} \| = |k| \, \| \boldsymbol{u} \|$

⑥ $\boldsymbol{u} \neq 0 \Rightarrow \boldsymbol{u} \cdot \boldsymbol{u} > 0$이고 $\boldsymbol{u} = 0 \Rightarrow \boldsymbol{u} \cdot \boldsymbol{u} = 0$

증명

$n = 2$일 때 $\boldsymbol{u} = (x_1, x_2)$, $\boldsymbol{v} = (y_1, y_2)$, $\boldsymbol{w} = (z_1, z_2)$라 하면

① $\boldsymbol{u} \cdot \boldsymbol{v} = x_1 y_1 + x_2 y_2 = y_1 x_1 + y_2 x_2 = \boldsymbol{v} \cdot \boldsymbol{u}$

② $\boldsymbol{u} \cdot (\boldsymbol{v} + \boldsymbol{w}) = (x_1, x_2) \cdot (y_1 + z_1, y_2 + z_2) = x_1(y_1 + z_1) + x_2(y_2 + z_2)$

$= x_1 y_1 + x_2 y_2 + x_1 z_1 + x_2 z_2 = (\boldsymbol{u} \cdot \boldsymbol{v}) + (\boldsymbol{u} \cdot \boldsymbol{w})$

③ $k(\boldsymbol{u} \cdot \boldsymbol{v}) = k(x_1 y_1 + x_2 y_2) = (kx_1) y_1 + (kx_2) y_2 = x_1(ky_1) + x_2(ky_2)$

$= (k\boldsymbol{u}) \cdot \boldsymbol{v} = \boldsymbol{u} \cdot (k\boldsymbol{v})$

④ $\boldsymbol{u} \cdot \boldsymbol{u} = x_1^2 + x_2^2 = \| \boldsymbol{u} \|^2$

⑤ $\| k\boldsymbol{u} \|^2 = k\boldsymbol{u} \cdot k\boldsymbol{u} = (kx_1)^2 + (kx_2)^2 = k^2(x_1^2 + x_2^2) = k^2 \| \boldsymbol{u} \|^2$

따라서 $\| k\boldsymbol{u} \| = |k| \| \boldsymbol{u} \|$

⑥ $\boldsymbol{u} \neq 0 \Rightarrow \boldsymbol{u} \cdot \boldsymbol{u} = x_1^2 + x_2^2 > 0$ 이고 $\boldsymbol{u} = 0 \Rightarrow \boldsymbol{u} \cdot \boldsymbol{u} = 0$

정리 9.2.2 **두 벡터의 사잇각**

$\boldsymbol{u}, \boldsymbol{v}$는 R^2 혹은 R^3에서의 벡터이고 θ가 두 벡터의 사잇각이면 $\boldsymbol{u} \cdot \boldsymbol{v} = \| \boldsymbol{u} \| \| \boldsymbol{v} \| \cos\theta$이 성립한다.

증명

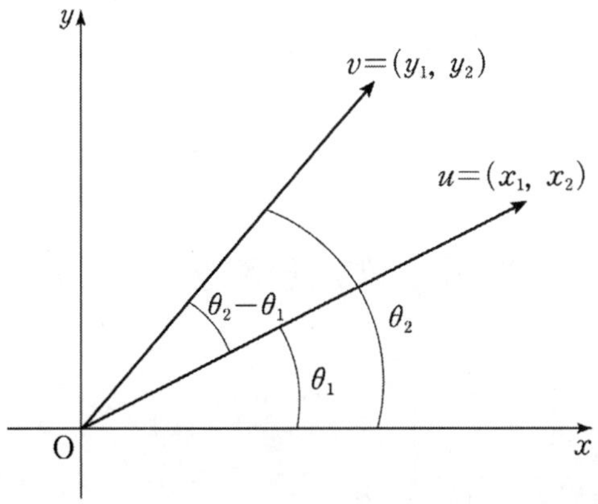

$\boldsymbol{u} = (x_1, x_2)$, $\boldsymbol{v} = (y_1, y_2)$라 하면 $\| \boldsymbol{u} \| = \sqrt{x_1^2 + x_2^2}$, $\| \boldsymbol{v} \| = \sqrt{y_1^2 + y_2^2}$이다.

$\cos\theta_1 = \dfrac{x_1}{\| \boldsymbol{u} \|}$, $\cos\theta_2 = \dfrac{y_1}{\| \boldsymbol{v} \|}$, $\sin\theta_1 = \dfrac{x_2}{\| \boldsymbol{u} \|}$, $\sin\theta_2 = \dfrac{y_2}{\| \boldsymbol{v} \|}$ 이므로

$$\cos\theta = \cos(\theta_2 - \theta_1) = \cos\theta_2 \cos\theta_1 + \sin\theta_2 \sin\theta_1 = \frac{x_1 y_1 + x_2 y_2}{\| \boldsymbol{u} \| \| \boldsymbol{v} \|} = \frac{\boldsymbol{u} \cdot \boldsymbol{v}}{\| \boldsymbol{u} \| \| \boldsymbol{v} \|}$$

이다.

따라서 $\cos\theta = \dfrac{\boldsymbol{u} \cdot \boldsymbol{v}}{\| \boldsymbol{u} \| \| \boldsymbol{v} \|}$ 또는 $\boldsymbol{u} \cdot \boldsymbol{v} = \cos\theta \| \boldsymbol{u} \| \| \boldsymbol{v} \|$ 이다.

Note

$\boldsymbol{u}, \boldsymbol{v}$가 R^2 혹은 R^3에서의 벡터이고 θ가 두 벡터의 사잇각이라고 하자.
$\boldsymbol{u} \cdot \boldsymbol{v} = \| \boldsymbol{u} \| \| \boldsymbol{v} \| \cos\theta$이 성립하므로 두 벡터의 내적은 $\theta = 0°$일 때 최대가 되고, $\theta = 90°$일 때 최소이다.

정리 9.2.3

R^2 혹은 R^3에서의 벡터 $\boldsymbol{u}$, $\boldsymbol{v}(\boldsymbol{u} \neq 0,\ \boldsymbol{v} \neq 0)$와 두 벡터 $\boldsymbol{u}$, $\boldsymbol{v}$의 사잇각 $\theta(0 \leq \theta \leq \pi)$에 대해

① θ가 예각 $(0 \leq \theta < \frac{\pi}{2})$이면 $\boldsymbol{u} \cdot \boldsymbol{v} > 0$

② θ가 둔각 $(\frac{\pi}{2} < \theta \leq \pi)$이면 $\boldsymbol{u} \cdot \boldsymbol{v} < 0$

③ θ가 직각 $(\theta = \frac{\pi}{2})$이면 $\boldsymbol{u} \cdot \boldsymbol{v} = 0$ (즉, $\boldsymbol{u}$, $\boldsymbol{v}$가 직교하면 $\cos\theta = 0$)이다.

증명

$\cos\theta = \dfrac{\boldsymbol{u} \cdot \boldsymbol{v}}{\|\boldsymbol{u}\| \|\boldsymbol{v}\|}$이므로 자명하다.

예제 9.2.2

$\boldsymbol{u} = (1,0)$, $\boldsymbol{v} = (-1,-1)$일 때 두 벡터 $\boldsymbol{u}$, $\boldsymbol{v}$의 사잇각 θ를 구하여라.

풀이

$\boldsymbol{u} = (1,0)$, $\boldsymbol{v} = (-1,-1)$이면

$\|\boldsymbol{u}\| = \sqrt{1^2+0^2} = 1$, $\|\boldsymbol{v}\| = \sqrt{(-1)^2+(-1)^2} = \sqrt{2}$이고

$\boldsymbol{u} \cdot \boldsymbol{v} = 1 \times (-1) + 0 \times (-1) = -1$이다.

$\cos\theta = \dfrac{\boldsymbol{u} \cdot \boldsymbol{v}}{\|\boldsymbol{u}\| \|\boldsymbol{v}\|} = -\dfrac{1}{\sqrt{2}}$이므로 $\theta = \dfrac{3\pi}{4}$이다.

정리 9.2.4 Schwartz의 부등식

R^n에서의 벡터 $\boldsymbol{u}$, $\boldsymbol{v}$에 대해 $|\boldsymbol{u} \cdot \boldsymbol{v}| \leq \|\boldsymbol{u}\| \|\boldsymbol{v}\|$ 이다.
특히 $|\boldsymbol{u} \cdot \boldsymbol{v}| = \|\boldsymbol{u}\| \|\boldsymbol{v}\|$ 일 필요충분조건은 $\boldsymbol{u}, \boldsymbol{v}$가 동일 직선상에 있을 때이다.

증명

$-1 \leq \cos\theta = \dfrac{\boldsymbol{u} \cdot \boldsymbol{v}}{\|\boldsymbol{u}\| \|\boldsymbol{v}\|} \leq 1$이므로 $-\|\boldsymbol{u}\| \|\boldsymbol{v}\| \leq \boldsymbol{u} \cdot \boldsymbol{v} \leq \|\boldsymbol{u}\| \|\boldsymbol{v}\|$

이다.

그러므로 $|\boldsymbol{u} \cdot \boldsymbol{v}| \leq \|\boldsymbol{u}\| \|\boldsymbol{v}\|$ 이다.

특히 $\boldsymbol{u} \cdot \boldsymbol{v} = \|\boldsymbol{u}\| \|\boldsymbol{v}\| \cos\theta$이므로 $|\boldsymbol{u} \cdot \boldsymbol{v}| = \|\boldsymbol{u}\| \|\boldsymbol{v}\|$ 일 필요충분조건은

$\theta = 0$이거나 $\theta = \pi$이다.

즉, $|\boldsymbol{u} \cdot \boldsymbol{v}| = \| \boldsymbol{u} \| \ \| \boldsymbol{v} \|$ 일 필요충분조건은 $\boldsymbol{u}, \boldsymbol{v}$는 동일직선상에 존재한다는 것이다.

다른 방법

$\boldsymbol{u} = (x_1, x_2)$, $\boldsymbol{v} = (y_1, y_2)$이면 $\boldsymbol{u} \cdot \boldsymbol{v} = x_1 y_1 + x_2 y_2$이고

$\| \boldsymbol{u} \| = \sqrt{x_1^2 + x_2^2}$, $\| \boldsymbol{v} \| = \sqrt{y_1^2 + y_2^2}$ 이다.

따라서

$$\begin{aligned} \| \boldsymbol{u} \|^2 \| \boldsymbol{v} \|^2 - (\boldsymbol{u} \cdot \boldsymbol{v})^2 &= (x_1^2 + x_2^2)(y_1^2 + y_2^2) - (x_1 y_1 + x_2 y_2)^2 \\ &= x_1^2 y_1^2 + x_1^2 y_2^2 + x_2^2 y_1^2 + x_2^2 y_2^2 - x_1^2 y_1^2 - 2 x_1 y_1 x_2 y_2 - x_2^2 y_2^2 \\ &= (x_1 y_2 - x_2 y_1)^2 \ \geq \ 0 \end{aligned}$$

이다. 그러므로 $| \boldsymbol{u} \cdot \boldsymbol{v} | \leq \| \boldsymbol{u} \| \ \| \boldsymbol{v} \|$ 이다.

정리 9.2.5

R^n에서의 벡터 $\boldsymbol{u}, \boldsymbol{v}$와 임의의 스칼라 k에 대해 다음이 성립한다.

① $\| \boldsymbol{u} \| \geq 0$. 특히 $\| \boldsymbol{u} \| = 0 \Leftrightarrow \boldsymbol{u} = 0$

② $\| k\boldsymbol{u} \| = |k| \, \| \boldsymbol{u} \|$

③ $\| \boldsymbol{u} + \boldsymbol{v} \| \leq \| \boldsymbol{u} \| + \| \boldsymbol{v} \|$

증명

①, ②는 벡터의 합과 스칼라곱의 정의를 이용하면 쉽게 얻어진다.

③ Schwarz 부등식에 의해

$$\begin{aligned} \| \boldsymbol{u} + \boldsymbol{v} \|^2 &= (\boldsymbol{u} + \boldsymbol{v}) \cdot (\boldsymbol{u} + \boldsymbol{v}) = \| \boldsymbol{u} \|^2 + \| \boldsymbol{v} \|^2 + 2\boldsymbol{u} \cdot \boldsymbol{v} \\ &\leq \| \boldsymbol{u} \|^2 + \| \boldsymbol{v} \|^2 + 2 \| \boldsymbol{u} \| \ \| \boldsymbol{v} \| = (\| \boldsymbol{u} \| + \| \boldsymbol{v} \|)^2 \end{aligned}$$

이다.

그러므로 $\| \boldsymbol{u} + \boldsymbol{v} \| \leq \| \boldsymbol{u} \| + \| \boldsymbol{v} \|$ 이다.

정의

길이가 1인 벡터를 단위벡터(unit vector), 단위벡터 중에서 한 좌푯값만 0이 아닌 경우를 기초벡터라 한다.

예

$\boldsymbol{e}_1 = (1,0,0)$, $\boldsymbol{e}_2 = (0,1,0)$, $\boldsymbol{e}_3 = (0,0,1)$은 공간상의 기초벡터이다.

Note

$e_1 = (1,0,0)$, $e_2 = (0,1,0)$, $e_3 = (0,0,1)$ 이면

$u = (x_1, x_2, x_3) = x_1 e_1 + x_2 e_2 + x_3 e_3$로 표현된다.

예제 9.2.3

$u = (3,-2,7)$을 $e_1 = (1,0,0)$, $e_2 = (0,1,0)$, $e_3 = (0,0,1)$으로 나타내어라.

풀이

$u = (3,-2,7) = 3e_1 + (-2)e_2 + 7e_3$

Note

$\| u \| \neq 0$ 일 때 $\frac{u}{\| u \|}$는 u와 같은 방향의 단위벡터이다.

$(\because)$ $\| u \| \neq 0$ 이므로 $\frac{1}{\| u \|} > 0$. 따라서 $\frac{u}{\| u \|}$는 u와 같은 방향의 벡터이다.

그리고 $\left\| \frac{u}{\| u \|} \right\| = \frac{1}{\| u \|} \| u \| = 1$이므로 $\frac{u}{\| u \|}$는 단위벡터이다.

예제 9.2.4

$u = (3, -5, 4)$와 같은 방향의 단위벡터를 구하여라.

풀이

$\| u \| = \sqrt{3^2 + (-5)^2 + 4^2} = \sqrt{50} = 5\sqrt{2}$ 이므로 $u = (3, -5, 4)$와 같은 방향의 단위벡터는 $\frac{u}{\| u \|} = \frac{1}{5\sqrt{2}}(3,-5,4)$ 이다.

9.3 벡터의 외적

크기가 1인 단위벡터 $\boldsymbol{i}=(1,0,0)$, $\boldsymbol{j}=(0,1,0)$, $\boldsymbol{k}=(0,0,1)$를 R^3의 정규단위벡터(standard unit vector)라고 한다.

Note

R^3의 모든 벡터들은 $\boldsymbol{i}, \boldsymbol{j}, \boldsymbol{k}$를 이용하여 표시할 수 있다.
실제로 $\boldsymbol{u}=(u_1, u_2, u_3)$를 R^3의 임의의 벡터라고 하면
$\boldsymbol{u}=(u_1, u_2, u_3)=u_1(1,0,0)+u_2(0,1,0)+u_3(0,0,1)=u_1\boldsymbol{i}+u_2\boldsymbol{j}+u_3\boldsymbol{k}$로 표현된다.

정 의

R^3에서의 벡터 $\boldsymbol{u}=(u_1, u_2, u_3)$, $\boldsymbol{v}=(v_1, v_2, v_3)$에 대해

$$\boldsymbol{u}\times\boldsymbol{v}=\begin{vmatrix} \boldsymbol{i} & \boldsymbol{j} & \boldsymbol{k} \\ u_1 & u_2 & u_3 \\ v_1 & v_2 & v_3 \end{vmatrix}=\begin{vmatrix} u_2 & u_3 \\ v_2 & v_3 \end{vmatrix}\boldsymbol{i}-\begin{vmatrix} u_1 & u_3 \\ v_1 & v_3 \end{vmatrix}\boldsymbol{j}+\begin{vmatrix} u_1 & u_2 \\ v_1 & v_2 \end{vmatrix}\boldsymbol{k}=(u_2v_3-u_3v_2)\boldsymbol{i}+$$

$(u_3v_1-u_1v_3)\boldsymbol{j}+(u_1v_2-u_2v_1)\boldsymbol{k}$를 $\boldsymbol{u}=(u_1, u_2, u_3)$와 $\boldsymbol{v}=(v_1, v_2, v_3)$의 외적이라고 한다.

예제 9.3.1

정규단위벡터 $\boldsymbol{i}, \boldsymbol{j}, \boldsymbol{k}$는 다음의 성질을 만족한다.

$$i\times j=\begin{vmatrix} i & j & k \\ 1 & 0 & 0 \\ 0 & 1 & 0 \end{vmatrix}=k=-j\times i \ , \quad j\times k=\begin{vmatrix} i & j & k \\ 0 & 1 & 0 \\ 0 & 0 & 1 \end{vmatrix}=i=-k\times j \ ,$$

$$k\times i=\begin{vmatrix} i & j & k \\ 0 & 0 & 1 \\ 1 & 0 & 0 \end{vmatrix}=j=-i\times k$$

$$i\times i=\begin{vmatrix} i & j & k \\ 1 & 0 & 0 \\ 1 & 0 & 0 \end{vmatrix}=0 \ , \quad j\times j=\begin{vmatrix} i & j & k \\ 0 & 1 & 0 \\ 0 & 1 & 0 \end{vmatrix}=0 \ , \quad k\times k=\begin{vmatrix} i & j & k \\ 0 & 0 & 1 \\ 0 & 0 & 1 \end{vmatrix}=0$$

예제 9.3.2

$u=(1,2,-2)$, $v=(3,0,1)$에 대해 $u\times v$를 구하여라.

풀이

$$u\times v=\begin{vmatrix} i & j & k \\ 1 & 2 & -2 \\ 3 & 0 & 1 \end{vmatrix}=\begin{vmatrix} 2 & -2 \\ 0 & 1 \end{vmatrix}i-\begin{vmatrix} 1 & -2 \\ 3 & 1 \end{vmatrix}j+\begin{vmatrix} 1 & 2 \\ 3 & 0 \end{vmatrix}k=2i-7j-6k$$

Note

벡터는 외적에 대해 교환법칙이 성립하지 않는다. 즉, R^3에서의 벡터 u, v에 대해 $u\times v\neq v\times u$이다.

($\because$) $u=(1,2,-2)$, $v=(3,0,1)$에 대해

$$u\times v=\begin{vmatrix} i & j & k \\ 1 & 2 & -2 \\ 3 & 0 & 1 \end{vmatrix}=\begin{vmatrix} 2 & -2 \\ 0 & 1 \end{vmatrix}i-\begin{vmatrix} 1 & -2 \\ 3 & 1 \end{vmatrix}j+\begin{vmatrix} 1 & 2 \\ 3 & 0 \end{vmatrix}k=2i-7j-6k$$

그러나

$$v\times u=\begin{vmatrix} i & j & k \\ 3 & 0 & 1 \\ 1 & 2 & -2 \end{vmatrix}=\begin{vmatrix} 0 & 1 \\ 2 & -2 \end{vmatrix}i-\begin{vmatrix} 3 & 1 \\ 1 & -2 \end{vmatrix}j+\begin{vmatrix} 3 & 0 \\ 1 & 2 \end{vmatrix}k=-2i+7j+6k$$

따라서 $u\times v\neq v\times u$이다.

실제로, 임의의 벡터 u, v에 대해 $u\times v=-v\times u$

Note

벡터는 외적에 대해 결합법칙이 성립하지 않는다. 즉, R^3에서의 벡터 u, v, w에 대해 $(u\times v)\times w\neq u\times(v\times w)$

($\because$)

$(i\times j)\times j=k\times j=-i$.

그러나 $i\times(j\times j)=i\times 0=0$. 따라서 $(i\times j)\times j\neq i\times(j\times j)$.

Note

두 벡터의 내적을 취한 결과는 스칼라이지만 외적을 취한 결과는 또 하나의 벡터이다. 벡터의 외적은 3차 공간에서만 정의된다.

정리 9.3.1

$\boldsymbol{u}, \boldsymbol{v}, \boldsymbol{w}$는 임의의 R^3에서의 벡터이고 k는 임의의 스칼라일 때 다음이 성립한다.

① $\boldsymbol{u} \cdot (\boldsymbol{u}\times\boldsymbol{v}) = 0$이고 $\boldsymbol{v} \cdot (\boldsymbol{u}\times\boldsymbol{v}) = 0$이다.

즉, $\boldsymbol{u}\times\boldsymbol{v}\perp\boldsymbol{u}$이고 $\boldsymbol{u}\times\boldsymbol{v}\perp\boldsymbol{v}$이다. 다시 말해, $\boldsymbol{u}\times\boldsymbol{v}$는 $\boldsymbol{u}$, $\boldsymbol{v}$에 동시에 수직인 벡터이다.

② $\|\boldsymbol{u}\times\boldsymbol{v}\|^2 = \|\boldsymbol{u}\|^2\|\boldsymbol{v}\|^2 - (\boldsymbol{u}\cdot\boldsymbol{v})^2$

③ $\boldsymbol{u}\times\boldsymbol{v} = -\boldsymbol{v}\times\boldsymbol{u}$

④ $\boldsymbol{u}\times(\boldsymbol{v}+\boldsymbol{w}) = (\boldsymbol{u}\times\boldsymbol{v})+(\boldsymbol{u}\times\boldsymbol{w})$이고 $(\boldsymbol{u}+\boldsymbol{v})\times\boldsymbol{w} = (\boldsymbol{u}\times\boldsymbol{w})+(\boldsymbol{v}\times\boldsymbol{w})$

⑤ $k(\boldsymbol{u}\times\boldsymbol{v}) = (k\boldsymbol{u})\times\boldsymbol{v} = \boldsymbol{u}\times(k\boldsymbol{v})$

⑥ $\boldsymbol{u}\times\boldsymbol{0} = \boldsymbol{0}\times\boldsymbol{u} = \boldsymbol{0}$이고 $\boldsymbol{u}=\boldsymbol{0} \Rightarrow \boldsymbol{u}\cdot\boldsymbol{u} = 0$

⑦ $\boldsymbol{u}\times\boldsymbol{u} = \boldsymbol{0}$

증명

$\boldsymbol{u} = (u_1, u_2, u_3)$, $\boldsymbol{v} = (v_1, v_2, v_3)$, $\boldsymbol{w} = (w_1, w_2, w_3)$라고 하자.

① $\boldsymbol{u} \cdot (\boldsymbol{u}\times\boldsymbol{v}) = (u_1\ u_2\ u_3) \cdot \begin{vmatrix} \boldsymbol{i} & \boldsymbol{j} & \boldsymbol{k} \\ u_1 & u_2 & u_3 \\ v_1 & v_2 & v_3 \end{vmatrix} = \begin{vmatrix} u_1 & u_2 & u_3 \\ u_1 & u_2 & u_3 \\ v_1 & v_2 & v_3 \end{vmatrix} = 0$

같은 방법으로 $\boldsymbol{v} \cdot (\boldsymbol{u}\times\boldsymbol{v}) = 0$

② $\boldsymbol{u}\times\boldsymbol{v} = \begin{vmatrix} \boldsymbol{i} & \boldsymbol{j} & \boldsymbol{k} \\ u_1 & u_2 & u_3 \\ v_1 & v_2 & v_3 \end{vmatrix} = (u_2v_3 - u_3v_2)\boldsymbol{i} + (u_3v_1 - u_1v_3)\boldsymbol{j} + (u_1v_2 - u_2v_1)\boldsymbol{k}$이므로

$$\begin{aligned}\|\boldsymbol{u}\times\boldsymbol{v}\|^2 &= (u_2v_3 - u_3v_2)^2 + (u_3v_1 - u_1v_3)^2 + (u_1v_2 - u_2v_1)^2 \\ &= (u_1^2 + u_2^2 + u_3^2)(v_1^2 + v_2^2 + v_3^2) - (u_1v_1 + u_2v_2 + u_3v_3)^2 \\ &= \|\boldsymbol{u}\|^2\|\boldsymbol{v}\|^2 - (\boldsymbol{u}\cdot\boldsymbol{v})^2\end{aligned}$$

③ $\boldsymbol{u}\times\boldsymbol{v} = \begin{vmatrix} \boldsymbol{i} & \boldsymbol{j} & \boldsymbol{k} \\ u_1 & u_2 & u_3 \\ v_1 & v_2 & v_3 \end{vmatrix} = -\begin{vmatrix} \boldsymbol{i} & \boldsymbol{j} & \boldsymbol{k} \\ v_1 & v_2 & v_3 \\ u_1 & u_2 & u_3 \end{vmatrix} = -(\boldsymbol{v}\times\boldsymbol{u})$

④ $\boldsymbol{u}\times(\boldsymbol{v}+\boldsymbol{w}) = (\boldsymbol{u}\times\boldsymbol{v})+(\boldsymbol{u}\times\boldsymbol{w})$이고 $(\boldsymbol{u}+\boldsymbol{v})\times\boldsymbol{w} = (\boldsymbol{u}\times\boldsymbol{w})+(\boldsymbol{v}\times\boldsymbol{w})$

($\because$)

$$\boldsymbol{u}\times(\boldsymbol{v}+\boldsymbol{w}) = \begin{vmatrix} \boldsymbol{i} & \boldsymbol{j} & \boldsymbol{k} \\ u_1 & u_2 & u_3 \\ v_1+w_1 & v_2+w_2 & v_3+w_3 \end{vmatrix} = \begin{vmatrix} \boldsymbol{i} & \boldsymbol{j} & \boldsymbol{k} \\ u_1 & u_2 & u_3 \\ v_1 & v_2 & v_3 \end{vmatrix} + \begin{vmatrix} \boldsymbol{i} & \boldsymbol{j} & \boldsymbol{k} \\ u_1 & u_2 & u_3 \\ w_1 & w_2 & w_3 \end{vmatrix} = (\boldsymbol{u}\times\boldsymbol{v})+(\boldsymbol{u}\times\boldsymbol{w})$$

그리고

$$(\boldsymbol{u}+\boldsymbol{v})\times\boldsymbol{w}=\begin{vmatrix}\boldsymbol{i}&\boldsymbol{j}&\boldsymbol{k}\\u_1+v_1&u_2+v_2&u_3+v_3\\w_1&w_2&w_3\end{vmatrix}=\begin{vmatrix}\boldsymbol{i}&\boldsymbol{j}&\boldsymbol{k}\\u_1&u_2&u_3\\w_1&w_2&w_3\end{vmatrix}+\begin{vmatrix}\boldsymbol{i}&\boldsymbol{j}&\boldsymbol{k}\\v_1&v_2&v_3\\w_1&w_2&w_3\end{vmatrix}=(\boldsymbol{u}\times\boldsymbol{w})+(\boldsymbol{v}\times\boldsymbol{w})$$

⑤ $k(\boldsymbol{u}\times\boldsymbol{v})=k\begin{vmatrix}\boldsymbol{i}&\boldsymbol{j}&\boldsymbol{k}\\u_1&u_2&u_3\\v_1&v_2&v_3\end{vmatrix}=\begin{vmatrix}\boldsymbol{i}&\boldsymbol{j}&\boldsymbol{k}\\ku_1&ku_2&ku_3\\v_1&v_2&v_3\end{vmatrix}=(k\boldsymbol{u})\times\boldsymbol{v}$

혹은 $k(\boldsymbol{u}\times\boldsymbol{v})=k\begin{vmatrix}\boldsymbol{i}&\boldsymbol{j}&\boldsymbol{k}\\u_1&u_2&u_3\\v_1&v_2&v_3\end{vmatrix}=\begin{vmatrix}\boldsymbol{i}&\boldsymbol{j}&\boldsymbol{k}\\u_1&u_2&u_3\\kv_1&kv_2&kv_3\end{vmatrix}=\boldsymbol{u}\times(k\boldsymbol{v})$

따라서 $k(\boldsymbol{u}\times\boldsymbol{v})=(k\boldsymbol{u})\times\boldsymbol{v}=\boldsymbol{u}\times(k\boldsymbol{v})$

⑥ $\boldsymbol{u}\times 0=0\times\boldsymbol{u}=0$이고 $\boldsymbol{u}=0\Rightarrow\boldsymbol{u}\cdot\boldsymbol{u}=0$

$(\because)$ $\boldsymbol{u}\times 0=\begin{vmatrix}\boldsymbol{i}&\boldsymbol{j}&\boldsymbol{k}\\u_1&u_2&u_3\\0&0&0\end{vmatrix}=0$, $0\times\boldsymbol{u}=\begin{vmatrix}\boldsymbol{i}&\boldsymbol{j}&\boldsymbol{k}\\0&0&0\\u_1&u_2&u_3\end{vmatrix}=0$

⑦ $\boldsymbol{u}\times\boldsymbol{u}=0$

$(\because)$ $\boldsymbol{u}\times\boldsymbol{u}=\begin{vmatrix}\boldsymbol{i}&\boldsymbol{j}&\boldsymbol{k}\\u_1&u_2&u_3\\u_1&u_2&u_3\end{vmatrix}=0$

Note

임의의 벡터 $\boldsymbol{u}, \boldsymbol{v}$에 대해 다음이 성립한다.

① $\|\boldsymbol{u}\times\boldsymbol{v}\|=\|\boldsymbol{u}\|\|\boldsymbol{v}\|\sin\theta$ 여기서, $\theta=\measuredangle(\boldsymbol{u}, \boldsymbol{v})$

즉, 두 벡터의 외적의 크기는 기하학적으로 두 벡터로 만들어지는 평행사변형의 넓이이다.

② $\boldsymbol{u}\times\boldsymbol{v}\neq 0$이면 $(\boldsymbol{u}, \boldsymbol{v}, \boldsymbol{u}\times\boldsymbol{v})$는 우수계의 일차독립인 벡터이다.

증명

① $\|\boldsymbol{u}\times\boldsymbol{v}\|^2=\|\boldsymbol{u}\|^2\|\boldsymbol{v}\|^2-(\boldsymbol{u}\cdot\boldsymbol{v})^2$이고 $\boldsymbol{u}\cdot\boldsymbol{v}=\|\boldsymbol{u}\|\|\boldsymbol{v}\|\cos\theta$ 이므로

$\|\boldsymbol{u}\times\boldsymbol{v}\|^2=\|\boldsymbol{u}\|^2\|\boldsymbol{v}\|^2-(\boldsymbol{u}\cdot\boldsymbol{v})^2=\|\boldsymbol{u}\|^2\|\boldsymbol{v}\|^2-\|\boldsymbol{u}\|^2\|\boldsymbol{v}\|^2\cos^2\theta=\|\boldsymbol{u}\|^2\|\boldsymbol{v}\|^2\sin^2\theta$

따라서 $\|\boldsymbol{u}\times\boldsymbol{v}\|=\|\boldsymbol{u}\|\|\boldsymbol{v}\|\sin\theta$

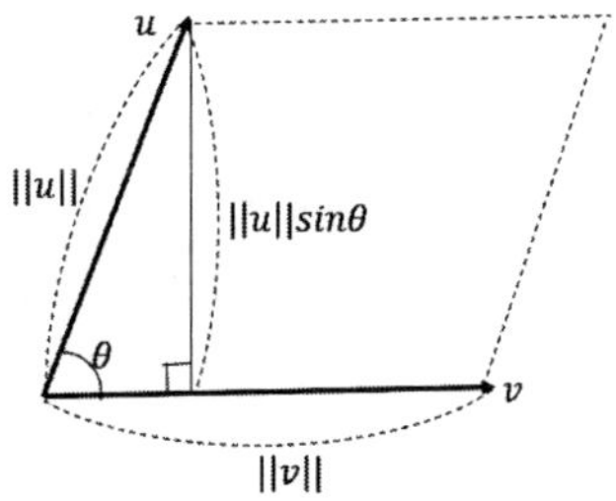

예제 9.3.3

세 점 $P_1(2,3,1)$, $P_2=(-1,1,2)$, $P_3=(1,4,3)$로 이루어지는 삼각형의 면적 S를 구하여라.

풀이

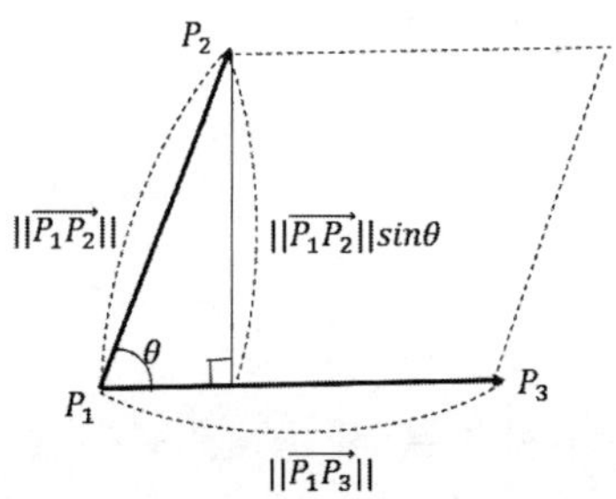

삼각형의 면적 S는 $\overrightarrow{P_1P_2}$와 $\overrightarrow{P_1P_3}$에 의해 결정되는 평행사변형의 넓이의 $\frac{1}{2}$이다.

$\overrightarrow{P_1P_2}=(-3,-2,1)$, $\overrightarrow{P_1P_3}=(-1,1,2)$이므로

$$\overrightarrow{P_1P_2}\times\overrightarrow{P_1P_3}=\begin{vmatrix} \boldsymbol{i} & \boldsymbol{j} & \boldsymbol{k} \\ -3 & -2 & 1 \\ -1 & 1 & 2 \end{vmatrix}=-5\boldsymbol{i}+5\boldsymbol{j}-5\boldsymbol{k}.$$

따라서 삼각형의 면적은 $S=\frac{1}{2}\parallel\overrightarrow{P_1P_2}\times\overrightarrow{P_1P_3}\parallel=\frac{1}{2}\sqrt{25+25+25}=\frac{5\sqrt{3}}{2}$

Note

R^3상의 벡터 $\boldsymbol{u}=(x_1,x_2,x_3)$, $\boldsymbol{v}=(y_1,y_2,y_3)$, $\boldsymbol{w}=(z_1,z_2,z_3)$를 세 모서리로 하는 평행육면체의 체적은 $|\boldsymbol{u}\cdot(\boldsymbol{v}\times\boldsymbol{w})|=\left|\begin{vmatrix} x_1 & x_2 & x_3 \\ y_1 & y_2 & y_3 \\ z_1 & z_2 & z_3 \end{vmatrix}\right|$이다.

증명

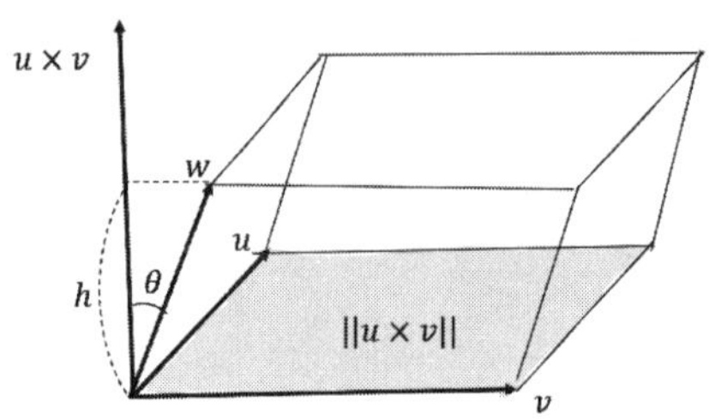

위 그림에서 보는 바와 같이 평행육면체의 밑면적은 두 벡터 $\boldsymbol{u}, \boldsymbol{v}$로 만들어지는 평행사변형의 넓이이므로 $\|\boldsymbol{u}\times\boldsymbol{v}\|$이다. $\boldsymbol{u}\times\boldsymbol{v}$가 $\boldsymbol{u}$, $\boldsymbol{v}$에 동시에 수직인 벡터이므로 평행육면체의 높이 h는 $\|\boldsymbol{w}\||\cos\theta|$이다. 여기서 $\theta = \measuredangle(\boldsymbol{w}, \boldsymbol{u}\times\boldsymbol{v})$.

따라서 평행육면체의 체적은 밑면적과 높이의 곱 $\|\boldsymbol{u}\times\boldsymbol{v}\|\|\boldsymbol{w}\||\cos\theta| =$

$$\|\boldsymbol{u}\times\boldsymbol{v}\|\|\boldsymbol{w}\||\cos\theta| = |(\boldsymbol{u}\times\boldsymbol{v})\cdot\boldsymbol{w}| = |\boldsymbol{u}\cdot(\boldsymbol{v}\times\boldsymbol{w})| = \left|\begin{vmatrix} x_1 & x_2 & x_3 \\ y_1 & y_2 & y_3 \\ z_1 & z_2 & z_3 \end{vmatrix}\right|$$이다.

예제 9.3.4

R^3상의 벡터 $\boldsymbol{u} = (2,3,1)$, $\boldsymbol{v} = (1,1,2)$, $\boldsymbol{w} = (1,4,3)$를 세 모서리로 하는 평행육면체의 체적을 구하여라.

풀이

평행육면체의 체적은

$$\left|\begin{vmatrix} 2 & 3 & 1 \\ 1 & 1 & 2 \\ 1 & 4 & 3 \end{vmatrix}\right| = |6+4+6-(1+16+9)| = 10$$

9.4 직선과 평면의 방정식

I. 직선의 벡터방정식

$P_0(x_0, y_0)$를 지나고 영벡터가 아닌 벡터 $v=(a, b)$와 평행인 직선 l의 식을 구해보자.

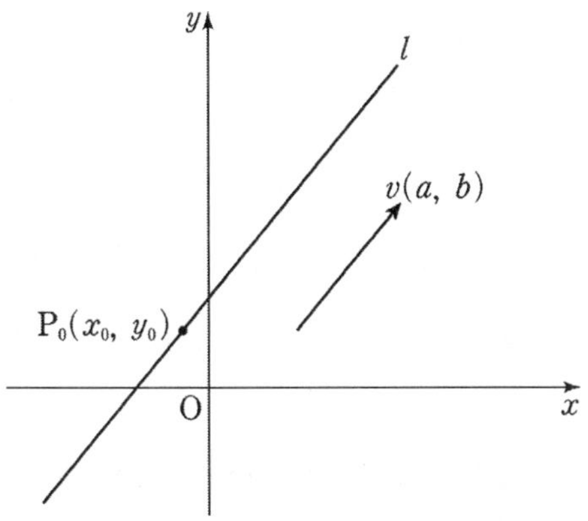

$P(x,y)$를 직선 l상의 임의의 점이라고 하면 벡터 $\overrightarrow{P_0P}$와 v는 서로 평행한 벡터가 된다.

따라서 적당한 실수 $t \in R$가 존재해서 $\overrightarrow{P_0P}=tv$를 만족한다.

$(x-x_0, y-y_0)=t(a, b)=(ta, tb)$이므로 $x-x_0=ta$ 이고 $y-y_0=tb$이다.

그러므로

$\begin{cases} x=x_0+ta \\ y=y_0+tb, \quad -\infty < t < \infty \end{cases}$ 가 한 점 $P_0(x_0, y_0)$를 지나고 벡터 $v=(a, b)$와 평행인 직선 l의 매개방정식이다.

혹은

$(x, y)=(x_0+ta, y_0+tb)$ 또는 $(x, y)=(x_0, y_0)+t(a, b)$이 $P_0(x_0, y_0)$를 지나고 영벡터가 아닌 벡터 $v=(a,b)$와 평행인 직선 l의 벡터방정식이다.

여기서 $ab \neq 0$이면 $\dfrac{x-x_0}{a}=\dfrac{y-y_0}{b}(=t)$를 만족한다.

$\dfrac{x-x_0}{a}=\dfrac{y-y_0}{b}$을 한 점 $P_0(x_0, y_0)$를 지나고 벡터 $v=(a, b)$와 평행인 직선 l의 대칭방정식이라고 한다.

Ⅱ. 공간에서의 직선의 방정식

R^3 상의 한 점 $P_0(x_0, y_0, z_0)$를 지나고 영벡터가 아닌 벡터 $\boldsymbol{v}=(a, b, c)$와 평행인 직선 l 의 식을 구해보자.

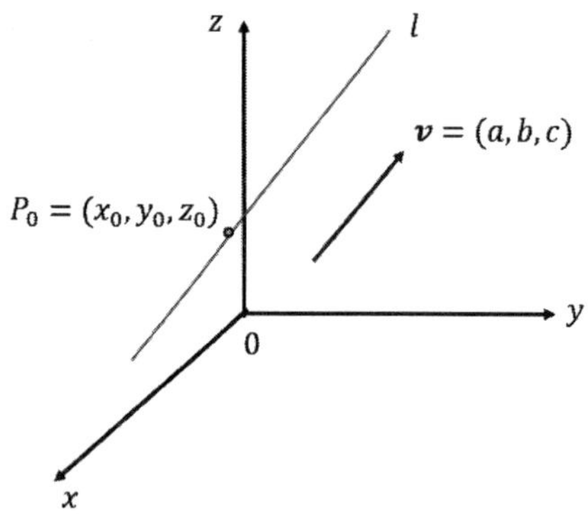

$P(x, y, z)$를 직선 l상의 임의의 점이라고 하면 가정에 의해 벡터 $\overrightarrow{P_0P}$와 $\boldsymbol{v}$는 서로 평행하다. 그러므로 $t \in R$가 존재해서 $\overrightarrow{P_0P}=t\boldsymbol{v}$를 만족한다.

즉, $(x-x_0, y-y_0, z-z_0)=t(a, b, c)=(ta, tb, tc)$이므로 $x-x_0=ta$, $y-y_0=tb$이고 $z-z_0=tc$이다.

그러므로

$$\begin{cases} x = x_0 + ta \\ y = y_0 + tb \\ z = z_0 + tc, \quad -\infty < t < \infty \end{cases}$$

은 한 점 $P_0(x_0, y_0, z_0)$를 지나고 벡터 $\boldsymbol{v}=(a, b, c)$와 평행인 직선 l의 매개방정식이다.

여기서 $abc \neq 0$이면 $\dfrac{x-x_0}{a}=\dfrac{y-y_0}{b}=\dfrac{z-z_0}{c}(=t)$를 만족한다.

$\dfrac{x-x_0}{a}=\dfrac{y-y_0}{b}=\dfrac{z-z_0}{c}$을 한 점 $P_0(x_0, y_0, z_0)$를 지나고 벡터 $\boldsymbol{v}=(a, b, c)$와 평행인 직선 l의 대칭 방정식이라고 한다.

일반적으로 R^n 상의 한 점 $A(a_1, a_2, \cdots, a_n)$를 지나면서 주어진 벡터 $\boldsymbol{b}=(b_1, b_2, \cdots, b_n)$와 평행인 직선의 식은 $\dfrac{x-a_1}{b_1}=\dfrac{y-a_2}{b_2}=\cdots=\dfrac{y-a_n}{b_n}$이다. (단, $b_1 b_2 \cdots b_n \neq 0$).

예제 9.4.1

한 점 $P_0(2, 3, -1)$를 지나고 벡터 $v = (4, 5, -6)$와 평행인 직선 l의 식을 구하여라.

풀이

$$\begin{cases} x = 2 + 4t \\ y = 3 + 5t \\ z = -1 - 6t, \quad -\infty < t < \infty \end{cases} \quad \text{또는} \quad \frac{x-2}{4} = \frac{y-3}{5} = \frac{z+1}{-6}$$

Note

두 점 $P(x_1, y_1)$, $Q = (x_2, y_2)$를 지나는 직선 l의 식을 구해보자.

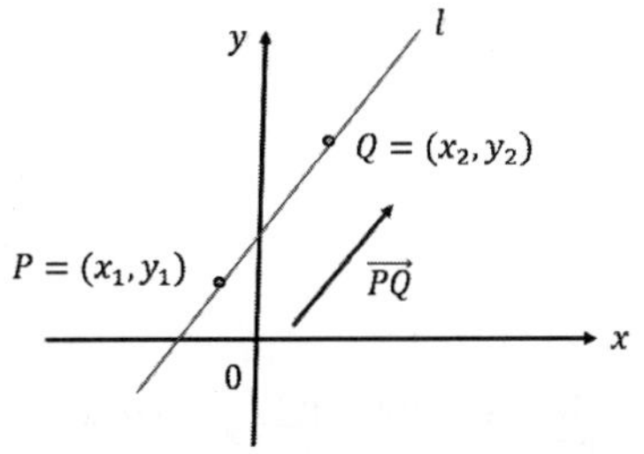

$P(x_1, y_1)$, $Q = (x_2, y_2)$가 직선 l상의 점이므로 $\overrightarrow{PQ} = (x_2 - x_1, y_2 - y_1)$는 직선 l에 평행인 벡터이다. 따라서 직선은 $P(x_1, y_1)$을 지나고 $\overrightarrow{PQ} = (x_2 - x_1, y_2 - y_1)$에 평행이므로 직선의 식은

$(x, y) = (x_1, y_1) + t(x_2 - x_1, y_2 - y_1)$

또는 $(x, y) = ((1-t)x_1 + tx_2, (1-t)y_1 + ty_2) = (1-t)(x_1, y_1) + t(x_2, y_2)$

$$\begin{cases} x = (1-t)x_1 + tx_2 \\ y = (1-t)y_1 + ty_2, \quad -\infty < t < \infty \end{cases}$$ 으로 표현된다.

공간에서의 평면의 방정식

$P_0(x_0, y_0, z_0)$을 지나고 영벡터가 아닌 벡터 $n = (a, b, c)$에 수직인 평면의 방정식을 구해보자. 평면에 수직인 벡터를 그 평면에 대한 법선벡터라고 한다.

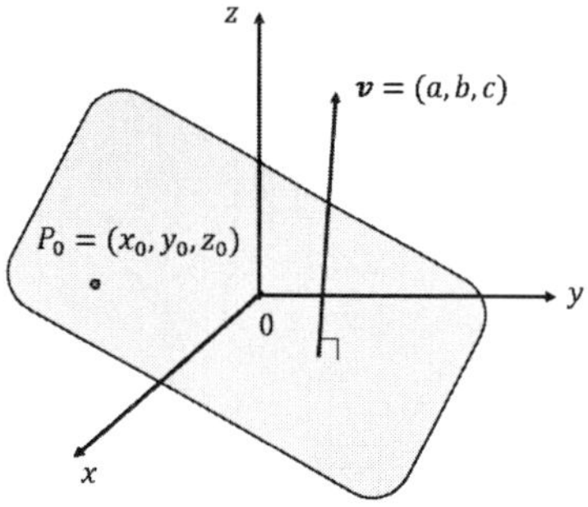

$P(x, y, z)$를 평면상의 임의의 점이라고 하면 $\boldsymbol{n}=(a, b, c)$이 평면의 법선벡터이므로 $\overrightarrow{P_0P}$ 과 $\boldsymbol{n}$은 수직이다. 따라서 $\overrightarrow{P_0P}$ 과 $\boldsymbol{n}$의 내적이 0이 된다.

$\overrightarrow{P_0P} = (x-x_0, y-y_0, z-z_0)$이므로

$\overrightarrow{P_0P} \cdot \boldsymbol{n} = (x-x_0, y-y_0, z-z_0) \cdot (a, b, c) = a(x-x_0)+b(y-y_0)+c(z-z_0)=0$

따라서 $P_0(x_0, y_0, z_0)$을 지나고 영벡터가 아닌 $\boldsymbol{n}=(a, b, c)$를 법선벡터로 가지는 평면의 방정식은 $a(x-x_0)+b(y-y_0)+c(z-z_0)=0$이다.

예제 9.4.2

$P_0(2, 3, 4)$을 지나고 $\boldsymbol{n}=(3, 4, -5)$에 수직인 평면의 방정식을 구하여라.

풀이

$P_0(x_0, y_0, z_0)$을 지나고 영벡터가 아닌 $\boldsymbol{n}=(a, b, c)$를 법선벡터로 가지는 평면의 방정식은 $a(x-x_0)+b(y-y_0)+c(z-z_0)=0$이므로

$3(x-2)+4(y-3)-5(z-4)=0$이다. 정리하면 평면의 식은

$3x+4y-5z+2=0$이다.

Note

a, b, c, d가 상수이고 a, b, c 중 적어도 하나는 0이 아닐 때 방정식 $ax+by+cz=d$를 만족하는 점들의 집합은 벡터 $\boldsymbol{n}=(a, b, c)$에 수직인 평면이다.

예제 9.4.3

세 점 $P(3, 2, -1)$, $Q=(5,3,4)$, $R=(7, -1, -2)$을 지나는 평면의 방정식을 구하여라.

풀이

P, Q, R이 동일한 평면상의 점이므로 $\overrightarrow{PQ}=(2, 1, 5)$와 $\overrightarrow{PR}=(4, -3, -1)$은 평면에 평행하다.

따라서

$$\overrightarrow{PQ}\times\overrightarrow{PR}=\begin{vmatrix} \boldsymbol{i} & \boldsymbol{j} & \boldsymbol{k} \\ 2 & 1 & 5 \\ 4 & -3 & -1 \end{vmatrix}=(14, 22, -10)$$ 은 평면에 수직이다.

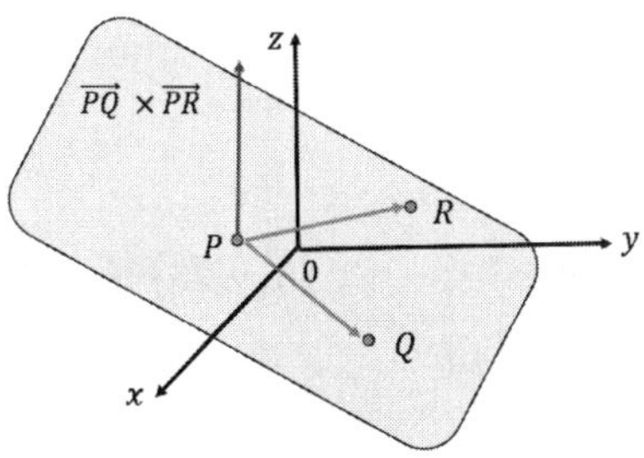

즉, 구하고자 하는 평면은 $P(3, 2, -1)$을 지나고 $\overrightarrow{PQ}\times\overrightarrow{PR}=(14, 22, -10)$에 수직인 평면이다. 따라서 $14(x-3)+22(y-2)-10(z+1)=0$이다.

그러므로 평면의 식은 $14x+22y-10z=96$이다. 정리하면 $7x+11y-5z=48$이다.

예제 9.4.4

점 $P(1, -2, -3)$을 지나고 평면 $8x+3y-5z=20$에 평행인 평면의 방정식을 구하여라.

풀이

구하고자 하는 평면의 법선벡터는 $(8, 3, -5)$이다. 따라서 평면은 점 $P(1, -2, -3)$을 지나고 $(8, 3, -5)$에 수직인 평면의 식을 구하면 된다.

그러므로 $8(x-1)+3(y+2)-5(z+3)=0$이다. 정리하면 평면의 식은

$8x+3y-5z=17$이다.

예제 9.4.5

두 점 $P(3, 2, -1)$, $Q(2, 4, 3)$을 포함하고 평면 $9x+5y+4z=0$에 수직인 평면의 방정식을 구하여라.

풀이

두 점 $P(3, 2, -1)$, $Q(2, 4, 3)$은 구하고자 하는 평면상의 점이므로 평면은 $\overrightarrow{PQ}=(-1, 2, 4)$에 평행하다.

$\boldsymbol{n}=(9, 5, 4)$가 평면 $9x+5y+4z=0$에 수직인 벡터이므로, 평면 $9x+5y+4z=0$에 수직인 벡터는 $\boldsymbol{n}=(9, 5, 4)$와 평행하다.

즉 구하고자 하는 평면은 $\overrightarrow{PQ}=(-1, 2, 4)$와 $\boldsymbol{n}=(9, 5, 4)$에 동시에 평행하다.

그러므로 $\overrightarrow{PQ}\times\boldsymbol{n}=\begin{vmatrix} \boldsymbol{i} & \boldsymbol{j} & \boldsymbol{k} \\ -1 & 2 & 4 \\ 9 & 5 & 4 \end{vmatrix}=(-12, 40, -23)$가 구하고자 하는 평면의 법선 벡터가 된다.

따라서 구하고자 하는 평면은 $P(3, 2, -1)$을 지나고 $(-12, 40, -23)$에 수직인 평면이므로 $-12(x-3)+40(y-2)-23(z+1)=0$이다.

정리하면 평면의 식은 $-12x+40y-23z=67$이다.

연습문제

1 평면에 있는 두 벡터 $\boldsymbol{u}=\boldsymbol{i}+2\boldsymbol{j}$와 $\boldsymbol{v}=3\boldsymbol{i}+6\boldsymbol{j}$에 대해 다음을 계산하여라.

① $2\boldsymbol{u}+\boldsymbol{v}$ ② $\boldsymbol{u}-\boldsymbol{v}$ ③ $2\boldsymbol{u}+3\boldsymbol{v}$ ④ $5\boldsymbol{u}-4\boldsymbol{v}$ ⑤ $\|3\boldsymbol{u}-2\boldsymbol{v}\|$

2 공간에 있는 두 벡터 $\boldsymbol{u}=5\boldsymbol{i}-4\boldsymbol{j}+2\boldsymbol{j}$와 $\boldsymbol{v}=3\boldsymbol{i}+6\boldsymbol{j}-\boldsymbol{k}$에 대해 다음을 계산하여라.

① $2\boldsymbol{u}+\boldsymbol{v}$ ② $\boldsymbol{u}-3\boldsymbol{v}$ ③ $\|\boldsymbol{u}+5\boldsymbol{v}\|$

3 두 벡터 $\boldsymbol{u}=\boldsymbol{i}+2\boldsymbol{j}+4\boldsymbol{k}$와 $\boldsymbol{v}=5\boldsymbol{i}-3\boldsymbol{j}-2\boldsymbol{k}$에 대해 다음을 계산하여라.

① $\boldsymbol{u}\cdot\boldsymbol{v}$ ② $\boldsymbol{u}\times\boldsymbol{v}$

4 두 벡터 $\boldsymbol{u}=\boldsymbol{i}+3\boldsymbol{j}+\boldsymbol{k}$와 $\boldsymbol{v}=4\boldsymbol{i}-\boldsymbol{j}+3\boldsymbol{k}$와 $\boldsymbol{w}=-\boldsymbol{i}+5\boldsymbol{j}+2\boldsymbol{k}$에 대해 $\boldsymbol{u}\cdot(\boldsymbol{v}\times\boldsymbol{w})$을 계산하여라.

5 $(3,5,-2)$, $(1,3,4)$을 지나는 직선의 방정식을 구하여라.

6 직선 $\dfrac{x-1}{2}=\dfrac{y+1}{-1}=\dfrac{z}{2}$와 평면 $3x+2y-z=5$의 교점을 구하여라.

연습문제

7 다음의 직선의 식을 구하여라.

① 한 점 $P_0(1, -3)$를 지나고 벡터 $\boldsymbol{v}=(1, -2)$와 평행인 직선 l의 식을 구하여라.

② 한 점 $P_0(1, -1, -3)$를 지나고 벡터 $\boldsymbol{v}=(0, 1, -2)$와 평행인 직선 l의 식을 구하여라.

③ 한 점 $P_0(3, -2, 5)$를 지나고 직선 $x-1=2(y-2)=-3(z+1)$에 평행인 직선 l의 식을 구하여라.

8 R^3 상의 세 점 $A(1, 4, -1)$, $B(1, 3, 1)$, $C(3, 1, 11)$을 지나는 평면의 식을 구하여라.

9 원점을 지나고 두 직선 $\dfrac{x-a_1}{u_1}=\dfrac{y-b_1}{v_1}=\dfrac{z-c_1}{w_1}$와 $\dfrac{x-a_2}{u_2}=\dfrac{y-b_2}{v_2}=\dfrac{z-c_2}{w_2}$의 양쪽에 직교하는 직선의 방정식을 구하여라.

10 점 $P_0(2, 2, -1)$을 지나고 평면 $2x+y-z=3$, $x+y+z=2$의 교선에 수직인 평면을 구하여라.

10장

무한급수

10.1 수열의 극한

정의

정의역이 자연수인 함수를 수열이라고 한다. 즉 $f(n)=a_n$으로 정의된 함수 $f:N\rightarrow R$를 수열이라고 하고 수열을 $\{a_n\}$ 혹은 (a_n)으로 표기한다. 여기서 a_n을 수열 $\{a_n\}$의 일반항이라고 한다.

예제 10.1.1

① $a_n = n-1$ 이면 n이 증가함에 따라 a_n은 무한히 증가한다. 그러므로

$$\lim_{n\rightarrow\infty} a_n = \infty$$

② $a_n = \dfrac{1}{n}$, $n \geq 1$이면 n이 증가함에 따라 a_n은 0에 가까이 간다. 그러므로

$$\lim_{n\rightarrow\infty} a_n = 0$$

③ $a_n = \begin{cases} 1, & n: 짝수 \\ 0, & n: 홀수 \end{cases}$ 이면 n이 증가함에 따라 a_n은 0과 1을 반복하므로 $\{a_n\}$은 진동하는 수열이다. 따라서 $\lim\limits_{n\rightarrow\infty} a_n$이 존재하지 않는다.

정의

주어진 수열 $\{a_n\}$과 실수 $l\in R$에 대해

$$\lim_{n\rightarrow\infty} a_n = l$$

$\Leftrightarrow$ 임의의 실수 $\epsilon>0$에 대해 충분히 큰 자연수 N이 존재해서 $n \geq N$이면 $|a_n - l| < \epsilon$가 성립할 때.

수열 $\{a_n\}$이 수렴하지 않을 때 수열 $\{a_n\}$은 발산한다고 한다.

참고

● **아르키메데스 원리**

임의의 자연수 a와 b에 대해 자연수 n이 존재하여 $na > b$가 성립한다.

증명

정리가 성립하지 않는다고 가정하자. 그러면 자연수 a와 b가 존재해서 임의의 자연수 n에 대해 $na \le b$를 만족한다.

$S=\{b-na \mid n \in N\}$라 두면 $S \neq \varnothing$이고 $S \subset N$이다. S는 최소원을 가진다.

$b-ma$를 S의 최소원이라 하면 S의 정의에 의해 $b-(m+1)a \in S$

그러나 $b-(m+1)a=b-ma-a<b-ma$이고 $b-ma$가 S의 최소원이므로 이것은 모순이다. 따라서 임의의 자연수 a와 b에 대해 자연수 n이 존재하여 $na > b$가 성립한다.

예제 10.1.2

다음 수열의 극한을 구하여라.

① $\{a_n\}=\left\{\frac{1}{n}\right\}$

② $\{a_n\}=\left\{\frac{5}{2n+1}\right\}$

③ $\{a_n\}=\{n\}$

풀이

① 수열 $\left\{\frac{1}{n}\right\}$은 수렴하고 $\lim_{n\to\infty}\frac{1}{n}=0$이다.

증명

임의의 양수 $\epsilon>0$에 대해 아르키메데스 원리에 의해 $N>\frac{1}{\epsilon}$인 자연수 N을 택할 수 있다.

여기서 $n \ge N$인 모든 n에 대해 $\left|\frac{1}{n}-0\right|=\frac{1}{n}\le\frac{1}{N}<\epsilon$가 성립한다. 따라서 수열 $\left\{\frac{1}{n}\right\}$은 수렴하고 $\lim_{n\to\infty}\frac{1}{n}=0$이다.

② 수열 $\left\{\frac{5}{2n+1}\right\}$은 수렴하고 $\lim_{n\to\infty}\frac{5}{2n+1}=0$이다.

증명

임의의 양수 $\epsilon>0$에 대해 아르키메데스 원리에 의해 $N>\frac{5}{2\epsilon}$인 자연수 N을 택할 수 있다. 여기서 $n\geq N$인 모든 n에 대해

$\left|\frac{5}{2n+1}-0\right|=\frac{5}{2n+1}\leq\frac{5}{2N+1}<\epsilon$가 성립한다. 따라서 수열 $\left\{\frac{5}{2n+1}\right\}$은 수렴하고 $\lim_{n\to\infty}\frac{5}{2n+1}=0$이다.

③ 수열 $\{a_n\}=\{n\}$은 발산한다.

증명

수열 $\{a_n\}=\{n\}$이 수렴한다고 하고 $\lim_{n\to\infty}a_n=L$이라고 하자. 그러면 임의의 실수 $\epsilon>0$에 대해 충분히 큰 자연수 N이 존재해서 $n\geq N$이면 $|a_n-L|<\epsilon$가 성립한다. $1>0$이므로 대응하는 충분히 큰 자연수 N_1이 존재해서 $n\geq N_1$이면 $|a_n-L|<1$가 성립한다. 즉, $n\geq N_1$이면 $L-1<a_n=n<L+1$이다.
자연수 집합은 위로 유계가 아니므로 이것은 모순이다. 따라서 수열 $\{a_n\}=\{n\}$은 극한을 가지지 않는다.

정리 10.1.1

수렴하는 수열 $\{a_n\}$의 극한은 유일하다.

증명

$\lim_{n\to\infty}a_n=L_1$이고 $\lim_{n\to\infty}a_n=L_2$이고 $L_1\neq L_2$라고 가정하자. 그러면 $\epsilon=\frac{|L_1-L_2|}{2}>0$이다.

$\lim_{n\to\infty}a_n=L_1$이므로 주어진 $\epsilon>0$에 대해 충분히 큰 자연수 N_1이 존재해서 $n\geq N_1$이면 $|a_n-L_1|<\frac{\epsilon}{2}$가 성립한다. 또한 $\lim_{n\to\infty}a_n=L_2$이므로 주어진 $\epsilon>0$에 대해 충분히 큰 자연수 N_2이 존재해서 $n\geq N_2$이면 $|a_n-L_2|<\frac{\epsilon}{2}$가 성립한다.

여기서 $N=\max\{N_1, N_2\}$라고 하면 $n \geq N$인 모든 $n \in N$ 에 대해

$|L_1-L_2|=|L_1-a_n+a_n-L_2| \leq |a_n-L_1|+|a_n-L_2| < \frac{\epsilon}{2}+\frac{\epsilon}{2}=\epsilon=\frac{|L_1-L_2|}{2}$가

성립한다.

따라서 $|L_1-L_2| < \frac{|L_1-L_2|}{2}$이므로 $1 < \frac{1}{2}$가 된다. 이것은 모순이다. 그러므로

$L_1 = L_2$

정 의

임의의 수열 $\{a_n\}$, $\{b_n\}$에 대해 수열의 연산을 다음과 같이 정의한다.

① $\{a_n\}=\{b_n\} \Leftrightarrow$ 모든 자연수 $n \in N$에 대해 $a_n = b_n$

② $\{a_n\}+\{b_n\}=\{a_n+b_n\}$

③ $\{a_n\}-\{b_n\}=\{a_n-b_n\}$

④ $\{a_n\} \cdot \{b_n\}=\{a_n \cdot b_n\}$

⑤ $\frac{\{a_n\}}{\{b_n\}}=\left\{\frac{a_n}{b_n}\right\}$ (여기서 $b_n \neq 0$)

⑥ $c \cdot \{a_n\}=\{ca_n\}$ $(c \in R)$

정리 10.1.2 수열의 극한값

$\{a_n\},\{b_n\}$를 수렴하는 수열이라 하고 $\lim_{n\to\infty} a_n = L$, $\lim_{n\to\infty} b_n = M$이라고 하면 $\{a_n+b_n\}$, $\{ca_n\}$, $\{a_n b_n\}$, $\left\{\frac{1}{b_n}\right\}$ 그리고 $\left\{\frac{a_n}{b_n}\right\}$(단, $b_n \neq 0$, $\lim_{n\to\infty} b_n \neq 0$)도 수렴하고 다음의 결과를 만족한다.

① $\lim_{n\to\infty}(a_n+b_n)=\lim_{n\to\infty}a_n+\lim_{n\to\infty}b_n=L+M$

② $\lim_{n\to\infty}(ca_n)=c\lim_{n\to\infty}a_n=cL$ (c : 실수)

③ $\lim_{n\to\infty}(a_nb_n)=\lim_{n\to\infty}a_n \cdot \lim_{n\to\infty}b_n=L \cdot M$

④ $\lim_{n\to\infty}\frac{1}{b_n}=\frac{1}{\lim_{n\to\infty}b_n}=\frac{1}{M}$ $(b_n \neq 0, \lim_{n\to\infty}b_n \neq 0)$

⑤ $\lim_{n\to\infty}\frac{a_n}{b_n}=\frac{\lim_{n\to\infty}a_n}{\lim_{n\to\infty}b_n}=\frac{L}{M}\quad\left(b_n\neq 0,\ \lim_{n\to\infty}b_n\neq 0\right)$

증명

① $\lim_{n\to\infty}a_n=L$, $\lim_{n\to\infty}b_n=M$이라 하자. 그러면 임의의 양수 $\epsilon>0$에 대해 충분히 큰 자연수 N_1과 N_2이 존재해서 $n\geq N_1$인 모든 자연수 $n\in N$에 대해 $|a_n-L|<\frac{\epsilon}{2}$이고 $n\geq N_2$인 모든 자연수 $n\in N$에 대해 $|b_n-M|<\frac{\epsilon}{2}$이다.

$N=\max\{N_1,N_2\}$라 하면 $n\geq N$인 모든 자연수 $n\in N$에 대해

$$\begin{aligned}|a_n+b_n-(L+M)|&=|a_n-L+b_n-M|\leq|a_n-L|+|b_n-M|\\&<\frac{\epsilon}{2}+\frac{\epsilon}{2}=\epsilon\end{aligned}$$

따라서 $\lim_{n\to\infty}(a_n+b_n)=L+M=\lim_{n\to\infty}a_n+\lim_{n\to\infty}b_n$이다.

② $c=0$이면 $\lim_{n\to\infty}(ca_n)=\lim_{n\to\infty}0=0=0\cdot\lim_{n\to\infty}a_n$이다.

$c\neq 0$인 경우 $\lim_{n\to\infty}a_n=L$이라 하자. 그러면 임의의 양수 $\epsilon>0$에 대해 충분히 큰 자연수 N이 존재해서 $n\geq N$인 모든 자연수 $n\in N$에 대해 $|a_n-L|<\frac{\epsilon}{|c|}$이다.

따라서 $n\geq N$인 모든 자연수 $n\in N$에 대해

$|ca_n-cL|=|c(a_n-L)|=|c||a_n-L|<|c|\cdot\frac{\epsilon}{|c|}=\epsilon$이다.

그러므로 $\lim_{n\to\infty}(ca_n)=cL=c\lim_{n\to\infty}a_n$이다.

③ $\{a_n\}$이 수렴하므로 $\{a_n\}$은 유계이다. 따라서 $K>0$가 존재해서 모든 자연수 $n\in N$에 대해 $|a_n|\leq K$를 만족한다. $\lim_{n\to\infty}a_n=L$, $\lim_{n\to\infty}b_n=M$이라 하자.

그러면 임의의 양수 $\epsilon>0$에 대해 충분히 큰 자연수 N_1과 N_2이 존재해서 $n\geq N_1$인 모든 자연수 $n\in N$에 대해 $|a_n-L|<\frac{\epsilon}{2|M|}$이고 $n\geq N_2$인 모든 자연수 $n\in N$에 대해 $|b_n-M|<\frac{\epsilon}{2K}$를 만족한다.

$N=\max\{N_1,N_2\}$라 하면 $n\geq N$인 모든 자연수 $n\in N$에 대해

$$|a_nb_n - LM| = |a_nb_n - a_nM + a_nM - LM| = |a_n(b_n - M) + (a_n - L)M|$$

$$\leq |a_n||b_n - M| + |a_n - L||M|$$

$$< K\frac{\epsilon}{2K} + \frac{\epsilon}{2|M|}|M| = \epsilon \text{이다.}$$

따라서 $\lim_{n\to\infty}(a_nb_n) = LM = \lim_{n\to\infty}a_n \cdot \lim_{n\to\infty}b_n$이다.

④ $\lim_{n\to\infty}b_n = M \neq 0$이라 하자. 그러면 충분히 큰 자연수 N_1이 존재해서 $n \geq N_1$인 모든 자연수 $n \in N$에 대해 $|b_n - M| < \frac{|M|}{2}$이다.

따라서 $n \geq N_1$인 모든 자연수 $n \in N$에 대해

$|b_n| = |M - (M - b_n)| \geq |M| - |b_n - M| > |M| - \frac{|M|}{2} = \frac{|M|}{2} > 0$이다.

그러므로 $n \geq N_1$인 모든 자연수 $n \in N$에 대해 $b_n \neq 0$이다.

또한 $\lim_{n\to\infty}b_n = M$이므로 임의의 양수 $\epsilon > 0$에 대해 충분히 큰 자연수 N_2이 존재해서 $n \geq N_2$인 모든 자연수 $n \in N$에 대해 $|b_n - M| < \frac{|M|^2}{2}\epsilon$를 만족한다.

$N = \max\{N_1, N_2\}$라 하면 $n \geq N$인 모든 자연수 $n \in N$에 대해

$|\frac{1}{b_n} - \frac{1}{M}| = |\frac{M - b_n}{b_nM}| = \frac{|M - b_n|}{|b_nM|} < \frac{|M|^2\epsilon}{2} \cdot \frac{2}{|M|} \cdot \frac{1}{|M|} = \epsilon$이다.

그러므로 $\lim_{n\to\infty}\frac{1}{b_n} = \frac{1}{\lim_{n\to\infty}b_n} = \frac{1}{M} \quad (b_n \neq 0,\ \lim_{n\to\infty}b_n \neq 0)$이다.

⑤ $\lim_{n\to\infty}\frac{1}{b_n} = \frac{1}{\lim_{n\to\infty}b_n}$ 이므로

$$\lim_{n\to\infty}\frac{a_n}{b_n} = \lim_{n\to\infty}a_n \cdot \frac{1}{b_n} = \lim_{n\to\infty}a_n \cdot \lim_{n\to\infty}\frac{1}{b_n} = \lim_{n\to\infty}a_n\frac{1}{\lim_{n\to\infty}b_n} = \frac{\lim_{n\to\infty}a_n}{\lim_{n\to\infty}b_n} \text{ 이다.}$$

따름정리 10.1.3

수열$\{a_n\}$, $\{b_n\}$이 수렴하면 $\{a_n - b_n\}$도 수렴하고 $\lim_{n\to\infty}(a_n - b_n) = \lim_{n\to\infty}a_n - \lim_{n\to\infty}b_n$ 이다.

증명

$$\lim_{n\to\infty}(a_n - b_n) = \lim_{n\to\infty}(a_n + (-1)b_n) = \lim_{n\to\infty} a_n + \lim_{n\to\infty}(-1)b_n$$

$$= \lim_{n\to\infty} a_n + (-1)\lim_{n\to\infty} b_n = \lim_{n\to\infty} a_n - \lim_{n\to\infty} b_n$$ 이다.

따름정리 10.1.4

수열 $\{a_n\}$이 수렴하고 $\lim_{n\to\infty} a_n = L$이라고 하면 임의의 자연수 $k \in N$에 대해 $\lim_{n\to\infty} a_n^k = L^k$이다.

증명

$k=1$일 때 $\lim_{n\to\infty} a_n^1 = \lim_{n\to\infty} a_n = L = L^1$이므로 $k=1$일 때 성립한다.

$k=j$일 때 결과가 성립한다고 가정하면 $\lim_{n\to\infty} a_n^j = L^j$이다.

따라서 $\lim_{n\to\infty} a_n^{j+1} = \lim_{n\to\infty} a_n^j a_n = \lim_{n\to\infty} a_n^j \cdot \lim_{n\to\infty} a_n = L^j \cdot L = L^{j+1}$

그러므로 수학적 귀납법에 의해 임의의 자연수 $k \in N$에 대해 $\lim_{n\to\infty} a_n^k = L^k$이다.

정의

수열 $\{a_n\}$에 대해

① $\{a_n\}$이 위로 유계

⇔ 실수 u가 존재해서 모든 자연수 n에 대해 $a_n \le u$가 성립할 때

② $\{a_n\}$이 아래로 유계

⇔ 실수 l가 존재해서 모든 자연수 n에 대해 $a_n \ge l$가 성립할 때

③ $\{a_n\}$이 유계

⇔ $\{a_n\}$이 위로 유계이고 아래로 유계

즉, 양수 $M > 0$가 존재해서 모든 자연수 n에 대해 $|a_n| \le M$를 만족한다.

정리 10.1.5

모든 수렴하는 수열은 유계이다.

증명

수열 $\{a_n\}$을 수렴하는 임의의 수열이라고 하고 $\lim_{n\to\infty} a_n = L$이라고 하자.

극한의 정의에 의해 $1 > 0$이므로 충분히 큰 자연수 N이 존재해서 $n \geq N$인 모든 $n \in N$에 대해 $|a_n - L| < 1$가 성립한다.

따라서 $n \geq N$인 모든 $n \in N$에 대해 $|a_n| = |a_n - L + L| \leq |a_n - L| + |L| < 1 + |L|$이다.

$M = \max\{|a_1|, |a_2|, \cdots, |a_{N-1}|, 1+|L|\}$라 두면 모든 $n \in N$에 대해 $|a_n| \leq M$이다.

따라서 수열 $\{a_n\}$은 유계이다.

Note

① 모든 수렴하는 수열은 유계이므로 유계가 아닌 수열은 발산한다.

② 정리 10.1.5의 역은 성립하지 않는다. 즉, 유계인 수열이 수렴하는 것은 아니다.

예

① $a_n = \begin{cases} 1, & n: \text{짝수} \\ 0, & n: \text{홀수} \end{cases}$ 이면 $\{a_n\}$은 유계인 수열이지만 $\lim_{n\to\infty} a_n$은 존재하지 않는다.

② $a_n = \sin n$이면 $\{a_n\}$은 유계인 수열이지만, $\lim_{n\to\infty} a_n$은 존재하지 않는다.

정의

수열 $\{a_n\}$에 대해

① $\{a_n\}$이 위로 유계

$\Leftrightarrow$ 실수 u가 존재해서 모든 자연수 n에 대해 $a_n \leq u$가 성립할 때

② $\{a_n\}$이 아래로 유계

$\Leftrightarrow$ 실수 l가 존재해서 모든 자연수 n에 대해 $a_n \geq l$가 성립할 때

정의

수열 $\{a_n\}$에 대해

① $\{a_n\}$이 단조증가수열 $\Leftrightarrow$ 모든 자연수 n에 대해 $a_n \leq a_{n+1}$가 성립할 때

② $\{a_n\}$이 단조감소수열 $\Leftrightarrow$ 모든 자연수 n에 대해 $a_n \geq a_{n+1}$가 성립할 때

정리 10.1.6

수열 $\{a_n\}$에 대해

① $\{a_n\}$이고 증가수열이고 위로 유계이면 $\{a_n\}$은 수렴한다.

② $\{a_n\}$이고 감소수열이고 아래로 유계이면 $\{a_n\}$은 수렴한다.

예제 10.1.3

$\left\{1+\dfrac{1}{2^n}\right\}$은 수렴한다.

증명

$a_n = 1 + \dfrac{1}{2^n}$, $n \in N$라 두면 임의의 $n \in N$에 대해 $a_n > 1$이므로 $\{a_n\}$은 아래로 유계이다.

그리고 임의의 $n \in N$에 대해 $1+\dfrac{1}{2^n} > 1+\dfrac{1}{2^{n+1}}$이므로 $\{a_n\}$은 감소수열이다.

따라서 수열 $\left\{1+\dfrac{1}{2^n}\right\}$은 수렴한다.

Note

수열 $\left\{(1+\dfrac{1}{n})^n\right\}$은 수렴한다.

$(\because)$

$a_n = (1+\dfrac{1}{n})^n$, $n \in N$라 두면 $\{a_n\}$은 증가수열이고 위로 유계이다.

따라서 $\left\{(1+\dfrac{1}{n})^n\right\}$이 수렴한다.

실제로 $\lim\limits_{n\to\infty}(1+\dfrac{1}{n})^n = e$이다.

10.2 무한급수

정의

수열 $\{a_n\}$에 대해 $\sum_{n=1}^{\infty} a_n = a_1 + a_2 + a_3 + \cdots + a_n + \cdots$를 무한급수라고 한다. 여기서 a_n을 무한급수의 일반항이라고 한다.

$S_n = \sum_{k=1}^{n} a_k = a_1 + a_2 + a_3 + \cdots + a_n$을 n항까지의 부분합이라고 할 때 제n부분합으로 이루어지는 수열 $\{S_n\}$이 수렴할 때 $\sum_{n=1}^{\infty} a_n$이 수렴한다고 하고, $\lim_{n\to\infty} S_n = S$일 때 $\sum_{n=1}^{\infty} a_n = S$라고 정의한다. 부분합 수열 $\{S_n\}$이 발산하면 무한급수는 발산한다고 한다.

예제 10.2.1

다음 급수의 수렴·발산을 판정하여라. 급수가 수렴하면 그 합을 구하여라.

① $\sum_{n=1}^{\infty} n^2$ ② $\sum_{n=1}^{\infty} \frac{1}{n(n+1)}$

풀이

① $S_n = \sum_{k=1}^{n} k^2 = \frac{n(n+1)(2n+1)}{6}$이므로 $\lim_{n\to\infty} S_n = \lim_{n\to\infty} \frac{n(n+1)(2n+1)}{6} = \infty$이다.

따라서 $\sum_{n=1}^{\infty} n^2$은 발산한다.

② $S_n = \sum_{k=1}^{n} \frac{1}{k(k+1)} = \sum_{k=1}^{n} (\frac{1}{k} - \frac{1}{k+1}) = 1 - \frac{1}{n+1}$이고

$\lim_{n\to\infty} S_n = \lim_{n\to\infty} (1 - \frac{1}{n+1}) = 1$이므로 $\sum_{n=1}^{\infty} \frac{1}{n(n+1)} = \lim_{n\to\infty} S_n = 1$이다.

예제 10.2.2

$\sum_{n=1}^{\infty} ar^{n-1}\ (a \neq 0)$은 초항이 a이고 공비가 r인 무한 등비급수이다.

① $|r| < 1$이면 $\sum_{n=1}^{\infty} ar^{n-1}$은 수렴하고 $\sum_{n=1}^{\infty} ar^{n-1} = \frac{a}{1-r}$이다.

② $|r| \geq 1$이면 $\sum_{n=1}^{\infty} ar^{n-1}$은 발산한다.

증명

$S_n = \sum_{k=1}^{n} ar^{k-1} = a + ar + ar^2 + \cdots + ar^{n-1}$라 하면

$S_n - rS_n = a + ar + ar^2 + \cdots + ar^{n-1} - r(a + ar + ar^2 + \cdots + ar^{n-1}) = a - ar^n$이다.

따라서 $r \neq 1$이면 $S_n = \frac{a(1-r^n)}{1-r}$이다.

① $|r| < 1$이면 $\lim_{n\to\infty} r^n = 0$이므로 $\lim_{n\to\infty} S_n = \lim_{n\to\infty} \frac{a(1-r^n)}{1-r} = \frac{a}{1-r}$이다.

따라서 $\sum_{n=1}^{\infty} ar^{n-1}$은 수렴하고 $\sum_{n=1}^{\infty} ar^{n-1} = \lim_{n\to\infty} S_n = \frac{a}{1-r}$이다.

② $|r| > 1$이면 $\{S_n\}$이 발산하므로 무한급수 $\sum_{n=1}^{\infty} ar^{n-1}$가 발산한다.

③ $r = 1$이면 $S_n = na$이므로 $\{S_n\}$이 발산한다. 따라서 무한급수 $\sum_{n=1}^{\infty} ar^{n-1}$가 발산한다.

④ $r = -1$이면 $S_n = \begin{cases} 0, & n : \text{짝수} \\ a, & n : \text{홀수} \end{cases}$ 이므로 $\{S_n\}$이 발산한다. 따라서 무한급수

$\sum_{n=1}^{\infty} ar^{n-1}$ 가 발산한다.

예제 10.2.3

다음 급수의 수렴·발산을 판정하여라. 급수가 수렴하면 그 합을 구하여라.

① $\sum_{k=0}^{k} (\frac{2}{\sqrt{5}})^k = 1 + \frac{2}{\sqrt{5}} + \frac{4}{5} + \cdots$:

② $\sum_{k=0}^{\infty} (-\frac{4}{3})^k = 1 - \frac{4}{3} + \frac{16}{9} - \frac{64}{27} + \cdots$

풀이

① $\sum_{k=0}^{k}(\frac{2}{\sqrt{5}})^k = 1+\frac{2}{\sqrt{5}}+\frac{4}{5}+\cdots$은 초항이 1이고 공비가 $0<\frac{2}{\sqrt{5}}<1$인 무한 등비급수이다.

따라서 급수 $\sum_{k=0}^{k}(\frac{2}{\sqrt{5}})^k = 1+\frac{2}{\sqrt{5}}+\frac{4}{5}+\cdots$는 수렴하고

$\sum_{k=0}^{k}(\frac{2}{\sqrt{5}})^k = \frac{1}{1-\frac{2}{\sqrt{5}}} = \frac{\sqrt{5}}{\sqrt{5}-2} = \sqrt{5}(\sqrt{5}+2)$이다.

② $\sum_{k=0}^{\infty}(-\frac{4}{3})^k$은 초항이 1이고 공비가 $-\frac{4}{3}$인 무한 등비급수이다.

$|-\frac{4}{3}| = \frac{4}{3} > 1$이므로 급수 $\sum_{k=0}^{\infty}(-\frac{4}{3})^k$는 발산한다.

Note

①$\{a_n\}$이 유계인 수열이면 임의의 $\{a_n\}$의 부분수열 $\{a_{n_k}\}$도 유계이다.

증명

$\{a_n\}$이 유계인 수열이므로 양수 $M>0$이 존재해서 모든 $n\in N$에 대해 $|a_n| \le M$를 만족한다.

$\{a_{n_k} \mid k\in N\} \subset \{a_n \mid n\in N\}$이므로 모든 $k\in N$에 대해 $|a_{n_k}| \le M$을 만족한다.

그러므로 $\{a_{n_k} \mid k\in N\}$도 유계이다.

② 모든 수렴하는 수열은 유계이다. 따라서 유계가 아닌 수열은 발산한다.

③ 주어진 수열 $\{a_n\}$, $\{b_n\}$에 대해 다음의 결과가 성립한다. 극한의 정의를 이용하면 쉽게 보일 수 있다.

◉ 모든 $n\in N$에 대해 $0 \le a_n \le b_n$이고 $\lim_{n\to\infty} b_n = 0$이면 $\lim_{n\to\infty} a_n = 0$이다.

◉ 임의의 $n\in N$에 대해 $a_n \le b_n$이고 $\lim_{n\to\infty} a_n = \infty$이면 $\lim_{n\to\infty} b_n = \infty$이다.

Note

①에 의해 $\{a_n\}$의 적당한 부분수열 $\{a_{n_k}\}$에 대해 $\{a_{n_k}\}$가 유계가 아니면 $\{a_n\}$도 유계가 아니다.

예제 10.2.4

조화급수 $\sum_{n=1}^{\infty} \frac{1}{n}$은 발산한다.

증명

$S_n = \sum_{k=1}^{n} \frac{1}{k} = 1 + \frac{1}{2} + \frac{1}{3} + \cdots + \frac{1}{n}$라 하면

$S_1 = 1$

$S_2 = 1 + \frac{1}{2}$

$S_{2^2} = S_4 = 1 + \frac{1}{2} + \frac{1}{3} + \frac{1}{4} > 1 + \frac{1}{2} + \frac{1}{4} + \frac{1}{4} = 1 + \frac{2}{2}$

$S_{2^3} = S_8 = 1 + \frac{1}{2} + \frac{1}{3} + \frac{1}{4} + \cdots + \frac{1}{8} > 1 + 2\frac{1}{2} + \frac{1}{8} + \frac{1}{8} + \frac{1}{8} + \frac{1}{8} = 1 + \frac{3}{2}$

$\vdots$

$S_{2^n} = 1 + \frac{1}{2} + \frac{1}{3} + \frac{1}{4} + \cdots + \frac{1}{2^n} > 1 + \frac{n}{2}$

$\lim_{n \to \infty} (1 + \frac{n}{2}) = \infty$ 이므로 $\lim_{n \to \infty} S_{2^n} = \infty$

$\{S_n\}$의 부분수열 $\{S_{2^n}\}$유계가 아니므로 $\{S_n\}$도 유계가 아니다. 그러므로 $\{S_n\}$이 발산한다. 따라서 급수 $\sum_{n=1}^{\infty} \frac{1}{n}$은 발산한다.

다른 방법

$s_n = \sum_{k=1}^{n} \frac{1}{k} = 1 + \frac{1}{2} + \frac{1}{3} + \cdots + \frac{1}{n}$라 하면

임의의 $n \in N$에 대해 $s_n = \sum_{k=1}^{n} \frac{1}{k} \geq \sum_{k=1}^{n} \int_{k}^{k+1} \frac{1}{x} dx = \int_{1}^{n+1} \frac{1}{x} dx = \ln(n+1)$

이다.

$\lim_{n \to \infty} \ln(n+1) = \infty$ 이므로 $\lim_{n \to \infty} s_n = \infty$ 이다.

그러므로 $\sum_{n=1}^{\infty} \frac{1}{n}$은 발산한다.

정리 10.2.1

$\sum_{n=1}^{\infty} a_n$이 수렴하면 $\lim_{n\to\infty} a_n = 0$이다.

증명

$S_n = \sum_{k=1}^{n} a_k$이고 $\sum_{n=1}^{\infty} a_n = S$라 하면 $\lim_{n\to\infty} S_n = S$이다.

임의의 $n \in N$에 대해 $a_n = S_n - S_{n-1}$이므로

$$\lim_{n\to\infty} a_n = \lim_{n\to\infty}(S_n - S_{n-1}) = \lim_{n\to\infty} S_n - \lim_{n\to\infty} S_{n-1} = S - S = 0$$

Note

단, 정리 10.2.1의 역은 성립하지 않는다. 즉, $\lim_{n\to\infty} a_n = 0$이라고 해서 $\sum_{n=1}^{\infty} a_n$이 수렴하는 것은 아니다.

예

$\sum_{n=1}^{\infty} \frac{1}{n}$에서 $\lim_{n\to\infty} \frac{1}{n} = 0$이지만 $\sum_{n=1}^{\infty} \frac{1}{n}$는 발산한다.

따름정리 10.2.2 **(일반항 판정법)**

$\lim_{n\to\infty} a_n \neq 0$이면 $\sum_{n=1}^{\infty} a_n$이 발산한다.

증명

$\sum_{n=1}^{\infty} a_n$이 수렴하면 $\lim_{n\to\infty} a_n = 0$이다. 따라서 $\lim_{n\to\infty} a_n \neq 0$이면 $\sum_{n=1}^{\infty} a_n$은 발산한다.

예제 10.2.5

$\sum_{n=1}^{\infty} \frac{2n^2 + n}{4n^2 + 3n + 2}$는 발산한다.

증명

$\lim_{n\to\infty}\dfrac{2n^2+n}{4n^2+3n+2}=\dfrac{1}{2}\neq 0$이므로 정리 10.2.2에 의해 급수는 발산한다.

정리 10.2.3

$\sum_{n=1}^{\infty}a_n$, $\sum_{n=1}^{\infty}b_n$은 수렴하는 급수이고, c가 상수일 때 다음이 성립한다.

① $\sum_{n=1}^{\infty}ca_n$이 수렴하고 $\sum_{n=1}^{\infty}ca_n=c\sum_{n=1}^{\infty}a_n$

② $\sum_{n=1}^{\infty}(a_n\pm b_n)$이 수렴하고 $\sum_{n=1}^{\infty}(a_n\pm b_n)=\sum_{n=1}^{\infty}a_n\pm\sum_{n=1}^{\infty}b_n$이다.

증명

① $S_n=\sum_{k=1}^{n}a_k$라 하면 $\sum_{n=1}^{\infty}a_n=S$이 수렴하므로 $\lim_{n\to\infty}S_n=\sum_{n=1}^{\infty}a_n=S$이다.

$cS_n=c\sum_{k=1}^{n}a_k=\sum_{k=1}^{n}ca_k$이므로 $\lim_{n\to\infty}(cS_n)=c\lim_{n\to\infty}S_n=cS$이다. 그러므로

$\sum_{n=1}^{\infty}(ca_n)$은 수렴하고 $\sum_{n=1}^{\infty}(ca_n)=\lim_{n\to\infty}(cS_n)=cS=c\sum_{n=1}^{\infty}a_n$이다.

② $S_n=\sum_{k=1}^{n}a_k$, $T_n=\sum_{k=1}^{n}b_k$라 하면 $\sum_{n=1}^{\infty}a_n=S$과 $\sum_{n=1}^{\infty}b_n=T$이 수렴하므로

$\lim_{n\to\infty}S_n=\sum_{n=1}^{\infty}a_n=S$이고 $\lim_{n\to\infty}T_n=\sum_{n=1}^{\infty}b_n=T$이다.

$S_n\pm T_n=\sum_{k=1}^{n}a_k\pm\sum_{k=1}^{n}b_k=\sum_{k=1}^{n}(a_k\pm b_k)$이므로

$\lim_{n\to\infty}(S_n\pm T_n)=\lim_{n\to\infty}S_n\pm\lim_{n\to\infty}T_n=S\pm T=\sum_{n=1}^{\infty}a_n\pm\sum_{n=1}^{\infty}b_n$이다. 그러므로

$\sum_{n=1}^{\infty}(a_n\pm b_n)$은 수렴하고 $\sum_{n=1}^{\infty}(a_n\pm b_n)=\lim_{n\to\infty}(S_n\pm T_n)=\sum_{n=1}^{\infty}a_n\pm\sum_{n=1}^{\infty}b_n$이다.

예제 10.2.6

급수 $\sum_{n=1}^{\infty}(\frac{1}{n(n+2)}+\frac{5}{2^n})$이 수렴하면 그 합을 구하여라.

풀이

$$S_n=\sum_{k=1}^{n}\frac{1}{k(k+2)}=\frac{1}{2}\sum_{k=1}^{n}(\frac{1}{k}-\frac{1}{k+2})$$

$$=\frac{1}{2}(1-\frac{1}{3}+\frac{1}{2}-\frac{1}{4}+\frac{1}{3}-\frac{1}{5}+\cdots+\frac{1}{n-1}-\frac{1}{n+1}+\frac{1}{n}-\frac{1}{n+2})$$

$$=\frac{1}{2}(1+\frac{1}{2}-\frac{1}{n+1}-\frac{1}{n+2})$$

이고 $\lim_{n\to\infty}S_n=\lim_{n\to\infty}\frac{1}{2}(1+\frac{1}{2}-\frac{1}{n+1}-\frac{1}{n+2})=\frac{3}{4}$이므로 $\sum_{n=1}^{\infty}\frac{1}{n(n+2)}$은 수렴하고

$\sum_{n=1}^{\infty}\frac{1}{n(n+2)}=\lim_{n\to\infty}S_n=\frac{3}{4}$이다.

그리고 $\sum_{n=1}^{\infty}\frac{5}{2^n}$은 초항이 $\frac{5}{2}$이고 공비가 $\frac{1}{2}<1$인 무한 등비급수이므로 $\sum_{n=1}^{\infty}\frac{5}{2^n}$은 수렴하고 $\sum_{n=1}^{\infty}\frac{5}{2^n}=\frac{\frac{5}{2}}{1-\frac{1}{2}}=5$이다.

따라서 $\sum_{n=1}^{\infty}(\frac{1}{n(n+2)}+\frac{5}{2^n})=\sum_{n=1}^{\infty}\frac{1}{n(n+2)}+\sum_{n=1}^{\infty}\frac{5}{2^n}=\frac{3}{4}+5=\frac{23}{4}$

10.3 무한급수의 수렴 판정법

정의

$\sum_{n=1}^{\infty} a_n$이 양항급수

$\Leftrightarrow$ $\{a_n\}$이 양수의 수열, 즉 임의의 $n \in N$에 대해 $a_n > 0$.

정리 10.3.1 유계합판정법

$\sum_{n=1}^{\infty} a_n$이 양항급수이고 $S_n = \sum_{k=1}^{n} a_k$일 때 $\sum_{n=1}^{\infty} a_n$이 수렴할 필요충분조건은 $\{S_n\}$이 위로 유계일 때이다.

증명

$\sum_{n=1}^{\infty} a_n$이 양항급수이므로 $\{S_n\}$은 증가수열이다. 따라서 $\{S_n\}$이 수렴할 필요충분조건은 $\{S_n\}$이 위로 유계일 때이다. 따라서 $\sum_{n=1}^{\infty} a_n$이 수렴할 필요충분조건은 $\{S_n\}$이 위로 유계일 때이다.

예제 10.3.1

$\sum_{n=0}^{\infty} \frac{1}{n!}$의 수렴성을 조사하여라.

풀이

임의의 $n \in N$에 대해 $\frac{1}{n!} > 0$이므로 $\sum_{n=0}^{\infty} \frac{1}{n!}$은 양항급수이다. 임의의 $n \in N$에 대해 $n! = 1 \cdot 2 \cdot 3 \cdots (n-1)n > 2^{n-1}$이므로 $\frac{1}{n!} < \frac{1}{2^{n-1}}$이다.

$$s_n = \sum_{k=0}^{n} \frac{1}{k!} = 1 + 1 + \frac{1}{2!} + \frac{1}{3!} + \cdots + \frac{1}{n!}$$

$$\leq 1 + 1 + \frac{1}{2} + \frac{1}{2^2} + \cdots + \frac{1}{2^{n-1}} = 1 + \frac{1 - (\frac{1}{2})^n}{1 - \frac{1}{2}} = 1 + 2(1 - (\frac{1}{2})^n) < 3$$

따라서 $\{s_n\}$은 위로 유계이다.

그러므로 유계합판정법에 의해 $\sum_{n=0}^{\infty} \frac{1}{n!}$이 수렴한다.

Note

실제로 $\sum_{n=0}^{\infty} \frac{1}{n!}$은 e와 같다.

예제 10.3.2 p 급수 판정법

p 급수 $\sum_{n=1}^{\infty} \frac{1}{n^p}$에 대해 $\sum_{n=1}^{\infty} \frac{1}{n^p}$은 $p > 1$이면 수렴하고 $p \leq 1$이면 발산한다.

증명

ⓐ $p < 0$인 경우

$\lim_{n \to \infty} \frac{1}{n^p} = \lim_{n \to \infty} n^{-p} = \infty \neq 0$이므로 일반항 판정법에 의해 $p < 0$ 이면 $\sum_{n=1}^{\infty} \frac{1}{n^p}$은 발산한다.

ⓑ $p = 0$인 경우

$\lim_{n \to \infty} \frac{1}{n^p} = \lim_{n \to \infty} 1 = 1 \neq 0$이므로 일반항 판정법에 의해 $p = 0$이면 $\sum_{n=1}^{\infty} \frac{1}{n^p}$은 발산한다.

ⓒ $p = 1$이면 $\sum_{n=1}^{\infty} \frac{1}{n^p} = \sum_{n=1}^{\infty} \frac{1}{n}$은 발산한다.

ⓓ $0 < p < 1$인 경우

임의의 $n \in N$에 대해 $0 < \frac{1}{n} < \frac{1}{n^p}$이므로

$$s_n = 1 + \frac{1}{2} + \frac{1}{3} + \cdots + \frac{1}{n} < 1 + \frac{1}{2^p} + \frac{1}{3^p} + \cdots + \frac{1}{n^p} = t_n \text{이다.}$$

임의의 $n \in N$에 대해

$$s_n = \sum_{k=1}^{n} \frac{1}{k} \geq \sum_{k=1}^{n} \int_k^{k+1} \frac{1}{x} dx = \int_1^{n+1} \frac{1}{x} dx = \ln(n+1) \text{이므로}$$

임의의 $n \in N$에 대해 $\ln(n+1) \leq s_n \leq t_n$이다.

$\lim_{n \to \infty} \ln(n+1) = \infty$이므로 $\lim_{n \to \infty} t_n = \infty$이다. 따라서 $0 < p < 1$이면

$\sum_{n=1}^{\infty} \frac{1}{n^p}$은 발산한다.

ⓔ $p > 1$인 경우

$$s_n = \sum_{k=1}^{n} \frac{1}{k^p} = 1 + \frac{1}{2^p} + \frac{1}{3^p} + \cdots + \frac{1}{n^p} \text{라 하면}$$

$$s_{n_1} = s_1 = 1$$

$$s_{n_2} = s_{2^2-1} = s_3 = 1 + \frac{1}{2^p} + \frac{1}{3^p} < 1 + \frac{1}{2^p} + \frac{1}{2^p} = 1 + \frac{1}{2^{p-1}}$$

$$s_{n_3} = s_{2^3-1} = s_7 = 1 + \frac{1}{2^p} + \frac{1}{3^p} + \frac{1}{4^p} + \frac{1}{5^p} + \frac{1}{6^p} + \frac{1}{7^p}$$

$$< 1 + \frac{1}{2^{p-1}} + \frac{4}{4^p} = 1 + \frac{1}{2^{p-1}} + \frac{1}{(2^2)^{p-1}}$$

$$s_{n_4} = s_{2^4-1} = s_{15} = 1 + \frac{1}{2^p} + \frac{1}{3^p} + \frac{1}{4^p} + \frac{1}{5^p} + \frac{1}{6^p} + \frac{1}{7^p} + \frac{1}{8^p} + \cdots + \frac{1}{15^p}$$

$$< 1 + \frac{1}{2^{p-1}} + \frac{1}{(2^2)^{p-1}} + \frac{8}{8^p} = 1 + \frac{1}{2^{p-1}} + \frac{1}{(2^2)^{p-1}} + \frac{1}{(2^3)^{p-1}}$$

이 방법을 계속하면

$$s_{n_k} = s_{2^k - 1} = 1 + \frac{1}{2^p} + \frac{1}{3^p} + \frac{1}{4^p} + \cdots + \frac{1}{(2^k - 1)^p}$$

$$< 1 + \frac{1}{2^{p-1}} + \frac{1}{(2^2)^{p-1}} + \frac{1}{(2^3)^{p-1}} + \cdots + \frac{1}{(2^{k-1})^{p-1}}$$

$$< 1 + \frac{1}{2^{p-1}} + \frac{1}{(2^2)^{p-1}} + \frac{1}{(2^3)^{p-1}} + \cdots$$

$$= \frac{1}{1 - \frac{1}{2^{p-1}}} = \frac{2^{p-1}}{2^{p-1} - 1}$$

임의의 $k \in N$에 대해 $k \le n_k$이고 $\{s_n\}$이 증가수열이므로 임의의 $k \in N$에 대해 $s_k \le s_{n_k}$이다.

따라서 임의의 $k \in N$에 대해 $s_k \le \frac{2^{p-1}}{2^{p-1} - 1}$이다.

$p > 1$이므로 $\lim_{p \to \infty} \frac{2^{p-1}}{2^{p-1} - 1} = 1$이다. 따라서 $\left\{ \frac{2^{p-1}}{2^{p-1} - 1} \mid p > 1 \right\}$이 유계이므로 양수 $M > 0$이 존재해서 임의의 $p > 1$에 대해 $\frac{2^{p-1}}{2^{p-1} - 1} \le M$.

임의의 $k \in N$에 대해 $s_k \le \frac{2^{p-1}}{2^{p-1} - 1} \le M$이므로 $\{s_n\}$이 위로 유계이다.

그러므로 $p > 1$이면 $\sum_{n=1}^{\infty} \frac{1}{n^p}$은 수렴한다.

ⓐ~ⓔ에 의해 $\sum_{n=1}^{\infty} \frac{1}{n^p}$은 $p > 1$이면 수렴하고 $p \le 1$이면 발산한다.

예

$\sum_{n=1}^{\infty} \frac{1}{n^2}$은 수렴하고, $\sum_{n=1}^{\infty} \frac{1}{\sqrt{n}}$은 발산한다.

정리 10.3.2 **적분판정법**

$f : [1, \infty) \to (0, \infty)$는 $x \ge 1$인 모든 실수에서 정의된 연속이고 양의 값을 가지는 단조감소 함수이다. 모든 $n \in N$에 대해 $a_n = f(n)$이라 할 때 무한급수 $\sum_{n=1}^{\infty} a_n$이 수렴할 필요충분조건은 특이적분 $\int_1^{\infty} f(x)dx$이 수렴할 때이다.

증명

f가 $x \geq 1$인 모든 실수에서 정의된 연속함수이므로 f는 $k \geq 2$인 자연수 $k \in N$에 대해 $[k-1, k]$에서 연속이다. 따라서 적분에 관한 평균값정리에 의해 임의의 $k \in N$에 대해 $\int_{k-1}^{k} f(x)dx = f(t_k) \cdot 1 = f(t_k)$을 만족하는 $t_k \in [k-1, k]$가 존재한다.

f가 단조감소함수이므로 $f(k-1) \geq f(t_k) \geq f(k)$이다. 즉,

$f(k-1) \geq \int_{k-1}^{k} f(x)dx \geq f(k)$이다.

$k = 2, 3, \cdots, n$을 대입한 후 더하면 $\sum_{k=2}^{n} f(k-1) \geq \sum_{k=2}^{n} \int_{k-1}^{k} f(x)dx \geq \sum_{k=2}^{n} f(k)$이고

$\sum_{k=1}^{n-1} f(k) \geq \int_{1}^{n} f(x)dx \geq \sum_{k=1}^{n} f(k) - f(1)$이다.

만약 주어진 특이적분 $\int_{1}^{\infty} f(x)dx$가 수렴하고 그 값이 L이라고 하면 f가 $x \geq 1$인 모든 실수에서 정의된 양수인 함수이므로 $\int_{1}^{n} f(x)dx \leq L$이다.

$\int_{1}^{n} f(x)dx \geq \sum_{k=1}^{n} f(k) - f(1)$이므로 $\sum_{k=1}^{n} f(k) \leq \int_{1}^{n} f(x)dx + f(1) \leq L + f(1)$이다.

양항급수 $\sum_{n=1}^{\infty} f(n)$의 부분합의 수열을 $\{s_n\} = \left\{ \sum_{k=1}^{n} f(k) \right\}$이라 하면 $\{s_n\}$는 $L + f(1)$에 의해 위로 유계이므로 유계합 판정법에 의해 $\sum_{n=1}^{\infty} f(n)$이 수렴한다.

반대로 이상적분 $\int_{1}^{\infty} f(x)dx$이 발산한다고 하고 $\int_{1}^{\infty} f(x)dx = \infty$이라 하자.

$\sum_{k=1}^{n-1} f(k) \geq \int_{1}^{n} f(x)dx$이므로 모든 자연수 $n \in N$에 대해 $\lim_{n \to \infty} s_n = \lim_{n \to \infty} \sum_{k=1}^{n} f(k) = \infty$이다.

따라서 $\sum_{n=1}^{\infty} f(n)$는 발산한다.

예제 10.3.3

$\sum_{n=1}^{\infty} \frac{n}{2n^2+1}$의 수렴·발산을 판정하여라.

증명

$f(x) = \frac{x}{2x^2+1}$: $[1, \infty) \to (0, \infty)$에서 연속이고 양의 값을 가지며 단조감소함수이다.

($\because$) 임의의 $x \geq 1$에 대해 $f'(x) = \frac{2x^2+1-x \cdot 4x}{(2x^2+1)^2} = \frac{-2x^2+1}{(2x^2+1)^2} < 0$이다.

따라서 적분판정법에 의해 급수 $\sum_{n=1}^{\infty} \frac{n}{2n^2+1}$이 수렴할 필요충분조건은 특이적분 $\int_1^{\infty} \frac{x}{2x^2+1} dx$이 수렴하는 것이다.

여기서

$$\lim_{n\to\infty} \int_1^n \frac{x}{2x^2+1} dx = \lim_{n\to\infty} [\frac{1}{4} \ln(2x^2+1)]_1^n = \frac{1}{4} \lim_{n\to\infty} [\ln(2n^2+1) - \ln 3] = \infty$$

이므로 $\int_1^{\infty} \frac{x}{2x^2+1} dx$은 발산한다. 따라서 $\sum_{n=1}^{\infty} \frac{n}{2n^2+1}$가 발산한다.

정리 10.3.3 **비교판정법 (comparision test)**

양항급수 $\sum_{n=1}^{\infty} a_n$와 $\sum_{n=1}^{\infty} b_n$에 대해

① 모든 자연수 n에 대해 $0 \leq a_n \leq b_n$이고 $\sum_{n=1}^{\infty} b_n$이 수렴하면 $\sum_{n=1}^{\infty} a_n$도 수렴한다.

② 모든 자연수 n에 대해 $0 \leq b_n \leq a_n$이고 $\sum_{n=1}^{\infty} b_n$이 발산하면 $\sum_{n=1}^{\infty} a_n$도 발산한다.

증명

① $S_n = \sum_{k=1}^{n} a_k$, $T_n = \sum_{k=1}^{n} b_k$라 하면 가정에 의해 $S_n \leq T_n \leq \sum_{k=1}^{\infty} b_k$.

$\sum_{n=1}^{\infty} b_n$이 수렴하므로 $\{S_n\}$이 위로 유계이다. 유계합판정법에 의해 $\sum_{n=1}^{\infty} a_n$이 수렴한다.

② $\sum_{n=1}^{\infty} a_n$이 수렴한다고 하면 모든 자연수 n에 대해 $0 \le b_n \le a_n$이므로 ①에 의해 $\sum_{n=1}^{\infty} b_n$이 수렴한다. 따라서 $\sum_{n=1}^{\infty} b_n$이 발산하면 $\sum_{n=1}^{\infty} a_n$도 발산한다.

예제 10.3.4

다음 급수의 수렴, 발산 판정하여라.

① $\sum_{n=1}^{\infty} \frac{1+n}{1+2n^2}$ ② $\sum_{n=1}^{\infty} \frac{n}{(2n+1)(2n^2+1)}$

풀이

① 임의의 자연수 n에 대해 $a_n = \frac{1+n}{1+2n^2}$과 $b_n = \frac{1}{2n}$라 두자. 그러면 임의의 자연수 n에 대해 $a_n - b_n = \frac{1+n}{1+2n^2} - \frac{1}{2n} = \frac{2n-1}{2n(1+2n^2)} \ge 0$이므로 임의의 자연수 n에 대해 $a_n \ge b_n$이다. $\sum_{n=1}^{\infty} \frac{1}{n}$이 발산하므로 $\sum_{n=1}^{\infty} b_n = \sum_{n=1}^{\infty} \frac{1}{2n}$이 발산한다. 따라서 비교판정법에 의해 $\sum_{n=1}^{\infty} a_n = \sum_{n=1}^{\infty} \frac{1+n}{1+2n^2}$도 발산한다.

② 모든 자연수 n에 대해 $\frac{n}{(2n+1)(2n^2+1)} \le \frac{1}{n^2}$이고 $\sum_{n=1}^{\infty} \frac{1}{n^2}$이 수렴하므로 $\sum_{n=1}^{\infty} \frac{n}{(2n+1)(2n^2+1)}$이 수렴한다.

정리 10.3.4 **상에 의한 판정법 (quotient test)**

양항급수 $\sum_{n=1}^{\infty} a_n$, $\sum_{n=1}^{\infty} b_n$에 대해 $\lim_{n\to\infty} \frac{a_n}{b_n} = L$이 존재하고 $0 < L < \infty$이면 $\sum_{n=1}^{\infty} a_n$, $\sum_{n=1}^{\infty} b_n$는 동시에 수렴하거나 동시에 발산한다.

증명

$\lim_{n\to\infty} \frac{a_n}{b_n} = L > 0$이므로 적당한 자연수 N이 존재해서 $n \ge N$인 모든 자연수 n에 대해 $\left|\frac{a_n}{b_n} - L\right| < \frac{L}{2}$을 만족한다.

$n \geq N$인 모든 자연수 n에 대해 $\frac{L}{2} < \frac{a_n}{b_n} < \frac{3L}{2}$이다.

따라서 $n \geq N$인 모든 자연수 n에 대해 $\frac{L}{2}b_n < a_n < \frac{3L}{2}b_n$이다. $\sum_{n=1}^{\infty} b_n$이 수렴하면

$\sum_{n=1}^{\infty} \frac{3L}{2}b_n$도 수렴하므로 $\sum_{n=1}^{\infty} a_n$ 이 수렴한다.

또한 $\sum_{n=1}^{\infty} b_n$이 발산하면 $\sum_{n=1}^{\infty} \frac{L}{2}b_n$도 발산하므로 $\sum_{n=1}^{\infty} a_n$ 도 발산한다.

예제 10.3.5

다음 급수의 수렴, 발산 판정하여라.

① $\sum_{n=1}^{\infty} \frac{n}{1+2n^2}$　　② $\sum_{n=1}^{\infty} \frac{1}{\sqrt{n^2-1}}$　　③ $\sum_{n=1}^{\infty} \sin\frac{1}{n}$

풀이

① 일반항 $a_n = \frac{n}{1+2n^2}$과 $b_n = \frac{1}{n}$에 대해

$$\lim_{n\to\infty} \frac{a_n}{b_n} = \lim_{n\to\infty} \frac{\frac{n}{1+2n^2}}{\frac{1}{n}} = \lim_{n\to\infty} \frac{n^2}{1+2n^2} = \frac{1}{2} > 0$$

$\sum_{n=1}^{\infty} b_n = \sum_{n=1}^{\infty} \frac{1}{n}$이 발산하므로 상에 의한 판정법에 의해

$\sum_{n=1}^{\infty} a_n = \sum_{n=1}^{\infty} \frac{n}{1+2n^2}$도 발산한다.

② 일반항 $a_n = \frac{1}{\sqrt{n^2-1}}$과 $b_n = \frac{1}{n}$에 대해

$$\lim_{n\to\infty} \frac{a_n}{b_n} = \lim_{n\to\infty} \frac{\frac{1}{\sqrt{n^2-1}}}{\frac{1}{n}} = \lim_{n\to\infty} \frac{n}{\sqrt{n^2-1}} = \lim_{n\to\infty} \sqrt{\frac{n^2}{n^2-1}} = 1 > 0$$이고

$\sum_{n=1}^{\infty} \frac{1}{n}$이 발산하므로 $\sum_{n=1}^{\infty} \frac{1}{\sqrt{n^2-1}}$은 발산한다.

정리 10.3.5 비판정법 (ratio test)

양항급수 $\sum_{n=1}^{\infty} a_n$에 대해 $\lim_{n\to\infty}\frac{a_{n+1}}{a_n}=r$이 존재한다.

① $r<1$이면 $\sum_{n=1}^{\infty} a_n$은 수렴한다.

② $r>1$이면 $\sum_{n=1}^{\infty} a_n$은 발산한다.

③ $r=1$이면 이 방법으로는 수렴 발산을 판정할 수 없다.

증명

① $r<1$인 경우

임의의 $n\in N$에 대해 $a_n>0$이므로 $\frac{a_{n+1}}{a_n}>0$이다. $r<1$이므로 $r<s<1$인 실수 s를 택하자. $\lim_{n\to\infty}\frac{a_{n+1}}{a_n}=r$이므로 적당한 자연수 N이 존재해서 $n\geq N$인 모든 자연수 n에 대해 $\left|\frac{a_{n+1}}{a_n}-r\right|<s-r$을 만족한다.

$n\geq N$인 모든 자연수 n에 대해 $r-s<\frac{a_{n+1}}{a_n}-r<s-r$이므로 $0<\frac{a_{n+1}}{a_n}<s$이다.

따라서 $n\geq N$인 모든 자연수 n에 대해 $0<a_{n+1}<a_n s$이다. 즉, $0<a_{N+1}<a_N s$.

따라서 $0<a_{N+2}<a_{N+1}s<a_N s^2$,

$0<a_{N+3}<a_{N+2}s<a_{N+1}s^2<a_N s^3$이다.

이 방법을 계속하면 $0<a_{N+k}<a_N s^k$이다.

$0<s<1$이므로 $\sum_{k=1}^{\infty} a_N s^k$은 수렴한다. 따라서 $\sum_{n=N+1}^{\infty} a_n=\sum_{k=1}^{\infty} a_{N+k}$이 수렴한다.

그러므로 $\sum_{n=1}^{\infty} a_n=\sum_{n=1}^{N} a_n+\sum_{n=N+1}^{\infty} a_n$이 수렴한다.

② $r>1$인 경우

적당한 자연수 N이 존재해서 $n\geq N$인 모든 자연수 n에 대해 $\frac{a_{n+1}}{a_n}>1$이다.

$n\geq N$인 모든 자연수 n에 대해 $a_{n+1}>a_n$이므로 $a_{N+1}>a_N$이고

$a_{N+2}>a_{N+1}>a_N$이다.

즉, $\{a_n\}_{n \geq N}$은 증가수열이다. 모든 자연수 n에 대해 $a_n > 0$이므로

$\lim_{n\to\infty} a_n \neq 0$이다. 따라서 $\sum_{n=1}^{\infty} a_n$은 발산한다.

③ $r = 1$이면 이 방법으로는 수렴 발산을 판정할 수 없다.

예를 들면, $\lim_{n\to\infty} \dfrac{\frac{1}{(n+1)^2}}{\frac{1}{n^2}} = \lim_{n\to\infty} \dfrac{n^2}{(n+1)^2} = 1$이고 $\lim_{n\to\infty} \dfrac{\frac{1}{n+1}}{\frac{1}{n}} = \lim_{n\to\infty} \dfrac{n}{n+1} = 1$

이다. 그런데 $\sum_{n=1}^{\infty} \dfrac{1}{n^2}$은 수렴하고, $\sum_{n=1}^{\infty} \dfrac{1}{n}$은 발산한다.

예제 10.3.6

다음 급수의 수렴, 발산을 조사하여라.

① $\sum_{n=1}^{\infty} \dfrac{n}{2^n}$ ② $\sum_{n=1}^{\infty} n(\dfrac{3}{4})^n$ ③ $\sum_{n=1}^{\infty} \dfrac{n!}{n^n}$

풀이

① $a_n = \dfrac{n}{2^n}$에 대해 $\dfrac{a_{n+1}}{a_n} = \dfrac{\frac{n+1}{2^{n+1}}}{\frac{n}{2^n}} = \dfrac{n+1}{2n}$이므로

$\lim_{n\to\infty} \dfrac{a_{n+1}}{a_n} = \lim_{n\to\infty} \dfrac{n+1}{2n} = \dfrac{1}{2} < 1$이다.

따라서 비판정법에 의해 $\sum_{n=1}^{\infty} \dfrac{n}{2^n}$은 수렴한다.

② $a_n = n(\dfrac{3}{4})^n$에 대해 $\dfrac{a_{n+1}}{a_n} = \dfrac{(n+1)(\frac{3}{4})^{n+1}}{n(\frac{3}{4})^n} = \dfrac{3(n+1)}{4n}$이므로

$\lim_{n\to\infty} \dfrac{a_{n+1}}{a_n} = \lim_{n\to\infty} \dfrac{3(n+1)}{4n} = \dfrac{3}{4} < 1$이다.

따라서 비판정법에 의해 $\sum_{n=1}^{\infty} n(\dfrac{3}{4})^n$은 수렴한다.

정리 10.3.6 n승근판정법 (nth root test)

양항급수 $\sum_{n=1}^{\infty} a_n$에 대해 $\lim_{n \to \infty} \sqrt[n]{a_n} = \rho$이 존재한다고 하자.

① $\rho < 1$이면 $\sum_{n=1}^{\infty} a_n$은 수렴하고

② $\rho > 1$이면 $\sum_{n=1}^{\infty} a_n$은 발산한다.

③ $\rho = 1$이면 이 방법으로는 수렴 발산을 판정할 수 없다.

증명

① $\rho < r < 1$인 r에 대해 $\lim_{n \to \infty} \sqrt[n]{a_n} = \rho$이므로 충분히 큰 n에 대해 $\sqrt[n]{a_n} \le r$를 만족한다. 따라서 충분히 큰 n에 대해 $a_n \le r^n$이다.

$r < 1$이므로 $\sum_{n=1}^{\infty} r^n$ 수렴한다. 따라서 비교판정법에 의해 $\sum_{n=1}^{\infty} a_n$은 수렴한다.

② $\rho > 1$이면 충분히 큰 n에 대해 $a_n > 1$이므로 $\lim_{n \to \infty} a_n \neq 0$이다. 따라서 일반항 판정법에 의해 $\sum_{n=1}^{\infty} a_n$은 발산한다.

③ $\rho = 1$이면 이 방법으로는 수렴 발산을 판정할 수 없다

($\because$)

예를 들어 $\sum_{n=1}^{\infty} \frac{1}{n^2}$, $\sum_{n=1}^{\infty} \frac{1}{n}$에 대해 모두 $\lim_{n \to \infty} \sqrt[n]{\frac{1}{n^2}} = \lim_{n \to \infty} \sqrt[n]{\frac{1}{n}} = 1$이지만 $\sum_{n=1}^{\infty} \frac{1}{n^2}$은 수렴하고 $\sum_{n=1}^{\infty} \frac{1}{n}$은 발산한다.

예제 10.3.7

$\sum_{n=1}^{\infty}(\frac{2n+1}{4n+3})^n$의 수렴 발산을 조사하여라.

풀이

$a_n=(\frac{2n+1}{4n+3})^n$에 대해 $\lim_{n\to\infty}\sqrt[n]{a_n}=\lim_{n\to\infty}\left((\frac{2n+1}{4n+3})^n\right)^{\frac{1}{n}}=\lim_{n\to\infty}\frac{2n+1}{4n+3}=\frac{1}{2}<1$이다.

따라서 $\sum_{n=1}^{\infty}(\frac{2n+1}{4n+3})^n$은 수렴한다.

10.4 교대급수

정의

$\{a_n\}$이 양수의 수열일 때 $\sum_{n=1}^{\infty}(-1)^{n-1}a_n$ 또는 $\sum_{n=1}^{\infty}(-1)^n a_n$를 교대급수라고 한다.

정리 10.4.1 교대급수의 수렴

교대급수 $\sum_{n=1}^{\infty}(-1)^{n-1}a_n$에 대해 $\{a_n\}$이 감소수열이고 $\lim_{n\to\infty}a_n = 0$이면 $\sum_{n=1}^{\infty}(-1)^{n-1}a_n$은 수렴한다.

증명

$S_n = \sum_{k=1}^{n}(-1)^{k-1}a_k$라 하자. $\{a_n\}$이 감소수열이므로 임의의 $n\in N$에 대해 $a_n - a_{n-1} \ge 0$이다.

$S_{2n} = \sum_{k=1}^{2n}(-1)^{k-1}a_k = (a_1 - a_2) + (a_3 - a_4) + \cdots + (a_{2n-1} - a_{2n})$이므로 $\{S_{2n}\}$은 증가수열이고,

$S_{2n+1} = \sum_{k=1}^{2n+1}(-1)^{k-1}a_k = a_1 - (a_2 - a_3) - (a_4 - a_5) - \cdots - (a_{2n} - a_{2n+1})$이므로 $\{S_{2n+1}\}$은 감소수열이다.

그런데 $S_{2n+1} - S_{2n} = a_{2n+1} > 0$이므로 $S_{2n+1} > S_{2n}$이다.

즉, $S_2 \le S_4 \le \cdots \le S_{2n} < S_{2n+1} \le S_{2n-1} \le \cdots \le S_3 \le S_1$가 성립한다.

따라서 $\{S_{2n}\}$은 증가수열이고 S_1에 의해 위로 유계이므로 $\lim_{n\to\infty}S_{2n} = S$가 존재한다.

마찬가지로 $\{S_{2n+1}\}$은 감소수열이고 S_2에 의해 아래로 유계이므로 $\lim_{n\to\infty}S_{2n+1} = T$가 존재한다.

따라서 $T - S = \lim_{n\to\infty}S_{2n+1} - \lim_{n\to\infty}S_{2n} = \lim_{n\to\infty}(S_{2n+1} - S_{2n}) = \lim_{n\to\infty}a_{2n+1} = 0$이다.

$S = T$이므로 $\lim_{n\to\infty}S_n$가 존재한다. 그러므로 $\sum_{n=1}^{\infty}(-1)^{n-1}a_n$가 수렴한다.

예제 10.4.1

급수 $\sum_{n=1}^{\infty}(-1)^{n+1}\frac{1}{n}$의 수렴 발산 조사하여라.

풀이

$\left\{\frac{1}{n}\right\}$은 감소수열이고 $\lim_{n\to\infty}\frac{1}{n}=0$이므로 $\sum_{n=1}^{\infty}(-1)^{n+1}\frac{1}{n}$는 수렴한다.

정의

급수 $\sum_{n=1}^{\infty}a_n$에 대해 $\sum_{n=1}^{\infty}|a_n|$이 수렴할 때 $\sum_{n=1}^{\infty}a_n$가 절대수렴한다고 한다.

예제 10.4.2

$\sum_{n=1}^{\infty}\frac{(-1)^{n+1}}{n^2}$은 절대수렴한다.

증명

$\sum_{n=1}^{\infty}\left|\frac{(-1)^{n+1}}{n^2}\right|=\sum_{n=1}^{\infty}\frac{1}{n^2}$은 p급수 판정법에 의해 수렴한다. 따라서 $\sum_{n=1}^{\infty}\frac{(-1)^{n+1}}{n^2}$은 절대수렴한다.

정리 10.4.2

$\sum_{n=1}^{\infty}a_n$이 절대수렴하면 수렴한다.

증명

$\sum_{n=1}^{\infty}a_n$이 절대수렴하면 정의에 의해 $\sum_{n=1}^{\infty}|a_n|$이 수렴한다.

임의의 $n\in N$에 대해 $-|a_n|\le a_n\le|a_n|$이므로 $0\le a_n+|a_n|\le 2|a_n|$

$\sum_{n=1}^{\infty}|a_n|$이 수렴하므로 $\sum_{n=1}^{\infty}2|a_n|$이 수렴한다. 따라서 $\sum_{n=1}^{\infty}(a_n+|a_n|)$이 수렴한다.

그러므로 $\sum_{n=1}^{\infty}a_n=\sum_{n=1}^{\infty}[(a_n+|a_n|)-|a_n|]$은 수렴한다.

Note

모든 자연수 n에 대해 $|a_n|\le|b_n|$이고 $\sum_{n=1}^{\infty}|b_n|$이 수렴하면 비교판정법에 의해 $\sum_{n=1}^{\infty}|a_n|$도 수렴한다. 따라서 $\sum_{n=1}^{\infty}a_n$도 수렴한다.

Note

$\sum_{n=1}^{\infty}a_n$이 절대수렴하면 수렴한다. 그러나 역은 성립하지 않는다. 급수 $\sum_{n=1}^{\infty}a_n$이 수렴은 하지만 절대수렴하지 않을 때 조건수렴한다고 정의한다.

예

$\sum_{n=1}^{\infty}(-1)^{n+1}\frac{1}{n}$은 수렴하지만 $\sum_{n=1}^{\infty}\left|(-1)^{n+1}\frac{1}{n}\right|=\sum_{n=1}^{\infty}\frac{1}{n}$은 발산한다.

즉, $\sum_{n=1}^{\infty}(-1)^{n+1}\frac{1}{n}$은 절대수렴하지 않는다. 따라서 $\sum_{n=1}^{\infty}(-1)^{n+1}\frac{1}{n}$는 조건수렴한다.

예제 10.4.3

$\sum_{n=1}^{\infty}(-1)^{n+1}\frac{1}{\sqrt{n}}$은 조건수렴한다.

풀이

교대급수 $\sum_{n=1}^{\infty}(-1)^{n+1}\frac{1}{\sqrt{n}}$은 수렴한다. 그러나

$\sum_{n=1}^{\infty} \left| (-1)^{n+1} \frac{1}{\sqrt{n}} \right| = \sum_{n=1}^{\infty} \frac{1}{\sqrt{n}}$은 발산한다. 즉, $\sum_{n=1}^{\infty} (-1)^{n+1} \frac{1}{\sqrt{n}}$은 절대수렴하지 않는다. 그러므로 $\sum_{n=1}^{\infty} (-1)^{n+1} \frac{1}{\sqrt{n}}$는 조건수렴한다.

예제 10.4.4

$\sum_{n=1}^{\infty} \frac{\sin n}{n^3}$의 수렴·발산을 조사하여라.

풀이

모든 자연수 n에 대해 $\left| \frac{\sin n}{n^3} \right| \le \frac{1}{n^3}$이고 p 판정법에 의해 $\sum_{n=1}^{\infty} \frac{1}{n^3}$이 수렴하므로 비교판정법에 의해 $\sum_{n=1}^{\infty} \left| \frac{\sin n}{n^3} \right|$이 수렴한다. 즉, $\sum_{n=1}^{\infty} \frac{\sin n}{n^3}$이 절대수렴하므로 수렴한다.

10.5 멱급수(power series)

정의

수열 $\{a_n\}$에 대해 $\sum_{n=0}^{\infty} a_n x^n = a_0 + a_1 x + a_2 x^2 + \cdots$를 x에 관한 멱급수라고 하고 멱급수가 수렴하는 x값들의 집합을 수렴구간이라 한다.

Note

임의의 $n \in N$에 대해 $a_n \neq 0$이고 $\lim_{n\to\infty} \left|\frac{a_{n+1}}{a_n}\right| = r$이 존재할 때 $r < 1$이면 비판정법에 의해 $\sum_{n=1}^{\infty} |a_n|$이 수렴한다. 즉, $\sum_{n=1}^{\infty} a_n$이 절대수렴하므로 $\sum_{n=1}^{\infty} a_n$이 수렴한다.

예제 10.5.1

멱급수 $\sum_{n=0}^{\infty} \frac{x^n}{n!}$의 수렴구간을 구하여라.

풀이

각 $n \in N$에 대해 $a_n = \frac{x^n}{n!}$라 하자.

임의의 실수 x에 대해 $\lim_{n\to\infty} \left|\frac{a_{n+1}}{a_n}\right| = \lim_{n\to\infty} \left| \frac{\frac{x^{n+1}}{(n+1)!}}{\frac{x^n}{n!}} \right| = \lim_{n\to\infty} \frac{|x|}{n+1} = 0 < 1$

따라서 $\sum_{n=0}^{\infty} \frac{x^n}{n!}$은 임의의 실수 x에 대해 수렴하므로 멱급수 $\sum_{n=0}^{\infty} \frac{x^n}{n!}$의 수렴구간은 $(-\infty, \infty)$이다.

정리 10.5.1

x에 관한 멱급수 $\sum_{n=0}^{\infty} a_n x^n$에 대해 다음의 결과가 성립한다.

① $x_1 \neq 0$에 대해 $\sum_{n=0}^{\infty} a_n x_1^n$이 수렴하면 $|x| < |x_1|$인 모든 실수 x에 대해 $\sum_{n=0}^{\infty} a_n x^n$은 수렴한다.

② $x_2 \neq 0$에 대해 $\sum_{n=0}^{\infty} a_n x_2^n$이 발산하면 $|x_2| < |x|$인 모든 실수 x에 대해 $\sum_{n=0}^{\infty} a_n x^n$은 발산한다.

참고

x에 관한 멱급수 $\sum_{n=0}^{\infty} a_n x^n$는 아래 성질 중 단 하나만이 성립한다.

① 급수는 $x = 0$일 때만 수렴한다.
② 급수는 모든 실수 x에 대해 수렴한다.
③ 적당한 양수 r이 존재해서 $|x| < r$이면 급수가 수렴하고 $|x| > r$이면 급수가 발산한다.

여기서 r을 멱급수 $\sum_{n=0}^{\infty} a_n x^n$의 수렴반지름이라고 한다.

위 결과를 일반화시키면 $x-b$에 관한 멱급수 $\sum_{n=0}^{\infty} a_n (x-b)^n$는 아래 성질 중 단 하나만이 성립한다.

① 급수는 $x = b$일 때만 수렴한다.
② 급수는 모든 실수 x에 대해 수렴한다.
③ 적당한 양수 r이 존재해서 $|x-b| < r$이면 급수가 수렴하고 $|x-b| > r$이면 급수가 발산한다.

정리 10.5.2

x에 관한 멱급수 $\sum_{n=0}^{\infty} a_n x^n$에 대해 $\lim_{n \to \infty} \left| \frac{a_{n+1}}{a_n} \right| = r$이 존재할 때 멱급수의 수렴반지름은 $\frac{1}{r}$이다.

증명

$c_n = a_n x^n$라 두면

$$\lim_{n\to\infty}\left|\frac{c_{n+1}}{c_n}\right| = \lim_{n\to\infty}\left|\frac{a_{n+1}x^{n+1}}{a_n x^n}\right| = \lim_{n\to\infty}\left|\frac{a_{n+1}x}{a_n}\right| = |x| \lim_{n\to\infty}\left|\frac{a_{n+1}}{a_n}\right| = r|x|$$ 이므로

$\sum_{n=0}^{\infty} a_n x^n$는 $r|x| < 1$이면 수렴하고 $r|x| > 1$이면 발산한다. 즉, $\sum_{n=0}^{\infty} a_n x^n$는

$|x| < \frac{1}{r}$이면 수렴하고 $|x| > \frac{1}{r}$이면 발산한다. 따라서 급수 $\sum_{n=0}^{\infty} a_n x^n$의 수렴반지름은

$\frac{1}{r}$이다.

예제 10.5.2

$\sum_{n=0}^{\infty}(-1)^n \frac{x^{2n}}{2n}$의 수렴구간을 구하여라.

증명

$c_n = \left|(-1)^n \frac{x^{2n}}{2n}\right|$라 두면

$$\lim_{n\to\infty}\left|\frac{c_{n+1}}{c_n}\right| = \lim_{n\to\infty}\left|\frac{(-1)^{n+1}\frac{x^{2(n+1)}}{2(n+1)}}{(-1)^n\frac{x^{2n}}{2n}}\right| = \lim_{n\to\infty}\left|\frac{n}{n+1}x^2\right| = |x|^2 \lim_{n\to\infty}\left|\frac{n}{n+1}\right| = |x|^2$$

따라서 $\sum_{n=0}^{\infty}(-1)^n \frac{x^{2n}}{2n}$는 $|x|^2 < 1$이면 수렴하고 $|x|^2 > 1$이면 발산한다. 즉,

$\sum_{n=0}^{\infty}(-1)^n \frac{x^{2n}}{2n}$는 $|x| < 1$이면 수렴하고 $|x| > 1$이면 발산한다.

$x = \pm 1$일 때 $\sum_{n=0}^{\infty}(-1)^n \frac{x^{2n}}{2n} = \sum_{n=0}^{\infty}(-1)^n \frac{1}{2n}$은 수렴하므로 급수 $\sum_{n=0}^{\infty}(-1)^n \frac{x^{2n}}{2n}$의 수렴구간은 $[-1,1]$이다.

예제 10.5.3

다음 급수의 수렴반지름과 수렴구간을 구하여라.

① $\sum_{n=0}^{\infty} \frac{x^n}{n!}$ ② $\sum_{n=0}^{\infty} (-1)^n n! x^n$ ③ $\sum_{n=0}^{\infty} \frac{(x-1)^n}{n^2+1}$

풀이

① 예제10.5.1에 의해 급수 $\sum_{n=0}^{\infty} \frac{x^n}{n!}$는 모든 실수 x에 대해 수렴하고 급수의 수렴 반지름은 ∞이다.

② $\sum_{n=0}^{\infty} (-1)^n n! x^n$

$c_n = |(-1)^n n! x^n|$라 두면

$$\lim_{n\to\infty} \left|\frac{c_{n+1}}{c_n}\right| = \lim_{n\to\infty} \left|\frac{(-1)^{n+1}(n+1)! x^{n+1}}{(-1)^n n! x^n}\right| = \lim_{n\to\infty} |(n+1)x| =$$

$$|x| \lim_{n\to\infty} (n+1) = \infty$$

따라서 급수 $\sum_{n=0}^{\infty} (-1)^n n! x^n$는 $x=0$일 때만 수렴하고 급수의 수렴반지름은 0이다.

③ $c_n = \left|\frac{(x-1)^n}{n^2+1}\right|$라 두면

$$\lim_{n\to\infty} \left|\frac{c_{n+1}}{c_n}\right| = \lim_{n\to\infty} \left|\frac{\frac{(x-1)^{n+1}}{(n+1)^2+1}}{\frac{(x-1)^n}{n^2+1}}\right| = \lim_{n\to\infty} \left|\frac{n^2+1}{n^2+2n+2}(x-1)\right|$$

$$= |x-1| \lim_{n\to\infty} \frac{n^2+1}{n^2+2n+2} = |x-1|$$

따라서 급수 $\sum_{n=0}^{\infty} \frac{(x-1)^n}{n^2+1}$는 $|x-1| < 1$이면 수렴하고 $|x-1| > 1$이면 발산한다.

즉 $\sum_{n=0}^{\infty} \frac{(x-1)^n}{n^2+1}$는 $0 < x < 2$이면 수렴하고 $x < 0$ 또는 $x > 2$이면 발산한다.

$x=0$이면 $\sum_{n=0}^{\infty} \frac{(x-1)^n}{n^2+1} = \sum_{n=0}^{\infty} \frac{(-1)^n}{n^2+1}$은 수렴하고, $x=2$이면

$\sum_{n=0}^{\infty}\frac{(x-1)^n}{n^2+1}=\sum_{n=0}^{\infty}\frac{1}{n^2+1}$은 수렴한다.

따라서 $\sum_{n=0}^{\infty}\frac{(x-1)^n}{n^2+1}$의 수렴구간은 $[0,2]$이고 급수의 수렴반지름은 1이다.

10.6 Taylor 급수와 멱급수

Note 평균값 정리

함수 f가 $[a,b]$에서 연속이고 (a,b)에서 미분가능이면 $f'(c)=\dfrac{f(b)-f(a)}{b-a}$를 만족하는 c가 (a,b) 내에서 존재한다. 즉, $f(b)=f(a)+f'(c)(b-a)$.

평균값 정리를 이용하면 함수 $y=f(x)$가 $x=a$ 근방에서 연속이고 연속인 도함수를 가질 때 $f(x)-f(a)=f'(a+\theta(x-a))(x-a)$를 만족하는 $0<\theta<1$가 존재한다. $x \approx a$이면 $f(x) \approx f(a)+f'(a)(x-a)$이다. 즉, 다시 말해 x가 a에 충분히 가까이 가면 $f(x)$는 $x=a$에서의 접선의 식 $f(a)+f'(a)(x-a)$에 충분히 가까이 간다고 할 수 있다. $x=a$ 근방에서 직선을 이용한 $f(x)$의 근삿값보다는 곡선을 이용하여 근삿값을 구하는 것이 오차가 적다.

정리 10.6.1 Taylor 정리

$f, f', f'', \cdots, f^{(n-1)}$가 $[a,b]$에서 연속이고 $f^{(n-1)}$가 (a,b)에서 미분가능이면

$$f(b)=f(a)+f'(a)(b-a)+\frac{f''(a)}{2!}(b-a)^2+\cdots+\frac{f^{(n-1)}(a)}{(n-1)!}(b-a)^{n-1}$$

$$+\frac{f^{(n)}(a+\theta(b-a))}{n!}(b-a)^n, \ (0<\theta<1)$$

을 만족한다. $x=a$를 포함하는 구간에서 함수 f가 n번 미분가능이면 이 구간에서

$$f(x)=f(a)+f'(a)(x-a)+\frac{f''(a)}{2!}(x-a)^2+\cdots+\frac{f^{(n-1)}(a)}{(n-1)!}(x-a)^{n-1}$$

$$+\frac{f^{(n)}(a+\theta(x-a))}{n!}(x-a)^n, \ (0<\theta<1)$$

을 만족한다.

여기서

$$f(x)=f(a)+f'(a)(x-a)+\frac{f''(a)}{2!}(x-a)^2+\cdots+\frac{f^{(n-1)}(a)}{(n-1)!}(x-a)^{n-1}+\frac{f^{(n)}(a)}{n!}(x-a)^n$$

를 $x=a$에서 함수 f의 n차 Taylor 다항식이라고 한다.

정리 10.6.2

f가 개구간 I에서 무한 번 미분가능이면 임의의 $x \in I$에 대해 $0 < \theta < 1$가 존재해서

$$f(x) = f(a) + f'(a)(x-a) + \frac{f''(a)}{2!}(x-a)^2 + \cdots + \frac{f^{(n-1)}(a)}{(n-1)!}(x-a)^{n-1}$$

$$+ \frac{f^{(n)}(a+\theta(x-a))}{n!}(x-a)^n$$

를 만족한다.

여기서 $\lim_{n\to\infty} R_n(x) = \lim_{n\to\infty} \frac{f^{(n)}(a+\theta(x-a))}{n!}(x-a)^n = 0$이면

$f(x) = \sum_{n=0}^{\infty} \frac{f^{(n)}(a)}{n!}(x-a)^n$를 만족한다.

$\sum_{n=0}^{\infty} \frac{f^{(n)}(a)}{n!}(x-a)^n$를 f의 $x=a$ 근방에서의 Taylor 급수 전개라고 한다. 특히

$\sum_{n=0}^{\infty} \frac{f^{(n)}(0)}{n!}x^n$를 f의 Maclaurin 급수 전개라고 한다.

예제 10.6.1

다음 함수의 Maclaurin 급수를 구하여라.

① $f(x) = \sin x$ ② $f(x) = e^x$

풀이

① $f(x) = \sin x$는 R에서 무한 번 미분가능하다.

$f(x) = \sin x \Rightarrow f(0) = 0$

$f'(x) = \cos x = \sin(x + \frac{\pi}{2})$ 따라서 $f'(0) = 1$

$f''(x) = \cos(x + \frac{\pi}{2}) = \sin(x + \pi)$ 따라서 $f''(0) = 0$

$f'''(x) = \cos(x + \pi) = \sin(x + \frac{3\pi}{2})$ 따라서 $f'''(0) = -1$

$f^{(4)}(x) = \cos(x + \frac{3\pi}{2}) = \sin(x + 2\pi)$ 따라서 $f^{(4)}(0) = 1$

이 방법을 계속하면

$f^{(n)}(x) = \cos(x + \frac{(n-1)\pi}{2}) = \sin(x + \frac{n\pi}{2})$ 이므로 $f^{(n)}(0) = \sin(\frac{n\pi}{2})$이다.

따라서 Taylor정리에 의해

$$f(x) = \sin x = f(0) + f'(0)x + \frac{f''(0)}{2!}x^2 + \cdots + \frac{f^{(n-1)}(0)}{(n-1)!}x^{n-1} + \frac{f^{(n)}(c)}{n!}x^n$$

$$= x - \frac{x^3}{3!} + \frac{x^5}{5!} - \frac{x^7}{7!} + \cdots + \frac{\sin(\frac{(n-1)\pi}{2})}{(n-1)!}x^{n-1} + \frac{\sin(c + \frac{n\pi}{2})}{n!}x^n, \ (|c| < |x|)$$

여기서 임의의 실수 x에 대해 $\lim_{n\to\infty} \frac{\sin(c+\frac{n\pi}{2})}{n!}x^n = 0.$

그러므로 임의의 실수 x에 대해

$f(x) = \sin x = x - \frac{x^3}{3!} + \frac{x^5}{5!} - \frac{x^7}{7!} + \cdots = \sum_{n=0}^{\infty} (-1)^n \frac{x^{2n+1}}{(2n+1)!}$이다.

② $f(x) = e^x$ 의 Maclaurin 급수

풀이

$f(x) = e^x$는 R에서 무한 번 미분가능하고, 모든 n에 대해 $f^{(n)}(x) = e^x$이므로 따라서 $f^{(n)}(0) = e^0 = 1$이다.

따라서 Taylor 정리에 의해

$$f(x) = e^x = f(0) + f'(0)x + \frac{f''(0)}{2!}x^2 + \cdots + \frac{f^{(n-1)}(0)}{(n-1)!}x^{n-1} + \frac{f^{(n)}(c)}{n!}x^n$$

$$= 1 + x + \frac{x^2}{2!} + \frac{x^3}{3!} + \cdots + \frac{x^{n-1}}{(n-1)!} + \frac{e^c}{n!}x^n, \ (|c| < |x|)$$

여기서 임의의 실수 x에 대해 $\lim_{n\to\infty} \frac{e^c}{n!}x^n = 0$이다.

그러므로 임의의 실수 x에 대해 $f(x) = e^x = 1 + x + \frac{x^2}{2!} + \frac{x^3}{3!} + \cdots = \sum_{n=0}^{\infty} \frac{x^n}{n!}$이다.

정리 10.6.3 멱급수의 미분과 적분

$x-b$에 관한 멱급수 $f(x) = \sum_{n=0}^{\infty} a_n (x-b)^n$는 수렴구간 I에서 정의된 연속이고 미분가능인 함수이다. 즉,

① f는 수렴구간 I의 모든 점에서 연속

② f는 수렴구간 I의 모든 점에서 미분가능이고 $f'(x) = \sum_{n=1}^{\infty} na_n(x-b)^{n-1}$

③ f는 수렴구간 I의 모든 점에서 적분가능이고 $\int_b^x f(t)dt = \sum_{n=0}^{\infty} \frac{a_n}{n+1}(x-b)^{n+1}$를

만족한다.

예제 10.6.2

정리 10.6.3를 이용하여 다음 함수의 Maclaurin 급수를 구하여라.

① $f(x) = \cos x$　　　　　　　② $f(x) = \tan^{-1}x$

풀이

① $f(x) = \cos x$의 Maclaurin 급수

임의의 $x \in R$에 대해 $\sin x = x - \frac{x^3}{3!} + \frac{x^5}{5!} - \frac{x^7}{7!} + \cdots = \sum_{n=0}^{\infty}(-1)^n \frac{x^{2n+1}}{(2n+1)!}$

이다.

양변을 미분하면 임의의 $x \in R$에 대해

$$\cos x = (\sin x)' = (x - \frac{x^3}{3!} + \frac{x^5}{5!} - \frac{x^7}{7!} + \cdots)' = 1 - \frac{x^2}{2!} + \frac{x^4}{4!} - \frac{x^6}{6!} + \cdots = \sum_{n=0}^{\infty}(-1)^n \frac{x^{2n}}{(2n)!}$$

가 성립한다.

② $f(x) = \tan^{-1}x$의 Maclaurin의 급수를 구하기 위해

$\frac{1}{1+x} = 1 - x + x^2 - x^3 + \cdots \; (|x| < 1)$ 에서 x 대신 x^2를 대입하면

$\frac{1}{1+x^2} = 1 - x^2 + x^4 - x^6 + \cdots \; (|x| < 1)$이므로

$$\begin{aligned}\tan^{-1}x &= \int_0^x \frac{1}{1+t^2}dt = \int_0^x [1 - t^2 + t^4 - t^6 + \cdots]dt \\ &= \int_0^x dt - \int_0^x t^2 dt + \int_0^x t^4 dt - \int_0^x t^6 dt + \cdots \\ &= x - \frac{1}{3}x^3 + \frac{1}{5}x^5 - \frac{1}{7}x^7 + \cdots, \quad (|x| < 1)\text{이다.}\end{aligned}$$

$x = 1$에 대해

$x-\frac{1}{3}x^3+\frac{1}{5}x^5-\frac{1}{7}x^7+\cdots=1-\frac{1}{3}+\frac{1}{5}-\frac{1}{7}+\cdots=\sum_{k=0}^{\infty}\frac{(-1)^k}{2k+1}$는 수렴하고

$x=-1$에 대해

$x-\frac{1}{3}x^3+\frac{1}{5}x^5-\frac{1}{7}x^7+\cdots=-1+\frac{1}{3}-\frac{1}{5}+\frac{1}{7}+\cdots=\sum_{k=0}^{\infty}\frac{(-1)^{k+1}}{2k+1}$도

수렴한다.

그러므로 임의의 $x\in[-1,1]$에 대해

$\tan^{-1}x=x-\frac{1}{3}x^3+\frac{1}{5}x^5-\frac{1}{7}x^7+\cdots=\sum_{k=0}^{\infty}\frac{(-1)^k x^{2k+1}}{2k+1}$이다.

Note

$\tan^{-1}x=x-\frac{1}{3}x^3+\frac{1}{5}x^5-\frac{1}{7}x^7+\cdots$, $(|x|\le 1)$에서 $x=1$을 대입하면

$1-\frac{1}{3}+\frac{1}{5}-\frac{1}{7}+\cdots=\tan^{-1}1=\frac{\pi}{4}$임을 알 수 있다.

연습문제

1 다음 급수의 수렴 발산을 판정하여라.

① $\sum_{n=1}^{\infty} \frac{\sin nx}{n^2}$ ② $\sum_{n=1}^{\infty} \frac{n^{10}}{3^n}$ ③ $\sum_{n=1}^{\infty} \sin^3 \frac{1}{n}$

2 다음 함수의 Maclaurin 급수를 구하여라.

① $f(x) = \ln(1+x)$ ② $f(x) = \frac{1}{(1-x)^2}$

3 $\int_0^1 e^{-x^2} dx$를 구하여라.

4 $e^{-x^2} \tan^{-1} x$의 Maclaurin급수의 처음 3항을 구하여라.

11장

편미분법

11.1 2변수 함수의 극한과 연속

정의

집합 X, Y에 대해 X의 각 원소에 Y의 원소 하나씩을 대응시키는 규칙 $f: X \to Y$를 집합 X에서 집합 Y로의 함수 또는 사상이라고 한다. 여기서 x를 함수 f의 독립변수, y를 종속변수, $f(x)$를 함수 f에 의한 x의 함숫값(image), $f(X) = \{f(x) | x \in X\}$를 f의 치역, 그리고 $G(f) = \{(x,y) | y = f(x),\ x \in X\}$를 f의 그래프라고 한다.

독립변수가 1개인 1변수함수에서와 마찬가지로 독립변수가 2개인 2변수함수를 다음과 같이 정의할 수 있다.

정의

$D = \{(x,y) \mid x, y \in R\}$에 대해 D의 임의의 원소 (x,y)에 R의 원소 z가 하나씩 대응시키는 규칙 f를 두 변수 x, y의 2변수 함수라고 부르며 $z = f(x,y)$로 나타낸다. 이때 D를 함수 f의 정의역이라고 하고 R을 f의 공역이라 한다. 여기서 변수 x, y를 독립변수, z를 종속변수, $\{(x,y,z) \mid z = f(x,y),\ (x,y) \in D\}$를 2변수 함수 f의 그래프라고 한다.

일반적으로 n개의 실수의 열 $(x_1, x_2, \cdots, x_n)$을 원소로 하는 집합 D의 각 원소에 대해 하나의 실수 z가 대응할 때, 이 대응 f를 변수 $x_1, x_2, \cdots, x_n$의 n변수함수라 하고 D를 그 정의역이라 하며, 이 함수를 $z = f(x_1, x_2, \cdots, x_n)$로 표시한다.
함수 $z = f(x_1, x_2, \cdots, x_n)$에 대하여
$G_f = \{(x_1, x_2, \cdots, x_n, z) | z = f(x_1, x_2, \cdots, x_n),\ (x_1, x_2, \cdots, x_n) \in D\}$를 n변수함수 f의 그래프라 한다.

예제 11.1.1

3변수 함수 $u = \dfrac{2x^2 + 3y^2 + 4z^2}{x + y + z - 1}$의 정의역을 구하여라.

풀이

3변수 함수 $u = \dfrac{2x^2+3y^2+4z^2}{x+y+z-1}$ 의 정의역은 $\{(x,y,z) \in R^3 \mid x+y+z \neq 1\}$,

즉 $x+y+z \neq 1$ 인 모든 공간상의 점들의 집합이다.

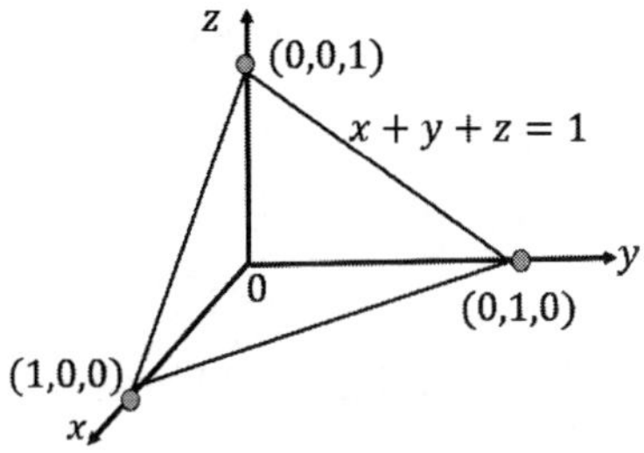

● 2변수함수의 그래프

예제 11.1.2

다음 2변수함수 $z = \sqrt{1-x^2-y^2}$ 의 그래프를 그려라.

풀이

$z = \sqrt{1-x^2-y^2}$ 의 정의역은 $D = \{(x,y) | x^2+y^2 \le 1\}$이고, 치역은 $R = \{z | z \ge 0\}$이다.

$z = \sqrt{1-x^2-y^2}$ 이면 $x^2+y^2+z^2 = 1$이므로 $z = \sqrt{1-x^2-y^2}$ 가 나타내는 곡면은 원점이 중심이고 반지름이 1인 구면의 상반부를 나타낸다.

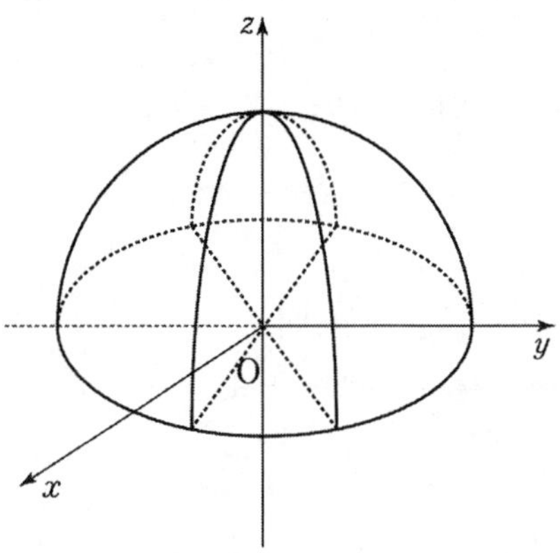

2변수 함수의 극한

정의

$y=f(x)$는 $x=a$를 포함하는 구간에서 정의된 함수이고 $a, l \in R$일 때 임의의 $\epsilon>0$에 대해 적당한 양수 $\delta>0$이 존재해서 $0<|x-a|<\delta$ 인 모든 x에 대해 $|f(x)-l|<\epsilon$가 성립할 때를 말한다. 즉, $\lim_{x\to a} f(x)=l$의 의미는 x가 a에 충분히 가까이 갈 때 $f(x)$도 l에 충분히 가까이 간다는 뜻이다.

2변수함수의 평면상의 한 점에서의 극한도 같은 방법으로 정의할 수 있다.

정의

$z=f(x,y)$는 (x_0, y_0)를 포함하는 영역에서 정의된 함수이고 $l \in R$일 때

$\lim_{(x,y)\to(x_0,y_0)} f(x,y)=l$

$\Leftrightarrow$ 점 (x,y)가 $(x,y)\neq(x_0,y_0)$이면서 (x_0, y_0)에 한없이 가까이 갈 때 $f(x,y)$의 값이 l의 값에 한없이 가까이 간다.

$\Leftrightarrow$ 임의의 주어진 $\epsilon>0$에 대해, 적당한 $\delta>0$가 존재하여

$0<\sqrt{(x-x_0)^2+(y-y_0)^2}<\delta$이면 $|f(x,y)-l|<\epsilon$을 만족한다.

예제 11.1.3

다음 극한을 구하여라.

① $\lim_{(x,y)\to(1,1)} (2x+y)=3$ ② $\lim_{(x,y)\to(3,4)} xy=12$

풀이

① 임의의 $\epsilon>0$에 대하여 $0<\sqrt{(x-1)^2+(y-1)^2}<\delta$일 때

$|2x+y-3|<\epsilon$이 성립하는 적당한 $\delta>0$를 찾아내면 된다.

$$|2x+y-3| = |2(x-1)+(y-1)| \leq 2|x-1|+|y-1|$$
$$=2\sqrt{(x-1)^2}+\sqrt{(y-1)^2} \leq 3\sqrt{(x-1)^2+(y-1)^2}$$

이므로 $\delta = \dfrac{\epsilon}{3}$으로 택하면

$0 < \sqrt{(x-1)^2 + (y-1)^2} < \delta$일 때

$|2x+y-3| \le 3\sqrt{(x-1)^2+(y-1)^2} < 3\delta = \epsilon$이다.

그러므로 $\displaystyle\lim_{(x,y)\to(1,1)} (2x+y) = 3$이다.

② 임의의 $\epsilon > 0$에 대하여 $0 < \sqrt{(x-3)^2+(y-4)^2} < \delta$일 때

$|xy-12| < \epsilon$이 성립하는 적당한 $\delta > 0$를 찾아내면 된다.

$|x-3| \le \sqrt{(x-3)^2+(y-4)^2} < 1$이면 $|x| < 4$이다.

$$\begin{aligned} |xy-12| &= |xy-4x+4x-12| \le |x|\,|y-4| + 4|x-3| \\ &\le 4|y-4| + 4|x-3| \\ &\le 8\sqrt{(x-3)^2+(y-4)^2} \end{aligned}$$

이므로 $\delta = \min\left\{\dfrac{\epsilon}{8}, 1\right\}$으로 택하면

$0 < \sqrt{(x-2)^2+(y-3)^2} < \delta$일 때

$|xy-12| \le 8\sqrt{(x-2)^2+(y-3)^2} < 8\delta \le \epsilon$이다.

그러므로 $\displaystyle\lim_{(x,y)\to(3,4)} xy = 12$이다.

Note

① $y = f(x)$가 $x = a$를 포함하는 구간에서 정의된 함수이고 $a, l \in R$일 때 $\displaystyle\lim_{x\to a} f(x) = l$이 존재할 필요충분조건은 a에서의 f의 좌극한과 우극한이 존재해서 같을 때이다.

즉, $\displaystyle\lim_{x\to a} f(x) = l \Leftrightarrow \lim_{x\to a^+} f(x) = \lim_{x\to a^-} f(x) = l$

그러나 $z = f(x,y)$는 (x_0, y_0)를 포함하는 영역에서 정의된 함수이고 $l \in R$일 때 $\displaystyle\lim_{(x,y)\to(x_0,y_0)} f(x,y) = l$이 존재하기 위해서는 점 (x,y)가 $(x,y) \ne (x_0,y_0)$이면서 (x_0, y_0)에 가까이 가는 어떠한 경로라도 같은 값에 수렴해야 한다. 즉, (x_0, y_0)에 가까이 가는 적어도 두 개의 경로에서 f가 다른 값에 수렴한다면 극한값 $\displaystyle\lim_{(x,y)\to(x_0,y_0)} f(x,y)$은 존재하지 않는다.

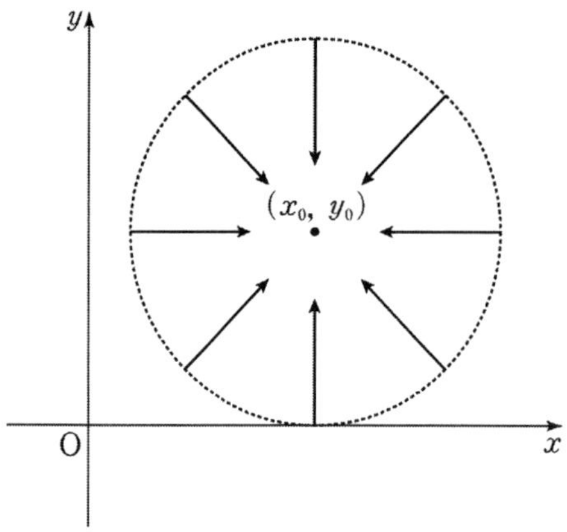

예제 11.1.4

다음 극한을 구하여라.

① $\lim_{(x,y)\to(0,0)} \frac{2xy}{x^2+y^2}$　　② $\lim_{(x,y)\to(0,0)} \frac{x^2+y^2}{x^2-xy+y^2}$

풀이

① $y=x$의 경로상에서 점(x,y)가 이 경로를 따라 $(0,0)$에 가까이 가면

$$\lim_{(x,y)\to(0,0)} f(x,y) = \lim_{(x,y)\to(0,0)} \frac{2xy}{x^2+y^2} = \lim_{(x,x)\to(0,0)} \frac{2x^2}{2x^2} = 1$$

$y=-x$의 경로상에서 점(x,y)가 이 경로를 따라 $(0,0)$에 가까이 가면

$$\lim_{(x,y)\to(0,0)} f(x,y) = \lim_{(x,y)\to(0,0)} \frac{2xy}{x^2+y^2} = \lim_{(x,-x)\to(0,0)} \frac{-2x^2}{2x^2} = -1$$

두 경로에 따른 극한값이 서로 다르므로 $\lim_{(x,y)\to(0,0)} f(x,y)$는 존재하지 않는다.

정리 11.1.1 극한의 성질

$z=f(x,y)$, $z=g(x,y)$는 (a,b)를 포함하는 영역에서 정의된 2변수 함수이다. 만약 $\lim_{(x,y)\to(a,b)} f(x,y)=l$와 $\lim_{(x,y)\to(a,b)} g(x,y)=m$가 존재하면

$f+g$, kf, fg, $\frac{f}{g}(m\neq 0)$도 (a,b)에서의 극한이 존재하고 다음을 만족한다. 여기서 k, l, $m\in R$이다.

① $\lim_{(x,y)\to(a,b)} (f(x,y) \pm g(x,y)) = \lim_{(x,y)\to(a,b)} f(x,y) \pm \lim_{(x,y)\to(a,b)} g(x,y) = l \pm m$

② $\lim_{(x,y)\to(a,b)} kf(x,y) = k \lim_{(x,y)\to(a,b)} f(x,y) = kl$

③ $\lim_{(x,y)\to(a,b)} (f(x,y) \cdot g(x,y)) = \lim_{(x,y)\to(a,b)} f(x,y) \cdot \lim_{(x,y)\to(a,b)} g(x,y) = lm$

④ $\lim_{(x,y)\to(a,b)} \dfrac{f(x,y)}{g(x,y)} = \dfrac{\lim_{(x,y)\to(a,b)} f(x,y)}{\lim_{(x,y)\to(a,b)} g(x,y)} = \dfrac{l}{m}$ (단, $m \neq 0$).

Note

2변수 함수의 연속성은 1변수 함수의 경우와 마찬가지로 다음과 같이 정의된다.

정의

(x_0, y_0)를 포함하는 영역에서 정의된 2변수 함수 $z = f(x,y)$가 다음 세 조건을 만족할 때 f가 (x_0, y_0)에서 연속이라고 한다.

i) (x_0, y_0)에서 함수 f가 정의된다.

ii) $\lim_{(x,y)\to(x_0,y_0)} f(x,y)$가 존재한다.

iii) $\lim_{(x,y)\to(x_0,y_0)} f(x,y) = f(x_0, y_0)$

다시 말해, 임의의 $\epsilon > 0$에 대해, 적당한 $\delta > 0$가 존재하여 $\sqrt{(x-x_0)^2 + (y-y_0)^2} < \delta$ 이면 $|f(x,y) - f(x_0,y_0)| < \epsilon$을 만족할 때 f는 점 (x_0, y_0)에서 연속이라고 말한다.

여기서 정의역의 모든 점에서 연속인 함수를 연속함수라고 부른다.

예제 11.1.5

다음 함수의 원점에서의 연속성을 조사하여라.

$$f(x,y) = \begin{cases} \dfrac{2xy^2}{x^2+y^4} & (x,y) \neq (0,0) \\ 0 & (x,y) = (0,0) \end{cases}$$

풀이

$x = y^2$의 경로상에서 점 (x,y)가 이 경로를 따라 $(0,0)$에 가까이 가면

$$\lim_{(x,y)\to(0,0)} \frac{2xy^2}{x^2+y^4} = \lim_{(x,y)\to(0,0)} \frac{2y^4}{2y^4} = 1$$이고

$x = -y^2$의 경로상에서 점(x,y)가 이 경로를 따라 $(0,0)$에 가까이 가면

$$\lim_{(x,y)\to(0,0)} \frac{2xy^2}{x^2+y^4} = \lim_{(x,y)\to(0,0)} \frac{-2y^4}{2y^4} = -1$$이다.

즉, 두 경로에 다른 극한값이 다르므로 $\lim_{(x,y)\to(0,0)} f(x,y)$는 존재하지 않는다.

따라서 f는 $(0,0)$에서 연속이 아니다.

예제 11.1.6

함수 $f(x,y) = 2x+3y+4$의 연속성을 조사하여라.

풀이

$f(x,y) = 2x+3y+4$는 평면상의 모든 점에서 연속이다.

$(\because)$ 임의의 점 (x_0, y_0)에 대하여

$$\begin{aligned} |f(x,y)-f(x_0,y_0)| &= |2x+3y+4-(2x_0+3y_0+4)| = |2(x-x_0)+3(y-y_0)| \\ &\le 2|x-x_0|+3|y-y_0| \\ &\le 5\sqrt{(x-x_0)^2+(y-y_0)^2} \end{aligned}$$

임의의 양수 $\epsilon > 0$에 대하여 $\delta = \frac{\epsilon}{5}$로 하자. $\sqrt{(x-x_0)^2+(y-y_0)^2} < \delta$이면

$|f(x,y)-f(x_0,y_0)| < 5\delta = \epsilon$이 성립한다. 즉 f는 (x_0, y_0)에서 연속이다.

(x_0, y_0)가 평면상의 임의의 점이므로 $f(x,y) = 2x+3y+4$는 평면상의 모든 점에서 연속이다.

정리 11.1.2 연속함수의 성질

f , g가 평면상의 점(a,b)를 포함하는 영역에서 정의된 2변수 함수이고 k가 상수일 때 f , g가 점 (a,b)에서 연속이면 $f+g$, kf , fg , $\frac{f}{g}(g(a,b) \neq 0)$도 (a,b)에서 연속이다.

증명

f, g가 점 (a,b)에서 연속이므로 $\lim_{(x,y)\to(a,b)} f(x,y) = f(a,b)$이고

$\lim_{(x,y)\to(a,b)} g(x,y) = g(a,b)$

① $$\begin{aligned}\lim_{(x,y)\to(a,b)} (f \pm g)(x,y) &= \lim_{(x,y)\to(a,b)} (f(x,y) \pm g(x,y)) \\ &= \lim_{(x,y)\to(a,b)} f(x,y) \pm \lim_{(x,y)\to(a,b)} g(x,y) \\ &= f(a,b) \pm g(a,b) = (f \pm g)(a,b)\end{aligned}$$

따라서 $f \pm g$는 점 (a,b)에서 연속이다.

같은 방법으로 극한의 성질을 이용하면 kf, $f \cdot g$, $\dfrac{f}{g}$(단, $g(a,b) \neq 0$)이 점 (a,b)에서 연속임을 쉽게 보일 수 있다.

> **Note**
>
> 정리 1.2.4에서 밝힌 바와 같이 연속인 일변수함수의 합성함수도 연속인 함수이다. 즉, $u = f(x)$가 $x = a$에서 연속이고 $y = g(u)$가 $u = f(a)$에서 연속이면 $y = (g \circ f)(x)$는 $x = a$에서 연속이다. 2변수 함수에서도 일변수함수와 마찬가지로 이와 같은 결과가 성립한다.

정리 11.1.3 연속함수의 성질

$u = f(x,y)$가 (a,b)를 포함하는 영역에서 정의된 2변수 함수이고, $w = g(u)$는 $f(a,b)$를 포함하는 구간에서 정의된 1변수 함수이다. $u = f(x,y)$가 (a,b)에서 연속이고, $w = g(u)$가 $f(a,b)$에서 연속이면 $w = (g \circ f)(x,y)$는 (a,b)에서 연속이다.

증명

$\epsilon > 0$이 임의로 주어졌다고 하자. 그러면 g가 $f(a,b)$에서 연속이므로 적당한 실수 $\delta_1 > 0$이 존재해서 $|y - f(a,b)| < \delta_1$ 이면 $|g(y) - g(f(a,b))| < \epsilon$이다.

또한, f가 점 (a,b)에서 연속이므로 이러한 $\delta_1 > 0$에 대해 적당한 실수 $\delta > 0$가 존재해서

$\sqrt{(x-x_0)^2 + (y-y_0)^2} < \delta$이면 $|f(x,y) - f(a,b)| < \delta_1$이다.

따라서 $\sqrt{(x-x_0)^2 + (y-y_0)^2} < \delta$이면

$|(g \circ f)(x,y) - (g \circ f)(a,b)| = |g(f(x,y)) - g(f(a,b))| < \epsilon$이 성립한다. 그러므로 $g \circ f$도 점 (a,b)에서 연속이다

예

$u = f(x,y) = x^2 + y^2$은 R^2에서 연속이고 $w = \log u$는 $(0, \infty)$에서 연속이다.

$u = f(x,y) = x^2 + y^2 \geq 0$이므로 $w = \log(x^2 + y^2)$은 $R^2 - \{(0,0)\}$에서 연속이다.

11.2 편도함수

정의

a를 포함하는 구간에서 정의된 1변수함수 f에 대해 $f'(a) = \lim_{x \to a} \frac{f(x) - f(a)}{x - a}$가 존재할 때 f가 $x = a$에서 미분가능이라고 한다. 여기서, $f'(a) = \lim_{x \to a} \frac{f(x) - f(a)}{x - a}$를 $x = a$에서 $y = f(x)$의 미분계수라고 한다.

다변수함수에 대한 편도함수도 같은 방법으로 정의할 수 있다.

정의

$z = f(x,y)$가 (x_0, y_0)를 포함한 영역에서 정의된 2변수 함수일 때

① $f_x(x_0,y_0) = \lim_{\Delta x \to 0} \frac{f(x_0 + \Delta x, y_0) - f(x_0,y_0)}{\Delta x}$가 존재할 때 $z = f(x,y)$는 (x_0, y_0)에서 x에 관해 편미분가능이라 하고, $f_x(x_0,y_0)$를 (x_0, y_0)에서 x에 관한 $z = f(x,y)$의 편미분계수라고 한다.

② $f_y(x_0,y_0) = \lim_{\Delta y \to 0} \frac{f(x_0,y_0 + \Delta y) - f(x_0,y_0)}{\Delta y}$가 존재할 때 $z = f(x,y)$가 (x_0, y_0)에서 y에 관해 편미분가능이라 하고, $f_y(x_0,y_0)$를 (x_0, y_0)에서 y에 관한 $z = f(x,y)$의 편미분계수라고 한다.

즉, 두 개의 변수 x, y의 함수 $z = f(x,y)$가 주어진 경우 $\frac{\partial f}{\partial x} = f_x(x_0, y_0)$는 $f(x,y)$에서 y를 상수로 보고 얻어지는 편미분계수, $\frac{\partial f}{\partial y} = f_y(x_0, y_0)$는 x를 상수로 보고서 얻어지는 편미분계수이다.

1변수 함수에서와 마찬가지로 평면상의 영역 D에서 정의된 2변수 함수 $z = f(x,y)$에 대해 f가 $D_1 \subset D$ 내의 모든 점에서 x와 y에 관해 편미분가능일 때 D_1내의 모든 점 (x,y)에서의 편미분계수로 보내지는 함수를 정의할 수 있다. 즉, D_1내의 모든 점 (x,y)에 대해 x에 관한 $z = f(x,y)$의 편도함수는 $f_x(x,y) = \lim_{\Delta x \to 0} \frac{f(x + \Delta x, y) - f(x,y)}{\Delta x}$이고, y에 관한 $z = f(x,y)$의 편도함수는

$$f_y(x,y) = \lim_{\Delta y \to 0} \frac{f(x, y+\Delta y) - f(x,y)}{\Delta y}$$ 으로 정의한다.

표기

$$f_x(x,y) = \frac{\partial f}{\partial x} = \frac{\partial z}{\partial x} = D_x f = D_x z$$

$$f_y(x,y) = \frac{\partial f}{\partial y} = \frac{\partial z}{\partial y} = D_y f = D_y z$$

예제 11.2.1

2변수 함수 $f(x,y) = xy^2 + 2y + 5x$에서 $f_x(1,1)$, $f_y(1,1)$를 구하여라.

풀이

$$f_x(1,1) = \lim_{\Delta x \to 0} \frac{f(1+\Delta x, 1) - f(1,1)}{\Delta x}$$

$$= \lim_{\Delta x \to 0} \frac{(1+\Delta x) \cdot 1^2 + 2 \cdot 1 + 5(1+\Delta x) - 8}{\Delta x} = \lim_{\Delta x \to 0} 6 = 6$$

실제로 $f_x(x,y) = y^2 + 5$이므로 $f_x(1,1) = 1^2 + 5 = 6$이다. 같은 방법으로

$$f_y(1,1) = \lim_{\Delta y \to 0} \frac{f(1, 1+\Delta y) - f(1,1)}{\Delta y}$$

$$= \lim_{\Delta y \to 0} \frac{1 \cdot (1+\Delta y)^2 + 2(1+\Delta y) + 5 \cdot 1 - 8}{\Delta y} = \lim_{\Delta y \to 0} (\Delta y + 4) = 4$$

실제로 $f_y(x,y) = 2xy + 2$이므로 $f_y(1,1) = 2 + 2 = 4$

참고

다변수함수 $u = f(x_1, x_2, \cdots, x_n)$의 각 변수에 대한 편도함수도 2변수함수일 때와 같은 방법으로 정의할 수 있다.

즉, 3변수함수 $w = f(x,y,z)$에 대해 x에 관한 $w = f(x,y,z)$의 편도함수는

$$f_x(x,y,z) = \lim_{\Delta x \to 0} \frac{f(x+\Delta x, y, z) - f(x,y,z)}{\Delta x}$$ 이고,

y에 관한 $w = f(x,y,z)$의 편도함수는

$f_y(x,y,z) = \lim_{\Delta y \to 0} \dfrac{f(x, y+\Delta y, z) - f(x,y,z)}{\Delta y}$ 이고,

z에 관한 $w = f(x,y,z)$의 편도함수는

$f_z(x,y,z) = \lim_{\Delta z \to 0} \dfrac{f(x, y, z+\Delta z) - f(x,y,z)}{\Delta z}$ 이다.

예제 11.2.2

$u = f(x,y,z) = 3x^2z + 4xy^2 + 5yz^2$의 편도함수를 구하여라.

풀이

$$\frac{\partial u}{\partial x} = 6xz + 4y^2,\ \ \frac{\partial u}{\partial y} = 8xy + 5z^2,\ \ \frac{\partial u}{\partial z} = 3x^2 + 10yz$$

Note

1변수 함수 $y = f(x)$가 $x = a$를 포함하는 구간에서 정의된 함수이고 $x = a$에서 미분가능할 때 $f'(a) = \lim_{x \to a} \dfrac{f(x) - f(a)}{x - a}$ 은 $y = f(x)$ 상의 점 $P(a, f(a))$ 에서의 $y = f(x)$의 접선의 기울기와 같다.

이 결과를 이용하면 2변수함수에서도 비슷한 결과가 만족함을 알 수 있다. 즉, $z = f(x,y)$가 (x_0, y_0)를 포함한 영역에서 정의된 2변수 함수일 때 $y = y_0$로 고정하고 $z = f(x, y_0)$를 x만의 함수로 보면 이것은 $z = f(x,y)$를 xz평면에 평행인 평면 $y = y_0$로 잘라서 생기는 곡면상의 곡선이 된다. $z = f(x, y_0)$, $z = f(x_0, y)$를 x곡선, y곡선이라 부른다. $f_x(x_0, y_0)$, $f_y(x_0, y_0)$는 x곡선, y곡선상의 점 $P(x_0, y_0, z_0)$상의 접선의 기울기와 같다.

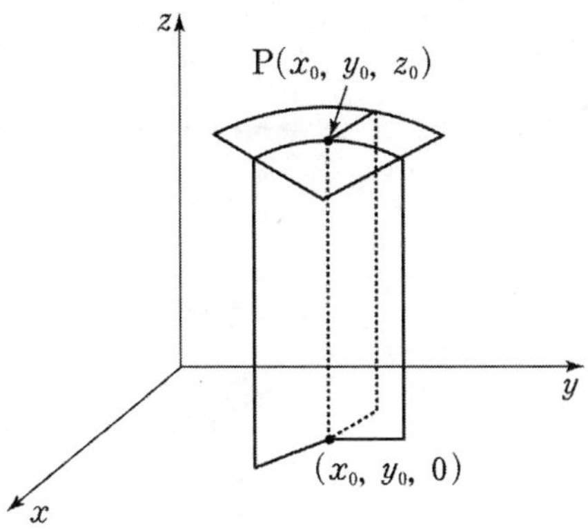

11.3 고계편도함수

2변수함수 f의 편도함수 f_x, f_y는 모두 x와 y의 함수이다. 따라서 f를 다시 x 및 y에 관하여 편미분가능하면 다시 편도함수를 구할 수 있다. 이때 f의 편도함수 f_x, f_y를 다시 x 또는 y에 관하여 편미분한 것을 f의 2계 편도함수라 한다. f의 2계 편도함수는 다음과 같이 네 가지 형태가 있다.

① $z_{xx} = f_{xx} = \dfrac{\partial}{\partial x}(\dfrac{\partial f}{\partial x}) = \dfrac{\partial^2 f}{\partial x^2} = \dfrac{\partial^2 z}{\partial x^2}$,

② $z_{yx} = f_{yx} = \dfrac{\partial}{\partial x}(\dfrac{\partial f}{\partial y}) = \dfrac{\partial^2 f}{\partial x \partial y} = \dfrac{\partial^2 z}{\partial x \partial y}$,

③ $z_{xy} = f_{xy} = \dfrac{\partial}{\partial y}(\dfrac{\partial f}{\partial x}) = \dfrac{\partial^2 f}{\partial y \partial x} = \dfrac{\partial^2 z}{\partial y \partial x}$

④ $z_{yy} = f_{yy} = \dfrac{\partial}{\partial y}(\dfrac{\partial f}{\partial y}) = \dfrac{\partial^2 f}{\partial y^2} = \dfrac{\partial^2 z}{\partial y^2}$.

예제 11.3.1

다음 함수 f의 2계 편도함수를 모두 구하여라.

① $f(x,y) = x^3 + x^2y^4 - xy^3$ ② $f(x,y) = e^{xy} - \sin(xy) + x^4y^2$

풀이

① $f(x,y) = x^3 + x^2y^4 - xy^3$이므로 $f_x(x,y) = 3x^2 + 2xy^4 - y^3$이고

$f_y(x,y) = 4x^2y^3 - 3xy^2$이다. f의 편도함수 f_x, f_y를 다시 x 또는 y에 관하여 편미분하면 다음을 얻을 수 있다.

$f_{xx}(x,y) = 6x + 2y^4$, $f_{xy}(x,y) = 8xy^3 - 3y^2$, $f_{yx}(x,y) = 8xy^3 - 3y^2$,

$f_{yy}(x,y) = 12x^2y^2 - 6xy$이다.

② 같은 방법으로 구하면 된다.

Note

f의 2계 편도함수를 다시 x또는 y에 관하여 편미분한 것을 f의 3계 편도함수라 한다. f의 3계 편도함수는 다음과 같이 8가지 형태가 있다.

① $z_{xxx} = f_{xxx} = \frac{\partial}{\partial x}(\frac{\partial^2 f}{\partial x^2}) = \frac{\partial^3 f}{\partial x^3} = \frac{\partial^3 z}{\partial x^3}$

② $z_{xxy} = f_{xxy} = \frac{\partial}{\partial y}(\frac{\partial^2 f}{\partial x^2}) = \frac{\partial^3 f}{\partial y \partial x^2} = \frac{\partial^3 z}{\partial y \partial x^2}$

③ $z_{yxx} = f_{yxx} = \frac{\partial}{\partial x}(\frac{\partial^2 f}{\partial x \partial y}) = \frac{\partial^3 f}{\partial x^2 \partial y} = \frac{\partial^3 z}{\partial x^2 \partial y}$

④ $z_{xyx} = f_{xyx} = \frac{\partial}{\partial x}(\frac{\partial^2 f}{\partial y \partial x}) = \frac{\partial^3 f}{\partial x \partial y \partial x} = \frac{\partial^3 z}{\partial x \partial y \partial x}$

⑤ $z_{xyy} = f_{xyy} = \frac{\partial}{\partial y}(\frac{\partial^3 f}{\partial y \partial x}) = \frac{\partial^3 f}{\partial y^2 \partial x} = \frac{\partial^3 z}{\partial y^2 \partial x}$

⑥ $z_{yxy} = f_{yxy} = \frac{\partial}{\partial y}(\frac{\partial^2 f}{\partial x \partial y}) = \frac{\partial^3 f}{\partial y \partial x \partial y} = \frac{\partial^3 z}{\partial y \partial x \partial y}$

⑦ $z_{yyx} = f_{yyx} = \frac{\partial}{\partial x}(\frac{\partial^2 f}{\partial y^2}) = \frac{\partial^3 f}{\partial x \partial y^2} = \frac{\partial^3 z}{\partial x \partial y^2}$

⑧ $z_{yyy} = f_{yyy} = \frac{\partial}{\partial y}(\frac{\partial^2 f}{\partial y^2}) = \frac{\partial^3 f}{\partial y^3} = \frac{\partial^3 z}{\partial y^3}$

이와 같은 방법을 계속하면 n계 편도함수도 나타낼 수 있다.

예제 11.3.2

$f(x,y,z) = x^3yz^2$에 대해 $f_{xyy}(x,y,z)$, $f_{zxy}(x,y,z)$와 $f_{yxx}(x,y,z)$를 구하여라.

풀이

$f(x,y,z) = x^3yz^2$에서 $f_x(x,y,z) = 3x^2yz^2$이므로 $f_{xy}(x,y,z) = 3x^2z^2$.

따라서 $f_{xyy}(x,y,z) = 0$.

$f_z(x,y,z) = 2x^3yz$이므로 $f_{zx}(x,y,z) = 6x^2yz$. 따라서 $f_{zxy}(x,y,z) = 6x^2z$

$f_y(x,y,z) = x^3z^2$이므로 $f_{yx}(x,y,z) = 3x^2z^2$. 따라서 $f_{yxx}(x,y,z) = 6xz^2$

정리 11.3.1

$z=f(x,y)$가 (x_0, y_0)를 포함한 영역에서 정의된 2변수함수일 때 (x_0, y_0) 근방에서 $f_{xy}(x_0, y_0)$, $f_{yx}(x_0, y_0)$가 존재해서 연속이면 $f_{xy}(x_0, y_0)=f_{yx}(x_0, y_0)$이다.

실제로 편도함수가 연속이 아니면 편미분의 순서에 따라 그 값이 달라질 수 있다. 즉, 일반적으로 미분하는 순서를 임의로 바꿀 수 없다.

예제 11.3.3

$f(x,y)=\begin{cases} xy\dfrac{x^2-y^2}{x^2+y^2}, & (x,y)\neq(0,0) \\ 0, & (x,y)=(0,0) \end{cases}$에 대해 $f_{xy}(0,0)\neq f_{yx}(0,0)$이다.

증명

편미분계수 정의에 의해 $f_x(0,0)=\lim\limits_{h\to0}\dfrac{f(h,0)-f(0,0)}{h}=\lim\limits_{h\to0}\dfrac{0}{h}=0$이고

$f_y(0,0)=\lim\limits_{h\to0}\dfrac{f(0,h)-f(0,0)}{h}=\lim\limits_{h\to0}\dfrac{0}{h}=0$이다.

같은 방법으로

$$f_x(0,y)=\lim_{h\to0}\frac{f(h,y)-f(0,y)}{h}=\lim_{h\to0}\frac{1}{h}\frac{hy(h^2-y^2)}{h^2+y^2}=-y\text{이고}$$

$$f_y(x,0)=\lim_{h\to0}\frac{f(x,h)-f(x,0)}{h}=\lim_{h\to0}\frac{1}{h}\frac{hx(x^2-h^2)}{x^2+h^2}=x\text{이다.}$$

그러므로

$$f_{xy}(0,0)=\lim_{h\to0}\frac{f_x(0,h)-f_x(0,0)}{h}=\lim_{h\to0}\frac{-h-0}{h}=-1\text{이고}$$

$$f_{yx}(0,0)=\lim_{h\to0}\frac{f_y(h,0)-f_y(0,0)}{h}=\lim_{h\to0}\frac{h-0}{h}=1\text{이다.}$$

따라서 $f_{xy}(0,0)\neq f_{yx}(0,0)$.

11.4 합성함수의 편미분법

Note

• 1변수함수의 연쇄법칙

$u=f(x)$가 x에 관해 미분가능하고 $y=g(u)$가 u에 관해 미분가능하면 f와 g의 합성함수 $y=(g \circ f)(x)$도 x에 관해 미분가능하고 $(g \circ f)'(x)=g'(f(x))f'(x)$ 또는 $\dfrac{dy}{dx}=\dfrac{dy}{du}\dfrac{du}{dx}$를 만족한다.

같은 방법으로 2변수 함수에 대해서도 편미분가능한 두 함수에 대해 연쇄법칙이 만족된다.

• 2변수함수의 연쇄법칙

정리 11.4.1

2변수함수 $z=f(x,y)$가 연속인 1차 편도함수 f_x, f_y를 가지고 $x=u(t)$, $y=v(t)$일 때 x, y가 t에 관해서 미분가능이면 z도 t에 관해서 미분가능하고 $\dfrac{dz}{dt}=\dfrac{\partial z}{\partial x}\dfrac{dx}{dt}+\dfrac{\partial z}{\partial y}\dfrac{dy}{dt}$를 만족한다.

증명

미분의 정의에서 $\dfrac{dz}{dt}=\lim_{\Delta t\to 0}\dfrac{\Delta z}{\Delta t}$이다. Δt의 변화만큼 x, y가 각각 Δx, Δy만큼 변했다고 하자. 그러면

$$\Delta z=f(x+\Delta x,y+\Delta y)-f(x,y)$$
$$=[f(x+\Delta x,y+\Delta y)-f(x,y+\Delta y)]+[f(x,y+\Delta y)-f(x,y)]$$

각각 평균값정리를 적용하면 $0<\theta_1$, $\theta_2<1$가 존재해서

$\Delta z=f_x(x+\theta_1\Delta x\ ,\ y+\Delta y)\Delta x+f_y(x\ ,\ y+\theta_2\Delta y)\Delta y$를 만족한다.

따라서

$\dfrac{\Delta z}{\Delta t}=f_x(x+\theta_1\Delta x\ ,\ y+\Delta y)\dfrac{\Delta x}{\Delta t}+f_y(x\ ,\ y+\theta_2\Delta y)\dfrac{\Delta y}{\Delta t}$이다.

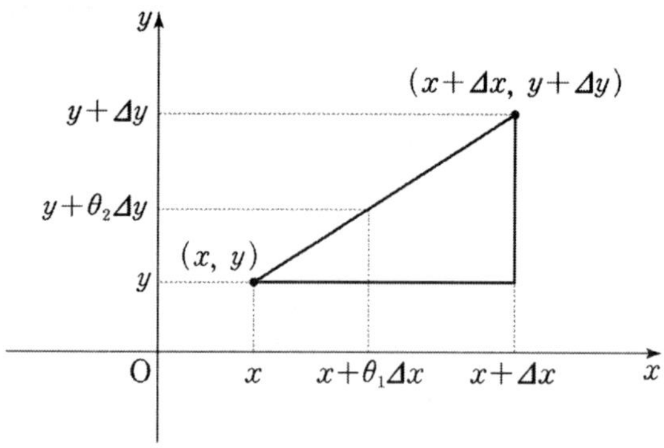

x , y가 t에 관해서 미분가능이므로 연속이다.

따라서 $\Delta t \to 0$이면 $\Delta x \to 0$, $\Delta y \to 0$이다.

f_x , f_y가 연속이므로

$$\lim_{\Delta t\to 0}\frac{\Delta z}{\Delta t}=\lim_{\Delta t\to 0}[f_x(x+\theta_1\Delta x\ ,\ y+\Delta y)\frac{\Delta x}{\Delta t}+f_y(x\ ,\ y+\theta_2\Delta y)\frac{\Delta y}{\Delta t}]$$

$$=f_x(x,y)\frac{dx}{dt}+f_y(x,y)\frac{dy}{dt}=\frac{\partial z}{\partial x}\frac{dx}{dt}+\frac{\partial z}{\partial y}\frac{dy}{dt}$$

예제 11.4.1

다음 함수에 대해 $\frac{dz}{dt}$를 구하여라.

① $z=\sin(xy)$, $x=\ln(t^2+1)$, $y=t^2$

② $z=x^3\ln(x+y)$, $x=t^2$, $y=e^t$

풀이

① $z=\sin(xy)$, $x=\ln(t^2+1)$, $y=t^2$에 대해

$$\frac{dz}{dt}=\frac{\partial z}{\partial x}\frac{dx}{dt}+\frac{\partial z}{\partial y}\frac{dy}{dt}=y\cos(xy)\frac{2t}{t^2+1}+x\cos(xy)2t=(\frac{2ty}{t^2+1}+2xt)\cos(xy)$$

$$=2(\frac{t^3}{t^2+1}+t\ln(t^2+1))\cos(t^2\ln(t^2+1))$$

② 같은 방법으로 풀면 된다.

Note

실제로 $z=\sin(xy)$, $x=\ln(t^2+1)$, $y=t^2$ 에 대해

$z=\sin(xy)=\sin(t^2\ln(t^2+1))$이므로

$\frac{dz}{dt}=\cos(t^2\ln(t^2+1))(t^2\ln(t^2+1))'=\cos(t^2\ln(t^2+1))(2t\ln(t^2+1)+\frac{2t^3}{t^2+1})$

이다. 연쇄법칙을 이용했을 때의 결과와 같다.

정리 11.4.2

3변수함수 $u=f(x,y,z)$가 연속인 1차 편도함수 f_x , f_y , f_z를 가지고 x , y , z가 t에 관해서 미분가능이면 u는 t에 관해서 미분가능하고 $\frac{du}{dt}=\frac{\partial u}{\partial x}\frac{dx}{dt}+\frac{\partial u}{\partial y}\frac{dy}{dt}+\frac{\partial u}{\partial z}\frac{dz}{dt}$ 이다.

증명

정리 11.4.1과 같은 방법으로 증명할 수 있다.

예제 11.4.2

$f(x,y,z)=x^3+y^3+z^3$, $x=t^2$, $y=2t+1$, $z=t^3$일 때 $\frac{df}{dt}$를 구하여라.

풀이

$$\frac{df}{dt}=\frac{\partial f}{\partial x}\frac{dx}{dt}+\frac{\partial f}{\partial y}\frac{dy}{dt}+\frac{\partial f}{\partial z}\frac{dz}{dt}=3x^2\cdot 2t+3y^2\cdot 2+3z^2\cdot 3t^2=6t^5+6(2t+1)^2+9t^8$$

$$=3(3t^8+2t^5+8t^2+8t+2)$$

정리 11.4.3

2변수함수 $z=f(x,y)$가 연속인 1차 편도함수 f_x , f_y를 가지고 y가 x에 관해서 미분가능이면 z는 x에 관해서 미분가능하고 $\frac{dz}{dx}=\frac{\partial z}{\partial x}+\frac{\partial z}{\partial y}\frac{dy}{dx}$이다.

증명

정리 11.4.1에 $t=x$를 적용하면 $\frac{dx}{dt}=1$, $\frac{dy}{dt}=\frac{dy}{dx}$이므로 $\frac{dz}{dx}=\frac{\partial z}{\partial x}+\frac{\partial z}{\partial y}\frac{dy}{dx}$이다.

예제 11.4.3

$z = x^3 + x^2y + y^3$, $y = \sin x + \cos x$일 때 $\dfrac{dz}{dx}$를 구하여라.

풀이

정리 11.4.3에 의해

$$\frac{dz}{dx} = \frac{\partial z}{\partial x} + \frac{\partial z}{\partial y}\frac{dy}{dx} = 3x^2 + 2xy + (x^2 + 3y^2)(\cos x - \sin x)$$

$$= 3x^2 + 2x(\sin x + \cos x) + (x^2 + 3(\sin x + \cos x)^2)(\cos x - \sin x)$$

$$= 3x^2 + 2x(\sin x + \cos x) + (x^2 + 3 + 6\sin x\cos x)(\cos x - \sin x)$$

Note

2변수함수 $z = f(x,y)$에 대해 s , t의 2변수 함수 $x = u(s,t)$, $y = v(s,t)$로 주어졌을 때 t를 상수로 취급하고 x , y는 s변수 하나만의 1변수 함수로 생각하거나 s를 상수로 취급하고 x , y는 t변수 하나만의 1변수 함수로 생각하여 정리 11.4.1을 적용하면 다음의 결과를 이끌어낼 수 있다.

정리 11.4.4

2변수함수 $z = f(x,y)$가 연속인 1차 편도함수 f_x , f_y를 가지고 $x = u(s,t)$, $y = v(s,t)$일 때 x , y가 연속인 1차 편도함수를 가지면 z는 s , t에 관해서 편미분 가능하고

$\dfrac{\partial z}{\partial s} = \dfrac{\partial z}{\partial x}\dfrac{\partial x}{\partial s} + \dfrac{\partial z}{\partial y}\dfrac{\partial y}{\partial s}$이고 $\dfrac{\partial z}{\partial t} = \dfrac{\partial z}{\partial x}\dfrac{\partial x}{\partial t} + \dfrac{\partial z}{\partial y}\dfrac{\partial y}{\partial t}$이다.

예제 11.4.4

$z = e^{x^2y}$, $x = 3t + 2s$, $y = 4t - 2s$일 때 $\dfrac{\partial z}{\partial t}$와 $\dfrac{\partial z}{\partial s}$를 구하시오.

풀이

$z = e^{x^2y}$, $x = 3t + 2s$, $y = 4t - 2s$이므로

$$\frac{\partial z}{\partial t} = \frac{\partial z}{\partial x}\frac{\partial x}{\partial t} + \frac{\partial z}{\partial y}\frac{\partial y}{\partial t} = 2xye^{x^2y} \times 3 + x^2e^{x^2y} \times 4 = 2xe^{x^2y}(3y + 2x)$$

$$= 2(3t+2s)e^{(3t+2s)^2(4t-2s)}(3(4t-2s)+2(3t+2s))$$

$$= 4(3t+2s)(9t-s)e^{(3t+2s)^2(4t-2s)}$$

같은 방법으로

$$\frac{\partial z}{\partial s} = \frac{\partial z}{\partial x}\frac{\partial x}{\partial s} + \frac{\partial z}{\partial y}\frac{\partial y}{\partial s} = 2xye^{x^2y} \times 2 + x^2e^{x^2y} \times (-2) = 2xe^{x^2y}(2y - x)$$

$$= 2(3t+2s)e^{(3t+2s)^2(4t-2s)}(2(4t-2s)-(3t+2s))$$

$$= 2(3t+2s)(5t-6s)e^{(3t+2s)^2(4t-2s)}$$

앞의 정리를 확장하여 일반적인 다변수함수의 연쇄법칙을 얻을 수 있다.

정리 11.4.5

3변수함수 $u = f(x,y,z)$가 연속인 1차 편도함수 f_x, f_y, f_z를 가지고 $x = x(s,t)$, $y = y(s,t)$, $z = z(s,t)$일 때 x, y, z도 연속인 1차 편도함수를 가지면 u는 s, t에 관해서 편미분 가능하고 $\frac{\partial u}{\partial s} = \frac{\partial u}{\partial x}\frac{\partial x}{\partial s} + \frac{\partial u}{\partial y}\frac{\partial y}{\partial s} + \frac{\partial u}{\partial z}\frac{\partial z}{\partial s}$이고

$\frac{\partial u}{\partial t} = \frac{\partial u}{\partial x}\frac{\partial x}{\partial t} + \frac{\partial u}{\partial y}\frac{\partial y}{\partial t} + \frac{\partial u}{\partial z}\frac{\partial z}{\partial t}$이다.

예제 11.4.5

$u = x^3 + y^3 + z^3$, $x = st$, $y = e^{s+t}$, $z = 3s + 2t$일 때 $\frac{\partial u}{\partial t}$와 $\frac{\partial u}{\partial s}$를 구하여라.

풀이

$$\frac{\partial u}{\partial t} = \frac{\partial u}{\partial x}\frac{\partial x}{\partial t} + \frac{\partial u}{\partial y}\frac{\partial y}{\partial t} + \frac{\partial u}{\partial z}\frac{\partial z}{\partial t}$$

$$= 3x^2 \cdot s + 3y^2 \cdot e^{s+t} + 3z^2 \cdot 2 = 3(s^3t^2 + e^{3(s+t)} + 2(3s+2t)^2)$$

$$\frac{\partial u}{\partial s} = \frac{\partial u}{\partial x}\frac{\partial x}{\partial s} + \frac{\partial u}{\partial y}\frac{\partial y}{\partial s} + \frac{\partial u}{\partial z}\frac{\partial z}{\partial s}$$

$$= 3x^2 \cdot t + 3y^2 \cdot e^{s+t} + 3z^2 \cdot 3 = 3(s^2t^3 + e^{3(s+t)} + 3(3s+2t)^2)$$

음함수 미분

Note

함수가 $y=f(x)$(x: 독립변수, y: 종속변수)형태로 주어졌을 때 y는 x에 대한 양함수라고 한다. 한편 $F(x,y)=0$ (x ,y: 독립변수)의 형태로 표현된 함수를 y는 x에 대한 음함수라고 한다.

정리 11.4.6

$f(x,y)=0$는 주어진 음함수이고 y를 x의 함수로서 x에 관해 미분가능하고 $f_y(x,y)\neq 0$이면 $\dfrac{dy}{dx}=-\dfrac{f_x(x,y)}{f_y(x,y)}$이다.

증명

$f(x,y)=0$에서 y가 x의 함수이므로 $x=x$, $y=h(x)$라 두고 연쇄율을 적용하면

$0=\dfrac{\partial f}{\partial x}+\dfrac{\partial f}{\partial y}\dfrac{dy}{dx}=f_x(x,y)+f_y(x,y)\dfrac{dy}{dx}$이다.

$f_y(x,y)\neq 0$이므로 $\dfrac{dy}{dx}=-\dfrac{f_x(x,y)}{f_y(x,y)}$이다.

예제 11.4.6

음함수 $x^4+x^2y^4-3=0$에 대해 $\dfrac{dy}{dx}$를 구하여라.

풀이

$f(x,y)=x^4+x^2y^4-3$이라 두면 $f(x,y)=0$이다.

따라서 $\dfrac{dy}{dx}=-\dfrac{f_x(x,y)}{f_y(x,y)}=-\dfrac{4x^3+2xy^4}{4x^2y^3}$이다.

정리 11.4.7

$f(x,y,z)=0$가 음함수이고 z가 x , y의 함수이고, x , y에 관해 편미분가능할 때 $f_z(x,y,z)\neq 0$이면 $\dfrac{\partial z}{\partial x}=-\dfrac{f_x(x,y,z)}{f_z(x,y,z)}$이고 $\dfrac{\partial z}{\partial y}=-\dfrac{f_y(x,y,z)}{f_z(x,y,z)}$이다.

증명

$f(x,y,z)=0$에서 양변을 x에 관해 편미분하면

$$0=\frac{\partial f}{\partial x}+\frac{\partial f}{\partial y}\frac{dy}{dx}+\frac{\partial f}{\partial z}\frac{\partial z}{\partial x}=f_x(x,y,z)+f_z(x,y,z)\frac{\partial z}{\partial x}$$ 이다.

$f_z(x,y,z)\neq 0$이므로 $\dfrac{\partial z}{\partial x}=-\dfrac{f_x(x,y,z)}{f_z(x,y,z)}$

같은 방법으로 양변을 y에 관해 편미분하면

$$0=\frac{\partial f}{\partial x}\frac{dx}{dy}+\frac{\partial f}{\partial y}+\frac{\partial f}{\partial z}\frac{\partial z}{\partial y}=f_y(x,y,z)+f_z(x,y,z)\frac{\partial z}{\partial y}$$ 이다.

$f_z(x,y,z)\neq 0$이므로 $\dfrac{\partial z}{\partial y}=-\dfrac{f_y(x,y,z)}{f_z(x,y,z)}$.

예제 11.4.7

다음에서 $\dfrac{\partial z}{\partial x}$와 $\dfrac{\partial z}{\partial y}$를 구하여라.

① $f(x,y,z)=x^2z^3+y^2-z^2+4xyz-8=0$

② $f(x,y,z)=x^3+y^3+z^3-3xyz=0$

풀이

① $$\frac{\partial z}{\partial x}=-\frac{f_x(x,y,z)}{f_z(x,y,z)}=-\frac{2xz^3+4yz}{3x^2z^2-2z+4xy},$$

$$\frac{\partial z}{\partial y}=-\frac{f_y(x,y,z)}{f_z(x,y,z)}=-\frac{2y+4xz}{3x^2z^2-2z+4xy}$$

② 같은 방법으로 풀면 된다.

11.5 전미분

정의

2변수함수 $z=f(x,y)$에 대해 Δx, Δy를 x,y의 증분이라고 할 때 Δx, Δy에 대응하는 함수 z의 증분 Δz는 $\Delta z=f(x+\Delta x, y+\Delta y)-f(x,y)$와 같이 정의된다.

정의

$z=f(x,y)$가 (a,b)를 포함하는 영역에서 정의된 2변수함수일 때 z의 증분 Δz이
$\Delta z=f_x(a,b)\Delta x+f_y(a,b)\Delta y+\epsilon_1\Delta x+\epsilon_2\Delta y$로 표현될 때 $z=f(x,y)$가 (a,b)에서 전미분가능(또는 미분가능)이라고 정의한다.

이때 $\Delta z=f(a+\Delta x, b+\Delta y)-f(a,b)$이고 $\lim\limits_{\substack{\Delta x\to 0\\ \Delta y\to 0}}\dfrac{\epsilon_1\Delta x+\epsilon_2\Delta y}{\sqrt{(\Delta x)^2+(\Delta y)^2}}=0$이다.

정리 11.5.1

점 (a,b)를 포함하는 영역에서 정의된 2변수 함수 $z=f(x,y)$에 대해 (a,b)의 근방에서 f_x, f_y가 존재해서 연속이면 f는 점 (a,b)에서 미분가능하다.

예제 11.5.1

다음 함수의 미분가능성을 조사하여라.

① $f(x,y)=xe^{x+y}$　　② $f(x,y)=x^3y^4$

풀이

① $f_x(x,y)=e^{x+y}+xe^{x+y}=(1+x)e^{x+y}$, $f_y(x,y)=xe^{x+y}$는 평면상의 모든 점에서 연속이다. 따라서 함수 $f(x,y)=xe^{x+y}$는 모든 점에서 미분가능하다.

② $f(x,y)=x^3y^4$에서 $f_x(x,y)=3x^2y^4$, $f_y(x,y)=4x^3y^3$는 평면상의 모든 점에서 연속이다.

따라서 함수 $f(x,y)=x^3y^4$는 모든 점에서 미분가능하다.

Note

$x=a$를 포함하는 구간에서 정의된 함수 $y=f(x)$가 $x=a$에서 미분가능이면 $x=a$에서 연속이다. 1변수 함수에서와 마찬가지로 2변수함수에서도 같은 결과가 성립한다.

정리 11.5.2

점 (a,b)를 포함하는 영역에서 정의된 2변수 함수 $z=f(x,y)$에 대해 f가 점 (a,b)에서 미분가능하면 점 (a,b)에서 연속이다.

증명

$\lim_{(x,y)\to(a,b)} f(x,y)=f(a,b)$임을 보이면 된다.

$\Delta x=x-a$, $\Delta y=y-b$라고 하면 $x=a+\Delta x$, $y=b+\Delta y$이다. 또한 $x\to a$이고 $y\to b$이면 $\Delta x\to 0$이고 $\Delta y\to 0$이다.

f가 점(a,b)에서 미분가능이므로 정의에 의해

$\Delta z=f_x(a,b)\Delta x+f_y(a,b)\Delta y+\epsilon_1\Delta x+\epsilon_2\Delta y$로 표현된다. 여기서,

$\Delta z=f(a+\Delta x,b+\Delta y)-f(a,b)$이고 $(\Delta x,\Delta y)\to(0,0)$이면 $(\epsilon_1,\epsilon_2)\to(0,0)$이다.

따라서 $\lim_{\substack{\Delta x\to 0\\ \Delta y\to 0}}\Delta z=\lim_{\substack{\Delta x\to 0\\ \Delta y\to 0}}[f_x(a,b)\Delta x+f_y(a,b)\Delta y+\epsilon_1\Delta x+\epsilon_2\Delta y]=0.$

$\Delta z=f(a+\Delta x,b+\Delta y)-f(a,b)=f(x,y)-f(a,b)$ 이고 $\lim_{(\Delta x,\Delta y)\to(0,0)}\Delta z=0$이므로 $\lim_{(x,y)\to(a,b)} f(x,y)=f(a,b)$이다. 따라서 f가 (a,b)에서 연속이다.

Note

미분가능인 1변수 함수 $y=f(x)$에 대해 $dx=\Delta x$가 x의 미분, $dy=f'(x)dx$가 y의 미분이다. 여기서 $dx=\Delta x$를 충분히 작게 잡으면

$\Delta y=f(x+\Delta x)-f(x)\approx dy$이다. 이 개념을 2변수 함수에서도 확장하여 정의할 수 있다.

정의

$z=f(x,y)$가 (x,y)근방에서 미분가능일 때 $dx=\Delta x$를 x의 미분, $dy=\Delta y$를 y의 미분, 그리고 $dz=f_x(x,y)dx+f_y(x,y)dy$을 $z=f(x,y)$의 전미분이라 정의한다.

Note

$z=f(x,y)$가 (x,y)근방에서 미분가능일 때 $dx=\Delta x$, $dy=\Delta y$를 충분히 작게 잡으면 $\Delta z\approx f_x(x,y)\Delta x+f_y(x,y)\Delta y$이므로 $\Delta z\approx dz$이다.

예제 11.5.2

다음 함수 $z=f(x,y)$의 전미분을 구하여라.

① $f(x,y)=x^2\cos(xy)$ ② $z=x^3y^2$ ③ $f(x,y)=e^x\sin y+\ln(xy)$

풀이

① $df=f_xdx+f_ydy=[(2x\cos(xy)-x^2y\sin(xy)]dx-x^3\sin(xy)dy$

② $dz=\dfrac{\partial z}{\partial x}dx+\dfrac{\partial z}{\partial y}dy=3x^2y^2dx+2x^3y\,dy$

11.6 2변수 함수의 극값

정의

$y=f(x)$가 a를 포함하는 구간 I에서 정의된 함수일 때

① $a \in I' \subset I$인 개구간 I'이 존재해서 임의의 $x \in I'$에 대해 $f(x) \le f(a)$를 만족할 때 f가 $x=a$에서 극대를 가진다고 한다. 이때 $f(a)$가 극댓값이다.

② $a \in I' \subset I$인 개구간 I'이 존재해서 임의의 $x \in I'$에 대해 $f(x) \ge f(a)$를 만족할 때 f가 $x=a$에서 극소를 가진다고 한다. 이때 $f(a)$가 극솟값이다.

③ f가 $x=a$에서 극대이거나 극소일 때 $x=a$를 극점 혹은 $f(a)$를 극값이라고 한다.

즉, 함수 $y=f(x)$가 $x=a$에서 극소라는 것은 $x=a$근방에서는 $f(a)$가 최솟값일 때를 말하고, $y=f(x)$가 $x=a$에서 극대라는 것은 $x=a$ 근방에서 $f(a)$가 최댓값일 때를 말한다.

2변수함수의 극대와 극소의 개념도 1변수함수와 같은 방법으로 정의할 수 있다.

정의

$z=f(x,y)$가 점 (a,b)를 포함하는 영역 S에 정의된 2변수 함수일 때

① (a,b)의 근방 $D \subset S$이 존재해서 임의의 (x,y)에 대해서 $f(x,y) \le f(a,b)$를 만족할 때 f가 (a,b)에서 극대를 가진다고 한다. 이때 $f(a,b)$가 극댓값이다.

② (a,b)의 근방 $D \subset S$이 존재해서 임의의 (x,y)에 대해서 $f(x,y) \ge f(a,b)$를 만족할 때 f가 (a,b)에서 극소를 가진다고 한다. 이때 $f(a,b)$가 극솟값이다.

③ f가 (a,b)에서 극대이거나 극소일 때 (a,b)를 극점 혹은 $f(a,b)$를 극값이라고 한다.

Note

① $y=f(x)$가 개구간 I에서 미분가능하고 $a\in I$일 때 f가 $x=a$에서 극대이거나 극소이면 $f'(a)=0$이다. 즉, $y=f(x)$가 $x=a$에서 극점을 가지면, $x=a$에서 미분불가능이거나 $f'(a)=0$이다.

② 위 결과의 역은 성립하지 않는다. 즉, $y=f(x)$가 a를 포함하는 구간 I 에서 정의된 함수일 때 $x=a$에서 미분가능이고 $f'(a)=0$이라고 해서 f가 $x=a$에서 극값을 가진다고 얘기할 수 없다.

예를 들면, $f(x)=x^3$는 R에서 미분가능이고 $f'(0)=0$이다. 그러나 f가 $x=0$에서 극값을 가지지 않는다.

2변수함수에 대해서도 같은 결과가 성립한다.

정리 11.6.1

$z=f(x,y)$가 (a,b)의 근방 D에서 편미분가능이고, D의 점 (a,b)에서 극값을 가지면 $f_x(a,b)=f_y(a,b)=0$이다.

증명

$z=f(x,y)$가 점 (a,b)에서 극값을 가지면 $z=f(x,y)$가 점 (a,b)에서 극대값을 가지거나 극솟값을 가진다.

먼저 $z=f(x,y)$가 점 (a,b)에서 극대값을 가지면 (a,b)의 적당한 근방$\overline{D}\subset D$이 존재해서 근방의 모든 점 $(x,y)\in\overline{D}$에 대해 $f(a,b)\geq f(x,y)$이다.

따라서 (a,b)의 근방$\overline{D}$의 모든 점 (x,b)에 대해 $f(a,b)\geq f(x,b)$

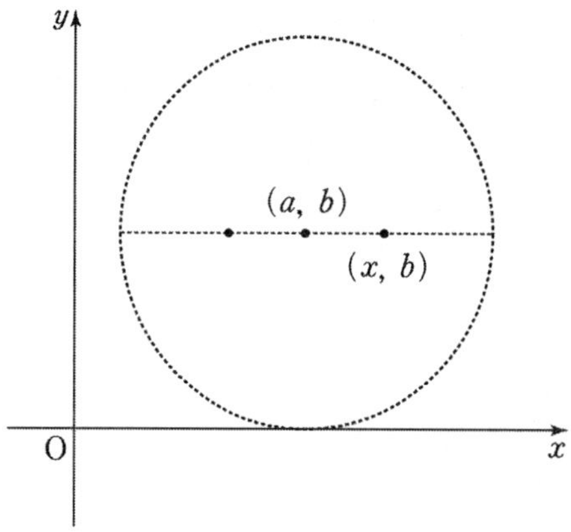

x의 함수 $u=f(x,b)$는 $x=a$에서 극댓값을 가지므로 $u'(x)=f_x(x,b)$는 $x=a$에서 0이 되어야 한다. 즉, $f_x(a,b)=0$

마찬가지로 (a,b)의 근방$\overline{D}$의 모든 점 (a,y)에 대해 $f(a,b) \geq f(a,y)$이므로 $v=f(a,y)$는 $y=b$에서 극댓값을 가진다. 따라서 $v'(y)=f_y(a,y)$는 $y=b$에서 0이 되어야 한다. 즉, $f_y(a,b)=0$

$z=f(x,y)$가 점 (a,b)에서 극솟값을 가지는 경우도 같은 방법으로 증명할 수 있다.

Note

$z=f(x,y)$가 (a,b)의 근방 D에서 편미분가능이고 $f_x(a,b)=f_y(a,b)=0$일 때 (a,b)를 f의 임계점이라고 한다.

Note

정리 11.6.1의 역은 성립하지 않는다. 즉, $z=f(x,y)$가 (a,b)의 근방 D에서 편미분가능이고 $f_x(a,b)=f_y(a,b)=0$이라고 해서 $z=f(x,y)$가 (a,b)에서 극값을 가지는 것은 아니다.

예

$f(x,y)=x^2-y^2$이라 하면 $f_x(x,y)=2x$, $f_y(x,y)=-2y$이므로 $f_x(0,0)=0$, $f_y(0,0)=0$이다.

그러나 $f(x,y)=x^2-y^2$는 $(0,0)$에서 극값을 가지지 않는다.

$(\because)$

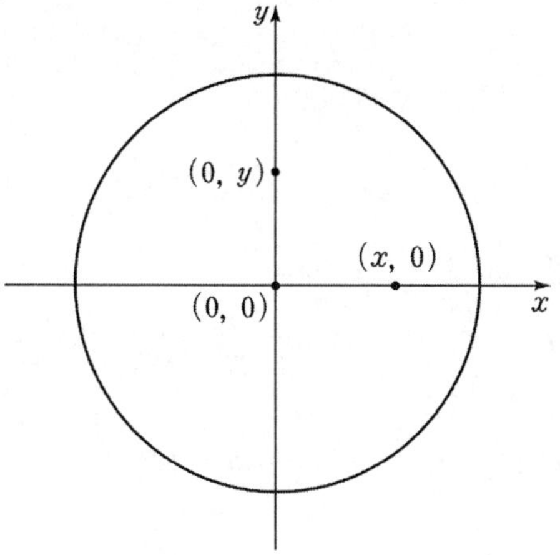

$f(0,0)=0$, 임의의 $x \neq 0$에 대해 $f(x,0)=x^2>0$이고 임의의 $y \neq 0$에 대해

$f(0,y) = -y^2 < 0$ 이다. 아무리 작은 점 $(x, y) \neq (0,0)$를 택하더라도 위 결과가 성립하므로 $f(x,y) = x^2 - y^2$는 $(0,0)$에서 극값을 가지지 않는다.

정 의

$z = f(x,y)$가 (a,b)의 근방 D에서 편미분가능이고 $f_x(a,b) = f_y(a,b) = 0$이지만, f가 (a,b)에서 극값을 가지지 않을 때 (a,b)를 f의 안장점이라고 한다.

Note

$y = f(x)$가 a를 포함하는 개구간 I에서 정의된 두 번 미분가능인 함수이고 $x = a$가 f의 임계점, 즉 $f'(a) = 0$이라고 하자. $f''(a) < 0$이면 f는 $x = a$에서 극대이고, $f''(a) > 0$이면 f는 $x = a$에서 극소이다.

1변수 함수와 마찬가지로 2변수 함수에 대해서도 2계 편도함수를 이용해서 함수의 극대·극소 판정을 할 수 있다.

정리 11.6.2

$z = f(x,y)$가 (a,b) 근방 D에서 2계 편도함수가 존재해서 모두 연속이며 D의 점 (a,b)에서 $f_x(a,b) = f_y(a,b) = 0$이라 하자. $\Delta = f_{xx}(a,b)f_{yy}(a,b) - f_{xy}^2(a,b)$라 놓으면, 다음이 성립한다.

① $\Delta > 0$, $f_{xx}(a,b) < 0$일 때 f는 (a,b)에서 극대이다. 즉, $f(a,b)$가 극댓값이다.

② $\Delta > 0$, $f_{xx}(a,b) > 0$일 때 f는 (a,b)에서 극소이다. 즉, $f(a,b)$가 극솟값이다.

③ $\Delta < 0$일 때 $f(a,b)$는 극값이 아니다.

④ $\Delta = 0$일 때 이 방법으로는 $f(x,y)$는 극값 판정을 할 수 없다.

증명

$f_x(a,b) = f_y(a,b) = 0$이면 Taylor의 정리에서

$$f(a+h,b+k) - f(a,b) = hf_x(a,b) + kf_y(a,b) + \frac{1}{2!}(h^2 f_{xx}(a,b) + 2hkf_{xy}(a,b) + k^2 f_{yy}(a,b)) + R_3$$

$$= \frac{1}{2!}(h^2 f_{xx}(a,b) + 2hkf_{xy}(a,b) + k^2 f_{yy}(a,b)) + R_3$$

여기서 $R_3 = \frac{1}{3!}(h\frac{\partial}{\partial x} + k\frac{\partial}{\partial y})^3 f(a+\theta h, b+\theta k)$ $(0 < \theta < 1)$.

$(a+h, b+k)$가 (a,b)에 충분히 가까이 가면 즉, $h \to 0$, $k \to 0$일 때

$$f(a+h,b+k)-f(a,b) \approx \frac{1}{2!}(h^2 f_{xx}(a,b)+2hkf_{xy}(a,b)+k^2 f_{yy}(a,b))$$

즉, $f(a+h,b+k)-f(a,b)$와 $\frac{1}{2!}(h^2 f_{xx}(a,b)+2hkf_{xy}(a,b)+k^2 f_{yy}(a,b))$는 같은 부호이다.

따라서

① $\Delta = f_{xx}(a,b)f_{yy}(a,b)-f_{xy}^2(a,b) < 0$이고 $f_{xx}(a,b) < 0$일 때는
$f(a+h,b+k)-f(a,b) < 0$이다.
즉, $f(a+h,b+k) < f(a,b)$이므로 f는 (a,b)에서 극대이다.

② $\Delta = f_{xx}(a,b)f_{yy}(a,b)-f_{xy}^2(a,b) < 0$이고 $f_{xx}(a,b) > 0$일 때는
$f(a+h,b+k)-f(a,b) > 0$이다.
즉, $f(a+h,b+k) > f(a,b)$이므로 f가 (a,b)에서 극소이다.

③ $\Delta = f_{xx}(a,b)f_{yy}(a,b)-f_{xy}^2(a,b) < 0$이고 $f_{xx}(a,b) \neq 0$일 때는 h , k를 어떻게 잡느냐에 따라서 $f(a+h,b+k)-f(a,b)$는 양이 되기도 하고 음이 되기도 한다. 따라서 f는 (a,b)에서 극값을 가지지 않는다.

예제 11.6.1

다음 함수의 극값을 구하여라.

① $f(x,y)=\frac{x^2}{a^2}+\frac{y^2}{b^2}$ ② $f(x,y)=4xy-x^4-y^4$

풀이

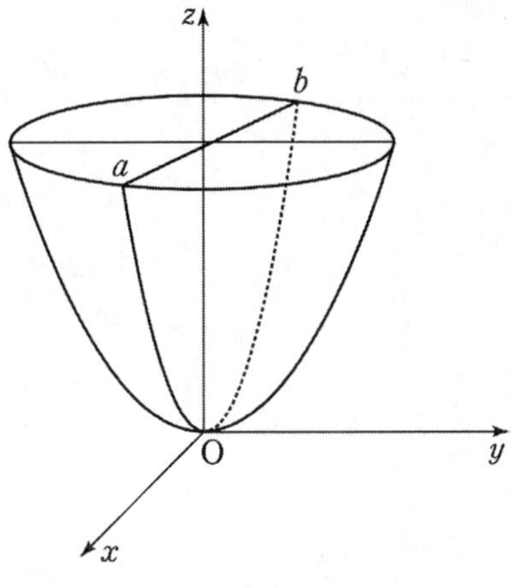

① $f(x,y)=\dfrac{x^2}{a^2}+\dfrac{y^2}{b^2}$에 대해 $f_x(x,y)=\dfrac{2x}{a^2}$, $f_y(x,y)=\dfrac{2y}{b^2}$이므로 $(0,0)$은 f의 임계점이다.

또한 $f_{xx}(0,0)=\dfrac{2}{a^2}$, $f_{xy}(0,0)=0$, $f_{yy}(0,0)=\dfrac{2}{b^2}$이므로

$\Delta=f_{xx}(0,0)f_{yy}(0,0)-f_{xy}^2(0,0)=\dfrac{4}{a^2b^2}>0$이고 $f_{xx}(0,0)=\dfrac{2}{a^2}>0$이다.

그러므로 f는 $(0,0)$에서 극소이고 극솟값은 $f(0,0)=0$이다.

② $f_x(x,y)=4y-4x^3$, $f_y(x,y)=4x-4y^3$이다. 따라서

$f_x(x,y)=f_y(x,y)=0$이면 $\begin{cases}4y-4x^3=0\\4x-4y^3=0\end{cases}$ 이다.

첫 번째 식에서 $y=x^3$이다.

두 번째 식에 대입하면

$x-x^9=x(1-x^8)=x(1-(x^2)^3)=x(1-x^2)(x^4+x^2+1)=0$이다. 따라서

$x=0$, 1, -1이므로 $(0,0)$, $(1,1)$, $(-1,-1)$이 f의 임계점이다.

또한 $f_x(x,y)=4y-4x^3$, $f_y(x,y)=4x-4y^3$이므로

$f_{xx}(x,y)=-12x^2$, $f_{xy}(x,y)=4$, $f_{yx}(x,y)=4$, $f_{yy}(x,y)=-12y^2$이다.

$\Delta(0,0)=f_{xx}(0,0)f_{yy}(0,0)-f_{xy}^2(0,0)=-16<0$이므로 f는 $(0,0)$에서 극값을 갖지 않는다.

$\Delta(1,1)=f_{xx}(1,1)f_{yy}(1,1)-f_{xy}^2(1,1)=(-12)^2-4^2=128>0$이고

$f_{xx}(1,1)=-12<0$이므로 f는 $(1,1)$에서 극대이고 극댓값은 $f(1,1)=2$이다.

$\Delta(-1,-1)=f_{xx}(-1,-1)f_{yy}(-1,-1)-f_{xy}^2(-1,-1)=(-12)^2-4^2=128>0$이고 $f_{xx}(-1,-1)=-12<0$이므로 f는 $(-1,-1)$에서 극대이고 극댓값 $f(-1,-1)=2$이다.

연습문제

1 다음 극한을 구하여라.

① $\lim_{(x,y)\to(0,0)} \frac{ax^2+by^2}{\sqrt{x^2+y^2}}$　　② $\lim_{(x,y)\to(0,0)} x\sin\frac{y}{x}$

③ $\lim_{(x,y)\to(0,0)} \frac{xy^2}{x^2+y^2+y^4}$　　④ $\lim_{(x,y)\to(0,0)} \frac{\sin\pi x \cdot \sin\pi y}{\sin^2\pi x+\sin^2\pi y}$

2 다음과 같이 정의된 함수는 원점에서 연속인가?

① $f(x,y)=\begin{cases} \frac{\sin(x-y)}{|x|+|y|}, & |x|+|y|\neq 0, \\ 0, & (x,y)=(0,0). \end{cases}$

② $f(x,y)=\begin{cases} \frac{x^2y^2}{x^2+y^2}, & (x,y)\neq(0,0), \\ 0, & (x,y)=(0,0). \end{cases}$

③ $f(x,y)=\begin{cases} \frac{xy}{x^2+2y^2}, & (x,y)\neq(0,0), \\ 0, & (x,y)=(0,0). \end{cases}$

④ $f(x,y)=\begin{cases} \frac{xy^2}{2x^2+y^4}, & (x,y)\neq(0,0), \\ 0, & (x,y)=(0,0). \end{cases}$

3 다음 음함수 $x^2y+z^3x-2yz=0$의 점$(1,1,1)$에서의 편미분 값 $\frac{\partial z}{\partial x}$을 구하여라.

단, x,y는 독립변수이고 $z=z(x,y)$라고 가정한다.

연습문제

4 주어진 함수의 2차 편도함수 $\dfrac{\partial^2 f}{\partial x^2}, \dfrac{\partial^2 f}{\partial y^2}, \dfrac{\partial^2 f}{\partial x \partial y}, \dfrac{\partial^2 f}{\partial y \partial x}$을 구하여라.

① $f(x,y) = y + \dfrac{x}{y}$ ② $f(x,y) = \tan^{-1}\left(\dfrac{x}{y}\right)$ ③ $f(x,y) = \dfrac{x-y}{x+y}$

5 $\ln\sqrt{x^2+y^2} = \tan^{-1}\left(\dfrac{y}{x}\right)$에서 $\dfrac{dy}{dx}$를 구하여라.

6 다음 함수에 대해 주어진 점에서 $\dfrac{dw}{dt}$을 구하여라.

① $w = \sin(xy+\pi)$, $x = e^t$, $y = \ln(t+1)$일 때 $t=0$에서

② $w = 2ye^x - \ln z$, $x = \ln(t^2+1)$, $y = \tan^{-1}t$, $z = e^t$일 때 $t=1$에서

③ $w = z - \sin(xy)$, $x = t$, $y = \ln t$, $z = e^{t-1}$일 때 $t=1$에서

7 다음 함수에 대해 주어진 점에서 $\dfrac{\partial w}{\partial u}, \dfrac{\partial w}{\partial v}$을 구하여라.

① $w = \ln(x^2+y^2+z^2)$, $x = ue^v \sin u$, $y = ue^v \cos u$, $z = ue^v$일 때 $(u,v) = (-2,0)$에서

② $w = \ln\sqrt{1+x^2} - \tan^{-1}x$, $x = 2e^u \cos v$일 때 $(u,v) = (0,0)$에서

8 x에 대하여 미분 가능한 함수로 취급하여 주어진 점 $(x,y) = (0,\ln 2)$에서 함 $2xy + e^{x+y} - 2 = 0$의 도함수 $\dfrac{dy}{dx}$을 구하여라.

연습문제

9 미분 가능한 함수 $w = f(r,\theta)$, $r = \sqrt{x^2 + y^2}$, $\theta = \tan^{-1}(\frac{y}{x})$라고 할 때 $\frac{\partial w}{\partial x}$, $\frac{\partial w}{\partial y}$를 구하고 이것을 r, θ의 함수로 나타내어라.

10 미분 가능한 함수 $z = x + f(u)$, $u = xy$일 때 $x\frac{\partial z}{\partial x} - y\frac{\partial z}{\partial y} = x$을 증명하여라.

11 구면 $x^2 + y^2 + z^2 = 1$위의 온도가 $T = 400xy^2$으로 주어졌다. 구면위의 온도가 최대 및 최소가 되는 점을 구하여라.

12 직선 $y = x + 1$과 포물선 $y^2 = x$ 사이의 최소거리를 구하여라.

13 함수 $f(x,y) = (x^2 + y^2)^2 - 2(x^2 - y^2)$의 극값을 구하여라.

12장

중적분

12.1 2중적분

12.1.1 직사각형에서의 2중적분

평면에서 직사각형 영역 $D=\{(x,y)\mid a\le x\le b\,,\, c\le y\le d\}$ 위에 함수 $z=f(x,y)$가 정의되었다고 하자.

$$P : \begin{cases} a=x_0 < x_1 < x_2 < \cdots < x_{n-1} < x_n = b \\ c=y_0 < y_1 < y_2 < \cdots < y_{m-1} < y_m = d \end{cases}$$ 는 D의 분할,

각 $i=1,2,\cdots,n$에 대해 $\Delta x_i = x_i - x_{i-1}$, 각 $k=1,2,\cdots,m$에 대해 $\Delta y_k = y_k - y_{k-1}$라 두고 각 $i=1,2,\cdots,n$와 $k=1,2,\cdots,m$에 대해 분할된 직사각형 소영역 D_{ik}을 $D_{ik}=\{(x,y)\mid x_{i-1}\le x\le x_i\,,\, y_{k-1}\le y\le y_k\}$ 라 두자.

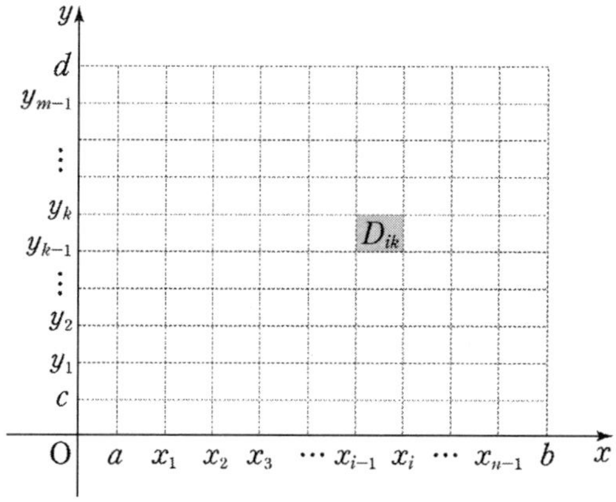

그러면 각 $i=1,2,\cdots,n$와 $k=1,2,\cdots,m$에 대해 D_{ik}의 면적 ΔD_{ik}는 $\Delta D_{ik}=\Delta x_i \Delta y_k$이다.

각 $i=1,2,\cdots,n$와 $k=1,2,\cdots,m$에 대해 $(\overline{x_i},\overline{y_k})\in D_{ik}$을 직사각형 소영역 D_{ik}내의 임의의 점이라고 하고 소영역들의 대각선 길이 가운데 가장 큰 값을 $\|P\|$, 즉, $\|P\|=\max\left\{\sqrt{(\Delta x_i)^2+(\Delta y_k)^2}\mid i=1,2,\cdots,n\,,\, k=1,2,\cdots,m\right\}$이라고 하자.

$\|P\|\to 0$일 때 합 $\displaystyle\sum_{i=1}^{n}\sum_{k=1}^{m} f(\overline{x_i},\overline{y_k})\Delta D_{ik}$의 극한값이 존재하면 $z=f(x,y)$가 영역 D 위에서 이중 적분가능이라하고 $\displaystyle\iint_D f(x,y)dD=\lim_{\|P\|\to 0}\sum_{i=1}^{n}\sum_{k=1}^{m} f(\overline{x_i},\overline{y_k})\Delta D_{ik}$라 정의한다. 이를 영역 D 위에서 $z=f(x,y)$의 2중적분이라고 한다.

Note

$y = f(x)$가 $[a,b]$에서 적분가능하고 임의의 $x \in [a,b]$에 대해 $f(x) \geq 0$일 때 S를 $y = f(x)$, $x = a$, $x = b$, x축으로 둘러싸인 면적이라고 하면 $S = \int_a^b f(x)dx$와 같다.

1변수함수에서의 정적분과 같이 2변수함수의 2중적분에 대해서도 다음이 성립한다.

Note

$z = f(x,y)$는 직사각형 영역 $D = \{(x,y) \mid a \leq x \leq b,\ c \leq y \leq d\}$ 위에 정의된 2변수함수일 때 임의의 $(x,y) \in D$에 대해 $f(x,y) \geq 0$이면 각 $i = 1, 2, \cdots, n$와 $k = 1, 2, \cdots, m$에 대해 $f(\overline{x_i}, \overline{y_k})\Delta D_{ik}$는 D_{ik}를 밑면으로 하고 높이가 $f(\overline{x_i}, \overline{y_k})$인 수직기둥의 체적이다. 따라서

$\int\int_D f(x,y)dD = \lim_{\|P\| \to 0} \sum_{i=1}^{n} \sum_{k=1}^{m} f(\overline{x_i}, \overline{y_k})\Delta D_{ik}$이므로 $\int\int_D f(x,y)dD$는 밑면을 D로 하고 윗면이 $z = f(x,y)$인 수직기둥의 체적과 같다.

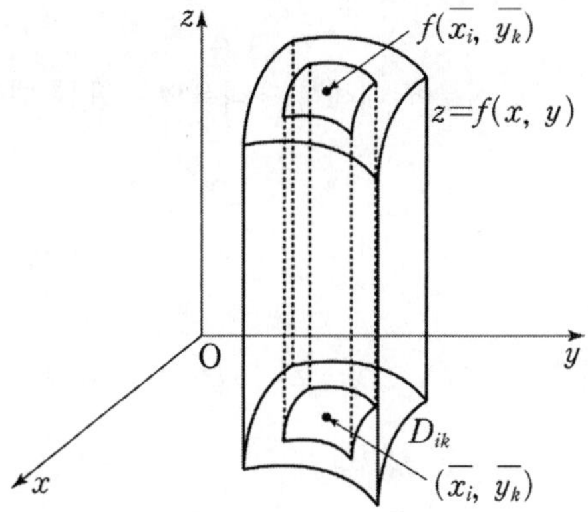

Note

$y = f(x)$가 $[a,b]$에서 연속이면 $[a,b]$에서 적분가능하다.

1변수함수에서의 정적분과 같이 2변수함수의 2중적분에 대해서도 다음이 성립한다.

정리 12.1.1

$z=f(x,y)$가 유계 영역 D위에서 연속이면 적분가능하다.

Note 정적분의 성질

1변수 함수 f, g가 $[a,b]$에서 적분가능하면 다음이 성립된다.

① $\int_a^b [f(x) \pm g(x)]dx = \int_a^b f(x)dx \pm \int_a^b g(x)dx$

② $\int_a^b [kf(x)]dx = k\int_a^b f(x)dx$(여기서 k는 상수)

③ $\int_a^b f(x)dx = \int_a^c f(x)dx + \int_c^b f(x)dx$

④ 임의의 $x \in [a,b]$에 대해 $f(x) \geq 0$이면 $\int_a^b f(x)dx \geq 0$

⑤ 임의의 $x \in [a,b]$에 대해 $f(x) \geq g(x)$ 이면 $\int_a^b f(x)dx \geq \int_a^b g(x)dx$

⑥ $\left|\int_a^b f(x)dx\right| \leq \int_a^b |f(x)|dx$

1변수 함수에서의 정적분과 같이 2변수 함수의 2중적분에 대해서도 다음의 유용한 대수적 성질들을 가진다.

정리 12.1.2

① $z=f(x,y)$가 영역 D위에서 적분가능이고 $D=D_1 \cup D_2$, $D_1 \cap D_2 = \varnothing$ 일 때

$$\iint_D f(x,y)dD = \iint_{D_1} f(x,y)dD + \iint_{D_2} f(x,y)dD$$

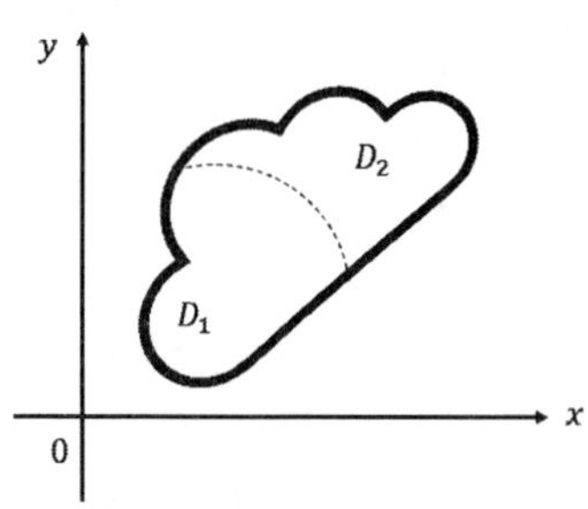

② $z_1 = f(x,y)$, $z_2 = g(x,y)$가 영역 D위에서 적분가능하면 임의의 상수 a, b에 대해

$$\iint_D [\, af(x,y) + bg(x,y)\,]\,dD = a\iint_D f(x,y)dD + b\iint_D g(x,y)dD$$

③ 임의의 $(x,y) \in D$에 대해 $f(x,y) \geq 0$이면 $\iint_D f(x,y)dD \geq 0$

④ 임의의 $(x,y) \in D$에 대해 $f(x,y) \geq g(x,y)$이면

$$\iint_D f(x,y)dD \geq \iint_D g(x,y)dD$$

⑤ $z = f(x,y)$가 영역 D위에서 적분가능이면 $|z| = |f(x,y)|$도 영역 D위에서 적분가능이고 $\left|\iint_D f(x,y)dD\right| \leq \iint_D |f(x,y)|dD$

증명

$$P : \begin{cases} a = x_0 < x_1 < x_2 < \cdots < x_{n-1} < x_n = b \\ c = y_0 < y_1 < y_2 < \cdots < y_{m-1} < y_m = d \end{cases}$$ 를 D의 분할이라고 하고

각 $i = 1, 2, \cdots, n,\ k = 1, 2, \cdots, m$에 대해 $\Delta x_i = x_i - x_{i-1},\ \Delta y_k = y_k - y_{k-1}$ 라 하자.

각 $i = 1, 2, \cdots, n,\ k = 1, 2, \cdots, m$에 대해

$D_{ik} = \{(x,y) \mid x_{i-1} \leq x \leq x_i,\ y_{k-1} \leq y \leq y_k\}$라 두면 각 소영역 D_{ik}의 면적은 $\Delta D_{ik} = \Delta x_i \Delta y_k\ (i = 1, 2, \cdots, n,\ k = 1, 2, \cdots, m)$이다. 각 $i = 1, 2, \cdots, n$, $k = 1, 2, \cdots, m$에 대해 $(\overline{x_i}, \overline{y_k}) \in D_{ik}$를 소영역상의 점이라고 하고

$\|P\| = \max\left\{\sqrt{(\Delta x_i)^2 + (\Delta y_k)^2} \mid i = 1, 2, \cdots, n,\ k = 1, 2, \cdots, m\right\}$라 하면

$z_1 = f(x,y)$, $z_2 = g(x,y)$가 영역 D 위에서 적분가능이므로

$$\iint_D f(x,y)dD = \lim_{\|P\| \to 0} \sum_{i=1}^{n} \sum_{k=1}^{m} f(\overline{x_i}, \overline{y_k}) \Delta D_{ik}$$ 이고

$$\iint_D g(x,y)dD = \lim_{\|P\| \to 0} \sum_{i=1}^{n} \sum_{k=1}^{m} g(\overline{x_i}, \overline{y_k}) \Delta D_{ik}$$이다.

② $$\iint_D af(x,y) + bg(x,y)dD = \lim_{\|P\| \to 0} \sum_{i=1}^{n} \sum_{k=1}^{m} (af(\overline{x_i}, \overline{y_k}) + bg(\overline{x_i}, \overline{y_k}))\Delta D_{ik}$$

$$= \lim_{\|P\| \to 0} a\sum_{i=1}^{n} \sum_{k=1}^{m} f(\overline{x_i}, \overline{y_k}) \Delta D_{ik} + b\sum_{i=1}^{n} \sum_{k=1}^{m} g(\overline{x_i}, \overline{y_k}) \Delta D_{ik}$$

$$= a\lim_{\|P\| \to 0} \sum_{i=1}^{n} \sum_{k=1}^{m} f(\overline{x_i}, \overline{y_k}) \Delta D_{ik} + b\lim_{\|P\| \to 0} \sum_{i=1}^{n} \sum_{k=1}^{m} g(\overline{x_i}, \overline{y_k}) \Delta D_{ik}$$

③ 임의의 $(x,y) \in D$에 대해 $f(x,y) \geq 0$ 이면

$$\iint_D f(x,y)dD = \lim_{\|P\| \to 0} \sum_{i=1}^{n} \sum_{k=1}^{m} f(\overline{x_i}, \overline{y_k}) \Delta D_{ik} \geq 0 \text{이다.}$$

④ 임의의 $(x,y) \in D$에 대해 $f(x,y) \geq g(x,y)$ 이면 임의의 $(x,y) \in D$에 대해 $f(x,y) - g(x,y) \geq 0$이다. ③에 의해 $\iint_D [f(x,y) - g(x,y)]dD \geq 0$.

따라서 ②에 의해 $\iint_D f(x,y)dD \geq \iint_D g(x,y)dD$

⑤ 임의의 $(x,y) \in D$에 대해 $-|f(x,y)| \leq f(x,y) \leq |f(x,y)|$ 이므로

$-\iint_D |f(x,y)|dD \leq \iint_D f(x,y)dD \leq \iint_D |f(x,y)|dD$이다.

따라서 $\left| \iint_D f(x,y)dD \right| \leq \iint_D |f(x,y)|dD$이다.

중적분 계산을 위한 Fubini 정리

중적분을 정의에 의하여 구한다는 것은 그리 쉬운 일은 아니지만, 일변수함수의 적분을 이용하면 쉽게 구할 수 있는 다음의 정리가 있다.

정리 12.1.3

$y = \phi_1(x)$, $y = \phi_2(x)$가 평면상의 연속인 곡선일 때 2변수 함수 $z = f(x,y)$가 영역 $D = \{(x,y) \mid a \leq x \leq b,\ \phi_1(x) \leq y \leq \phi_2(x)\}$에서 연속이면

$F(x) = \int_{\phi_1(x)}^{\phi_2(x)} f(x,y)dy$도 $[a,b]$에서 연속이다.

증명

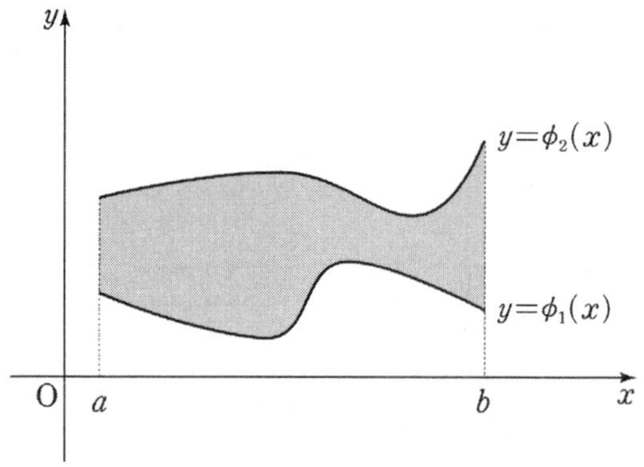

$$F(x+h)-F(x)$$

$$=\int_{\phi_1(x+h)}^{\phi_2(x+h)} f(x+h,y)dy - \int_{\phi_1(x)}^{\phi_2(x)} f(x,y)dy$$

$$=\int_{\phi_1(x+h)}^{\phi_1(x)} f(x+h,y)dy + \int_{\phi_1(x)}^{\phi_2(x)} f(x+h,y)dy + \int_{\phi_2(x)}^{\phi_2(x+h)} f(x+h,y)dy - \int_{\phi_1(x)}^{\phi_2(x)} f(x,y)dy$$

$$=\int_{\phi_1(x)}^{\phi_2(x)} (f(x+h,y)-f(x,y))dy + \int_{\phi_1(x+h)}^{\phi_1(x)} f(x+h,y)dy + \int_{\phi_2(x)}^{\phi_2(x+h)} f(x+h,y)dy$$

$z=f(x,y)$가 연속이므로 $\lim_{h\to 0}(f(x+h,y)-f(x,y))=0$

$y=\phi_1(x)$, $y=\phi_2(x)$가 연속이므로 $\lim_{h\to 0}(\phi_1(x+h)-\phi_1(x))=0$이고

$\lim_{h\to 0}(\phi_2(x+h)-\phi_2(x))=0$이다.

따라서 $\lim_{h\to 0}F(x+h)=F(x)$이므로 $F(x)=\int_{\phi_1(x)}^{\phi_2(x)} f(x,y)dy$도 $[a,b]$에서 연속이다.

정리 12.1.4

함수 $f(x,y)$가 직사각영역 $D=\{(x,y)\mid a\le x\le b,\ c\le y\le d\}$ 위에서 정의된 연속함수라 하면 다음 등식이 성립한다.

$$\iint_R f(x,y)dA = \int_a^b\int_c^d f(x,y)dydx = \int_c^d\int_a^b f(x,y)dxdy$$

즉, 직사각형 위에서 연속인 함수의 중적분은 두 적분변수에 대한 적분 순서를 바꾸어도 항상 같은 계산의 결과를 얻을 수 있음을 의미한다.

예제 12.1.1

$\int_0^3\int_1^2 (x^2+2xy)dydx$와 $\int_1^2\int_0^3 (x^2+2xy)dxdy$를 구하여라.

풀이

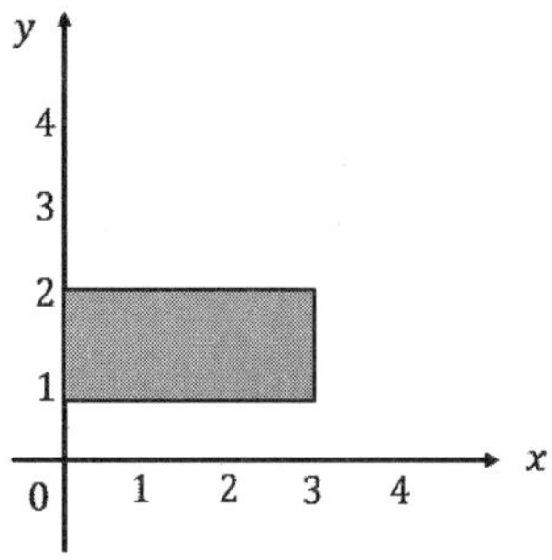

적분 영역은 위의 그림과 같다.

$$\int_0^3\int_1^2(x^2+2xy)dydx=\int_0^3[x^2y+xy^2]_1^2dx=\int_0^3[(2x^2+4x)-(x^2+x)]dx$$

$$=\int_0^3(x^2+3x)dx=[\frac{1}{3}x^3+\frac{3}{2}x^2]_0^3=9+\frac{27}{2}=\frac{45}{2}$$

또는

$$\int_1^2\int_0^3(x^2+2xy)dxdy=\int_1^2[\frac{1}{3}x^3+x^2y]_0^3dy=\int_1^2(9+9y)dy=9[y+\frac{1}{2}y^2]_1^2=\frac{45}{2}.$$

예제 12.1.2

$R=\{(x,y)\mid 0\le x\le 2,\ 1\le y\le 3\}$에서 $\int\int_R(x^2-y^2)dA$를 계산하여라.

풀이

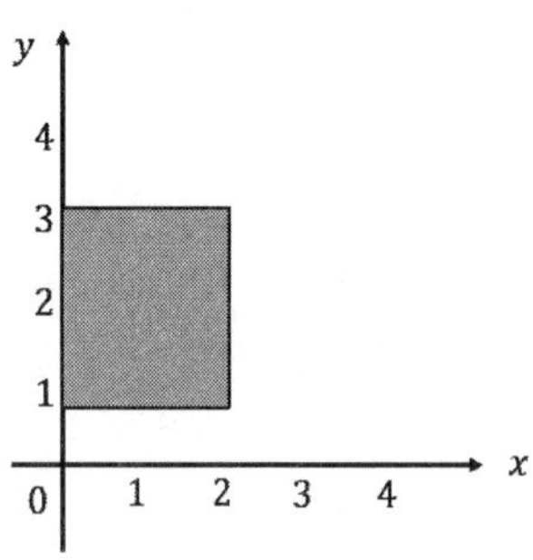

적분 영역은 위의 그림과 같다.

$$\int\int_R (x^2-y^2)dA = \int_0^2\int_1^3 (x^2-y^2)dydx = \int_0^2 [x^2y - \frac{1}{3}y^3]_1^3 dx$$

$$= \int_0^2 [3x^2 - 9 - (x^2 - \frac{1}{3})]dx = \int_0^2 [2x^2 - \frac{26}{3}]dx = [\frac{2}{3}x^3 - \frac{26}{3}x]_0^2 = -12$$

또는

$$\int\int_R (x^2-y^2)dA = \int_1^3\int_0^2 (x^2-y^2)dxdy = \int_1^3 [\frac{1}{3}x^3 - xy^2]_0^2 dy$$

$$= \int_1^3 [\frac{8}{3} - 2y^2]dy = [\frac{8}{3}y - \frac{2}{3}y^3]_1^3 = -12$$

적분 순서에 관계없이 두 적분값이 같음을 알 수 있다.

일반적인 영역에서의 중적분

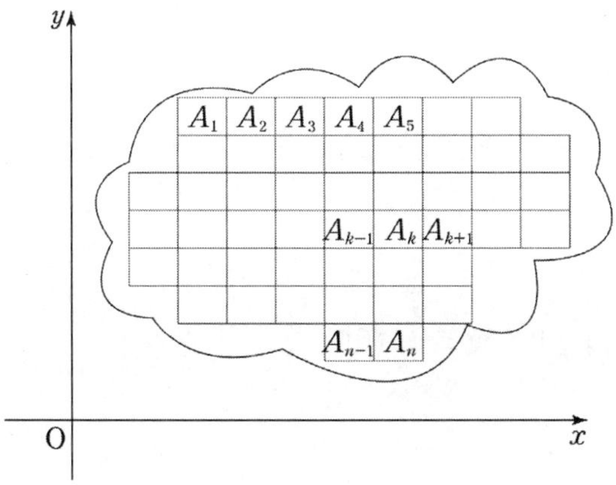

직사각형이 아닌 유계영역 R 위에서 ㅋ함수 $z=f(x,y)$의 중적분을 정의하기 위해 영역 R를 n개의 소영역 $\Delta A_1, \Delta A_2, \cdots, \Delta A_n$으로 분할하여 각 ΔA_k에 속하는 임의의 한 점(x_k, y_k)를 택한다. 이 소영역들의 대각선 길이 가운데 가장 큰 값인 분할 P의 노름(norm) $\|P\| \to 0$일 때 합 $\sum_{k=1}^{n} f(x_k, y_k)\Delta A_k$의 극한값이 존재하면

$\int\int_R f(x,y)dA = \lim_{\|P\|\to 0}\sum_{k=1}^{n} f(x_k, y_k)\Delta A_k$를 영역 R 위에서 $z=f(x,y)$의 2중적분이라 정의한다.

정리 12.1.5

$z=f(x,y)$가 평면상의 영역 D에서 연속인 2변수함수일 때

① $[a,b]$에서 연속인 함수 $y=g_1(x)$, $y=g_2(x)$에 대해

$D=\{(x,y) \mid a \le x \le b,\ g_1(x) \le y \le g_2(x)\}$를 만족하면

$\iint_D f(x,y)dA = \int_a^b \int_{g_1(x)}^{g_2(x)} f(x,y)dydx$이다.

② $[c,d]$에서 연속인 두 함수 $x=h_1(y)$, $x=h_2(y)$에 대해

$D=\{(x,y) \mid c \le y \le d,\ h_1(y) \le x \le h_2(y)\}$를 만족하면

$\iint_D f(x,y)dA = \int_c^d \int_{h_1(y)}^{h_2(y)} f(x,y)dxdy$이다.

예제 12.1.3

$\int_0^1 \int_0^{x^3} x^2 y\, dydx$를 구하여라.

풀이

적분영역은 $D=\{(x,y) \mid 0 \le x \le 1,\ 0 \le y \le x^3\}$이다.

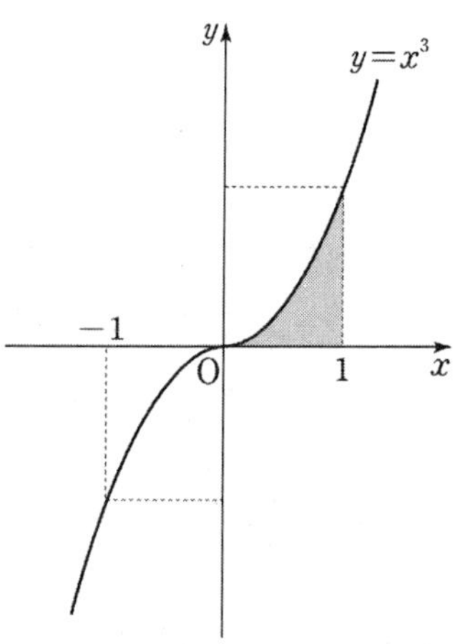

$$\int_0^1 \int_0^{x^3} x^2 ydydx = \int_0^1 [\frac{1}{2}x^2y^2]_0^{x^3} dx = \frac{1}{2}\int_0^1 x^8 dx = \frac{1}{18}[x^9]_0^1 = \frac{1}{18}$$

적분순서를 교환해서 계산해보자. 적분 영역은

$D=\{(x,y) \mid 0 \le y \le 1,\ \sqrt[3]{y} \le x \le 1\}$이다.

그러므로

$$\int_0^1\int_{\sqrt[3]{y}}^1 x^2ydxdy = \int_0^1[\frac{1}{3}x^3y]_{\sqrt[3]{y}}^1dy = \frac{1}{3}\int_0^1(y-y^2)dy$$

$$= \frac{1}{3}[\frac{1}{2}y^2 - \frac{1}{3}y^3]_0^1 = \frac{1}{3}[\frac{1}{2}-\frac{1}{3}] = \frac{1}{18}$$

적분 순서에 관계없이 두 적분값이 같음을 알 수 있다.

예제 12.1.4

$D=\{(x,y) \mid x^2+y^2 \le 1, x \ge 0, y \ge 0\}$일 때 $\int\int_D x^2ydxdy$을 구하여라.

풀이

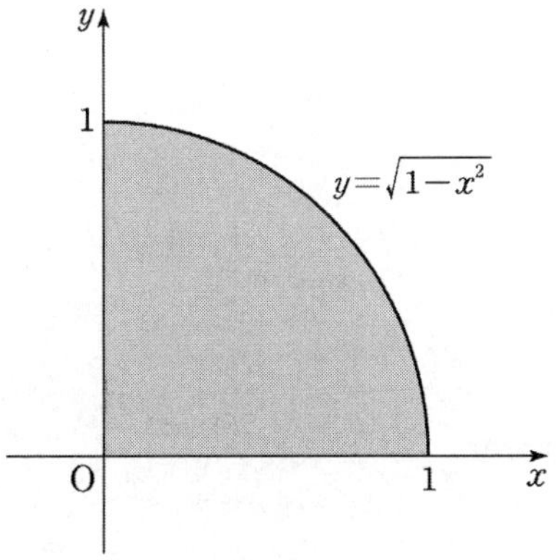

$D=\{(x,y) \mid x^2+y^2 \le 1, x \ge 0, y \ge 0\}=\{(x,y) \mid 0 \le x \le 1, 0 \le y \le \sqrt{1-x^2}\}$

이므로

$$\int\int_D x^2ydxdy = \int_0^1\int_0^{\sqrt{1-x^2}} x^2ydydx = \int_0^1 x^2[\frac{1}{2}y^2]_0^{\sqrt{1-x^2}}dx = \frac{1}{2}\int_0^1 x^2(1-x^2)dx$$

$$= \frac{1}{2}[\frac{1}{3}x^3 - \frac{1}{5}x^5]_0^1 = \frac{1}{15}$$

적분순서를 교환하면 $D=\{(x,y) \mid 0 \le y \le 1, 0 \le x \le \sqrt{1-y^2}\}$이므로

$$\int\int_D x^2ydxdy = \int_0^1\int_0^{\sqrt{1-y^2}} x^2ydxdy = \int_0^1 y[\frac{1}{3}x^3]_0^{\sqrt{1-y^2}}dy$$

$$= \frac{1}{3}\int_0^1 y(1-y^2)^{\frac{3}{2}}dy = \frac{1}{3}[-\frac{1}{5}(1-y^2)^{\frac{5}{2}}]_0^1 = \frac{1}{15}$$

예제 12.1.5

R을 두 곡선 $y=2x^2$, $y=x^2+1$에 의해 둘러싸인 영역이라 할 때 $\iint_R x^2y\,dA$의 값을 구하여라.

풀이

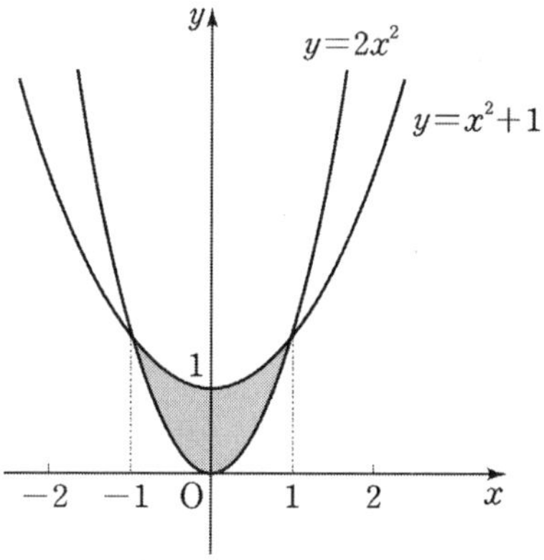

두 곡선의 교점을 구하기 위해 $2x^2=x^2+1$라 하면 $x=\pm 1$이다. 따라서 교점은 $(1,2)$, $(-1,2)$이다. 그러므로 두 곡선 $y=2x^2$, $y=x^2+1$에 의해 둘러싸인 영역 R은

$R=\{(x,y)\mid -1\le x\le 1,\ 2x^2\le y\le x^2+1\}$이다.

$$\iint_R x^2y dA=\int_{-1}^{1}\int_{2x^2}^{x^2+1}x^2ydydx=\int_{-1}^{1}[\frac{1}{2}x^2y^2]_{2x^2}^{x^2+1}dx=\frac{1}{2}\int_{-1}^{1}x^2[(x^2+1)^2-4x^4]dx$$

$$=\frac{1}{2}\int_{-1}^{1}x^2(-3x^4+2x^2+1)dx=\frac{1}{2}\cdot 2\int_{0}^{1}(-3x^6+2x^4+x^2)dx$$

$$=[-\frac{3}{7}x^7+\frac{2}{5}x^5+\frac{1}{3}x^3]_0^1=-\frac{3}{7}+\frac{2}{5}+\frac{1}{3}=\frac{32}{105}$$

12.2 극좌표에서의 2중적분

적분영역이나 함수 f가 극좌표로 표현되어 있는 경우 주어진 2변수함수의 2중적분을 극좌표를 표현하여 적분해야 하는 경우가 있다. 직교좌표(x,y)와 극좌표(r,θ) 사이에는 $x=r\cos\theta$, $y=r\sin\theta$, $r=\sqrt{x^2+y^2}$ 그리고 $\theta=\tan^{-1}(\frac{y}{x})$의 관계가 있다(6.2절 참고).

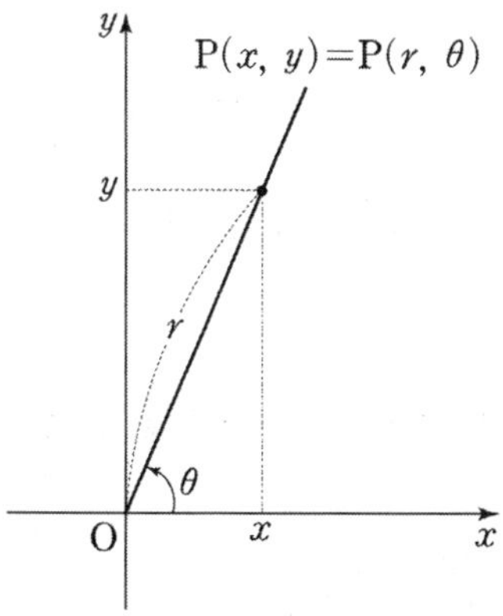

$z=f(r,\theta)$은 극좌표로 표현된 극사각형 영역 D에서 정의된 2변수함수이다. 여기서 영역 D는 $D=\{(r,\theta) \mid a \le r \le b, \alpha \le \theta \le \beta\}$이다.

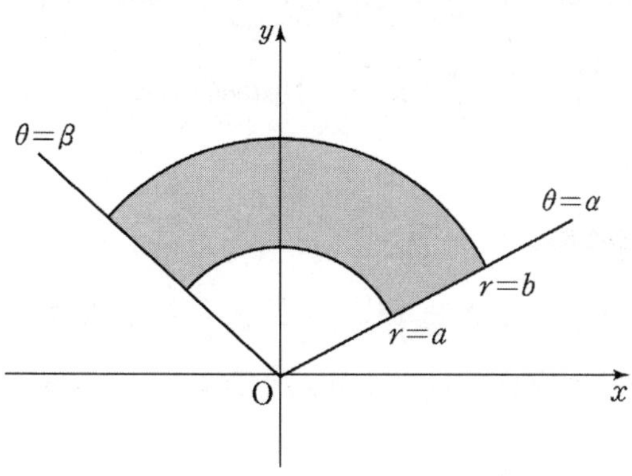

$$P : \begin{cases} a=r_0<r_1<r_2<\cdots<r_{n-1}<r_n=b \\ \alpha=\theta_0<\theta_1<\theta_2<\cdots<\theta_{m-1}<\theta_m=\beta \end{cases}$$ 는 D 의 분할,

각 $i=1,2,\cdots,n$에 대해 $\Delta r_i=r_i-r_{i-1}$, 각 $k=1,2,\cdots,m$에 대해 $\Delta\theta_k=\theta_k-\theta_{k-1}$라 두고 각 $i=1,2,\cdots,n$와 $k=1,2,\cdots,m$에 대해 분할된 극사각형 소영역 A_{ik}을 $A_{ik}=\{(r,\theta) \mid r_{i-1}\le r\le r_i, \theta_{k-1}\le\theta\le\theta_k\}$ 라 두자.

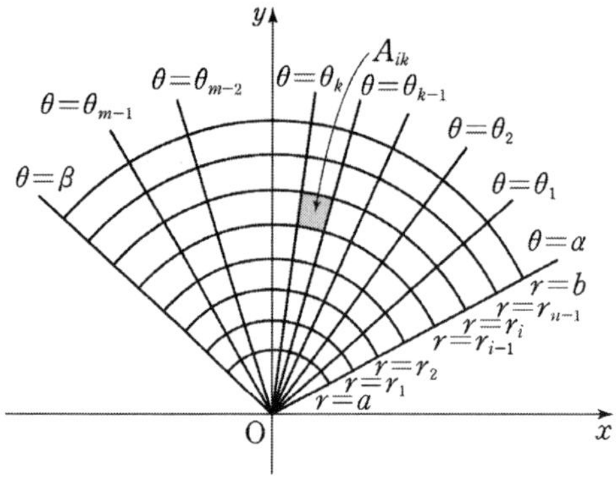

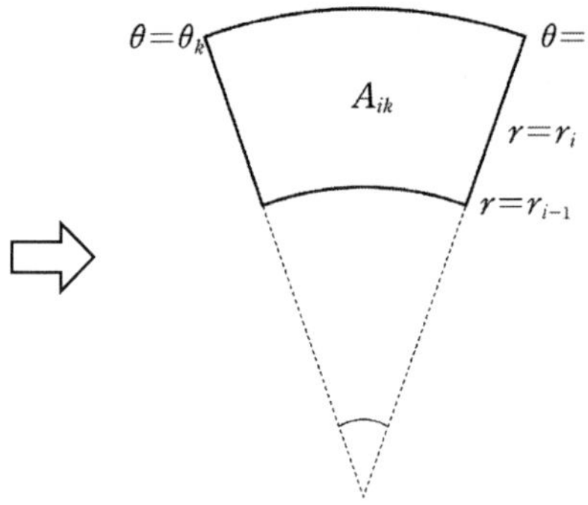

그러면 각 $i=1,2,\cdots,n$와 $k=1,2,\cdots,m$에 대해 극사각형 A_{ik}의 면적을 ΔA_{ik}라 하면 $\Delta A_{ik}=\frac{1}{2}r_i^2\Delta\theta_k-\frac{1}{2}r_{i-1}^2\Delta\theta_k=\frac{1}{2}(r_i^2-r_{i-1}^2)\Delta\theta_k=\frac{1}{2}(r_i+r_{i-1})\Delta r_i\Delta\theta_k$ $=\overline{r_i}\Delta r_i\Delta\theta_k$이다.

각 $i=1,2,\cdots,n$와 $k=1,2,\cdots,m$에 대해 $(\overline{r_i},\overline{\theta_k})\in A_{ik}$을 직사각형 소영역 A_{ik}내의 임의의 점이라고 할 때

$z=f(r,\theta)$가 유계폐영역 D 위에서 연속이면 $\lim_{\|P\|\to 0}\sum_{i=1}^{n}\sum_{k=1}^{m}f(\overline{r_i},\overline{\theta_k})\Delta A_{ik}$이 존재하고

$$\iint_D f(r,\theta)dA=\lim_{\|P\|\to 0}\sum_{i=1}^{n}\sum_{k=1}^{m}f(\overline{r_i},\overline{\theta_k})\Delta A_{ik}=\lim_{\|P\|\to 0}\sum_{i=1}^{n}\sum_{k=1}^{m}f(\overline{r_i},\overline{\theta_k})\overline{r_i}\Delta r_i\Delta\theta_k$$
$$=\int_\alpha^\beta\int_a^b f(r,\theta)rdrd\theta \text{이다.}$$

● 일반적인 극사각형 영역에서의 2중적분

평면에서 극사각형 영역 $D=\{(r,\theta)\mid \alpha\le\theta\le\beta,\ g_1(\theta)\le r\le g_2(\theta)\}$ 위에 함수 $z=f(x,y)$가 정의되었다고 하자. 여기서 $r=g_1(\theta)$, $r=g_2(\theta)$은 연속인 함수이다.

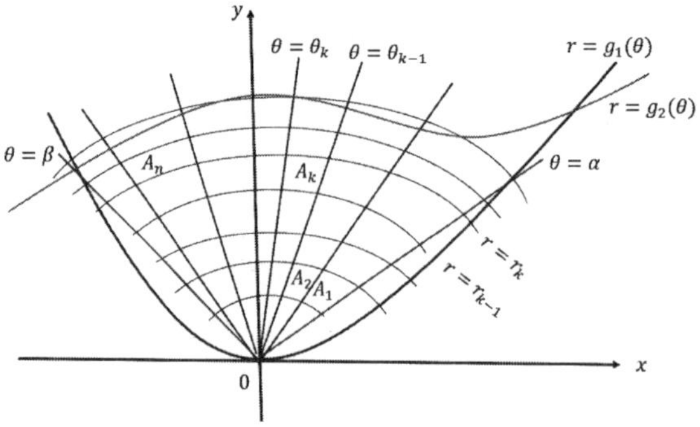

영역 D안에 놓여있는 분할된 n개의 극사각형들의 면적을 ΔA_1, ΔA_2, $\cdots$, ΔA_n로 표시하고 극사각형 ΔA_k내의 중심을 $(\overline{r_k}, \overline{\theta_k})$이라 하자. 이때 각 $k = 1, 2, \cdots, n$에 대해 A_k의 면적 ΔA_k는 $\Delta A_k = \overline{r_k}\Delta r_k \Delta\theta_k$이므로

$S_n = \sum_{k=1}^{n} f(r_k, \theta_k)\Delta A_k = \sum_{k=1}^{n} f(r_k, \theta_k) r_k \Delta r_k \Delta\theta_k$이다. 따라서

$$\iint_D f(r,\theta)dA = \lim_{n\to\infty} S_n = \lim_{n\to\infty}\sum_{k=1}^{n} f(r_k, \theta_k)\Delta A_k$$

$$= \lim_{n\to\infty}\sum_{k=1}^{n} f(r_k, \theta_k) r_k \Delta r_k \Delta\theta_k = \int_\alpha^\beta \int_{g_1(\theta)}^{g_2(\theta)} f(r,\theta)\, r dr d\theta$$

예제 12.2.1

$D = \{(x,y) \mid 1 \le x^2+y^2 \le 9,\ 0 \le y \le \sqrt{3}x\}$일 때 $\iint_D \sqrt{x^2+y^2}\,dxdy$를 구하여라.

풀이

$x = r\cos\theta$, $y = r\sin\theta$ 이면 $x^2+y^2 = r^2$이고 $dA = dxdy = rdrd\theta$이다.

$1 \le x^2+y^2 \le 9$이면 $1 \le r^2 \le 9$. 따라서 $1 \le r \le 3$

$0 \le y \le \sqrt{3}x$이면 $0 \le \tan\theta = \frac{y}{x} \le \sqrt{3}$. 따라서 $0 \le \theta \le \frac{\pi}{3}$.

그러므로 $D = \left\{(r,\theta) \mid 1 \le r \le 3,\ 0 \le \theta \le \frac{\pi}{3}\right\}$

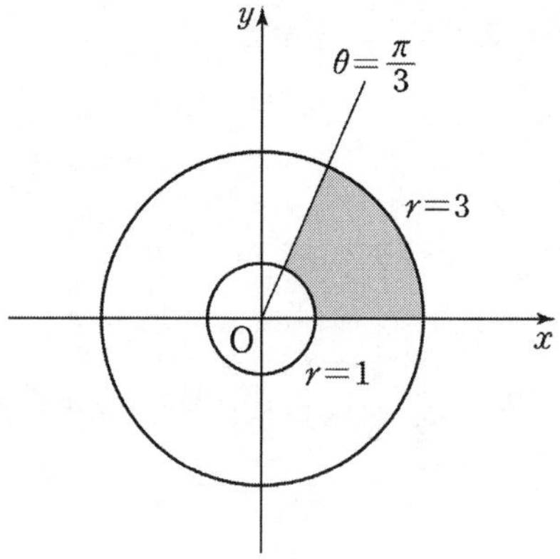

따라서

$$\iint_D \sqrt{x^2+y^2}\,dxdy = \int_0^{\frac{\pi}{3}}\int_1^3 \sqrt{r^2}\,rdrd\theta = \int_0^{\frac{\pi}{3}}\int_1^3 r^2drd\theta$$

$$= \frac{1}{3}\int_0^{\frac{\pi}{3}} [r^3]_1^3 d\theta = \frac{26}{3}\int_0^{\frac{\pi}{3}} d\theta = \frac{26}{9}\pi$$

예제 12.2.2

R을 $r=1$인 원의 외부와 심장형 $r=1+\sin\theta$의 내부에 있는 1사분면 영역일 때 적분 $\iint_R \cos\theta dA$을 구하여라.

풀이

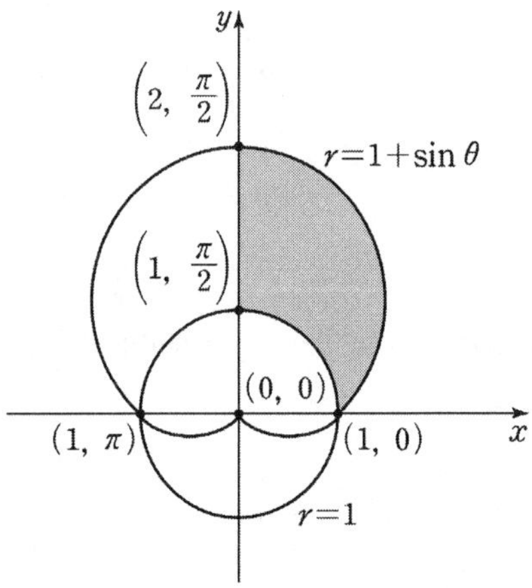

교점을 구하기 위해 $1+\sin\theta=1$이면 $\theta=0$, $\theta=\pi$이므로 교점은 $(1,0)$, $(1,\pi)$이다. 1사분면 영역이므로 $R=\left\{(r,\theta) \mid 1 \le r \le 1+\sin\theta,\ 0 \le \theta \le \frac{\pi}{2}\right\}$

그러므로

$$\iint_R \cos\theta dA = \int_0^{\frac{\pi}{2}}\int_1^{1+\sin\theta} (\cos\theta) rdrd\theta = \int_0^{\frac{\pi}{2}} [(\cos\theta)\frac{1}{2}r^2]_1^{1+\sin\theta} d\theta$$

$$= \frac{1}{2}\int_0^{\frac{\pi}{2}} [\cos\theta[(1+\sin\theta)^2-1]d\theta = \frac{1}{2}[\frac{1}{3}(1+\sin\theta)^3 - \sin\theta]_0^{\frac{\pi}{2}} = \frac{2}{3}$$

12.3 2중적분의 응용

Note

$z=f(x,y)$는 직사각형 영역 $D=\{(x,y)\mid a\le x\le b\,,\,c\le y\le d\}$ 위에 정의된 2변수함수일 때 임의의 $(x,y)\in D$에 대해 $f(x,y)\ge 0$이면 $\int\int_D f(x,y)dD$는 밑면을 D로 하고 윗면이 $z=f(x,y)$인 수직기둥의 체적과 같다. 여기서 임의의 $(x,y)\in D$에 대해 $f(x,y)=1$이면 수직기둥의 높이가 1이 되므로 $\int\int_D dD$는 영역 D의 면적과 같다.

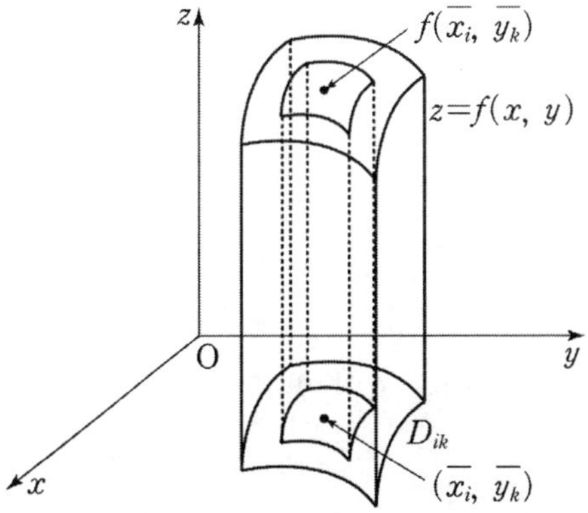

정리 12.3.1

① $y=h_1(x)$, $y=h_2(x)$은 $[a,b]$에서 연속이고 임의의 $x\in[a,b]$에 대해 $h_1(x)\le h_2(x)$)일 때 R을 $y=h_1(x)$, $y=h_2(x)$, $x=a$, $x=b$로 둘러싸인 영역이라고 하면,

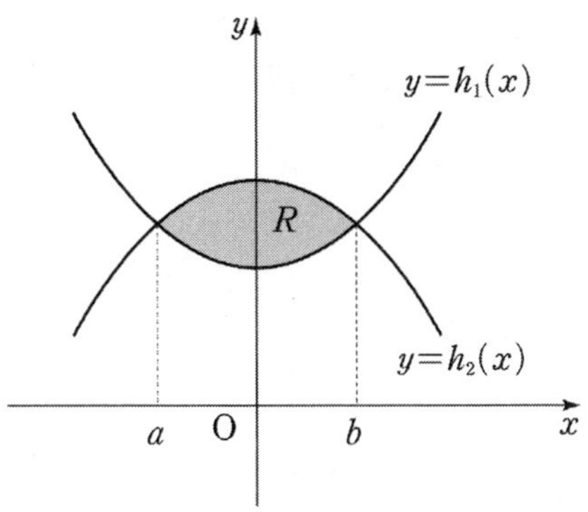

즉 $R = \{(x,y) \mid a \le x \le b \, , \, h_1(x) \le y \le h_2(x)\}$이면 R의 면적은

$$\iint_R dA = \int_a^b \int_{h_1(x)}^{h_2(x)} dy dx$$

② $x = g_1(y)$, $x = g_2(y)$은 $[c,d]$에서 연속이고 임의의 $y \in [c,d]$에 대해 $g_1(y) \le g_2(y)$일 때 R을 $x = g_1(y)$, $x = g_2(y)$, $y = c$, $y = d$로 둘러싸인 영역이라고 하면,

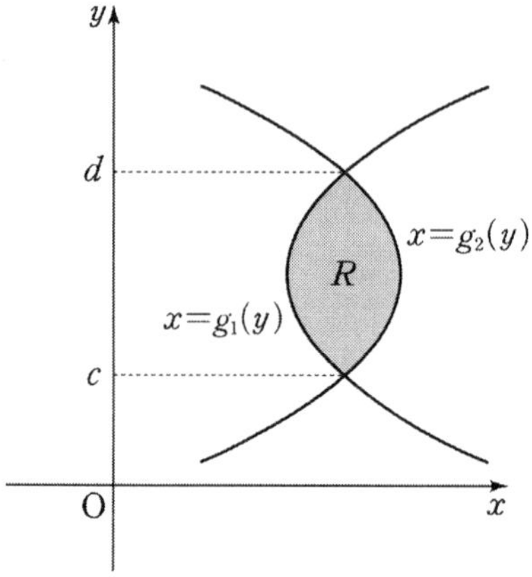

즉 $R = \{(x,y) \mid c \le y \le d \, , \, g_1(y) \le x \le g_2(y)\}$이면 R의 면적은

$$\iint_R dA = \int_c^d \int_{g_1(y)}^{g_2(y)} dx dy$$이다.

예제 12.3.1

두 함수 $y = x^2$, $y = x + 2$에 의해 둘러싸인 영역의 면적을 구하여라.

풀이

교점을 구하기 위해 $x^2 = x + 2$라 하면 $x = -1$, $x = 2$이다. 그러므로 주어진 영역 R은 $R = \{(x,y) \mid -1 \le x \le 2 \, , \, x^2 \le y \le x + 2\}$이다.

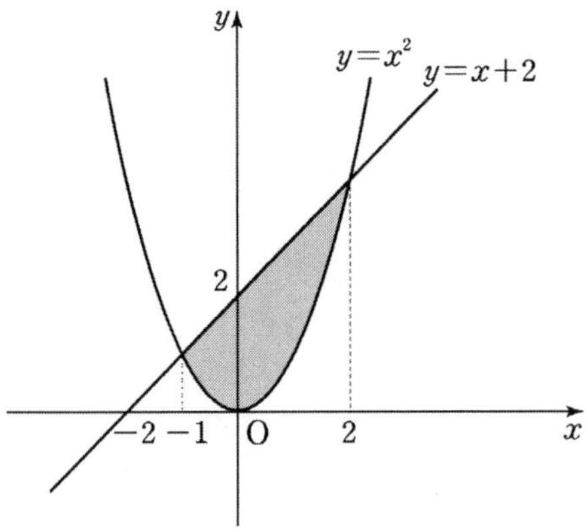

그러므로 영역 R의 면적A는

$$A=\iint_R dxdy=\int_{-1}^{2}\int_{x^2}^{x+2} dydx=\int_{-1}^{2}(x+2-x^2)dx=[\frac{1}{2}x^2+2x-\frac{1}{3}x^3]_{-1}^{2}$$
$$=(2+4-\frac{8}{3})-(\frac{1}{2}-2+\frac{1}{3})=\frac{9}{2}$$

정리 12.3.2

$r=g_1(\theta)$, $r=g_2(\theta)$은 $[\alpha,\beta]$에서 연속이고 임의의 $\theta\in[\alpha,\beta]$에 대해 $g_1(\theta)\le g_2(\theta)$를 만족할 때 $R=\{(r,\theta)|\alpha\le\theta\le\beta,\ g_1(\theta)\le r\le g_2(\theta)\}$이라고 하면 R의 면적은 $\iint_R dA=\int_\alpha^\beta\int_{g_1(\theta)}^{g_2(\theta)} rdrd\theta$이다.

예제 12.3.2

원 $r=2\cos\theta$의 내부와 원 $r=1$의 외부에 있는 영역의 면적을 구하여라.

풀이

교점을 구하기 위해 $2\cos\theta=1$라 하면 $\cos\theta=\frac{1}{2}$이므로 $\theta=\frac{\pi}{3}$, $-\frac{\pi}{3}$이다. 따라서 교점은 $(1,\frac{\pi}{3})$, $(1,-\frac{\pi}{3})$이다. 그러므로 주어진 영역 R은

$R=\left\{(r,\theta)\mid 1\le r\le 2\cos\theta,\ -\frac{\pi}{3}\le\theta\le\frac{\pi}{3}\right\}$이다.

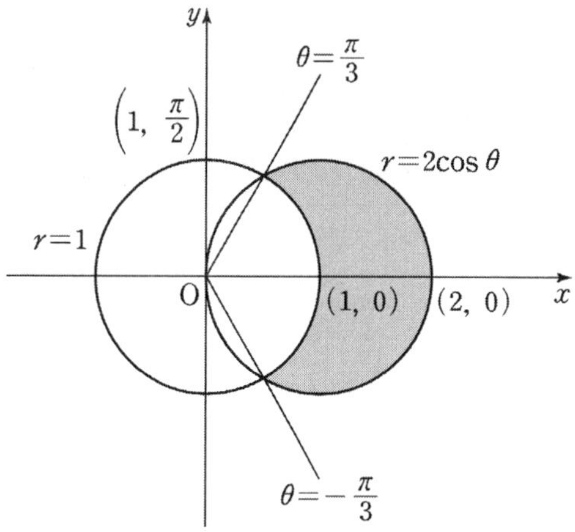

그러므로 면적은 대칭에 의해

$$\int\int_R r dr\, d\theta = \int_{-\frac{\pi}{3}}^{\frac{\pi}{3}}\int_1^{2\cos\theta} rdrd\theta = 2\int_0^{\frac{\pi}{3}}\int_1^{2\cos\theta} rdrd\theta$$

$$= 2\int_0^{\frac{\pi}{3}}\frac{1}{2}[r^2]_1^{2\cos\theta}d\theta = \int_0^{\frac{\pi}{3}}[4\cos^2\theta - 1]d\theta$$

$$= \int_0^{\frac{\pi}{3}}[2(1+\cos 2\theta)-1]d\theta = [\theta + \sin 2\theta]_0^{\frac{\pi}{3}} = \frac{\sqrt{3}}{2} + \frac{\pi}{3}$$

정리 12.3.3

① $y = f_1(x)$, $y = f_2(x)$은 $[a,b]$에서 연속이고 임의의 $x \in [a,b]$에 대해 $f_1(x) \le f_2(x)$일 때 $D = \{(x,y) | a \le x \le b\,,\ f_1(x) \le y \le f_2(x)\}$에 대해 $z = f(x,y)$가 D 위에서 연속이고 임의의 $(x,y) \in D$에 대해 $f(x,y) > 0$이면 영역 D 위 곡면 아래에 있는 수직기둥의 체적은

$V = \int\int_D f(x,y)\, dx\, dy = \int_a^b \int_{f_1(x)}^{f_2(x)} f(x,y)\, dy\, dx$이다.

② $x = g_1(y)$, $x = g_2(y)$은 $[c,d]$에서 연속이고 임의의 $y \in [c,d]$에 대해 $g_1(y) \le g_2(y)$일 때 $D = \{(x,y) | c \le y \le d\,,\ g_1(y) \le x \le g_2(y)\}$에 대해 $z = f(x,y)$가 D 위에서 연속이고 임의의 $(x,y) \in D$에 대해 $f(x,y) > 0$이면 영역 D 위 곡면 아래에 있는 수직기둥의 체적은

$V = \int\int_D f(x,y)\, dx\, dy = \int_c^d \int_{g_1(y)}^{g_2(y)} f(x,y) dx dy$

예제 12.3.3

평면 $x+y+z=1$에 의해 둘러싸이고 제 1팔분면에 있는 입체의 체적을 구하여라.

풀이

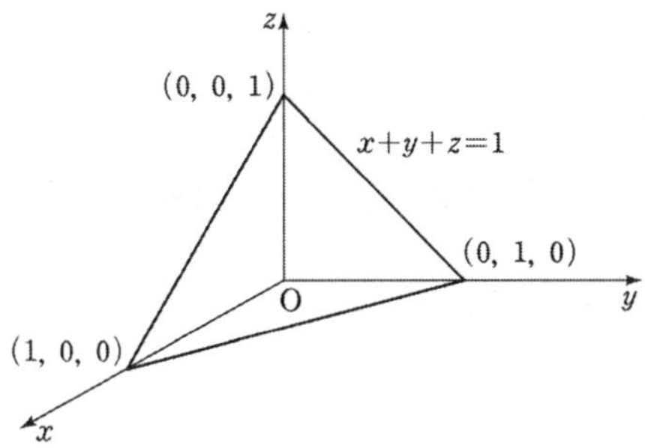

xy 평면상의 영역 D 위 곡면 $z=f(x,y)=1-x-y$ 아래에 있는 입체의 체적을 구하면 된다. $D=\{(x,y)\mid 0\le x\le 1\,,\,0\le y\le 1-x\}$이므로 체적은

$$\int\int_D zdA=\int_0^1\int_0^{1-x}(1-x-y)dydx=\int_0^1[y-xy-\frac{1}{2}y^2]_0^{1-x}dx$$

$$=\int_0^1\frac{1}{2}x^2-x+\frac{1}{2}dx=[\frac{1}{6}x^3-\frac{1}{2}x^2+\frac{1}{2}x]_0^1=\frac{1}{6}$$

예제 12.3.4

정사각형 영역 $D=\{(x,y)\mid 0\le x\le 1\,,0\le y\le 1\}$을 밑면으로 하고 포물면 $z=4-x^2-y^2$을 윗면으로 하는 입체의 체적을 구하여라.

풀이

체적은

$$\int\int_D zdA=\int_0^1\int_0^1(4-x^2-y^2)dydx=\int_0^1[4y-x^2y-\frac{1}{3}y^3]_0^1dx$$

$$=\int_0^1[\frac{11}{3}-x^2]dx=[\frac{11}{3}x-\frac{1}{3}x^3]_0^1=\frac{10}{3}$$

예제 12.3.5

곡면 $z=x^2y$, 주면 $y=x^2$, $y^2=x$ 및 평면 $z=0$에 의해 둘러싸인 입체의 체적을 구하여라.

풀이

xy 평면상의 영역은 $D=\{(x,y)\,|\,0\le x\le 1,\ x^2\le y\le \sqrt{x}\}$이다.

따라서 xy 평면상의 영역 D위 $z=f(x,y)=x^2y$ 아래의 입체의 체적은

$$\iint_D z\,dA=\int_0^1\int_{x^2}^{\sqrt{x}} x^2y\,dy\,dx=\int_0^1 x^2\left[\frac{1}{2}y^2\right]_{x^2}^{\sqrt{x}}dx$$

$$=\frac{1}{2}\int_0^1 x^2[x-x^4]dx=\frac{1}{2}\left[\frac{1}{4}x^4-\frac{1}{7}x^7\right]_0^1=\frac{3}{56}$$

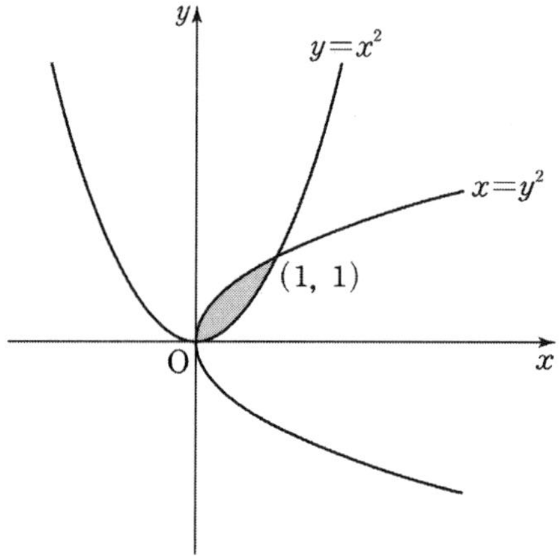

● 극좌표계와 극좌표

직교좌표(x,y)와 극좌표 (r,θ) 사이에는 $x=r\cos\theta$, $y=r\sin\theta$, $r=\sqrt{x^2+y^2}$ 그리고 $\theta=\tan^{-1}\left(\frac{y}{x}\right)$의 관계가 있다.

정리 12.3.4

① $D=\{(r,\theta)\,|\,\alpha\le\theta\le\beta,\ r_1(\theta)\le r\le r_2(\theta)\}$일 때 $z=f(r,\theta)$가 영역 D 위에서 연속이면 영역 D 위 곡면 아래에 있는 수직기둥의 체적은

$V=\iint_D f(r,\theta)r\,dr\,d\theta=\int_\alpha^\beta\int_{r_1(\theta)}^{r_2(\theta)} f(r,\theta)r\,dr\,d\theta$이다.

② $D=\{(r,\theta)|a \le r \le b, \theta_1(r) \le r \le \theta_2(r)\}$일 때 $z=f(r,\theta)$가 D 위에서 연속이면 영역 D 위 곡면 아래에 있는 수직기둥의 체적은

$V=\int\int_D f(r,\theta)r\,dr\,d\theta=\int_a^b\int_{\theta_1(r)}^{\theta_2(r)} f(r,\theta)r\,d\theta dr$이다.

예제 12.3.6

구 $x^2+y^2+z^2=a^2$ 내부에 있는 원통 $x^2+y^2=ay$ 부분의 체적을 구하여라.

풀이

$x=r\cos\theta$, $y=r\sin\theta$, $r=\sqrt{x^2+y^2}$ 를 대입하면 구 $x^2+y^2+z^2=a^2$는 $r^2+z^2=a^2$으로 표현되고 원통 $x^2+y^2=ay$는 $r=a\sin\theta$이다.
따라서 구하고자 하는 체적은

$$4\int_0^{\frac{\pi}{2}}\int_0^{a\sin\theta} zrdrd\theta=4\int_0^{\frac{\pi}{2}}\int_0^{a\sin\theta} r\sqrt{a^2-r^2}\,drd\theta$$

$$=4\int_0^{\frac{\pi}{2}}[-\frac{1}{3}(a^2-r^2)^{\frac{3}{2}}]_0^{a\sin\theta}d\theta=-\frac{4}{3}\int_0^{\frac{\pi}{2}}(a^2-a^2\sin^2\theta)^{\frac{3}{2}}-(a^2)^{\frac{3}{2}}d\theta$$

$$=-\frac{4}{3}\int_0^{\frac{\pi}{2}}[(a^3\cos^3\theta-a^3)d\theta=-\frac{4a^3}{3}\int_0^{\frac{\pi}{2}}[\cos^3\theta-1]d\theta$$

$$=-\frac{4a^3}{3}[\frac{2}{3}-\frac{\pi}{2}]=\frac{2a^3}{3}[\pi-\frac{4}{3}]$$

12.4 3중적분

독립변수가 3개인 3변수함수의 3중적분도 2중적분과 같은 방법으로 정의하면 된다. $V=\{(x,y,z) \mid a \le x \le b, c \le y \le d, g \le z \le h\}$위에 함수 $w=f(x,y,z)$가 정의되었다고 하자.

$$P : \begin{cases} a = x_0 < x_1 < x_2 < \cdots < x_{n-1} < x_n = b \\ c = y_0 < y_1 < y_2 < \cdots < y_{m-1} < y_m = d \\ g = z_0 < z_1 < z_2 < \cdots < z_{l-1} < z_l = h \end{cases}$$ 는 V의 분할,

각 $i=1,2,\cdots,n$, $j=1,2,\cdots,m$와 $k=1,2,\cdots,l$에 대해

$\Delta x_i = x_i - x_{i-1}$, $\Delta y_k = y_j - y_{j-1}$, $\Delta z_k = z_k - z_{k-1}$라 두고

각 $i=1,2,\cdots,n$, $j=1,2,\cdots,m$ 와 $k=1,2,\cdots,l$에 대해 분할된

직육면체 소영역 V_{ijk}을

$V_{ijk}=\{(x,y,z) \mid x_{i-1} \le x \le x_i, y_{j-1} \le y \le y_j, z_{k-1} \le z \le z_k\}$ 라 두자.

그러면 각 $i=1,2,\cdots,n$, $j=1,2,\cdots,m$와 $k=1,2,\cdots,l$에 대해 V_{ijk}의 부피 ΔV_{ijk}는 $\Delta V_{ijk} = \Delta x_i \Delta y_j \Delta z_k$이다.

각 $i=1,2,\cdots,n$, $j=1,2,\cdots,m$와 $k=1,2,\cdots,l$에 대해

$(\overline{x_i},\overline{y_j},\overline{z_k}) \in V_{ijk}$을 직육면체 소영역 V_{ijk} 내의 임의의 점이라고 하고 소영역들의 대각선 길이 가운데 가장 큰 값을

$\|P\| = \max\left\{\sqrt{(\Delta x_i)^2+(\Delta y_j)^2+(\Delta z_k)^2} \mid i=1,2,\cdots,n, j=1,2,\cdots,m, k=1,2,\cdots,l\right\}$

이라고 하자.

$\|P\| \to 0$일 때 합 $\displaystyle\sum_{i=1}^{n}\sum_{j=1}^{m}\sum_{k=1}^{l} f(\overline{x_i},\overline{y_j},\overline{z_k})\Delta V_{ijk}$의 극한값이 존재하면

$w=f(x,y,z)$가 영역 V위에서 3중 적분가능이라 하고

$\displaystyle\iiint_V f(x,y,z)\,dV = \lim_{\|P\|\to 0}\sum_{i=1}^{n}\sum_{j=1}^{m}\sum_{k=1}^{l} f(\overline{x_i},\overline{y_j},\overline{z_k})\Delta V_{ijk}$라 정의한다. 이를 영역 V 위에서 $w=f(x,y,z)$의 3중적분이라고 한다.

Note

2중적분의 경우와 마찬가지로 공간상의 유계 폐영역 V 위에서의 $w=f(x,y,z)$의 3중적분은 V를 포함하는 최소의 직육면체 $\overline{V}$를 택하고 다음과 같이 정의된 f의 확장된 함수 $\overline{f}=\begin{cases} f(x,y,z)\ , & (x,y,z)\in V \\ 0\ , & (x,y,z)\in \overline{V}-V \end{cases}$ 를 생각하자.

이 때 V 위에서의 f의 3중적분은

$\iiint_V f(x,y,z)dV=\iiint_{\overline{V}} \overline{f(x,y,z)d}\,V$로 정의한다.

Note

2중적분의 경우와 마찬가지로 3중적분을 반복적분의 방법을 사용하여 계산할 수 있다.

정리 12.4.1

$w=f(x,y,z)$은 공간상의 영역 V에서 연속인 3변수함수이다.

① g_1 , g_2는 $[a,b]$에서 연속일 때 2변수함수 $z=\psi_1(x,y)$, $z=\psi_2(x,y)$가 평면상의 영역 $D=\{(x,y)\ |\ a\le x\le b,\ g_1(x)\le y\le g_2(x)\}$에서 연속이면 V 위에서의 f의 3중적분은 $\iiint_V f(x,y,z)dV=\int_a^b\int_{g_1(x)}^{g_2(x)}\int_{\psi_1(x,y)}^{\psi_2(x,y)} f(x,y,z)dzdydx$이다.

② h_1 , h_2는 $[c,d]$에서 연속일 때 2변수함수 $z=\phi_1(x,y)$, $z=\phi_2(x,y)$가 평면상의 영역 $D=\{(x,y)\ |\ c\le y\le d,\ h_1(y)\le x\le h_2(y)\}$에서 연속이면 V 위에서의 f의 3중적분은 $\iiint_V f(x,y,z)dV=\int_c^d\int_{h_1(y)}^{h_2(y)}\int_{\phi_1(x,y)}^{\phi_2(x,y)} f(x,y,z)dzdxdy$이다.

예제 12.4.1

다음 3중적분 $\int_0^1\int_0^{2x}\int_y^{x+2} z\,dzdydx$을 구하여라.

풀이

$$\int_0^1\int_0^{2x}\int_y^{x+2} z\,dzdydx = \int_0^1\int_0^{2x}[\frac{1}{2}z^2]_y^{x+2}dydx$$

$$= \frac{1}{2}\int_0^1\int_0^{2x}[(x+2)^2-y^2]dydx = \frac{1}{2}\int_0^1[(x+2)^2y-\frac{1}{3}y^3]_0^{2x}dx$$

$$= \frac{1}{2}\int_0^1[2(x+2)^2x-\frac{8}{3}x^3]dx = \frac{1}{2}\int_0^1[-\frac{2}{3}x^3+8x^2+8x]\,dx$$

$$= \frac{1}{2}[-\frac{1}{6}x^4+\frac{8}{3}x^3+4x^2]_0^1 = \frac{1}{2}[-\frac{1}{6}+\frac{8}{3}+4] = \frac{13}{4}$$

Note

공간상의 입체 V 내의 모든 점에서 $f(x,y,z)=1$이면 $\iiint_V dV$는 V의 부피와 같다.

예를 들어 V가 xy평면상의 유계 폐영역

$D=\{(x,y)\mid \phi_1(x)\le y\le \phi_2(x)\ ,\ a\le x\le b\}$ 에서

$z=\Psi_1(x,y)$, $z=\Psi_2(x,y)$로 둘러싸인 영역이라고 하면 V의 부피는

$\iiint_V dV=\int_a^b\int_{\phi_1(x)}^{\phi_2(x)}\int_{\Psi_1(x,y)}^{\Psi_2(x,y)}dzdydx$와 같다.

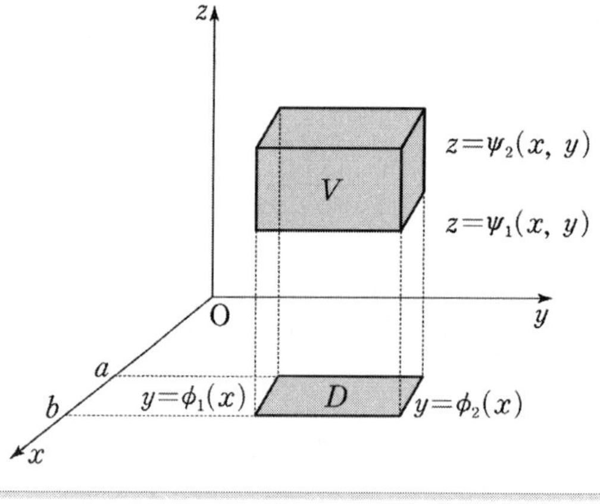

예제 12.4.2

포물면기둥 $z=4-x^2$과 $z=0$, $y=x$와 $y=0$으로 둘러싸인 입체의 체적을 구하여라.

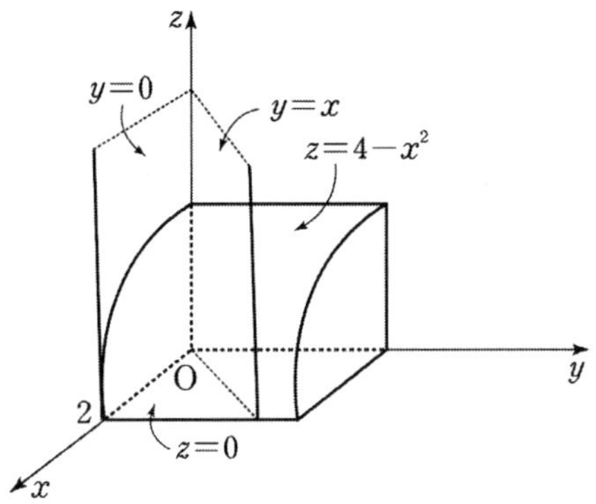

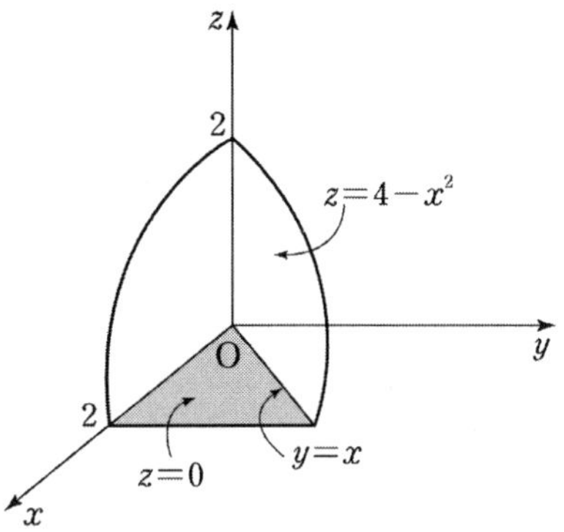

풀이

그림에서 보는 바와 같이 입체 V는

$V=\{(x,y,z) \mid 0 \le x \le 2,\ 0 \le y \le x,\ 0 \le z \le 4-x^2\}$ 이다. 따라서 입체 V의 체적은

$$\int\int\int_V dV=\int_0^2\int_0^x\int_0^{4-x^2} dzdydx=\int_0^2\int_0^x (4-x^2)dydx$$

$$=\int_0^2 [4y-x^2y]_0^x\, dx=\int_0^2 (4x-x^3)dx$$

$$=[2x^2-\frac{1}{4}x^4]_0^2=8-4=4$$

12.5 원주좌표와 구면좌표에서의 3중적분

극좌표계와 극좌표

직교좌표(x,y)와 극좌표 (r,θ) 사이에는 $x = r\cos\theta$, $y = r\sin\theta$, $r = \sqrt{x^2+y^2}$ 그리고 $\theta = \tan^{-1}(\frac{y}{x})$의 관계가 있다.

정의

xy평면의 극좌표 r,θ와 직교좌표 z로 주어진 점 (r,θ,z)을 주면좌표 혹은 원주좌표라고 한다.

직교좌표(x,y,z)와 원주좌표 (r,θ,z) 사이에는

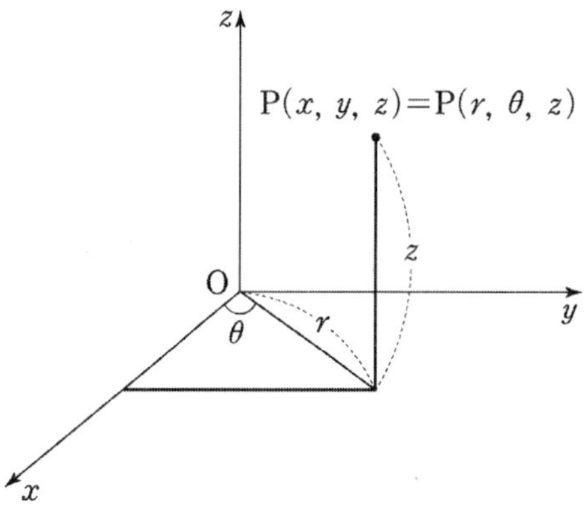

$x = r\cos\theta$, $y = r\sin\theta$, $z = z$, $r = \sqrt{x^2+y^2}$, $\theta = \tan^{-1}(\frac{y}{x})$

예제 12.5.1

원뿔 $z^2 = x^2+y^2$을 원주좌표로 나타내어라.

풀이

직교좌표(x,y,z)와 원주좌표 (r,θ,z) 사이에는 $x = r\cos\theta$, $y = r\sin\theta$, $z = z$의 관계가 있다. 따라서 $z^2 = x^2+y^2 = r^2(\cos^2\theta + \sin^2\theta) = r^2$이다.

그러므로 $z = r$이다.

● 원주좌표에서의 3중적분

직교좌표 (x,y,z)와 원주좌표 (r,θ,z) 사이에는

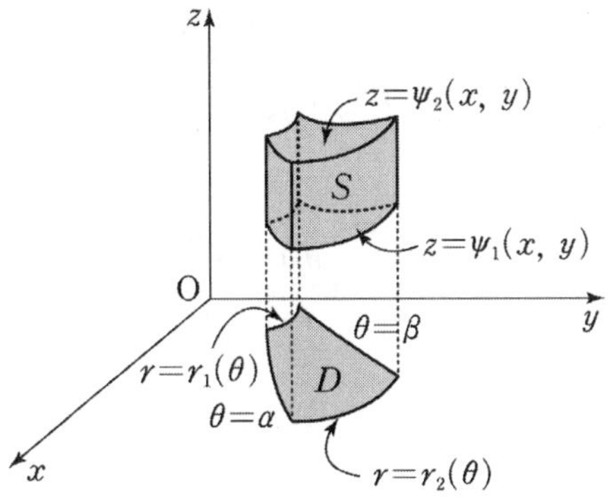

$x = r\cos\theta$, $y = r\sin\theta$, $z = z$, $r = \sqrt{x^2+y^2}$, $\theta = \tan^{-1}(\frac{y}{x})$이므로

$f(x,y,z) = f(r\cos\theta, r\sin\theta, z)$이고 적분소 $dA = dxdy$는 $rdrd\theta$로 표현된다.

xy평면위의 폐영역 D가

$D = \{(r,\theta) \mid \alpha \le \theta \le \beta, r_1(\theta) \le r \le r_2(\theta), 0 \le \beta-\alpha < 2\pi\}$와 같이

극좌표로 표현된다고 하고 함수 $w = f(x,y,z)$가 입체 영역

$S = \{(x,y,z) \mid (x,y) \in D, \Psi_1(x,y) \le z \le \Psi_2(x,y)\}$에서 연속이라고 하면

$dA = rdrd\theta$이므로 다음이 성립한다.

$$\iiint_S f(x,y,z)dV = \iint_D [\int_{\Psi_1(x,y)}^{\Psi_2(x,y)} f(x,y,z)dz\,]\,dA$$

$$= \int_\alpha^\beta \int_{r_1(\theta)}^{r_2(\theta)} \int_{\Psi_1(x,y)}^{\Psi_2(x,y)} f(r\cos\theta, r\sin\theta, z) r dz\, dr\, d\theta$$

예제 12.5.2

다음 적분 $\int_{-2}^{2}\int_{-\sqrt{4-x^2}}^{\sqrt{4-x^2}}\int_{\sqrt{x^2+y^2}}^{2}(x^2+y^2)\,dz\,dy\,dx$을 계산하여라.

풀이

이 반복적분의 적분영역은

$V = \{(x,y,z) \mid -2 \le x \le 2,\ -\sqrt{4-x^2} \le y \le \sqrt{4-x^2},\ \sqrt{x^2+y^2} \le z \le 2\}$

이다. 여기서 직교좌표 (x,y,z)와 원주좌표 (r,θ,z)사이의 관계에 의해

$x = r\cos\theta$, $y = r\sin\theta$, $z = z$, $r = \sqrt{x^2+y^2}$ 이므로 이 영역을 원주좌표로 간단히 표현하면

$V = \{(r,\theta,z) \mid 0 \le \theta \le 2\pi , 0 \le r \le 2, r \le z \le 2\}$이다. 따라서

$$\int_{-2}^{2}\int_{-\sqrt{4-x^2}}^{\sqrt{4-x^2}}\int_{\sqrt{x^2+y^2}}^{2}(x^2+y^2)\,dz\,dy\,dx = \int_0^{2\pi}\int_0^2\int_r^2 r^2 r dz\,dr\,d\theta$$

$$= \int_0^{2\pi}\int_0^2 r^3(2-r)dr\,d\theta = \int_0^{2\pi}[\frac{1}{2}r^4 - \frac{1}{5}r^5]_0^2\,d\theta = \int_0^{2\pi}\frac{8}{5}d\theta = \frac{16\pi}{5}$$

예제 12.5.3

곡면 $z = 4 - x^2 - y^2$, 평면 $z = 0$, $y = 0$ 그리고 곡면 $(x-1)^2 + y^2 = 1$로 둘러 싸인 입체의 체적을 구하여라.

풀이

직교좌표(x,y,z)와 원주좌표 (r,θ,z) 사이에는 $x = r\cos\theta$, $y = r\sin\theta$, $z = z$의 관계가 있다. $(x-1)^2 + y^2 = 1$에서 $x^2 + y^2 = 2x$이므로 $r = 2\cos\theta$이고 $z = 4 - x^2 - y^2$은 $z = 4 - r^2$이다.

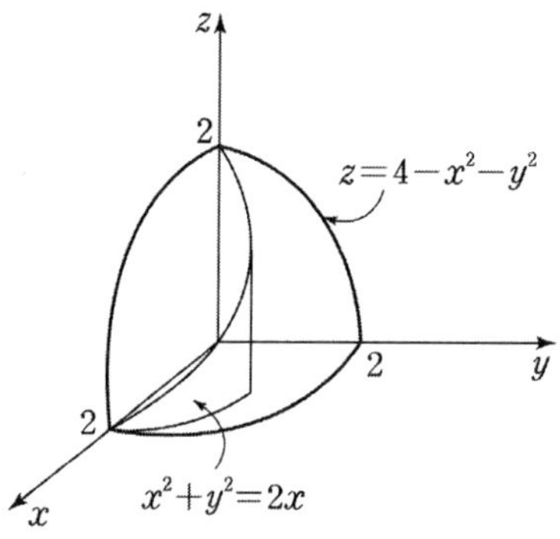

그림에서 보는 바와 같이 입체 V는

$V = \left\{(r,\theta ,z) \mid 0 \le \theta \le \frac{\pi}{2} , 0 \le r \le 2\cos\theta , 0 \le z \le 4 - r^2\right\}$ 이다.

따라서 입체 V의 체적은

$$\iiint_V dV = \int_0^{\frac{\pi}{2}} \int_0^{2\cos\theta} \int_0^{4-r^2} r\,dz\,dr\,d\theta = \int_0^{\frac{\pi}{2}} \int_0^{2\cos\theta} (4-r^2) r\,dr\,d\theta$$

$$= \int_0^{\frac{\pi}{2}} [2r^2 - \frac{1}{4}r^4]_0^{2\cos\theta} d\theta = \int_0^{\frac{\pi}{2}} (8\cos^2\theta - 4\cos^4\theta) d\theta$$

$$= 8 \cdot \frac{1}{2} \cdot \frac{\pi}{2} - 4 \cdot \frac{3}{4} \cdot \frac{1}{2} \cdot \frac{\pi}{2} = \frac{5\pi}{4}$$

정의

공간상의 임의의 점 $P(x,y,z)$라 하고 원점으로부터 P까지의 거리를 ρ, z축과 직선 $\overline{OP}$ 사이의 각을 ϕ라고 할 때 ρ, ϕ그리고 원주좌표의 θ를 이용하여 점 $P(x,y,z)$를 (ρ, ϕ, θ)에 의해 나타낼 수 있다. 이와 같은 표현을 구면좌표계라고 한다.

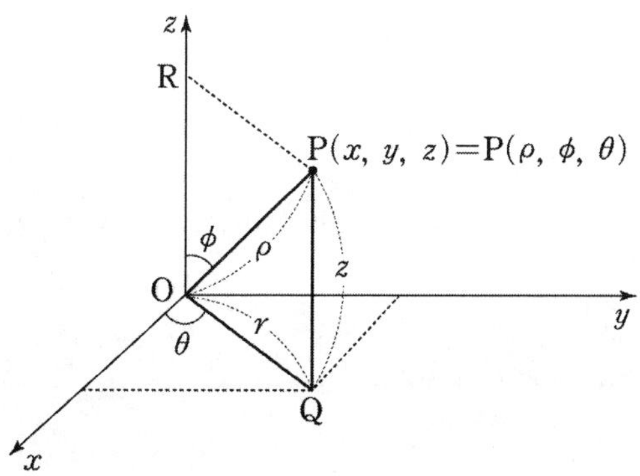

그림에서 보는 바와 같이 $r = |\overline{OQ}| = |\overline{PR}| = \rho\sin\phi$, $x = r\cos\theta$, $y = r\sin\theta$ 이므로 임의의 점 $P(x,y,z)$의 구면좌표 (ρ, ϕ, θ)에 대해 다음의 관계가 성립한다.

$z = \rho\cos\phi$, $x = r\cos\theta = \rho\sin\phi\cos\theta$, $y = r\sin\theta = \rho\sin\phi\sin\theta$, 여기서

$x^2 + y^2 + z^2 = (\rho\sin\phi\cos\theta)^2 + (\rho\sin\phi\sin\theta)^2 + (\rho\cos\phi)^2 = \rho^2$을 만족하므로

공간상의 점 $P(x,y,z)$는 중심이 원점이고 반지름이 ρ인 구면상의 점이 된다.

구면좌표에서의 3중적분

직교좌표 (x,y,z)와 구면좌표 (ρ, ϕ, θ) 사이에는

$z = \rho\cos\phi$, $x = \rho\sin\phi\cos\theta$, $y = \rho\sin\phi\sin\theta$이므로

$f(x,y,z) = f(\rho\sin\phi\cos\theta, \rho\sin\phi\sin\theta, \rho\cos\phi)$이고 아래 그림에서 보듯이

$dV = dxdydz$는 $\rho^2\sin\phi\, d\rho\, d\phi\, d\theta$로 표현된다.

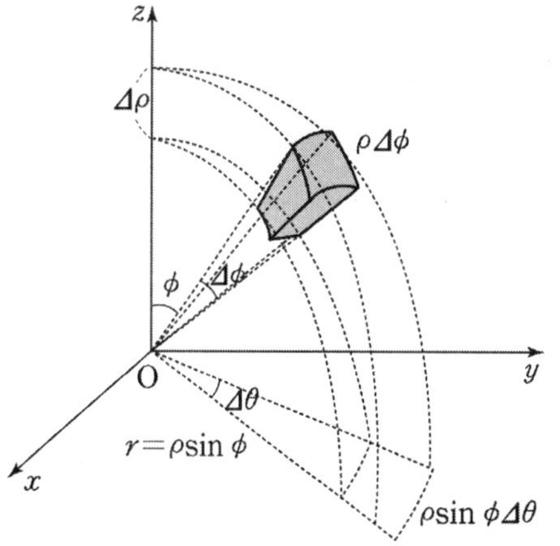

3변수 함수 $w=f(x,y,z)$가 입체 영역

$V=\{(\rho,\phi,\theta) \mid \alpha \le \theta \le \beta, c \le \phi \le d, g_1(\phi,\theta) \le \rho \le g_2(\phi,\theta)\}$에서 연속이라고 하면 $z=\rho\cos\phi$, $x=\rho\sin\phi\cos\theta$, $y=\rho\sin\phi\sin\theta$이고 $dV=\rho^2\sin\phi\, d\rho\, d\phi\, d\theta$ 이므로 다음이 성립한다.

$$\iiint_V f(x,y,z)\,dV=\int_\alpha^\beta\int_c^d\int_{g_1(\phi,\theta)}^{g_2(\phi,\theta)} f(\rho\sin\phi\cos\theta,\rho\sin\phi\sin\theta,\rho\cos\phi)\rho^2\sin\phi\, d\rho\, d\phi\, d\theta.$$

예제 12.5.4

다음 반복적분을 계산하여라.

① $\int_0^{2\pi}\int_0^{\frac{\pi}{4}}\int_0^1 \rho^3\cos\phi\, d\rho\, d\phi\, d\theta$ ②

$\int_0^{\pi}\int_0^{\pi}\int_0^{2\sin\phi} \rho^2\sin\phi\, d\rho\, d\phi\, d\theta$ **풀이**

① $\int_0^{2\pi}\int_0^{\frac{\pi}{4}}\int_0^1 \rho^3\cos\phi\, d\rho\, d\phi\, d\theta=\int_0^{2\pi}\int_0^{\frac{\pi}{4}}[\frac{1}{4}\rho^4]_0^1\cos\phi\, d\phi\, d\theta$

$$=\frac{1}{4}\int_0^{2\pi}[\sin\phi]_0^{\frac{\pi}{4}}d\theta=\frac{1}{4\sqrt{2}}\cdot 2\pi=\frac{\sqrt{2}\,\pi}{4}$$

예제 12.5.5

반지름이 a인 구의 부피를 구면 좌표를 이용하여 구하여라.

풀이

반지름이 a인 구를 구면좌표로 나타내면

$V=\{(\rho,\phi,\theta) \mid 0 \le \theta \le 2\pi,\ 0 \le \phi \le \pi,\ 0 \le \rho \le a\}$이다. 그러므로 반지름이 a인 구의 부피는

$$\iiint_V dV = \int_0^{2\pi}\int_0^{\pi}\int_0^{a} \rho^2 \sin\phi \, d\rho \, d\phi \, d\theta$$

$$= \int_0^{2\pi}\int_0^{\pi} \frac{1}{3}a^3 \sin\phi \, d\phi \, d\theta = \frac{1}{3}a^3 \int_0^{2\pi} -[\cos\phi]_0^{\pi} d\theta = \frac{4}{3}\pi a^3$$

연습문제

1 $\int_0^2 \int_{x^2}^{2x} (x^2+y^2)\,dydx$을 두 가지 방법으로 계산해 보아라.

2 $D=\{(x,y) \mid x^2+y^2 \le 2y\ ,\ x^2+y^2 \ge 1\}$일 때 $\int\int_D \sqrt{x^2+y^2}\,dxdy$를 구하여라.

3 R은 곡선 $y=\sqrt{4-x^2}$과 x축으로 둘러싸인 영역이다. R에서 적분 $\int\int_R e^{x^2+y^2}dydx$을 계산하여라.

4 두 함수 $xy=2$, $4y=x^2$와 $y=4$에 의해 둘러싸인 영역의 면적을 구하여라.

5 3엽 장미선 $r=\sin 3\theta$에 의해 둘러싸인 부분의 면적을 구하여라.

6 밑면이 xy 평면에 있고 x축, 두 직선 $y=x$, $x=1$에 의해 둘러싸인 삼각형이며 입체의 윗부분이 평면 $z=3-x-y$인 입체의 체적을 구하여라.

연습문제

7 다음 반복적분을 구하여라.

① $\int_0^{2\pi}\int_0^1\int_r^1 zr^3\sin^2\theta\, dz\, dr\, d\theta$

② $\int_0^{\frac{\pi}{2}}\int_0^{\frac{\pi}{4}}\int_r^{\cos\phi} \rho^3\cos^2\theta\cos\phi\, d\rho d\phi\, d\theta$

③ $\int_0^{2\pi}\int_0^1\int_r^{\sqrt{2-r^2}} r\, dz\, dr\, d\theta$

8 다음 적분 $\int_0^2\int_0^{\sqrt{4-x^2}}\int_{\sqrt{x^2+y^2}}^2 xz\, dz\, dy\, dx$을 계산하여라.

9 $I=\int_0^{\infty} e^{-x^2}dx$를 구하여라.

연습문제 해답

연습문제 …1장

1. ① 5 ② 2 ③ -2

2. ① $\frac{8}{5}$ ② $\frac{3}{5}$ ③ $\frac{1}{2}$ ④ $\frac{5}{3}$

⑤ 9 ⑥ $\frac{k^2}{2}$ ⑦ 2 ⑧ 1

연습문제 …2장

4. ⑪ $-\frac{e^x}{\sqrt{1-e^{2x}}}$

⑫ $-\frac{1}{(x-1)\sqrt{x^2-2x}}$

⑬ $\frac{1}{x\sqrt{1-(\ln x)^2}}$

⑭ $\frac{2}{x^2+1}$

⑮ $\frac{1}{\sqrt{9-x^2}}$

⑯ $-\frac{2}{\sqrt{1-4x^2}}$

⑰ $\frac{1}{x^2+1}$ $(x \geq 0)$

7. ① $f^{(n)}(x) = \cos(x+\frac{(n-1)\pi}{2}) = \sin(x+\frac{n\pi}{2})$

② $f^{(n)}(x) = -\sin(x+\frac{(n-1)\pi}{2}) = \cos(x+\frac{n\pi}{2})$

③ $f^{(m)}(x)=\begin{cases} m(m-1)(m-2)\cdots(m-n+1)x^{m-n}, & n<m \\ m!, & n=m \\ 0, & n>m \end{cases}$

④ $f^{(n)}(x)=(-1)^{n-1}(n-1)!(x+1)^{-n}$

⑤ $f^{(n)}(x)=(n-1)!(1-x)^{-n}$

연습문제 ···3장

1. ③ $f(x)=x^3$는 $[-1,1]$에서 연속이고 $(-1,1)$에서 미분가능이다. 따라서 평균값 정리에 의해 $f'(c)=\dfrac{f(1)-f(-1)}{1-(-1)}=1$를 만족하는 c가 $(-1,1)$ 내에서 존재한다. $f'(c)=3c^2=1$이므로 $c=\pm\dfrac{1}{\sqrt{3}}\in(-1,1)$.

3. ① f는 $(0,\frac{\pi}{2})$에서 증가하고 $(\frac{\pi}{2},\pi)$에서 감소한다.

② f는 $(\frac{1}{2},\infty)$에서 증가하고 $(-\infty,\frac{1}{2})$에서 감소한다.

③ f는 $(0,\frac{\pi}{4})$에서 증가하고 $(\frac{\pi}{4},\pi)$에서 감소한다.

4. f는 $x=1$에서 극소이고 극솟값은 $f(1)=0$이다.

연습문제 ···4장

2. ⑩ $(x^4-4x^3+12x^2-24x+24)e^x+C$

⑪ $(x+1)\ln|x+1|-x+C$

⑫ $-(x^2-1)\cos x+2x\sin x+C$

3. ⑤ $\ln\left|\dfrac{e^t+1}{e^t+2}\right|+C$

⑦ $2\ln|e^x+1|-x+C$

⑨ $x(\sin^{-1}x)^2+2\sqrt{1-x^2}\sin^{-1}x-2x+C$

⑩ $\sqrt{x^2+2x+2}+C$

⑬ $x\cos^{-1}x((\cos^{-1}x)^2-6)-3\sqrt{1-x^2}((\cos^{-1}x)^2-2)+C$

⑯ $\sin^{-1}(\frac{x}{3})+C$

⑱ $\ln|\sqrt{9+x^2}+x|+C$

⑳ $-\sqrt{(x-1)(2-x)}+\tan^{-1}\sqrt{\frac{x-1}{2-x}}+C$

연습문제 …5장

3. ④ $\frac{\pi}{4}$

⑥ $\frac{1}{2}(e^{\frac{\pi}{2}}+1)$

⑫ $\frac{2\pi}{3\sqrt{3}}$

⑬ $\frac{\pi^2}{4}$

⑭ $-\frac{\pi}{2}\ln 2$

⑮ $\ln(\sqrt{2}-1)+\sqrt{2}-1$

연습문제 …6장

1. ① $e+\frac{1}{e}-2$ ② $2-\frac{2}{e}$ ③ 3 ④ $3\ln 3-2$ ⑤ $3\ln 3-2\ln 2-1$

⑥ $\frac{15}{2}-8\ln 2$ ⑦ $\frac{32}{3}$ ⑧ $2\sqrt{2}$ ⑨ $\frac{5}{2}-2\ln 2$ ⑩ $\frac{125}{6}$

5. ① $\frac{\pi^2}{2}$ ② $\frac{\pi}{2}(e^2-4e+5)$ ③ $\frac{\pi}{2}$ ④ $\frac{\pi}{2}(\pi-3)$ ⑤ $\frac{\pi}{2}(e^2-3)$

6. $\frac{32\pi}{15}$

9. $\frac{\pi}{2}$

11. $\frac{1}{4}[4\sqrt{17}+\ln|4+\sqrt{17}|]$

12. ④ $\sqrt{c(a+c)}+a\ln(\sqrt{c}+\sqrt{a+c})-\frac{a}{2}\ln a$　⑤ $\frac{1}{2}\left(e-\frac{1}{e}\right)$　⑥ $\ln 3-\frac{1}{2}$

⑦ $\frac{3}{2}$　⑧ 4　⑨ $2(e-1)$

13. ③ $\frac{\pi}{4}[\frac{33}{2}\sqrt{17}-\frac{1}{8}\ln|\sqrt{17}+4|]$

④ $\frac{12}{5}\pi$

연습문제 …7장

1. ① $\begin{pmatrix} 8 & 11 & 11 \\ 6 & 4 & 15 \end{pmatrix}$　② $\begin{pmatrix} 3 & -4 & -14 \\ -4 & -16 & -15 \end{pmatrix}$

2. ① $\begin{pmatrix} -6 & -7 \\ 11 & -7 \end{pmatrix}$　② $\begin{pmatrix} 2 & 3 & -1 & 0 \\ 26 & -12 & 31 & 20 \\ 0 & -4 & 5 & 2 \end{pmatrix}$

3. ① 191　② -66

연습문제 …8장

1. ① $AX=B$, 여기서 $A=\begin{pmatrix} 1 & 2 & 1 \\ -2 & 3 & 4 \\ -5 & 1 & 6 \end{pmatrix}$, $\boldsymbol{X}=\begin{pmatrix} x_1 \\ x_2 \\ x_3 \end{pmatrix}$, $\boldsymbol{B}=\begin{pmatrix} 12 \\ 4 \\ -5 \end{pmatrix}$

② $AX=B$, 여기서 $A=\begin{pmatrix} 3 & -1 & 2 & 1 \\ 1 & -2 & 0 & -3 \\ -5 & 2 & -1 & 6 \end{pmatrix}$, $\boldsymbol{X}=\begin{pmatrix} x_1 \\ x_2 \\ x_3 \\ x_4 \end{pmatrix}$, $\boldsymbol{B}=\begin{pmatrix} 8 \\ -2 \\ 12 \end{pmatrix}$

③ $AX=B$, 여기서 $A=\begin{pmatrix} 1 & 1 & 0 \\ 6 & 0 & -2 \\ 0 & 3 & -1 \end{pmatrix}$, $\boldsymbol{X}=\begin{pmatrix} x \\ y \\ z \end{pmatrix}$, $\boldsymbol{B}=\begin{pmatrix} 10 \\ -8 \\ -2 \end{pmatrix}$

2. ① $x=6$, $y=-2$

② $x=19$, $y=62$, $z=-36$ 이다.

3. ② $x=\frac{1}{3}$, $y=\frac{2}{3}$, $z=5$ 가 구하는 해이다.

4. ① $x_1=-\frac{30}{11}$, $x_2=-\frac{38}{11}$, $x_3=-\frac{40}{11}$ 이다.

연습문제 …9장

7. ① $2x+y+1=0$ 또는 $\frac{x-1}{1}=\frac{y+3}{-2}=t$ 에서 $\begin{cases} x=1+t \\ y=-3-2t, \quad -\infty<t<\infty \end{cases}$

② $\begin{cases} x=1, \\ y=-1+t, \\ z=-3-2t, \quad -\infty<t<\infty \end{cases}$ 또는 $x=1$, $\frac{x+1}{1}=\frac{z+3}{-2}$

③ $\frac{x-1}{1}=\frac{y-2}{\frac{1}{2}}=\frac{z+1}{-1}$ 또는 $x-3=2(y+2)=-3(z-5)$ 이다.

8. $3x-2y-z=4$ 가 된다.

연습문제 …10장

1. $1+2x+3x^2+\cdots \quad (|x|<1)$

2. $\sum_{n=1}^{\infty}(-1)^{n-1}\frac{1}{n}x^n$

4. $x-\frac{4}{3}x^3+\frac{31}{30}x^5-\frac{107}{210}x^7+\cdots$

연습문제 ···11장

4. ③ $f_x(x,y)=\dfrac{x+y-(x-y)}{(x+y)^2}=\dfrac{2y}{(x+y)^2}$,

$f_y(x,y)=\dfrac{-(x+y)-(x-y)}{(x+y)^2}=\dfrac{-2x}{(x+y)^2}$

따라서

$$f_{xx}(x,y)=\frac{\partial}{\partial x}\left(\frac{2y}{(x+y)^2}\right)=\frac{-2y\cdot 2(x+y)}{(x+y)^4}=\frac{-4y}{(x+y)^3}$$

$$f_{xy}(x,y)=\frac{\partial}{\partial y}\left(\frac{2y}{(x+y)^2}\right)=\frac{2(x+y)^2-2y\cdot 2(x+y)}{(x+y)^4}=\frac{2(x-y)}{(x+y)^3}$$

$$f_{yx}(x,y)=\frac{\partial}{\partial x}\left(\frac{-2x}{(x+y)^2}\right)=\frac{-2(x+y)^2+2x\cdot 2(x+y)}{(x+y)^4}=\frac{2(x-y)}{(x+y)^3}$$

$$f_{yy}(x,y)=\frac{\partial}{\partial y}\left(\frac{-2x}{(x+y)^2}\right)=\frac{2x\cdot 2(x+y)}{(x+y)^4}=\frac{4x}{(x+y)^3}$$

5. $\dfrac{x+y}{x-y}$.

연습문제 ···12장

1. $\dfrac{216}{35}$

2. $2\sqrt{3}-\dfrac{2\pi}{9}$

3. $\dfrac{\pi}{2}(e^4-1)$

4. $\dfrac{28}{3}-2\ln 4$

5. $\dfrac{\pi}{4}$

6. 1

7. ③ $\dfrac{4\pi(\sqrt{2}-1)}{3}$

9. $\dfrac{\sqrt{\pi}}{2}$.

참고문헌

[1] 강미광, 김성식, 김양곡, 류재칠, 정재욱, 대학수학, 경문사

[2] 강미광, 강신민, 김성식, 조열제, 기초해석학, 교우사

[3] 박건, 신용호, 이동수, 추상목, 미분적분학, 울산대학교 출판부

[4] James Stewart 저, 한빛수학 교재연구소 옮김, 미적분학에센스, 한빛아카데미

[5] 미분적분학 교재편찬위원회, 미분적분학 (주)북스힐

[6] 부경대학교 수학교재 편찬 위원회, 이공계를 위한 미분적분학, 경문사

색인

색인

저자 소개

배정자
동의대학교 기초교양학부 교수

공학도를 위한 미적분학

저　　자　배정자
발 행 인　김지영
발 행 처　자유아카데미
주　　소　경기도 파주시 회동길 37-42
　　　　　파주출판도시
전　　화　031-955-1321
팩　　스　031-955-1322
홈페이지　www.freeaca.com
전자우편　main@freeaca.com (대표)
　　　　　editor@freeaca.com (편집)
　　　　　crm@freeaca.com (영업)
등　　록　제406-2003-017호, 1980. 7. 12
제1판1쇄　2025년 8월 29일 발행

저자와의
협의하에
인지생략

ISBN 979-11-5808-746-3　93310